TRAITÉ

DE L'EXPLOITATION

DES MINES DE HOUILLE.

I

Déposé conformément à la loi.

Les Exemplaires non revêtus des signatures de l'auteur et de l'éditeur seront considérés comme contrefaits.

E. Noblet

(C.)

LIÉGE. — IMPRIMERIE DE J. DESOER.

TRAITÉ

DE L'EXPLOITATION

DES

MINES DE HOUILLE

OU EXPOSITION COMPARATIVE

DES

MÉTHODES EMPLOYÉES EN BELGIQUE, EN FRANCE, EN ALLEMAGNE
ET EN ANGLETERRE, POUR L'ARRACHEMENT ET L'EXTRACTION
DES MINÉRAUX COMBUSTIBLES;

PAR

A. T. PONSON,

INGÉNIEUR CIVIL DES MINES.

TOME PREMIER.

LIÉGE

E. NOBLET, ÉDITEUR, RUE St.-REMY.

—

1852

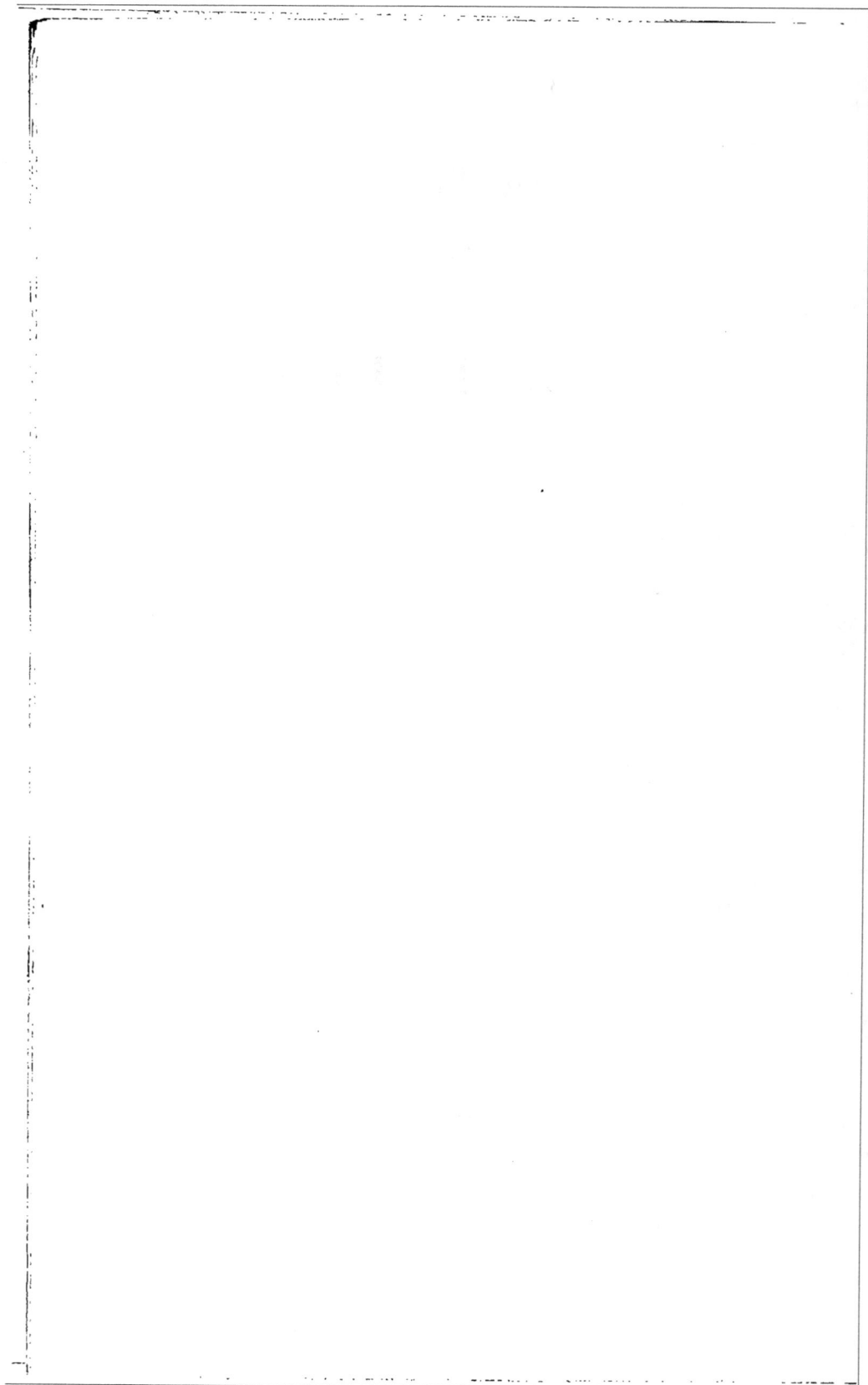

Vous m'avez accueilli dans ma carrière d'ingénieur, et votre appui ne m'a jamais fait défaut
pendant les nombreuses années où je me suis occupé
de la direction de votre principal établissement
charbonnier.

Veuillez agréer mes remercîments et l'hommage
de ce travail sur l'exploitation des mines de houille.
Puisse cette publication, faite sous vos auspices,
rester au moins comme témoignage de mes sentiments
de reconnaissance pour la noble hospitalité liégeoise
et pour la bienveillance toute particulière dont vous
m'avez donné tant de preuves jusqu'à ce jour!

Je suis avec respect,

Monsieur le baron,

Votre tout dévoué serviteur,

A. T. Fonson

Liége, le 25 janvier 1852

AVANT - PROPOS.

Nisi utile est quod facimus, stulta est gloria.
PHÆD., lib. III, fabul. 15.

La houille, qui occupe la première place parmi
les minéraux utiles, est un produit désormais indispensable aux arts industriels. Les mines d'où on l'extrait se sont tellement développées pendant les vingt
dernières années, leur exploitation a été l'objet de
perfectionnements si nombreux et d'une si grande
importance, qu'elles méritent d'être traitées d'une
manière toute spéciale : aussi l'auteur, faisant abstraction des minéraux non combustibles que renferme le
sein de la terre, a-t-il cru devoir consacrer exclu-

sivement son travail aux différentes méthodes relatives à l'arrachement de la houille et aux opérations
accessoires qui s'y rattachent.

Ce Traité, quoique composé à un point de vue
éminemment belge, n'en est pas moins un parallèle
constant entre les appareils et les procédés usités dans
les divers bassins carbonifères de l'Europe. Il renferme
non-seulement l'exposition des opérations et des machines les plus récentes, mais encore la description
de celles dont on se servait anciennement; en sorte
que le lecteur peut embrasser d'un coup d'œil l'historique complet des inventions dont l'art des mines
a été l'objet à diverses époques.

Le premier chapitre contient des observations pratiques sur les roches carbonifères et sur les terrains
de recouvrement, la description de quelques bassins
remarquables, et l'exposition des procédés employés
pour rechercher les couches et en reconnaître l'allure.
Mais cet exposé sommaire des applications de la
géologie et des sondages aux travaux du mineur
ne peut dispenser les exploitants de l'étude des
sciences spéciales auxquelles ces documents ont été
en partie empruntés.

Les moyens d'atteindre les gisements des combustibles
renfermés dans le sein de la terre, c'est-à-dire l'exécution des puits et des galeries à travers toute espèce

de terrains, leurs revêtements, les moyens de les préserver de l'invasion des eaux, etc., forment l'objet du second chapitre.

Les principes contenus dans les premières sections du troisième appartiennent, en majeure partie, au *Traité de l'aérage* de M. Combes (1). Il n'en pouvait être autrement, puisque la théorie rationelle de la ventilation, sur laquelle on ne possédait autrefois que des notions fort incomplètes, est due en grande partie aux recherches de ce savant ingénieur. Ces principes rigoureux, auxquels ont été adjointes quelques observations nouvelles, sont suivis de la description des foyers et de presque tous les appareils mécaniques de ventilation construits jusqu'à ce jour.

Deux méthodes ont été employées pour constater l'effet utile de ces derniers. Dans l'une, on compare l'effet utile déduit de l'expérience, avec la totalité de l'effort produit par la machine motrice, affecté d'un coefficient de réduction. L'autre, indépendante du moteur, consiste à analyser les forces absorbées par les résistances du ventilateur et à en déterminer la fraction utilisée. Les expériences qui ont servi de base à ces calculs sont dues en grande partie à M. Jochams, ingénieur du corps royal des mines belges.

(1) *Annales des Mines*, 3°. série, tomes XV et XVI.

L'auteur, à l'occasion de l'éclairage, décrit les lampes découvertes et les lampes de sûreté ; il a compris, parmi ces dernières, toutes celles qui ont eu quelque succès dans les mines de houille.

Enfin, il termine par la description des incendies souterrains et des moyens propres à les éteindre, au nombre desquels se trouve l'acide carbonique, appliqué en Belgique et en Angleterre.

L'arrachement de la houille et l'exposé des divers systèmes d'exploitation, objets du quatrième chapitre, ont été traités avec les développements que comportent ces parties essentielles, et pour lesquels on s'est basé sur des exemples choisis dans les mines des divers bassins houillers de l'Europe. Une section spéciale a été consacrée aux tailles ou chantiers d'arrachement, qui ont été entièrement séparés des systèmes d'exploitation, avec lesquels on les confond fréquemment. La classification suivie n'est autre que le développement successif des modes employés dans les divers centres d'exploitation, en commençant par la formation belge, pour finir par les bassins anglais. Cette marche permet de grouper les exploitations d'une même localité et de les faire précéder de considérations générales sur le gisement et sur les usages locaux. Plus loin, ces différents systèmes sont soumis à une nomenclature méthodique, suivie des principes

généraux relatifs à l'arrachement de la houille et des procédés usités pour retrouver le prolongement des couches momentanément interrompues par les dislocations du terrain.

Le transport des produits , auquel le cinquième chapitre est consacré , se divise en trois catégories principales :

1°. Le transport intérieur, comprenant les voies , les vases et les moteurs ;

2°. L'extraction , dont les appareils sont subdivisés en vases , en moteurs et en intermédiaires entre les vases et les moteurs. L'une des sections renferme les cages d'extraction et les voies verticales , destinées à guider les vases dans leur parcours , de la base du puits à son orifice. L'auteur passe ensuite en revue les divers moteurs ; il analyse les effets utiles obtenus de l'application de l'homme et des chevaux au transport et à l'extraction ; il examine les effets dus à l'action de la gravité et à la force d'expansion de la vapeur ;

3°. Le transport à la surface, qui , fondé sur les mêmes principes que le transport souterrain , n'a pu être l'objet de grands développements.

Enfin , le lecteur trouve dans ce chapitre l'exposition détaillée des méthodes employées pour correspondre entre le jour et l'intérieur des travaux : les

moyens de pénétrer dans les mines et d'en sortir ; des discussions sur l'emploi des échelles et des vases d'extraction, et la description des appareils qui, sous le nom d'*échelles mobiles*, servent à l'introduction des ouvriers dans les excavations souterraines et à l'extraction de la houille.

Le chapitre sixième se rapporte à l'assèchement des travaux souterrains et aux moyens de les préserver des eaux affluentes. L'endiguement de ces dernières, ou la construction des plate-cuves et des serrements de diverses formes, en bois et en maçonnerie, est suivi de l'établissement des galeries d'écoulement et de l'épuisement des eaux par les tonnes.

Le démergement à l'aide de pompes donne lieu à la division des appareils en trois catégories : les pompes elles-mêmes, soulevantes ou foulantes, à simple ou à double effet ; les moteurs et les intermédiaires entre les pompes et les moteurs.

A l'occasion de l'installation de ces attirails dans les puits, on décrit la manière d'en provoquer la descente au fur et à mesure du fonçage des excavations, et les engins que réclame cette opération.

Le septième chapitre traite de l'économie domestique des mines de houille. Il renferme une série de documents et de calculs destinés à établir les prix

des matières premières et des matériaux employés dans les mines ; les devis relatifs au matériel d'exploitation , c'est-à-dire à la fabrication des outils , des vases de transport et d'extraction , à l'installation des machines , etc.

Les effets utiles des mineurs occupés au percement des excavations dans les roches stériles , à l'arrachement et au transport de la houille , y sont exposés au moyen d'exemples choisis dans les diverses mines belges et étrangères. Ces effets utiles se rapportent ordinairement à des travaux déjà décrits dans l'un des six premiers chapitres , dont ils sont le complément. Les diverses conditions de travail en usage dans ces mines y sont traitées , de même que l'influence des gisements sur les résultats obtenus. Les salaires n'y sont indiqués qu'accessoirement ; car, en vertu de leur caractère éminemment variable , ils ne peuvent être considérés d'une manière absolue , mais seulement comme le complément des exemples donnés. Il suffira , en toute circonstance, d'appliquer les prix de l'époque et de la localité où l'opération s'effectue, pour obtenir des devis d'une exactitude suffisante, l'effet utile étant un élément peu variable, lorsque les conditions restent les mêmes. Les prix de revient , conséquence immédiate des dépenses qui précèdent, proviennent de la réunion de ces divers chiffres en un seul groupe.

Enfin, quelques paragraphes sont consacrés à la recherche des principes sur lesquels doit reposer l'évaluation du capital des houillères.

Dans le huitième chapitre, l'auteur décrit les instruments de précision en usage dans les mines, pour lever les plans, pour assigner la direction des percements souterrains, etc. Les dernières sections renferment la solution d'un assez bon nombre de problèmes pratiques d'exploitation, les différentes méthodes de tracer une méridienne et l'usage que le mineur peut être appelé à en faire.

On a cru, dans le cours de cet ouvrage, devoir rejeter les plans théoriques comme représentant des objets illusoires, les galeries rigoureusement droites et disposées symétriquement n'étant jamais l'expression de la réalité, même lorsqu'elles ont été creusées dans les terrains les plus réguliers. Aussi tous les dessins de mines, sauf quelques rares exceptions, sont réels; ils n'expriment par conséquent que ce qui existe ou ce qui a existé.

Les figures de l'atlas sont accompagnées d'échelles dont les subdivisions sont une fraction exacte du mètre, fraction qui a presque toujours l'unité pour numérateur.

Tous les appareils décrits ont reçu la sanction de l'expérience; ils fonctionnent ou ont fonctionné au-

trefois. Telle est la règle qu'on s'est imposée et dont on n'a dévié qu'une ou deux fois à l'occasion de machines encore actuellement en projet, mais qu'il n'était guère possible de passer sous silence.

Celui qui écrit ces lignes a consulté à peu près tous les documents sur les mines, dispersés dans un grand nombre de publications écrites en français et en langues étrangères ; cependant la majeure partie de son ouvrage, étant le fruit d'observations et de faits recueillis dans ses nombreux voyages et d'une pratique de plus de dix-huit ans, est entièrement neuf par la forme ou par le fond. Il a reçu de nombreuses communications de la part d'ingénieurs de différents pays et principalement de Belgique ; il s'empressera de faire connaître ces noms honorables dans le cours de l'ouvrage et à mesure que les matériaux communiqués se présenteront sous sa plume.

Dès l'année 1836 le cadre de ce travail était formé, l'exécution en était déjà presque achevée, lorsqu'en 1843 parut l'annonce du *Traité de l'Exploitation des mines* de M. C. Combes.

Ainsi devancé, l'auteur crut d'abord devoir renoncer à sa publication, mais plus tard, en comparant les deux ouvrages, il vit que le sien, principalement dirigé vers la pratique, avait encore un caractère d'utilité, quelque chance d'être lu, et il pensa qu'en laissant

s'écouler quelques années de notre époque si riche
en découvertes industrielles , il pourrait recueillir de
nouveaux faits, en assez grand nombre pour augmenter l'intérêt de son travail et lui permettre de le
produire même après le Traité scientifique si remarquable de M. Combes.

L'événement ayant justifié ses prévisions, quant
à l'abondance des nouveaux documents, il souhaite
vivement que les autres circonstances sur lesquelles
il fonde son espoir ne soient pas pour lui l'objet
d'une déception.

CHAPITRE PREMIER.

GISEMENTS DE LA HOUILLE. SONDAGES. TRAVAUX DE
RECHERCHE ET DE RECONNAISSANCE.

PREMIÈRE SECTION.

FORMATIONS CARBONIFÈRES ; ROCHES ENCAISSANTES DE LA HOUILLE.

1. *Formations carbonifères.*

Les roches variées qui constituent l'écorce solide du globe peuvent se diviser en deux classes fort distinctes :

Les roches en masse ou cristallisées, comme le quartz, le granit ; diverses espèces de trap, de porphyre, de basaltes, etc. D'après toute probabilité, elles ont été à l'état de fusion dans l'intérieur de la terre, d'où elles se sont élevées vers la surface à diverses époques.

Les roches sédimentaires, qui, comme les calcaires de diverses natures, les roches argileuses, les roches d'agré-

1

gation, etc., sont le résultat de précipitations chimiques ou mécaniques opérées sur des substances dissoutes ou simplement suspendues dans les eaux.

Celles de la première classe ne recèlent jamais aucun combustible minéral ; ceux-ci ne se rencontrant que dans quelques terrains spéciaux appartenant à la formation sédimentaire, et auxquels, pour ce motif, on a donné le nom générique de *formations carbonifères* ou *terrains houillers.*

Les emplacements et les espaces que les combustibles occupent dans le sein de la terre sont appelés *gîtes ou gisements houillers.*

Les gîtes houillers observés jusqu'à présent sont, en commençant par les plus anciens et en remontant aux plus modernes :

1°. Les calcaires de transition, antérieurs à la formation houillère, où se trouvent les anthracites et quelques houilles sèches ;

2°. La formation houillère proprement dite, caractérisée par des dépôts de schistes et de grès d'une nature spéciale, interposés entre les terrains de transition et les terrains secondaires ;

3°. Quelques périodes très-courtes de l'époque secondaire produisant accidentellement un petit nombre de minces stratifications carbonifères sans importance ;

4°. Enfin, les dépôts de l'époque tertiaire dans lesquels se rencontrent les lignites.

La dernière position géognostique la plus récente se rapporte aux dépôts irréguliers des lignites ligneux (*Braunkohle*) de la vallée du Rhin, et aux alternances calcaires et marneuses qui constituent l'étage carbonifère des lignites compactes de la Provence. Ces terrains se stratifient régulièrement sur de grandes surfaces, et quoique leur développement en épaisseur soit assez minime, quelques-uns

d'entre eux peuvent être comparés à certains dépôts de la période houillère, sinon quant à sa richesse, au moins pour ce qui concerne l'étendue qu'ils occupent.

Les combustibles de la formation secondaire, dont le manque de puissance et de continuité est tel qu'ils méritent à peine d'être mentionnés, sont représentés par les petites stratifications charbonneuses que renferment les marnes irisées de Noroy, de Gemenval, de Saint-Nizier (Saône-et-Loire), par le lias des environs de Milhau (Aveyron) et par les petits dépôts du nord du Yorkshire, immédiatement superposés aux terrains houillers. C'est aussi à cette époque qu'appartiennent les terrains jurassiques et crétacés carbonifères de la Savoie, dans les environs d'Entreverne, de Saint-Gingolf et de Meilleraie, dont les combustibles ont été soumis aux actions métamorphiques.

La formation la plus ancienne se rapporte aux terrains anthraxifères qui ont précédé la période houillère proprement dite. Tels sont les dépôts situés à l'ouest de la France, dans les départements de Maine-et-Loire, de la Loire-Inférieure, de Roanne (Loire) et de Sablé (Sarthe), renfermant de la houille sèche, et surtout les anthracites exploités à la Mure et aux États-Unis d'Amérique. Ces terrains, dans lesquels le combustible offre de la continuité, sont généralement peu riches, le nombre des stratifications étant fort restreint et leur épaisseur peu considérable.

2. Désignation des diverses parties d'une couche et des roches qui l'encaissent.

La houille et les roches de sédimentation qui la recèlent, considérées dans leur position primitive, sont composées d'une série de parallélipipèdes superposés, dont la base a

pris la forme des cavités et des accidents du terrain sur
lequel elle repose et dont les dimensions en longueur et en
largeur sont variables, mais toujours très-grandes relativement à leur épaisseur, en général fort limitée. Lorsque
ces divers solides irréguliers sont composés de substances
homogènes, on les désigne sous le nom de *stratifications*,
strates ou *lits*; un nombre indéterminé de lits forme *une
assise*; et la réunion de plusieurs assises forme *un banc, A, B,*
ou *une couche, C*. (Figures 1 et 2, planche I.) On les
appelle plus particulièrement *bancs* lorsqu'ils ont pour objet
les roches encaissantes, réservant le nom de *couches* pour
désigner les stratifications de houille intercalées dans ces
roches. Ainsi l'on dit *un banc de grès* ou *de schiste* et
une couche de houille.

La stratification régulière des roches encaissantes de
la houille, ou leur disposition en assises distinctes,
superposées et parallèles entre elles, est une preuve suffisante de l'origine sédimentaire de ces dépôts, dans
lesquels le combustible est venu s'intercaler par des phénomènes spéciaux. Une couche, considérée sur une
faible partie de sa surface, semble comprise entre deux
surfaces planes; mais, lorsqu'on embrasse une étendue
suffisante, on s'aperçoit promptement que les parois sont
courbes, ondulées en sens divers, ordinairement parallèles, mais s'écartant quelquefois ou se rapprochant l'une
de l'autre. Il en est de même des bancs encaissants,
qui, d'ailleurs, affectent entre eux et avec les couches un
parallélisme presque constant.

Le banc *A*, sur lequel repose une stratification de
houille, est *le mur* de la couche; on désigne sous le
nom de *toit* celui, *B*, qui recouvre immédiatement le combustible. Mais ces dénominations sont complexes, car
elles s'appliquent, soit aux bancs eux-mêmes, soit à

un lit , à un simple feuillet , soit même à la surface du rocher en contact avec le combustible. C'est aussi de cette manière que l'on désigne quelquefois toute la série des stratifications placées au-dessus et au-dessous de la houille.

On appelle *puissance* d'une couche son épaisseur ou la distance *m n* , comprise entre le toit et le mur , mesurée suivant une ligne normale aux plans de stratification. (Figure 1 , planche I.)

3. *Des bassins houillers.*

Les roches constitutives des terrains houillers , étant d'origine sédimentaire, ont nécessairement dû se stratifier suivant des plans horizontaux ou sensiblement rapprochés de l'horizontale , disposition presque toujours modifiée par les affaissements et les soulèvements dont la croûte du globe a été postérieurement l'objet , et qui ont placé les couches dans la situation normale où nous les voyons fréquemment de nos jours. Mais que ces couches et les roches qui leur sont associées aient conservé ou non leur position primitive , elles n'en semblent pas moins le plus communément déposées et moulées dans les dépressions qu'offraient les terrains antérieurs à la formation houillère. Et quoique ces dépôts sédimentaires se soient opérés sur des espaces fort variables par leur forme et leur étendue ; quoiqu'ils ne puissent, la plupart du temps , être assimilés à un vase ou à un bassin quelconque , cependant ils sont si remarquables par leur circonscription et leur isolement qu'on leur a donné le nom de *bassins houillers.*

Les formes extérieures des bassins houillers offrent tant d'irrégularités qu'il est impossible de les définir ;

elles sont aussi tellement variables que ces dépôts n'ont, sous ce rapport, aucune ressemblance entre eux. Cependant, on peut s'en faire une idée générale en jetant les yeux sur la figure 7, planche I, qui représente le plan horizontal d'un bassin théorique exempt de toute dislocation. On voit les couches, emboîtées les unes dans les autres, se projeter par des ellipses concentriques, dont les axes diminuent de longueur à mesure qu'on les considère dans une position plus rapprochée du centre de la formation. Les figures 6 et 9, projections verticales du même bassin, indiquent la manière dont elles s'enfoncent, en même temps que les roches encaissantes, vers l'intérieur de la terre, et leur marche descendante d'autant plus rapide qu'elles parcourent une plus petite distance mesurée suivant un plan horizontal. Ces bassins *concaves* sont les plus communs ; cependant on en rencontre d'autres, tel que celui de la figure 8, dont la convexité est tournée vers la surface du sol, et dont les couches s'enfoncent à mesure que l'on se rapproche des lisières de la formation.

Les types des dépôts houillers, formant des bassins réguliers de formes et semblables aux précédents, sont très-rares dans la nature. Mais il n'était pas possible de procéder autrement pour acquérir l'idée générale de ces gisements, idée que le lecteur rectifiera, d'ailleurs, en ce qu'elle peut avoir de trop absolu, au moyen des coupes de formations réelles, objets de descriptions ultérieures.

L'observation ayant fait reconnaître deux modes différents dans l'agrégation des roches de la formation houillère, les géologues ont été conduits à diviser les bassins en deux classes :

Les bassins *lacustres*, composés de dépôts effectués dans des espaces entièrement circonscrits, formant de

véritables lacs, et dont les roches proviennent des terrains de transition et des granits qui les encaissent, ou, comme le dit M. Beaunier, *des débris du vase qui les contient.*

Et les bassins *marins* qui, tels que les grandes formations de la Belgique et de l'Angleterre, résultent de l'action sédimentaire des eaux marines, et reposent sur le calcaire anthraxifère ou sur le milstone gris. Ils sont caractérisés par l'état de ténuité et de trituration des éléments constitutifs de leurs roches, dont il n'est plus possible de reconnaître la provenance, par leur homogénéité et par la constance de leurs caractères. On se fonde pour leur attribuer une origine marine sur l'existence de quelques fossiles marins, et surtout sur la concordance et quelquefois les alternances de leurs stratifications avec celles des calcaires carbonifères, si abondants eux-mêmes en coquilles et en polypiers de cette espèce.

4. *Roches associées à la houille, ou terrains houillers proprement dits.*

C'est aux terrains de cette espèce que se rapportent la plupart des bassins lacustres du centre et du midi de la France; les gîtes marins exploités en Angleterre, en différentes parties de l'Allemagne centrale, et le vaste dépôt qui s'étend de la Wurm à Valenciennes, et peut-être jusque dans le Sud du pays de Galles; en un mot, presque tous les bassins remarquables donnant lieu à des exploitations de quelque importance. Ce sont les seuls dont on aura à s'occuper d'une manière spéciale dans le cours de cet ouvrage.

Les roches qui, dans ces formations, encaissent la houille, sont formées des mêmes éléments que les granits, savoir : de quartz, de feldspath et de mica, provenant des terrains existants avant l'époque houillère.

Ces roches, pour la plupart d'agrégation, sont :

1°. *Les schistes* ou *argiles schisteuses*, parmi lesquelles on observe deux variétés accidentelles fort importantes pour certaines industries : *l'argile réfractaire* et *les schistes bitumineux*.

2°. *Les psammites*, établissant, principalement dans les formations marines, le passage des schistes aux grès et vice-versà.

3°. *Les grès*, qui, d'après la grosseur de leurs éléments, se divisent en *grès fins*, ou grès proprement dits ;

En *arkoses*, ou grès à gros grains ;

En *poudingues* et en *conglomérats*.

4°. *Le fer carbonaté*, certaines masses *porphyriques* et autres substances accidentelles.

Les grès et les schistes ont une origine identique ; ils sont formés des mêmes éléments, mais les fragments constitutifs des grès sont mieux conservés et plus facilement reconnaissables que ceux des schistes argileux, réduits à un état de ténuité fort grand et dans lesquels les feldspath ont subi un haut degré de décomposition.

Les roches des trois premières catégories appartiennent exclusivement aux roches d'agrégation ; celles de la quatrième se rapportent à des terrains d'origine ignée ou à des substances formées par la précipitation chimique de leurs principes constituans, primitivement dissous dans les eaux. Quant à la houille, c'est une roche interstratifiée dans les schistes et les grès, avec lesquels elle alterne et dont l'élément principal est le carbone. Il en sera fait plus loin une mention toute spéciale.

Les conglomérats, si abondamment répartis à la base des formations lacustres, les poudingues et les arkoses, qui leur succèdent, semblent étrangers aux dépôts marins. Il est rare, en effet, que l'on rencontre dans ces derniers quelques bancs de grès dont les grains soient assez volumineux pour qu'on puisse leur attribuer le nom de poudingues. Ces terrains, presque exclusivement composés de schistes, de grès à grains fins (1) et de psammites, établissant le passage des premiers aux seconds, ont reçu l'épithète de *psammitico-schisteux.*

5. *Schistes ou argiles schisteuses.*

L'argile schisteuse est une roche tendre, composée d'éléments réduits à un tel état de ténuité et de décomposition qu'ils en deviennent presque imperceptibles. Leur structure feuilletée se dénote par une multitude de petites stratifications dont la couleur, la dureté et la finesse du grain sont des plus variables; par de petits lits de mica, dans le cas, d'ailleurs fort rare, où cette substance est visible au milieu de la masse; par de nombreuses empreintes végétales intercalées dans les feuillets, et surtout par la propriété que possède cette roche de se gonfler en absorbant l'humidité de l'air et de se déliter lorsqu'elle a été exposée quelque temps aux influences atmosphériques. Les surfaces des feuillets résultant de cette désagrégation sont aussi douces et onctueuses au toucher que les argiles ordinaires.

C'est la roche la plus colorée de toutes celles de la

(1) Les mineurs belges désignent la seconde de ces roches par le nom de *querelle*, et la première par celui de *roc.*

formation ; elle est grise, brune et souvent d'un noir assez intense , attribué à une imbibition de matières bitumineuses , cette couleur se perdant lorsque la substance est exposée à l'action du feu.

Les schistes sont le plus fréquemment en contact avec la houille , dont ils forment le mur et le toit ; dès lors on y observe souvent une grande accumulation de végétaux couchés dans le sens des stratifications, et leur nature déliteuse est plus ou moins modifiée par le carbone dont ils se sont chargés.

Ils changent de nature en passant insensiblement à l'état de psammites. Ils se transforment aussi en argile plastique facilement délayable , qui , pour se déliter , n'a pas besoin d'être exposée à l'humidité atmosphérique. C'est dans les formations marines , composées d'éléments plus triturés, et spécialement dans les bassins anglais, que cette variété des argiles se rencontre le plus fréquemment. Les bancs n'en sont généralement ni puissants, ni très-continus. La couleur en est grise dans son état de plus grande pureté ; puis elle tourne insensiblement au noir à mesure que , plus chargée de carbone , sa pureté diminue. A l'état réfractaire, elle rend de grands services à l'industrie. En Angleterre , où on la rencontre interstratifiée au-dessous de la houille , dont elle forme le mur , elle porte le nom de *fire clay*. C'est ainsi que les couches de houille du Clakmanshire , en Ecosse , reposent assez ordinairement sur un banc d'argile très-estimée pour la confection des briques réfractaires , dont l'épaisseur varie de 0.30 à 1 mètre , et qui contient presque toujours du minerai de fer en rognons. On rencontre, en quelques parties du district houiller de Newcastle , une argile schisteuse, dure , d'un gris foncé ou de couleur noire , employée pour la fabrication des poteries et des briques réfractaires.

L'argile de Stourbridge, près de Dudley, sert à fabriquer les pots ou creusets des verreries, les briques dont on construit les fours destinés à la fusion de l'acier, etc. Enfin, les matériaux de cette nature ne sont guère connus dans la grande zone Belge, si ce n'est à la base de la formation et dans les alternances du terrain houiller et des calcaires carbonifères ; ils sont exploités à Andennes, près de Huy, sur la Meuse ; on les applique à de nombreux usages, entr'autres aux fours de liquéfaction du zinc et surtout aux creusets des nombreuses verreries du district de Charleroi.

Les schistes bitumineux, autre variété des roches argileuses, ne se rencontrent qu'à la partie supérieure des bassins lacustres et toujours superposés à des couches de houille de qualité flambante, c'est-à-dire, fortement oxigénée. Ils sont moins déliteux, plus compactes et plus sonores que les schistes ordinaires, dont ils ont toute l'apparence extérieure. Ils s'allument, brûlent en produisant une épaisse fumée et laissent pour résidu le schiste pur, décoloré et réduit en feuillets. La couleur noire qu'ils affectent est due aux émanations bitumineuses provenant des combustibles subjacens. Ces schistes, assez abondans en quelques parties du bassin de Saône et Loire, donnent à la distillation de 2 à 10 pour cent d'une huile minérale appelée *huile de schiste*, appliquée à l'éclairage.

6. *Psammites et grès houillers.*

Les grès sont formés de tous les principes constitutifs des roches de transition : quartz, feldspath et mica. Leur couleur est le blanc, le gris, le bleu pâle, plus ou moins micacé ; souvent ils sont colorés en jaune, rouge

ou brun par un ciment ferrugineux. Ils offrent dans la
grosseur de leurs éléments toutes les gradations possibles
depuis le grain le plus fin jusqu'au plus grossier. C'est
à cette circonstance et à l'état d'agrégation plus ou
moins complète des fragments qu'il faut attribuer les nombreuses variétés des roches de cette espèce, dans lesquelles plus les éléments sont tenus, plus le quartz est do-
minant, plus aussi la roche est dure et fortement agglutinée. On observe sous ce dernier rapport de grandes
différences de texture : tantôt ils se délitent, se brisent en
morceaux, s'égrènent même sous les doigts ; tantôt ils présentent aux instruments qui doivent les attaquer une résistance si énergique qu'il n'est possible au mineur de les
entailler qu'à force de temps et de patience. Souvent
même, en mettant hors de service une grande quantité
d'outils fortement aciérés, l'ouvrage n'avance que de quelques centimètres en 24 heures d'un travail pénible et
soutenu. La silice est le ciment qui sert à en agglutiner
les éléments ; comme elle y entre dans les proportions
les plus variées, elle y apporte des modifications infinies
et établit des gradations insensibles entre les argiles schisteuses et ces roches dont les principales variétés sont :

1°. Les psammites, grès homogènes à grains fins, variables de couleur et de dureté ; ils absorbent l'humidité
atmosphérique avec plus ou moins d'avidité et se délitent
plus ou moins facilement. Lorsque par l'interposition du
mica, concentré entre les feuillets, la nature schisteuse de
leur texture s'accroit, ils deviennent cassants et fort déliteux. Ce sont les *psammites schistoïdes*.

2°. Les grès houillers proprement dits, blancs, gris jau-
nâtres et quelquefois noirâtres par interposition de carbone. Leurs grains, également très-fins, au milieu desquels
sont dispersées quelques paillettes de mica, sont réunis

par un ciment quartzeux qui les rend quelquefois fort utiles à beaucoup d'usages industriels. Les roches de cette nature, d'une couleur grise passant souvent au blanc, que l'on exploite au château de Namur, sont employées à faire des pavés, des meules à aiguiser, des moellons, etc. Quelques églises fort anciennes de la ville de Liége ont été construites avec des grès houillers de la localité. Un banc de grès d'environ 20 mètres de puissance, situé au sud de la ville de Newcastle, fournit à toute l'Angleterre et à une partie du continent les meilleurs meules à aiguiser que l'on connaisse.

Ces roches constituent en général des bancs assez épais et surtout fort homogènes, où le quartz domine et dans lesquels l'accroissement de la quantité de mica détermine une désagrégation qui les fait passer au psammite.

3°. Enfin les grès à gros grains, plus particulièrement déposés dans les bassins lacustres, dont les fragments constitutifs sont assez volumineux pour qu'on reconnaisse facilement la nature des terrains d'où ils ont été arrachés. Telles sont les *arkoses*, dont les éléments ont la grosseur d'une petite noix; les *poudingues*, composés de galets assez bien agglutinés, et les bancs irréguliers et massifs des *conglomérats* à fragments anguleux ordinairement mal cimentés entre eux.

7. *Densité et poids des roches psammitico-schisteuses.*

Dans les bassins belges, un mètre cube de schiste pris en place, c'est-à-dire dans son état naturel d'agrégation, pèse, en moyenne,   2,500 kil.

Mis en tas, après abattage, son poids n'est plus que de   1,500 kil.

Le foisonnement a donc augmenté son volume dans le rapport de 1 à 1.66, ou des deux tiers.

Le mètre cube de grès pèse, en moyenne,   2,650 kil.

Après l'abattage son poids est réduit à   1,400 kil.

D'où le rapport du volume avant et après l'abattage est comme 1 à 1.84.

Les grès, objets de l'expérience, produisant rarement de menus fragments propres à remplir les vides compris entre les gros blocs, occupent beaucoup d'espace, et pèsent, après le foisonnement, comparativement moins que les schistes.

Lorsque les éléments des roches sont plus gros, les grès plus compacts et les schistes plus grossiers, la densité est plus grande et le foisonnement moins considérable :

C'est ainsi qu'en Silésie on trouve pour la pesanteur moyenne des schistes après l'abattage,   1,600 kil.

Et pour les grès,   1,775 kil.

Ces substances provenant de roches dont la densité moyenne est de 2,700 kil. et qui, par conséquent, ont foisonné de 0,6.

En général, on observe que l'augmentation de volume des roches abattues est comprise entre les deux et les quatre cinquièmes de la totalité du massif.

On trouve naturellement des différences dans le poids de ces dernières suivant qu'elles sont sèches ou humides. C'est ainsi que deux blocs, l'un de schiste et l'autre de grès, de 1 kilog. à l'état sec, pèsent respectivement, lorsqu'ils sont mouillées, 1.012 et 1.005 kil. Les grès, ainsi qu'on pouvait le prévoir, absorbent moins d'eau que les schistes.

L'espace occupé par les remblais est d'autant plus grand que ceux-ci sont chargés dans des vases de moindre contenance. Ainsi, il résulte d'un assez grand nombre d'expériences faites dans les terrains psammitico-schisteux du district de Charleroi, que le mètre courant de percement

des galeries à travers bancs, dont la hauteur est de 1.80 mètres sur même largeur, et donnant par conséquent un cube de 3.24 mètres, produit 5.83 mètres de déblais, pour le chargement desquels on emploie 36 voitures de 2 hectolitres.

Si donc on désigne le volume primitif du massif par 1.00 la mise en tas, après le foisonnement, sera de   1.80 et le volume qu'ils occupent dans les voitures ,   2.22

On observe aussi que, quoique 10 voitures de deux hectolitres soient suffisantes en théorie pour remplir une tonne contenant 20 hectolitres, on en doit employer 11, et que, si le chargement de ces mêmes voitures s'est effectué à la hâte , il est souvent possible d'en projeter 12.

Les éléments relatifs au poids des déblais et à l'espace qu'ils occupent sont indispensables pour l'évaluation des frais de percement des galeries, de l'approfondissement des puits et de tout travail exécuté dans les roches encaissantes ; de même que les données analogues sur la houille sont importantes dans l'évaluation du produit de son arrachement. Mais il importe que chaque cas spécial soit l'objet d'expériences, dont les résultats varient suivant le mode de désagrégation des matériaux, la contenance des vases et les autres circonstances locales.

8. Fer carbonaté et autres substances accidentelles.

Le fer carbonaté lithoïde , de même que la houille , et plus souvent qu'elle, peut manquer dans la formation houillère, dont il n'est pas un membre nécessaire. Il n'est en relation, ni avec l'étendue des couches, ni avec leur puissance ; et ce n'est pas sur quelques indices qu'en peut

offrir un bassin que l'on doit conclure de sa présence
d'une manière continue et abondante. Cette substance,
quand elle existe, est concentrée dans quelques stratifications du terrain houiller et sur une superficie plus restreinte que celle de la houille.

Ce minerai de fer, mélange plus ou moins riche de fer
et d'argile, se rencontre ordinairement en rognons ovoïdes
ou lenticulaires, dont le diamètre dépasse quelquefois
0.30 mètres. Leur cassure lithoïde est brune ou grisâtre;
ils se composent d'une série de couches concentriques,
quelquefois déposées autour d'un corps étranger, et semblent,
par conséquent, être le résultat d'une précipitation chimique. On les trouve stratifiés dans des bancs d'argile,
soit à l'état continu, soit dispersés suivant des plans parallèles à celui de stratification. A Newcastle, de même
qu'à St.-Etienne, ce n'est ordinairement qu'un grès houiller
fortement imprégné de fer carbonaté.

Cette roche est d'une grande importance en Angleterre,
où elle s'exploite conjointement avec la houille. Dans le
Staffordshire, ce sont les mines de ce combustible qui
fournissent l'énorme quantité de minerai nécessaire à
l'alimentation des innombrables hauts-fourneaux du district. Le pays de Galles, qui entre pour un tiers dans
la production totale de fer de la Grande-Bretagne, n'emploie d'autre minerai que celui des seize couches intercalées dans les argiles schisteuses de la partie inférieure
du bassin.

Les autres substances accidentelles sont :

Les roches porphyriques reconnues en Angleterre, en
France et en Allemagne, où elles forment des masses
irrégulières accumulées dans certaines fissures du terrain
houiller, ou intercalées entre les plans de stratification
du dépôt, dont elles semblent former une partie inté-

grante et contemporaine. Elles ont été probablement
injectées à l'état fluide en altérant les roches encaissantes, qu'elles ont rougi et durci par la calcination,
pendant qu'elles réduisaient la houille à l'état de coke.

Le quartz hyalin répandu en faible quantité dans les
grès, où il forme des veinules et des cristaux ; le calcaire que l'on y rencontre en noyaux ou en infiltrations ; la chaux sulfatée ; des cristaux d'oxide rouge de
titane trouvés fréquemment au milieu des rognons de
minerais de fer du pays de Galles ; enfin, la pholérite,
substance friable, d'un blanc pur, happant à la langue,
et qui se rencontre en abondance dans les fentes et autres
cavités des roches encaissantes ; elle se présente aux approches des dérangements, en s'étalant à la surface des
schistes, sous forme d'écailles convexes, nacrées et douces
au toucher. Cette substance est fort répandue dans la
province de Liége, où on l'appelle *hitte d'aguesse.*

9. *Mode d'association des diverses roches qui précèdent.*

Les couches de houille sont superposées les unes aux
autres, mais séparées entre elles par des bancs de schistes
argileux, d'argile durcie, de grès, de psammites ou de
leurs modifications, qui se répètent à plusieurs reprises.
Les couches et les bancs formés à la même époque sont
toujours sensiblement parallèles entre eux.

La houille n'est jamais en contact avec les grès à grains
grossiers ; elle en est ordinairement séparée par un banc
de schiste bitumineux, par un lit d'argile grasse noire et
tenace, ou, plus rarement, par des grès à éléments fins
et micacés. Ce sont ordinairement les schistes qui encaissent les couches de houille ; en certaines localités,

ils en constituent le toit et le mur, tandis qu'en d'autres, ils ne forment que l'un ou l'autre.

L'épaisseur des rochers interposés entre deux couches, appelée *estampe* par les mineurs Liégeois, est fort variable. Si dans les couches minces et continues des formations marines elle n'est quelquefois que d'un ou deux mètres, souvent aussi elle dépasse 50, 60 et même 80 mètres.

La proportion dans laquelle les schistes et les grès entrent dans la composition du terrain houiller est également fort variable. En Belgique, les grès proprement dits ne présentent qu'un petit nombre de bancs de peu d'épaisseur, tandis que les psammites et les schistes argileux y sont fort développés. En France, en Silésie et en général dans les bassins lacustres, les grès et leurs modifications sont dominans et forment des assises plus ou moins puissantes, alternant jusqu'à cent-cinquante fois.

Le fer carbonaté est, ainsi qu'on vient de le voir, une substance fort inconstante. Dans certaines localités de l'Angleterre, cette roche est extrèmement développée ; en France, beaucoup moins abondante, elle est rarement l'objet d'une exploitation quelque peu importante. Enfin, en Belgique, on ne rencontre que quelques nodules dispersés dans certaines parties de la formation, lorsque d'ailleurs cette stratification ne manque pas tout-à-fait, ce qui est le cas le plus ordinaire.

10. *Vestiges organiques renfermés dans les roches des formations carbonifères.*

Les stratifications encaissantes de la houille sont fort remarquables sous le rapport des innombrables impressions

d'animaux et de végétaux qu'elles renferment. Les débris
du règne animal sont les moins répandus : ils consistent en
poissons, en mollusques, et surtout en coquillages tels que
les unios de nature schisteuse et d'un noir luisant, trouvés
dans un schiste de la mine du Val-Benoît, près de Liége ;
les mêmes coquillages rencontrés, dans le Clakmanshire, à
l'état de carbonates ; les ammonites semblables à celles de
la mine de Melin (province de Liége) ; et les peignes du
district de Werden (Ruhr). Les végétaux fossiles sont,
au contraire, fort nombreux, et leur abondance semble
proportionnelle à la richesse des dépôts combustibles. On
en a reconnu plus de 500 espèces, dont les principales sont : les fougères et les lycopodiacées arborescentes,
les calamites, les sigillaires, les cycadées, quelques pal-
miers et autres débris de la végétation de cette époque
reculée, parmi lesquelles les fougères dominent par leur
nombre et par la variété des espèces. Comme cette flore
est aussi celle que l'on trouve actuellement dans les îles
intertropicales; comme elle est identique quant aux espèces,
sinon quant aux genres, dans tous les bassins houillers
connus, les géologues en ont conclu que la terre ferme
des époques primitives était purement insulaire, et que
les végétaux ont crû sous l'influence de la chaleur centrale du globe, qui alors était uniforme et que ne pouvait modifier la température, relativement faible, des
diverses latitudes.

Les végétaux fossiles intercalés dans les feuillets des
argiles schisteuses sont ordinairement formés d'empreintes
de roseaux et de feuilles de fougères ; ceux des grès
consistent fréquemment en grosses branches et en troncs
couchés ; ils ont conservé plus ou moins leur épaisseur
originaire, et la substance, remplacée par de l'argile,
s'est convertie en une pellicule charbonneuse qui semble

quelquefois avoir pris la place de l'écorce. Ordinairement l'argile du toit présente les empreintes les plus belles et les plus régulières ; le mur, au contraire, stratifié plus confusément, ne renferme que des végétaux froissés et brisés. Cette observation fort importante fournit au mineur un moyen de distinguer le mur du toit de la couche, si la formation contient des empreintes assez caractérisées.

M. Brongniart a constaté l'existence d'une véritable forêt fossile enfouie dans les grès superposés à la couche du Treuil (département de la Loire) et dont les arbres sont placés dans leur position naturelle ou légèrement inclinés. Des végétaux debout ont été trouvés dans les bassins américains, et d'autres encore, en assez grand nombre, dans les mines d'Anzin : parmi ces derniers, on remarque une sigillaire rencontrée dans le puits de Bleuzeborne, à 232 mètres au-dessous du sol, au milieu de stratifications de grès et de schistes inclinés de plus de 3o degrés. Ces végétaux placés dans une position normale aux plans de stratification, offrent une nouvelle preuve de l'horizontalité primitive des roches de la formation carbonifère.

La houille, elle-même, ne renferme pas de traces ostensibles de végétaux, quoique ces derniers aient nécessairement concouru à sa formation. M. Amédée Burat (1) explique cette circonstance d'une manière satisfaisante :

« Les végétaux abandonnés à une décomposition spon-
» tanée, dit cet auteur, ne peuvent laisser aucune trace,
» aucune empreinte de leurs formes. Cette complète des-
» truction résulte du fait même de la décomposition, et

(1) *Mémoire sur le gisement de la houille dans le bassin houiller de Saône-et-Loire*, page 63.

» il ne peut y avoir eu conservation que lorsque les vé-
» gétaux encore existans ont été saisis , moulés par une
» pâte indécomposable qui en a conservé l'empreinte, lors
» même qu'ils ont disparu par la décomposition. C'est ainsi
» que les feuillets des schistes sont réellement les pages
» sur lesquelles est inscrite l'histoire de la végétation, et
» qu'il est naturel de ne retrouver aucune empreinte dans
» les houilles. »

Cependant, le même ingénieur a découvert, par l'analyse mécanique, que la houille à l'état plateux , c'est-à-dire,
mélangée d'une forte proportion de matières terreuses ,
renferme de petits végétaux couchés et aplatis, dont les faces
sont caractéristiques ; ils sont souvent décomposés à la manière du charbon de bois dont ils offrent le tissu ligneux.

11. Fissures des grès houillers.

Outre les difficultés qu'offrent la dureté et quelquefois
la qualité réfractaire de cette espèce de roches, le mineur
a encore une autre lutte bien plus énergique à soutenir,
lorsqu'il doit traverser certains bancs caractérisés par une
multitude de fentes et de fissures entrecroisées dans tous
les sens. Les stratifications de cette nature sont ordinairement doués d'une assez grande dureté ; le grain en est
grossier , et le ciment qui les réunit , plutôt quartzeux
qu'argileux, est invisible à l'œil.

Les fissures, toutes en communication entre elles, forment
une espèce de réseau qui s'étend à de fort grandes distances; elles recueillent dans leur parcours les eaux pluviales, quelquefois celles d'un torrent, d'un ruisseau , ou
même d'une rivière , et les conduisent dans les travaux en

voie de préparation ou d'exploitation, ce qui nécessite l'emploi de moyens puissants pour l'assèchement des excavations, occasionne des retards et rend les travaux plus coûteux.

Certaines espèces de grès grossiers sont à peu près les seuls qui, dans les formations marines, soient traversés par des fissures en quantité notable et assez ouvertes. Les bancs de grès fins et d'argile schisteuse offrent peu d'exemples de tels accidents, excepté dans les stratifications rapprochées de la surface.

Les fissures en général ne peuvent être attribuées qu'au retrait éprouvé par les divers éléments des roches ; retrait résultant de leur dessiccation et modifié toutefois par l'état plus ou moins plastique où elles se trouvaient lorsqu'elles étaient soumises à la pression des stratifications superposées. Il en résulte que :

Dans les parties avoisinant la surface du sol, les bancs ont dû se fissurer indistinctement par la perte de leur eau de suspension, quelle que soit d'ailleurs la nature de la substance constituante. Dans les parties inférieures, les bancs d'argile ayant retenu de grandes quantités d'eau, ont dû mettre beaucoup de temps à perdre leur état de plasticité. Ils ne se sont desséchés qu'insensiblement, et à mesure que de nouvelles stratifications, déposées par-dessus, opéraient sur les élémens psammitico-schisteux une compression qui s'opposait à la production des fentes ou les refermait à mesure qu'elles tendaient à se former. Les bancs de grès, au contraire, peu plastiques de leur nature, ont dû se dessécher beaucoup plus promptement, acquérir un état de dureté qui leur permît de résister à la pression des strates superposées. Et comme leur dessiccation s'est effectuée avant que les dépôts supérieurs aient eu le temps de se former en assez grand nombre, ils n'ont pu être soumis à d'énergiques compressions et

ont dû se contracter en perdant leur humidité. C'est alors que se sont déterminées les nombreuses fissures observées habituellement dans ces sortes de stratifications.

12. *Roches solides et ébouleuses.*

La conservation des travaux et la sécurité des ouvriers exigent, de la part du mineur, une étude attentive et incessante de la nature des roches au milieu desquelles il travaille, soit qu'il pratique des excavations dans la couche elle-même, soit qu'il entaille les roches encaissantes. Les terrains houillers peuvent, sous ce rapport, être divisés en deux catégories :

1°. Les roches solides, ordinairement dures, compactes, peu fissurées, au milieu desquelles les excavations restent ouvertes pendant un laps de temps considérable. On voit, par exemple, dans la province de Liége, des galeries excavées depuis plus d'un demi-siècle se conserver intactes, quoique la forme de voûte donnée à leur faîte soit le seul moyen de soutenement que le mineur ait employé.

2°. Les roches ébouleuses, dont les assises ont une tendance plus ou moins grande à se déliter, à se disjoindre, à se briser et à tomber dans les excavations, qu'elles finissent toujours par obstruer entièrement. C'est à leur structure feuilletée, à leurs nombreuses fissures, au manque d'adhérence des bancs entre eux qu'il faut attribuer cette tendance aux éboulements de tous les terrains à un dégré plus ou moins énergique. Les mines du Centre (Hainaut) offrent un exemple remarquable de roches sujettes aux dislocations. Dans quelques localités de ce district, peu de temps après l'époque où une cavité a été pratiquée dans une couche, le toit se rapproche du mur ; la hau-

teur de l'excavation diminue peu à peu, celle-ci devient inaccessible; et lorsque l'exploitation est achevée sur une certaine surface, les éboulements se propagent vers le sol. A la première pluie d'orage, les fentes se prononcent jusqu'à la terre végétale, et les bâtiments, s'il s'en trouve, se dégradent et se fissurent.

On ne doit pas, sous le rapport des éboulements, confondre la dureté d'un terrain avec sa solidité; certains grès, par exemple, quoique fort durs, sont très-déliteux. La solidité résulte de l'adhérence des bancs et des lits entre eux; de la compacité de la roche; en un mot, de la force de cohésion qui tend à en réunir toutes les parties, et surtout de l'absence de fissures trop multipliées, quelle que soit leur direction.

Les éboulements s'effectuent en masse ou partiellement. Dans le premier cas, les stratifications superposées à l'excavation s'affaissent d'un seul bloc, et il n'est aucun moyen de s'opposer à cet effet. Dans le second cas, les assises se détachent successivement, se divisent en fragments et tombent les unes après les autres. Les produits de l'éboulement, en vertu de leur nature foisonnante, s'entassent confusément, occupent un espace plus grand que ne le comportait leur volume originaire, et comblent de cette manière les excavations inférieures, avant que les ruptures se soient fait sentir à la surface.

Pour reconnaitre les divers degrés de liaison d'une roche, le mineur, armé d'un outil en fer, frappe sur la partie douteuse et juge de sa qualité au son que produit le choc. Un bruit plus ou moins sourd lui fait apprécier le degré de disjonction des bancs entre eux, et il s'empresse de les soutenir. Un son sec, sans écho ni sonorité, lui donne toute garantie de solidité, et il peut ménager les bois de support.

Les travaux d'excavation dans les couches sont singulièrement facilités lorsque le mur et le toit offrent des stratifications solides et bien liées entre elles ; mais si le mur est composé de roches désagrégées ; si les bancs qui recouvrent la houille sont formés d'un schiste déliteux , pourri ou peu adhérent aux strates supérieurs avec lesquels ils sont en contact, les difficultés d'exploitation et les dépenses s'accroissent considérablement. Le mineur dit, dans ce cas , que la couche a *un mauvais mur* ou *un mauvais toit*.

Lorsque la détérioration n'affecte que le banc immédiatement en contact avec la houille , on désigne, ainsi qu'on l'a vu ci-dessus , ces stratifications altérées par les noms de *faux mur* et *faux toit*. Ordinairement ce dernier se détache en même temps que la couche , et le combustible recueilli se mélange de schistes dont il est fort difficile de faire le triage et qui lui ôte de sa qualité. Un mur disloqué produit souvent les mêmes résultats.

Les travaux de percement sont , en général , lents et coûteux , lorsqu'ils ont lieu dans des roches dures et compactes ; tandis que la solidité des excavations est beaucoup diminuée lorsqu'elles sont tendres et faciles à entamer. Dans ce cas , on doit avoir recours à des moyens de soutenement plus ou moins énergiques ; les réparations sont assez fréquentes ; et quelquefois cette circonstance qui , au premier abord , semble favorable, offre , au contraire , un grand désavantage.

13. *Des cloches.*

Les *cloches* donnent lieu à une espèce toute particulière d'éboulement, qui mérite l'attention du mineur. En Belgique , ce sont des noyaux composés d'une argile fer

ruginense, de forme conique, sémi-ellipsoïde ou amygda-
line ; ils sont placés dans le toit avec lequel ils n'ont que
peu d'adhérence, surtout lorsqu'une lamelle de pholérite
est interposée entre eux. Leurs dimensions sont très-variables.
Rien n'indique leur existence, ni la vue, ni le coup de
marteau que donne le mineur pour éprouver si le toit est
solide ; mais aussitôt que l'excavation est achevée ; que le
cône est privé de ses soutiens par l'enlèvement de la houille ;
trop souvent même, après avoir donné une sécurité fâcheuse pendant plusieurs jours, et même plusieurs mois,
la cloche tombe en écrasant ou blessant les malheureux
ouvriers qui se fiaient à la bonté du toit.

Dans la formation du bassin de la Loire, les cloches
proviennent de grands végétaux fossiles, contenus dans
le toit de la couche. La substance ligneuse, convertie
en houille, s'est portée à la circonférence ; le moule s'est
rempli des principes constituants des grès ou des schistes,
et cette masse, isolée des roches adjacentes par un petit
lit de charbon, tombe dès qu'on lui enlève ses points
d'appui naturels.

Les cloches du district de Newcastle, appelées *fond de
pot* ou *fond de chaudron* (*pott or caldron bottom*), sont
d'une nature analogue à celles de Saint-Étienne. La roche
qui les compose est quelquefois de même nature que celle
du toit ; souvent elle est formée d'argile réfractaire.
Un petit lit de charbon très-pur, léger et brillant, épais
de un à trois centimètres, la sépare des roches encaissantes
et l'adhérence est presque nulle. Heureusement, l'état de
compacité et de dureté de la houille, plus grande au-
dessous de la cloche que dans les autres parties de la
couche, est ordinairement, pour le mineur Anglais, un
indice précurseur de cette altération du toit et il a le
temps de se mettre sur ses gardes.

14. *Gonflement et soulèvement du mur des couches.*

Quelquefois le mineur, après avoir percé une galerie dans une couche dont le mur est disloqué, voit celui-ci se gonfler et se soulever peu à peu, jusqu'à ce que l'excavation soit complètement obstruée. Ces accidens sont tellement fréquens dans les mines d'Écosse et du Northumberland, où ils entraînent des pertes considérables de combustible, que les mineurs de ces localités leur ont donné les désignations spéciales de *sits* et de *creeps*. Le premier indice du phénomène est une crépitation qui se fait entendre avant qu'aucun mouvement ne se déclare. Une légère courbure, dont l'effet est de déranger les voies perfectionnées, se dessine suivant la section de la galerie; cette courbure devient de plus en plus proéminante, et il se produit une déchirure dirigée suivant l'axe de l'excavation. Pendant que la fissure s'agrandit, les schistes s'élèvent vers le faîte, qu'ils atteignent bientôt. Puis, lorsque l'excavation est devenue inaccessible, ils prennent une direction horizontale et réagissant sur les parois de la galerie, ils en brisent la houille et la réduisent en poussière.

Les effets des creeps sont quelquefois si énergiques qu'ils se font sentir même dans les couches inférieures.

M. Budle (1) rapporte à ce sujet un fait remarquable (Figure 4, planche 1.). Lorsqu'après l'exploitation de la couche *High main* de la mine de Wall'send, on voulut pénétrer dans *Metal coal*, située à 14 mètres au-dessous de la première, on la trouva divisée en surfaces

(1) Transactions of the natural history society of Northumberland, Durham and Newcastle upon Tyne. Tome II, page 316.

correspondantes aux vides et aux pleins des galeries et
des piliers supérieurs, par des fissures (*Hitches*) qui
soulevaient et déprimaient alternativement la couche de
0,30 à 0,45 centimètres de hauteur. Ainsi les effets du
soulèvement s'étaient propagés jusqu'à *Metal coal* à travers toutes les stratifications intermédiaires.

Ces mouvemens de terrain, fort désavantageux, peuvent être attribués à la pression du toit sur les deux
parties de la couche constituant les parois de l'excavation.
La pression se propage, par l'intermédiaire de la houille,
sur le mur formé de schistes sans consistance, qui, dès
lors, sont refoulés dans le vide des galeries où ils se
gonflent pour se relever vers le faîte. Si l'action est
énergique, il se détermine des fissures suivant le prolongement vertical des parois de la houille, jusqu'à une
profondeur assez grande dans les stratifications inférieures.
Le mode d'exploitation usité dans le nord de l'Angleterre
favorise d'ailleurs ces mouvements de terrain ; car les
piliers, en raison de leurs faibles dimensions, ne peuvent
résister à la pression des masses supérieures et sont forcés
de pénétrer dans les schistes qu'ils font refluer dans les
galeries. Mais cette cause n'est probablement pas toujours
la seule agissante. Au-dessous de la couche, dont le mur
se soulève, on en remarque fréquemment d'autres séparées
de la première par de faibles stratifications ; ne se pour-
rait-il pas que le gaz renfermé dans ces dernières, porté
à un état de compression considérable, tendant à s'échapper
avec violence et ne rencontrant pour résistance que des
schistes déliteux et désagrégés, se fît l'auxiliaire de la
pression du toit et produisît l'effet observé ?

Lorsqu'en Belgique on exploite des couches susceptibles
de donner lieu à ces accidents, on observe rarement le
phénomène dans tout son développement, soit que le

mode de travail usité ne favorise pas ces effets à un
degré aussi énergique qu'en Angleterre, soit que la nécessité
de maintenir les voies de roulage constamment ouvertes,
force le mineur à arracher le mur à mesure qu'il se
gonfle. Il n'est pas rare, toutefois, de voir des ateliers
d'arrachement d'une grande surface complètement fermés
après un certain laps de temps, par suite du rapprochement des roches encaissantes. La cause agissante est
quelquefois si prompte et si intense que des excavations
pratiquées dans des couches de 0.80 à 0.90 mètres de
puissance, n'offrent, au bout de huit jours, que la hauteur rigoureusement nécessaire pour le passage d'un ouvrier
rampant sur le ventre.

IIᵉ. SECTION.

CONSTITUTION DES COUCHES DE HOUILLE.

15. *Classification des variétés de ce combustible.*

On emploie diverses bases pour établir la classification des houilles : les minéralogistes en ont formé six catégories fondées sur leurs caractères extérieurs ; ils leur ont donné les épithètes de *compactes*, de *schisteuses*, de *pisciformes*, de *lamelleuses*, d'*esquilleuses* et de *grossières*.

M. Karsten les classe d'après les qualités diverses du coke qu'elles rendent à la distillation, en houilles à coke *boursoufflé*, *fritté* et *pulvérulent*.

On les a aussi divisées d'après les proportions de bitume qu'elles contiennent, et en se fondant sur leur emploi dans les arts. Mais la classification usitée en Belgique et en Allemagne, conforme aux positions des combustibles minéraux dans l'échelle géognostique, semble la plus naturelle, parce qu'elle suit l'ordre établi par l'action métamorphique, et la plus complète en ce qu'elle s'applique à tous les bassins, quelles que soient les variétés de houille qu'ils renferment ; elle concorde fort bien, d'ailleurs, avec les divisions relatives à leur emploi dans l'industrie et dans les arts.

Suivant cette nomenclature géologique, les couches sont divisées, d'après l'âge relatif de leur formation, en quatre groupes composés chacun de houilles dont les

qualités diffèrent de celles des houilles renfermées dans le groupe qui précède et dans celui qui suit. Ces désignations sont, en commençant par les stratifications les plus récentes :

Le *charbon flénu*, houille *flambante* propre au gaz.

Les *houilles grasses* destinées aux travaux de la forge et à la fabrication du coke.

Les *demi-grasses*.

Et les *houilles maigres*, *sèches* ou *anthraciteuses*.

1°. Les *houilles gazeuses* forment une variété spéciale qui se rencontre à la partie supérieure de quelques formations houillères très-riches en combustibles. Leur cassure est conchoïde, leur couleur est d'un noir terne tirant sur le gris foncé ; elles sont ordinairement assez dures et fournissent à la distillation un coke léger et sans consistance. On les subdivise en trois catégories : les houilles *flambantes* ou *sèches à longue flamme* ; les houilles *à gaz* et les houilles *compactes* ou *cannel coal*.

Les propriétés des premières sont de s'allumer facilement, de produire en brûlant une flamme longue et claire, et de ne jamais s'agglutiner entre elles. On les emploie dans toutes les opérations industrielles qui réclament un coup de feu vif et énergique ; et, quoique ce charbon passe promptement, il n'en est pas moins fort recherché pour les fourneaux évaporatoires, pour les grilles des chaudières à vapeur et autres travaux analogues. Ces combustibles sont très-bien caractérisés par la plupart des houilles du bassin de Saône-et-Loire et notamment par la couche supérieure du Montceau, près de Blanzy.

Ceux de la seconde subdivision, qui se rapprochent beaucoup des précédentes, sont plus particulièrement appliquées à la production du gaz qu'ils fournissent abondamment et dont le pouvoir éclairant est supérieur à celui

qu'on extrait des autres combustibles. Le type de cette
qualité se rencontre en Belgique dans le groupe du Flénu,
à la mine des Littes, près de St.-Étienne, et dans le département de Saône-et-Loire.

La houille compacte est une variété qui accompagne
accidentellement les combustibles précédents ; sa texture
est compacte, sa couleur est un noir peu éclatant ; elle ne
tache pas les doigts comme les autres espèces, et prend feu
au simple contact de la flamme d'une chandelle ; de là le
nom qu'on lui donne quelquefois de *charbon chandelle* et de
houille chandelaire (*candle coal*). Cette houille brûle avec
une flamme blanche et claire ; sa dureté est telle, qu'elle
est quelquefois susceptible de recevoir un beau poli et de
se travailler comme le jayet ; elle est très-recherchée pour
le chauffage des appartements, et les usines à gaz la préfèrent à la variété dite du Flénu. Son nom de *cannel coal*
lui vient d'une mine du Lancashire où elle est assez abondante
et où elle constitue la majeure partie d'une couche de 1.90
mètres de puissance. On l'a rencontrée accidentellement
dans les bassins de Dudley et de Glasgow, dans quelques
couches du Flénu, où elle est disséminée en assises fort
minces ; à Montrambert et aux Littes, où elle forme des
lits de 0.10 à 0.60 mètres, d'ailleurs fort irréguliers et
fréquemment interrompus.

2°. Les houilles grasses ou bitumineuses, dont la texture est ordinairement déliteuse, sont d'un beau noir ve-
louté ; elles s'enflamment facilement, brûlent avec une
flamme jaunâtre, fuligineuse et très-vive; ses fragments se
ramollissent et se fondent pour ainsi dire par la chaleur,
puis se coagulent et ne forment qu'une seule masse. Lorsque
la combustion continue, il ne reste que des cendres qui,
quelquefois, se transforment en scories ou mâchefer, si,
comme dans les forges, la chaleur a été suffisamment

intense. Ces houilles laissent, pour résidu de la distillation ,
un coke plus ou moins boursouflé, compact et métallique.

On distingue deux variétés de houilles grasses. La première , plus particulièrement appliquée à la fabrication du
coke , donne un rendement de 65 à 70 pour cent; la
plus recherchée est celle qui produit un coke homogène,
dense , bien soudé, dur, sonore et d'apparence métallique ,
dont les blocs sont anguleux et les arêtes tranchantes.
La seconde , moins bitumineuse , est appliquée aux travaux de forge , par suite de la propriété que possèdent
ses fragments de s'agglutiner et de faire voûte au-devant
de la tuyère des soufflets. Le coke qu'elle produit est plus
boursouflé et plus léger que celui de la variété précédente;
l'apparence en est moins métallique et le rendement également moindre. On désigne cette houille sous le nom de
houille *maréchale* , de *charbon de forge*, et, en anglais ,
de charbon collant (*caking coal*).

3°. Les houilles demi-grasses donnent pour produit
de la distillation un coke boursouflé , quelquefois
pulvérulent, et toujours en petite quantité. Cette catégorie forme le passage minéralogique des houilles grasses
aux houilles maigres ou anthraciteuses , passage qui a lieu
par dégradations presque insensibles. Ce combustible ,
très-commun dans les formations belges et allemandes ,
a pour type , dans le bassin de Rive-de-Gier, les couches
dites *la bourrue* , *les bâtardes* , et quelquefois *le raffaud*.
On s'en sert pour les fours à grilles et à réverbère, et
pour le chauffage domestique ; dans ce dernier cas , on
préfère les houilles dont le résidu est composé de cendres
grises , qui , plus pesantes que les cendres blanches , ne
se répandent pas dans l'atmosphère et ne souillent pas les
appartements.

4°. Les houilles maigres ou anthraciteuses , les der-

nières de la série, semblent avoir été exposées à une action métamorphique plus intense et plus prolongée, qui leur a soustrait la majeure partie de leurs principes volatils et les a réduites à l'état de houille sèche. Ces combustibles s'allument avec difficulté, et seulement à l'aide d'une haute température ; ils ne collent pas et brûlent lentement en produisant une flamme courte et bleuâtre. Ils sont riches en carbone, et offrent, lorsqu'on les choisit dans la partie inférieure de l'échelle, une grande analogie avec l'anthracite. Ne possédant que fort peu de bitume, ils ne produisent presque pas de fumée ; enfin, les produits de la distillation sont un coke pulvérulent, en fort petite quantité. Telles sont la plupart des houilles provenant des couches inférieures des terrains carbonifères de la Belgique, de l'Allemagne et du pays de Galles ; celles de Fresnes et de Vieux-Condé ; plusieurs couches appartenant aux bassins écossais, etc.

On s'en sert pour les distilleries, les foyers évaporatoires, les brasseries, les fours à chaux, et pour la cuisson des briques ; mais elles exigent l'action d'un fort courant d'air pour se maintenir allumées. Les charbons de cette espèce, désignés à Liége sous le nom de *klûte*, sont employés au chauffage des appartements, et offrent quelques avantages dérivant de la lenteur de leur combustion.

16. *Analyse de la houille.*

On sait que ce combustible minéral est composé de carbone, de bitume et de matières terreuses mélangées en proportions diverses. Il a été analysé par divers chimistes, entre autres par MM. Regnault, Karsten et

Richardson , dont les principales expériences sont consignées dans le tableau suivant (1) :

QUALITÉS ET PROVENANCES DES HOUILLES.	DENSITÉ.	CARBONE.	HYDROGÈNE.	OXIGÈNE ET AZOTE.	CENDRES.
Houilles flambantes ou sèches à longue flamme.					
Blanzy , 1re. qualité . . .	1.362	75.43	5.23	17.06	2.28
Commentry	1.319	81.59	5.29	12.88	0.24
Édimbourg coal. . . .	1.318	67.59	5.40	12.43	14.58
Glasgow idem	1.268	81.20	5.45	11.92	1.43
MOYENNES. . .	1.317	76.45	5.35	13.57	4.63
Houilles Flénu ou grasses à longue flamme.					
Couzon, grande masse .	1.311	80.59	4.99	9.10	5.32
Mons , 1re. variété . .	1.276	83.51	5.29	9.10	2.10
Id. 2e. variété. . .	1.292	82.72	5.42	8.18	3.68
Vigan	1.317	84.07	5.71	7.82	2.40
Lancashire	1.319	83.75	5.66	8.03	2.56
MOYENNES. . .	1.303	82.93	5.42	8.44	3.21

(1) Il est fâcheux que les chimistes belges, auxquels on doit l'analyse d'une si grande quantité de houilles , n'aient pas cru devoir isoler les uns des autres les divers produits volatils ; leurs résultats , fort intéressants dans ces circonstances , seraient probablement venus confirmer les observations de M. Regnault , exposées ci-dessous.

QUALITÉS ET PROVENANCES DES HOUILLES.	DENSITÉ.	CARBONE.	HYDROGÈNE.	OXIGÈNE ET AZOTE.	CENDRES.
Houilles grasses ou maréchales.					
Eschweiler	1.300	87.10	5.27	6.45	1.18
Rive-de-Gier. Cimetière .	1.298	86.25	5.14	6.83	1.78
Idem	1.302	86.75	5.24	6.61	1.40
Newcastle. Caking coal. .	1.280	87.93	5.25	5.41	1.41
MOYENNES. . .	1.295	87.01	5.22	6.33	1.44
Houilles demi-grasses ou grasses et dures.					
Alais, houille dure. . .	1.522	88.05	4.85	5.69	1.41
Wylam. Splint coal. . .	1.502	74.82	6.18	5.08	13.92
Puits-Henry. Bâtardes .	1.515	86.65	4.90	5.49	2.96
MOYENNES. . .	1.313	83.17	5.31	5.42	6.10
Houilles maigres , anthraciteuses ou sèches.					
Pays de Galles. Stone. .	1.348	90.29	3.33	4.80	1.58
Rolduc.	1.343	90.20	4.18	3.37	2.25
Mayenne	1.567	90.72	3.92	4.42	0.94
MOYENNES. . .	1.353	90.40	3.81	4.20	1.59

L'analyse des houilles donne donc du carbone fixe et des matières volatiles , telles que l'hydrogène, l'oxigène et l'azote , qui semblent jouer un grand rôle dans la qualité des combustibles.

Si, prenant les moyennes du tableau ci-dessus, on calcule la composition chimique, abstraction faite des cendres, que l'on y ajoute les nombres correspondants à la densité de l'anthracite, des lignites, des bois, de la tourbe, et à leurs principes constituants, on peut résumer comme suit les variations chimiques de ces substances inflammables :

COMBUSTIBLES.	DENSITÉ.	CARBONE.	HYDRO-GÈNE.	OXIGÈNE ET AZOTE.
1 Bois	0.70 à 1.00	49.07	6.31	44.62
2 Tourbe . . .	1.05	61.05	6.45	32.50
3 Lignite ligneux.	1.10	66.96	5.27	27.77
4 Lignite parfait.	1.25	75.79	5.29	20.92
5 Charbon flambant. . . .	1.26	80.16	5.61	14.23
6 Idem à gaz . .	1.28	85.69	5.59	8.72
7 Houille grasse .	1.28	88.28	5.30	6.42
8 Id. demi-grasse.	1.31	88.57	5.66	5.77
9 Id. maigre . .	1.38	91.87	3.87	4.26
10 Anthracite . .	1.36 à 1.46	94.89 à 92.85	4.28 à 2.55	3.19 à 2.16

D'où il semble permis de tirer les conclusions suivantes : Les densités des combustibles s'accroissent avec l'âge de leur dépôt ; caractère dont on se sert quelquefois en pratique pour déterminer approximativement leur nature et leur emploi dans les diverses opérations industrielles.

Les houilles contiennent d'autant plus d'oxigène et d'azote qu'elles appartiennent à des couches de formation plus ré-

cente et qu'elles se rapprochent davantage de la composition
du bois ; au contraire, ces principes volatils sont d'autant
moins abondants que l'on descend davantage dans l'échelle
géognostique des combustibles.

Le caractère flambant des houilles de la première série
s'explique par l'excès d'oxigène qu'elles contiennent ; ce
gaz, remplaçant un poids correspondant de carbone,
les rapproche sensiblement des lignites, des tourbes et des
bois. La quantité de coke qu'elles laissent pour résidu de
la distillation ne peut être alors que fort minime. Dans
les houilles grasses, les proportions d'oxigène et d'hydrogène sont telles qu'il doit en résulter le maximum de
production de bitume, ce qui explique leurs propriétés
fusibles et collantes.

Enfin, les houilles maigres, dépouillées de la majeure
partie de leurs principes volatils et ne contenant presque
plus que du carbone, doivent à l'excès de ce dernier la
difficulté qu'elles éprouvent à s'allumer, la lenteur de
leur combustion, l'absence de flammes ou tout au moins
leur faible intensité, et la nécessité d'un courant d'air
énergique (1).

17. *Densité et foisonnement des houilles.*

On peut déterminer la pesanteur spécifique de la houille,
de même que celle de tous les autres minéraux, à l'aide
de l'aréomètre de Nicholson. A défaut d'un instrument de
cette espèce, on peut employer le procédé suivant :
L'expérimentateur, s'étant muni d'un vase d'une capacité

----

(1) Ces observations sont dues à M. Regnault.

connue, le remplit d'une certaine quantité de houille, dont il a préalablement déterminé le poids ; puis, versant de l'eau avec un litre et ses fractions, il achève de le remplir jusqu'aux bords, et retranche le volume de l'eau versée de la capacité du vase ; le reste indique l'espace occupé par le combustible, dont il lui est dès lors facile de déduire la pesanteur spécifique. Soit, par exemple :

Poids du charbon contenu dans le vase, kilog. 90
Contenance du vase . . . . litres 100
Eau versée jusqu'aux bords . . . . . id. 38.50

Différence, ou espace occupé par la houille, » 61.50

Faisant la proportion :

Si 61.5 litres pèsent 90 kilogrammes, 100 litres pèseront 146.5 kilogrammes.

On a vu, dans les tables précédentes, combien est variable la densité de la houille ou son poids, lorsqu'elle est encore en place ; mais les limites sont encore plus écartées qu'on ne l'a indiqué, puisque certains charbons, par exemple ceux de Kilkenny, en Irlande, ne pèsent que 1165 kilogrammes le mètre cube, tandis que le poids de certaines variétés s'élève à 1400 et même au-delà de 1460 kilog.

Lorsque la houille est abattue et brisée en morceaux plus ou moins gros, son *foisonnement*, c'est-à-dire l'augmentation de volume résultant de son changement d'état, est de 45 à 60 pour cent de celui qu'elle occupait dans son premier gisement. La connaissance de la quotité dont les combustibles se dilatent est un élément indispensable dans la détermination de la durée d'une certaine partie de couche, relativement au nombre d'hectolitres que l'on se propose d'en extraire journellement. Mais, dans ce cas, on doit tenir compte des déchets provenant de l'arrachement et du transport ; du charbon sali par les schistes et

de celui qui, pour toute autre cause, doit être abandonné dans la mine. D'où il résulte que le volume de la houille mise en tas est quelquefois moindre qu'il ne l'était avant l'arrachement. Cette détermination doit être l'objet d'expériences spéciales, au moyen desquelles on recherche combien une surface donnée, par exemple deux ou trois mètres carrés, fournit d'hectolitres de charbon abattu et convenablement nettoyé.

Le poids d'un hectolitre de houille varie ordinairement entre 80 et 100 kilogrammes, suivant la qualité de celle-ci et la grosseur relative des morceaux dont elle est composée. C'est ainsi que les houilles flambantes pèsent de 76 à 80 kilogrammes l'hectolitre ; les houilles grasses et demi-grasses, de 85 à 90, et les maigres, de 95 à 100, et même 105. C'est ainsi que le charbon fin ou menu, pris pour unité, étant exprimé par un poids de 100, les gaillettes ou blocs d'un diamètre de 0.3 à 0.5 mètre pèseseront 76.5, les gailleteries, ou fragments de 0.02 à 0.06 mètre, 78.8 ; et le mélange composé de fines, de gaillettes et de gros morceaux, exprimant l'état ordinaire de la houille sortant des puits, aura pour expression 105.8.

On doit observer que le vase au moyen duquel se font ces expériences étant d'une petite capacité, les gros blocs laissent entre eux des espaces vides considérables, qui réduisent le poids relatif du combustible ; mais que ce poids augmente, au contraire, lorsque les deux qualités sont mélangées et que les menus remplissent ces vides en totalité ou en partie.

L'hectolitre employé dans les mines pour la vente et pour les expériences est un vase cylindrique de 0.50 mètre de diamètre, 0.51 mètre de hauteur et dont la capacité est, par conséquent, de 0.101 mètre cube.

Lorsque ce vase est rempli jusqu'aux bords sans qu'au-

cune parcelle de charbon les dépasse, on dit que l'hectolitre est *ras;* il est *comble* lorsque le charbon y est en excès. Cette dernière mesure est variable ; elle donne une augmentation de charbon de 20 à 30 p. c. du poids primitif.

18. *Composition des couches de houille.*

Il est rare que les couches forment une masse compacte et homogène ; elles sont plutôt le résultat d'assises superposées, que les mineurs d'Anzin et de Charleroi désignent sous le nom de *sillons.* Elles sont séparées les unes des autres, tantôt par une simple fissure parallèle aux plans de stratification, tantôt par des lits plus ou moins puissants d'argile schisteuse, souvent très-carburée, quelquefois bitumineuse, la plupart du temps tendre et friable. Ces lits sont appelés, suivant les localités, *haverie*, *houage*, *nerf* ou *gore.* Lorsque l'intercalation acquiert une assez forte épaisseur, elle prend le nom de *barre.*

Le joint de séparation d'une couche et de ses parois est quelquefois imperceptible ; les deux surfaces sont adhérentes, en sorte que, lors de l'arrachement, quelques assises restent suspendues au toit; mais, si ce dernier est déliteux, la houille tombe et entraîne dans sa chute une partie du banc auquel elle est attachée. Lorsque les surfaces de séparation sont nettement indiquées et bien déterminées, le combustible se détache facilement de la roche encaissante. Il en est de même lorsqu'il s'y rencontre des intercalations schisteuses, formées d'argile bitumineuse ; ces dernières, stratifiées au mur et au toit, sont les *salbandes* ou *lisières* des couches.

Les principales circonstances de la composition de ces dernières sont les suivantes :

Une couche d'une faible puissance peut n'être formée que d'une assise unique : si sa texture est solide, elle fournira des blocs qui se détacheront d'une seule pièce. Le mineur liégeois dit alors que la couche est d'un seul *cochet*.

Elle peut être composée de deux ou de plusieurs assises superposées les unes aux autres, sans intercalations de matières étrangères. Si la houille est compacte, les blocs seront d'autant moins volumineux (la puissance de la couche étant constante) que les assises seront plus multipliées et par conséquent moins épaisses.

Est-elle schisteuse, feuilletée, ou traversée par de nombreuses fissures, elle ne fournira que du menu. Une assise est-elle compacte et l'autre déliteuse, la couche donnera simultanément du gros et du menu proportionnellement à l'épaisseur de chaque stratification.

Une assise peut être séparée de la suivante par des nerfs ou intercalations schisteuses; lorsqu'ils sont en grand nombre ou assez épais, la circonstance est extrêmement défavorable; car si, pendant l'arrachement de la couche, on n'emploie des précautions et des soins minutieux, on n'obtient le combustible que dans un état d'extrême impureté, et ce n'est qu'après une grande dépense de main-d'œuvre qu'il est possible de le livrer à la consommation.

Le mal est d'autant plus grand que les nerfs et la houille elle-même sont plus feuilletés et tombent en parcelles plus ténues. Mais lorsque les feuillets de schistes n'ont qu'un ou deux décimètres d'épaisseur ; lorsque ces intercalations sont en petit nombre et surtout, lorsqu'on n'en rencontre qu'un seul, placé au toit, au mur ou vers le milieu de la hauteur, la circonstance devient, au contraire, très-favorable; le nerf prend alors le nom de *houage* ou *havage* et facilite beaucoup le travail du mineur, comme on aura

l'occasion de l'observer plus tard. En général, le houage situé au mur de la couche est plus convenablement placé que partout ailleurs.

Le lecteur se fera une idée de la composition des couches en jetant un coup d'œil sur les figures 1 et 2, planche I, qui représentent deux coupes réciproquement perpendiculaires, d'une stratification appelée, dans les mines du Centre, *les layes* ou *veine qu'on have au mitant*.

Elle se compose, en marchant du mur au toit :

1°. D'une assise de houille de . . . mètre 0.18
2°. D'une deuxième, séparée de la première par une simple fissure horizontale .   » 0.35
5°. Nerf servant de houage . . . .   » 0.10
4°. Troisième assise. . . . . . .   » 0.30
5°. Intercalation schisteuse . . . . .   » 0.01
6°. Quatrième assise . . . . . .   » 0.13
7°. Faux toit . . . .   » 0.09
_____
Mètre 1,16

dont 0.96 de combustible.

En Silésie, où les couches ont une puissance considérable, elles sont divisées en assises par des nerfs (*letten schmiere*) de 0.05, 0.10 et même 0.50 mètre d'épaisseur; quelquefois ils atteignent une puissance de 1 mètre, comme cela arrive dans la couche dite Einsiedel du puits *Impératrice Louise*, et il en résulte deux couches distinctes.

19. *Clivages ou plans naturels de division de la houille.*

Les diverses assises de la houille sont séparées entre elles par des joints de contact dont les surfaces sont à peu près

planes, toujours lisses et quelquefois recouvertes de fragments de charbon pulvérulent d'apparence végétale.

Ces assises sont divisées elles-mêmes par plusieurs systèmes de fissures appelés *clivages* (*cleavages*), expression
empruntée aux Anglais et qui n'a qu'un rapport éloigné
avec l'opération du même nom pratiquée sur les substances
cristallisées, afin d'en déterminer la forme primitive.

Les clivages consistent, tantôt en deux systèmes de
fentes qui se coupent entre elles en formant des angles
solides, aigus, obtus et quelquefois droits, en sorte que
les assises sont naturellement débitées en blocs de forme
cubique ou rhomboïdale irrégulière, selon la direction
respective des plans de disjonction ; quelquefois ces plans
se croisent en tous sens, et la multiplication en est
telle que la houille, pour ainsi dire brouillée, ne fournit à
l'abattage que du menu, circonstance due évidemment aux
mouvements convulsifs anciennement éprouvés par le sol.
Si les houilles grasses semblent plus particulièrement soumises à cet inconvénient, c'est qu'en vertu de leur nature
friable, elles ont été plus facilement et plus complètement disloquées que les autres. Ainsi les couches de
cette espèce, situées à la partie supérieure des formations
belges et si fortement accidentées, tombent rarement en gros
blocs, mais plus généralement en menu et en fragments
de minime grosseur.

Tantôt, les plans de clivage sont obliques ou fortement
inclinés sur les plans de stratification ; la houille se débite
en fragments anguleux, sur les surfaces desquels on voit
gravés des faisceaux de stries dues au glissement des assises,
lorsqu'elles étaient encore à l'état plastique : la chute
du combustible se fait alors en blocs d'autant plus gros
que les mailles sont plus grandes et les stries plus écartées
les unes des autres,

Les fissures de clivage, étant formées par le retrait de la dessiccation, existent dans toutes les couches ; mais elles sont plus ou moins sensibles suivant les localités et par conséquent déterminent plus ou moins facilement la rupture et la chute spontanée des assises. Les clivages jouant un grand rôle dans l'arrachement des houilles dures et des stratifications puissantes, il importe d'en bien étudier la direction.

20. Hétérogénéité de la houille dans une même couche.

La qualité de la houille des diverses strates d'une même couche est rarement identique. C'est surtout dans les couches puissantes, dont la masse est divisée par des nerfs d'une assez grande épaisseur, qu'elle varie le plus sensiblement d'une assise à l'autre. Ainsi, la *grande masse* de Rive-de-Gier, dont la puissance normale est de 10 mètres, est séparée en deux parties à peu près égales par une *barre* dite *gore blanc* de 0,20 à 1,60 mètre d'épaisseur. La partie supérieure, appelée la *maréchale,* est fort grasse, propre aux travaux de la forge, mais ne donne presque pas de charbons en gros blocs, tandis que la partie inférieure dite le *raffaud* ou *raffort* produit beaucoup de gros d'une qualité demi-grasse.

La couche dite *main coal* du Staffordshire, quoique divisée par de simples feuillets, n'est pas de même nature dans toute sa hauteur, puisque, sur 5 mètres de sa puissance, elle donne un charbon de première qualité destiné à la fabrication du coke et à la forgerie, tandis que le reste ne fournit qu'une houille de qualité inférieure employée pour les machines à vapeur et les fours à pudler des usines métallurgiques de la contrée.

Le même fait est également observé dans les couches peu puissantes.

Une couche homogène, ou l'une de ses assises considérée sur une assez grande étendue de terrain, présente ordinairement une qualité constante ; grasse, elle se conserve grasse à de grandes distances ; maigre, elle reste maigre sur d'immenses surfaces. Cependant, il arrive que des séries entières subissent de notables modifications en passant d'un point à un autre, mais après avoir franchi un grand espace. En outre, des couches, d'abord fortement imprégnées de bitume, s'en dépouillent peu à peu et passent insensiblement à un état moins gras, quoique conservant leur allure.

Ces changements sont bien plus sensibles et plus prononcés dans les parties avoisinant la surface du sol. Car *les affleurements*, comme on les désigne, présentent généralement un combustible détérioré par le contact des eaux, par les influences atmosphériques et par le mélange de la houille avec des oxides terreux qui lui enlèvent la plupart de ses qualités ; elle devient alors terne et friable ; elle s'égrène sous les doigts et prend le nom de *teroulle* ou *terre-houille*. Ce produit accidentel, qui se présente de la même manière dans toutes les localités, ne doit pas être confondu avec celui du même nom que fournissent certaines couches du district de Charleroi.

21. *Contexture des assises.*

De même que les couches sont ordinairement formées d'assises, de même ces dernières se composent en général de feuillets dont l'épaisseur dépasse rarement 0,01 mètre

et qui, le plus souvent, n'atteignent pas même 0,001 mètre. Ils sont quelquefois légèrement ondulés et varient quant à la structure et à la qualité du combustible qu'ils renferment. M. Burat a trouvé par l'analyse mécanique ou clivage des charbons compactes du bassin de Saône-et-Loire qu'ils étaient formés de lits d'une substance homogène, compacte, spéculaire, très-légère et d'une grande pureté (1), stratifiés alternativement avec d'autres lits moins purs, très-mélangés d'argile et contenant de 20 à 25 p. c. de cendres ; ils sont formés de ces deux espèces de houille (spéculaire et schisteuse) variables dans leur épaisseur ; mais ceux de houille miroitante sont toujours plus épais que ceux de houille terne. Les premiers se rencontrent fréquemment vers le toit et dans les schistes voisins de la couche.

Ces différentes stratifications, que l'on peut observer dans la majeure partie des houilles compactes, sont quelquefois accompagnées, même dans les qualités les plus grasses, de feuillets d'anthracite que leur incombustibilité aux foyers ordinaires fait reconnaître facilement.

Quelquefois encore on rencontre des intercalations de houille daloïde, substance semblable au charbon de bois ; elle est tantôt à l'état pulvérulent, tantôt en fragments, et fait entendre le *cri* de ce dernier combustible, rayé perpendiculairement à ses fibres.

22. *Substances étrangères dispersées ou stratifiées dans la masse.*

La houille est rarement pure ; elle est le plus souvent altérée par des substances dispersées dans la masse avec

(1) Ils ne contiennent jamais au-delà de 15 à 20 millièmes de cendres.

laquelle elles sont plus ou moins unies ; ainsi l'argile pénètre entre les feuillets de la houille et communique à cette dernière une dureté plus ou moins grande, suivant les proportions dans lesquelles elle participe au mélange (1).

Parmi les substances accidentelles, la pyrite ou fer sulfuré est malheureusement la plus commune. On la trouve, tantôt en lamelles intercalées dans les fissures, tantôt en petits lits de quelques centimètres d'épaisseur, disposés sur une assez grande étendue dans le sens général de la stratification ; quelquefois disséminées dans la masse à l'état de géodes, de cristaux cubiques ou octaèdres ; souvent, enfin, en petits grains réduits à un état de ténuité tel qu'ils sont imperceptibles à l'œil nu. La pyrite est nuisible et dangereuse : lorsqu'elle est sous l'influence de l'humidité, elle se décompose en sulfate et produit une expansion tendant à réduire la houille abattue en fragments fort menus et même en poussière. C'est à cette décomposition, accompagnée d'une température souvent fort élevée, que l'on a longtemps attribué les embrasements spontanés qui se déclarent dans les anciennes excavations et dans les magasins établis à la surface. Cette substance nuit à la qualité du combustible et surtout le rend impropre aux besoins de plusieurs industries, par suite de la disposition de ses composés à corroder le fer et, par conséquent, à détruire promptement les grilles et le fond des chaudières. Le charbon souillé de pyrites est exclu de la fabrication du fer, qu'il rend *rouverain*, c'est-à-dire fort

(1) La pureté des houilles, relativement aux matières terreuses qu'elles contiennent, se mesure par le poids du résidu de la combustion. Elles sont considérées comme ayant un haut degré de pureté lorsqu'elles ne contiennent que 2 à 3 p. c. de cendres ; mais lorsque cette quotité s'élève à 9 ou 10, elles perdent de leur qualité, prennent une consistance plateuse et deviennent dures.

cassant. Il est facile et peu coûteux de détacher de la
houille les sulfures de fer à l'état de feuillets ; mais s'ils
se trouvent en fragments dispersés, il n'est aucun moyen
d'opérer cette séparation.

La chaux carbonatée ferrifère ou magnésifère se trouve
aussi mêlée avec la houille à la manière de l'argile , mais
cela est rare ; elle s'y rencontre plus souvent en cristaux
intercalés, en lamelles ou en minces feuilles stratifiées
entre deux assises ou deux lits. Enfin se présentent encore,
mais plus rarement, la galène, la blende et l'oxide de
titane sous forme de petits cristaux rouges.

23. *Puissance et nature exploitable des couches.*

Les couches ont une puissance fort variable. Elles ne
consistent quelquefois qu'en de simples indices de charbon ;
d'autres fois, au contraire, elles ont 5, 10, 20 et même
60 mètres, et tous les termes compris entre quelques
millimètres et ces chiffres extrêmes sont l'expression de
leur épaisseur.

Il est impossible de décider *à priori* si une couche est
exploitable ou non , cette qualité dérivant non-seulement de
sa puissance, mais encore des frais que l'on doit faire pour
l'arracher de son gîte, comparés au prix que l'on en
retire ; en sorte qu'une stratification qui, pour le premier
motif, serait négligée dans une localité, deviendrait exploitable dans une autre, parce que la main-d'œuvre y est à
meilleur marché , ou parce que le combustible y étant
moins abondant ou plus recherché, on aurait encore de l'avantage à l'extraire. C'est ainsi que dans les environs du Hartz,

où il est rare et indispensable aux travaux métallurgiques, on exploite avantageusement des couches de 15 à 20 centimètres, considérées comme ruineuses dans d'autres contrées plus favorisées de la nature. La bonne qualité de la houille peut aussi rendre exploitable une couche qui, sans cela, ne serait pas regardée comme telle.

Les petites stratifications charbonneuses (1), même celles dont la puissance n'est que de quelques centimètres, sont souvent fort utiles au mineur pour rechercher une couche perdue, ou, si elle est renversée, pour déterminer la situation de son mur et de son toit.

Considérées relativement à l'exploitation, les couches peuvent être divisées en trois classes :

1°. Les couches *minces*, à partir du point où elles sont exploitables, jusqu'à 1.50 mètre et 2 mètres de puissance. C'est dans ces limites que sont comprises celles des bassins belges, du département du Nord, du Sunderland, de Durham, et la majeure partie de celles que renferme le gîte de la Ruhr.

2°. Les couches *puissantes* embrassant la série comprise entre 1.50 mètre et 5 ou 6 mètres, parmi lesquelles se trouvent la plupart de celles du bassin de St.-Étienne, de Rive-de-Gier, et quelques-unes de la haute et de la basse Silésie.

3°. Enfin les couches *très-puissantes*, dont l'épaisseur dépasse 5 à 6 mètres, et dont on peut citer comme exemples la grande couche du Creuzot, dont la moyenne est de 12 mètres; celle d'Épinac, de 10 mètres; la grande masse de Rive-de-Gier; certaines stratifications du bassin de St.-Étienne; celle de Montchanin, qui atteint quelquefois 70 mètres; celle du Staffordshire, dite *main coal* ou *ten yard*, etc.

---

(1) En Belgique, où les couches sont appelées *veines*, ces petites stratifications ont reçu le nom de *veinettes* et de *veiniats*.

24. *Des couches considérées relativement à leur puissance, à leur nombre et à leur continuité.*

Les couches sont rarement isolées, et l'on en trouve ordinairement plus d'une dans le même gite. Il semble que leur nombre soit en raison inverse de leur puissance, et quelquefois en raison directe de leur continuité. Ainsi le bassin de Liége en contient, d'après M. Dumont, 83 exploitables, et il est probable que celui de Mons en renferme au moins 116. Leur puissance est comprise entre 0.20 et 0.70 mètres; elles atteignent quelquefois un mètre, et celles de deux mètres sont une exception fort rare. Dans ces localités, la continuité des couches s'observe sur des longueurs considérables. Il en est de même dans le bassin de Newcastle, où l'on en compte 40, variant de quelques centimètres à 2 mètres.

Dans les bassins où elles sont peu nombreuses, leur épaisseur est au contraire fort grande ; ainsi, dans les départements du centre et du midi de la France, une puissance de 1.50 à 2 mètres est assez ordinaire ; les couches de 5 à 6 mètres ne se rencontrent pas dans tous les gites. Celles de 10 à 50 mètres, plus rares encore, sont souvent isolées ou seulement accompagnées de quelques autres plus minces. Le Creuzot, par exemple, outre la couche objet de l'exploitation, n'en possède que deux ou trois. La concession d'Épinac, une seule. La couche dite *ten yard* n'en a que 6 ou 7. Celle de Johnstone, près de Paisley (Écosse), est unique ; etc., etc.

Il arrive aussi fréquemment que les couches très-puissantes ne sont pas soumises à la loi de continuité, comme le sont les couches minces et moyennes ; celle du Creuzot

semble ne s'étendre que sur une longueur de 1800 mètres ,
et celle de Montchanin , la plus épaisse que l'on connaisse , est fort limitée dans le sens de sa direction , puisque
sa longueur ne dépasse pas 600 mètres.

En général, les formations lacustres, dont les couches sont
ordinairement puissantes et peu nombreuses , offrent rarement un caractère bien établi de continuité ; elles renferment
plutôt des gites isolés et circonscrits , sans autre analogie
qu'une tendance à suivre la même direction. Les roches
constituantes sont , en grande partie , formées des débris
des terrains subjacens. Les dépôts marins, au contraire,
tels que la grande zone houillère de la Belgique , de même
que les bassins anglais et la plupart de ceux de l'Allemagne , sont remarquables par le nombre des couches,
généralement peu puissantes , qu'ils renferment. Quant aux
terrains encaissants, ce sont des roches étrangères à la
formation qui les supporte ; ils consistent en grains plus
fins et mieux triturés par les transports éloignés, que les
roches des bassins lacustres.

25. *Rapports observés entre la position géognostique des couches et la qualité de la houille qu'elles contiennent.*

Dans quelques localités , les couches semblent former
des groupes distincts entre eux par la nature de leurs
produits. C'est pourquoi les stratifications reconnues dans
les mines du couchant de Mons sont divisées en quatre
systèmes ou groupes dont la houille est d'autant plus maigre
qu'elle appartient à une formation plus ancienne. Le passage d'un groupe au suivant ne se fait pas d'une
manière tranchée et sans transition ; au contraire , les

caractères se métamorphosent peu à peu et par gradation; en sorte qu'il est fort difficile de saisir la ligne
de démarcation qui sépare deux groupes consécutifs. Il en
est de même dans les districts du Centre et de Charleroi, où
les couches sont d'autant plus grasses qu'elles sont plus
rapprochées de la surface. Celles du bassin de Liége, que
M. Dumont pense pouvoir être divisées en trois étages : le
système inférieur, qui ne contient que de la houille maigre ;
le moyen, composé de charbon demi-gras, et le supérieur,
dont les produits sont très-gras, viennent confirmer ce fait
assez général. Les dix couches du pays de Galles qui occupent la partie inférieure du bassin appartiennent exclusivement aux charbons secs. Les houilles maigres exploitées
à Fresnes et à Vieux-Condé sont situées géologiquement
au-dessous des houilles grasses d'Anzin, de Denain, etc., etc,

Sans multiplier les exemples, on peut conclure que, en
général, le charbon maigre ou sec est d'un âge plus reculé
que le charbon gras, et que les couches intermédiaires
forment la transition qui réunit ces deux termes extrêmes.

La théorie du métamorphisme, c'est-à-dire, de l'altération
qu'ont dû éprouver les dépôts sédimentaires lorsqu'ils étaient
placés sous l'influence des roches d'origine ignée, donne
une explication très-satisfaisante de ces faits remarquables.

En effet, la chaleur centrale qui, pendant la période
houillère, se dissipait hors du globe avec plus d'abondance qu'elle ne l'a fait depuis, a dû traverser les terrains
de transition sur lesquels reposent les formations carbonifères et agir sur les houilles en changeant lentement leur
nature chimique. Les couches inférieures, beaucoup plus
exposées à l'action métamorphique que les autres, se sont
minéralisées avec d'autant plus d'intensité qu'elles étaient
plus rapprochées du foyer de chaleur et soumises à
une pression plus énergique.

Les stratifications supérieures, moins exposées à l'altération artificielle du feu, n'ont subi que peu ou point de modifications et ont retenu une plus grande quantité de gaz. Ce serait à cette dégradation de l'influence ignée que l'on devrait les variations dans les propriétés et la composition des houilles d'un même bassin. C'est à cette action que l'on pourrait attribuer les qualités variables d'une même couche exploitée dans deux localités différentes.

26. *Caractères distinctifs et synonymie des couches.*

Les caractères propres à distinguer les couches entre elles, sont :

Le nombre des assises qui les composent ; leur puissance et leur texture ; la qualité du combustible et sa dureté ; l'espèce de clivage ; l'absence ou la présence des nerfs ou intercalations schisteuses ; leur position, leur nombre, leur épaisseur et la nature des substances dont ils sont formés. La constitution du toit et du mur ; leur état de solidité ou de dislocation ; leur qualité plus ou moins bitumineuse ; les empreintes végétales ou animales que renferment quelquefois les roches encaissantes et la place qu'elles occupent ; les petites couches ou *veinettes*, intercalées dans le mur ou le toit ; enfin, la distance de la couche, objet de l'exploration, à d'autres déjà reconnues et déterminées.

Quelques-uns de ces caractères manquent fréquemment, mais jamais tous ensemble. Le mineur doit s'attacher à en faire une étude toute particulière, car il n'a que ce moyen d'établir une synonymie, c'est-à-dire, de déterminer si les diverses parties d'une même stratification affectées de noms différents sont le prolongement les unes des autres

et ne constituent qu'une seule et même couche. Cette étude est indispensable pour assigner leur veritable nom à celles que rencontre une galerie à travers bancs percée dans une localité peu explorée, et, par conséquent, pour déterminer à chaque instant la position où se trouve le mineur. C'est la seule observation efficace qui puisse mettre sur la voie d'une stratification perdue et qui permette d'éviter de dangereux écarts pendant l'exploitation.

Tracer un prolongement de cette espèce lorsque les points d'observation sont situés à une distance quelque peu considérable, que les caractères ont changé, que la puissance a augmenté ou diminué, que la continuité a été détruite par de fréquentes dislocations, et qu'enfin la confusion s'est établie entre les stratifications, est une opération quelquefois fort difficile, pour ne pas dire impossible. Dans ce cas, le mineur a recours aux roches encaissantes, parmi lesquelles il peut rencontrer un banc de grès bien caractérisé, des schistes à empreintes ou toute autre stratification qui se conserve sans altération sur toute la surface en exploration. C'est un *plan de repère* qui lui sert de point de départ pour la classification des couches gisant au-dessus et au-dessous. Il suffit quelquefois d'un ou deux *horizons géognostiques* semblables pour établir la synonymie complète des stratifications d'une formation toute entière. Dans les bassins belges, les bancs de grès houillers, ordinairement assez rares, leurs alternances et les veinettes inexploitables observées dans le percement des puits et des galeries ou lors de l'examen des affleurements, sont les éléments dont on se sert pour reconnaître le prolongement des couches.

C'est au moyen de la synonymie que l'on parvient à établir la surface réelle que chacune d'elles occupe ; cet

élément étant joint à leur épaisseur moyenne, il est dès lors facile d'évaluer leur cube. Retranchant ensuite les parties stériles provenant des développements incomplets, et les espaces absorbés par les dérangements et les dislocations du terrain, on arrive à l'évaluation approximative de la richesse minérale renfermée dans une concession et même dans tout un bassin houiller. Le cubage des couches n'est donc réellement que la recherche de leur synonymie, de leur puissance en houille pure et, enfin, de leur circonscription, en ayant égard aux pertes dues aux manipulations, au foisonnement, etc.

27. *Tendance de certaines couches à pousser au vide.*

Il semble que les couches, sous l'influence de certaines circonstances, aient souvent une tendance à occuper un espace plus grand que l'espace assigné par la nature. Supposant l'une d'elles excavée en partie et abandonnée à elle-même : si, parmi les bois destinés à prévenir les éboulements du toit, on a eu l'occasion d'en placer un immédiatement contre la houille mise à découvert, on le retrouvera quelquefois, au bout d'un certain laps de temps plus ou moins considérable, complètement enveloppé par cette dernière, et l'on croira à une augmentation de volume du combustible, depuis la dernière visite faite à l'excavation. Cet effet, très-énergique et dont on est souvent témoin en exploitant certaines stratifications, ne peut être attribué qu'à la pression du toit sur la couche et surtout à l'action du gaz hydrogène carboné, qui, tendant à s'échapper, la délite, la force à foisonner et produit un gonflement d'où l'on peut induire qu'elle a augmenté de volume.

Cette circonstance a donné lieu à un préjugé autrefois

fort répandu dans la province de Liége ; savoir : que les roches encaissantes contiennent les sucs générateurs de la houille ; qu'ils reproduisent sans cesse ce combustible en remplissant de nouveau les cavités pratiquées par l'exploitation et en rétablissant continuellement les choses dans leur état primitif. Le docteur Genneté, qui partageait cette erreur, a consacré tout un chapitre pour en tirer des conséquences (1).

Ce sont encore les mêmes causes pour lesquelles un haveur reprenant son travail dans un atelier d'arrachement abandonné depuis quelque temps, n'abat quelquefois pendant les premiers mètres de l'opération, que du charbon menu et brisé, jusqu'à ce qu'il atteigne le point où cesse l'influence de la pression du toit et du dégagement des gaz. C'est aussi pour cela que les mineurs du Flénu, entre autres, détachent des produits plus abondants au commencement de leur journée que vers la fin de leur travail.

28. *Origine de la houille et des végétaux qui ont contribué à sa formation.*

Presque tous les géologues s'accordent à regarder la houille comme le produit de la décomposition de végétaux marins ou terrestres, distribués sur des surfaces variables par leur étendue. Ceux-ci, placés sur des dépôts plus anciens de sable et d'argile, recouverts à leur tour par d'autres dépôts arénacés et argileux, ont constitué la première couche et ses roches encaissantes. De semblables opérations s'étant succédé irrégulièrement pendant un laps de temps considérable, la compression à

(1) *Connaissance des veines de houille*, par GENNETÉ.

laquelle étaient soumis les bancs de sable et d'argile, augmentant d'énergie à mesure que leur accumulation prenait
plus de développement, les transforma en schistes et en
grès, et les couches, originairement beaucoup plus épaisses
qu'elles ne le sont, acquirent de la compacité et furent ainsi
réduites à la puissance qu'elles ont actuellement (1).

Comme la distillation de la houille produit toujours des
quantités notables d'ammoniac, quelques naturalistes pensent
que certaines matières animales entrent dans sa composition. Les débris de poissons, de mollusques et de
coquillages que renferment les roches encaissantes et la
houille elle-même, viennent fortifier cette opinion.

On ignore comment la décomposition a transformé en
combustible ces masses énormes de végétaux; il existe à ce
sujet beaucoup d'hypothèses qui ne peuvent trouver place
dans le cadre de cet ouvrage.

Quant à l'origine des matières ligneuses, les géologues
ont émis deux opinions distinctes.

D'après les uns, les végétaux de cette époque reculée,
soumis à l'influence d'une température fort élevée, favorisés
en outre dans leur croissance par une atmosphère humide
et fortement chargée de carbone, auraient poussé vigou-
reusement sur des points voisins des bassins houillers;
puis arrachés, et détruits tout-à-coup en totalité ou en partie,

---

(1) M. de Beaumont, évaluant les quantités de carbone que fournissent les grands végétaux, prouve que, dans les circonstances les
plus favorables, un siècle de végétation forestière ne produirait sur
place, après sa décomposition et sa transformation, qu'environ
0.016 mètre de houille; et une couche de 10 mètres de puissance
aurait exigé plus de 62 siècles pour se former. Quel laps de temps
a-t-il donc fallu pour des couches plus puissantes et pour un bassin
tout entier? Mais cette hypothèse n'a rien d'inadmissible, puisque la
nature dispose dans ses opérations de l'infinité de temps.

ils auraient formé un vaste radeau qui, entraîné par les courants, serait venu échouer dans les lieux où actuellement on rencontre les formations carbonifères. Pendant que les éléments des roches encaissantes se seraient déposés par sédimentation, une nouvelle croissance de végétaux aurait donné lieu à un nouveau radeau ; d'innombrables opérations semblables, se reproduisant ainsi à différentes périodes, auraient fini par engendrer les bassins carbonifères, et la houille serait le résultat d'un dépôt sédimentaire.

M. Élie de Beaumont, dans le but de combattre cette hypothèse, prouve, par l'évaluation des quantités de carbone contenues dans un volume donné de matières végétales, que des couches de 1, 2 . . . . et 30 mètres de puissance, comme il en existe quelques-unes, auraient exigé, pour leur formation, des radeaux flottants de 26, 52 . . . . et 780 mètres de hauteur, et il conclut qu'un semblable fait est impossible. Mais ces couches étant formées d'assises qui se subdivisent elles-mêmes en feuillets fort minces, il n'est pas nécessaire de supposer que, même les moins puissantes, aient été formées par un seul transport ; il est bien plus probable, au contraire, qu'elles ne l'ont été qu'à l'aide de plusieurs radeaux successifs qui se sont superposés avec ou sans intercalation de feuillets schisteux. L'impossibilité, dans ce cas, ne consisterait plus dans la hauteur de l'amas flottant ; mais on comprendrait difficilement la coïncidence constante de ces innombrables dépôts sur une même surface pour former non-seulement des couches parfaitement stratifiées, dont l'épaisseur ne varie pas quelquefois de 0.10 mètre sur plusieurs kilomètres d'étendue ; mais encore les séries si nombreuses qu'offrent la plupart des gîtes houillers.

En outre, les transports de bois, tels que ceux qui s'effectuent de nos jours à l'embouchure des grands fleuves d'Amérique, prouvent que les charriages ne peuvent avoir lieu sans être accompagnés d'une masse de substances terreuses telle, qu'un cours d'eau n'aurait pu entasser la matière ligneuse d'une couche sans l'avoir mélangée d'une quantité de limon plus grande que le carbone charrié, circonstance incompatible avec la constitution de la houille, qui, dans son état maximum d'impureté, ne contient jamais plus de 10 à 20 pour cent de matières étrangères.

Partant de ces impossibilités, MM. Adolphe Brongniart, Élie de Beaumont et Amédée Burat, renouvelant d'ailleurs l'hypothèse autrefois formée par Deluc, de Genève, Mac Culloch et plusieurs autres auteurs, croient devoir assimiler les houillères aux tourbières, en admettant que leur origine est due à un développement de végétaux sur place.

D'après ce système, deux espèces de végétations auraient eu lieu dans les plaines marécageuses de cette époque primitive; l'une composée de fougères arborescentes, de calamites gigantesques et des plus grandes espèces dont on retrouve actuellement les fossiles couchés ou debout, dans les schistes et les grès du dépôt; l'autre formée de plantes aquatiques et herbacées croissant à la manière des tourbières. Les végétaux de la première espèce auraient à peu près seuls fourni les éléments de la flore houillère, puisque ceux de la seconde, auxquels on attribue l'origine des couches, n'ont pu laisser que de faibles traces généralement indistinctes. Les eaux, pénétrant dans la masse spongieuse, auraient déterminé son état stratifié, achevé d'en désorganiser les tissus et séparé les uns des autres les divers lits de combustible plus ou moins pénétrés de matières terreuses. Le mouvement des eaux, qu'expliquent les pluies torrentielles d'un climat chaud

et humide tombant dans des bassins circonscrits, tenaient en suspension ou en dissolution diverses substances ; celles-ci , en vertu de leurs affinités chimiques, se seraient attirées réciproquement et auraient engendré les rognons de fer carbonaté, de schistes , de grès et les autres substances accidentelles fréquemment répandues dans les stratifications. Enfin , on suppose l'existence d'une lame d'eau étendue sur un sol fort uni, chaque fois qu'il s'est formé une couche de houille ou l'un de ces bancs d'argile si abondans en empreintes et qui en constitue ordinairement le mur et le toit. Cette lame a dû persévérer à la surface du bassin pendant tout le temps du dépôt des schistes superposés ; elle n'a été remplacée par des eaux assez profondes que lors de la formation de certains bancs de grès grossiers et puissants.

Mais, ici, une grave difficulté se présente si l'on veut concilier la végétation sur place avec les nombreuses alternances de combustibles et de roches encaissantes, et surtout avec l'épaisseur considérable de la totalité du dépôt. Comment, en effet, la lame d'eau indispensable à la formation de la houille a-t-elle pu persister à tous les étages auxquels le terrain s'est élevé successivement ? Comment a-t-elle pu se maintenir dans les limites de l'épaisseur voulue ? Les auteurs de l'hypothèse répondent : qu'à cette époque reculée, l'écorce du globe, mince encore, élastique et peu solide, cédait sous le poids des dépôts à mesure qu'ils se formaient, et qu'ainsi les eaux ne changeaient pas de niveau ; que cet enfoncement graduel des bassins expliquerait les alternances de houilles et de roches stériles, et ferait peut-être aussi connaître les raisons pour lesquelles la période secondaire ne donne que quelques rares spécimens de couches combustibles , gisant dans des terrains peu développés en épaisseurs ; car cette circonstance, attribuée à

la consolidation de la croûte du globe, se serait alors opposée aux affaissements successifs de cette dernière.

Telle est l'hypothèse au moyen de laquelle on peut concevoir la possibilité de tous les phénomènes de cette période primitive, d'une manière complète et satisfaisante.

IIIᵉ. SECTION.

TERRAINS DE RECOUVREMENT ; ORIGINE DES EAUX QUE CONTIENNENT LES MINES DE HOUILLE.

29. *Des morts terrains en général.*

Les bassins houillers se présentent sous trois aspects différents. Les uns n'ont d'autre recouvrement qu'une couche plus ou moins épaisse de terre végétale, en sorte qu'une petite tranchée suffit pour mettre à nu la houille des affleurements ; d'autres sont recouverts partiellement de formations plus récentes ; d'autres, enfin, sont entièrement masqués par des terrains stériles. Ces derniers sont inconnus jusqu'à présent. Les premiers sont fort rares, et la presque totalité des dépôts appartiennent à la deuxième catégorie, dans laquelle on peut citer la grande zone carbonifère belge découverte dans la majeure partie des bassins de Liége, de Namur et de Charleroi, et recouverte partout ailleurs de terrains tertiaires ou secondaires.

Lorsque le mineur ne rencontre, au-dessous de la terre végétale, que quelques dépôts arénacés ou argileux de faible épaisseur et, par conséquent, de peu d'importance, vu leur nature peu aquifère, il n'éprouve aucun obstacle à pratiquer les excavations destinées à atteindre la formation houillère. Mais si les terrains superposés acquièrent une certaine puissance ; si, en outre, ils sont aquifères, ils doivent attirer toute l'attention des exploitants, à cause des grandes dépenses qu'entraînent les moyens d'art dont on doit faire

usage et des difficultés immenses et quelquefois insurmontables qu'offre l'opération. Des formations de cette espèce recouvrent une grande partie des gites carbonifères de la province de Hainaut et la totalité du département du Nord ; elles ont été appelées *morts terrains* par les mineurs de ces deux localités (1), parce qu'ils n'y rencontrent jamais de houille.

Ces morts terrains, ordinairement aquifères et sujets aux éboulements, offrent de grands obstacles lors du foncement des puits; mais aussi le mineur n'a pas à redouter de tomber dans d'anciens travaux inconnus et inondés, comme on en rencontre si fréquemment dans les localités où la formation houillère affleure à la surface. En outre, lorsque le passage de ces stratifications difficiles à traverser est effectué, les travaux ultérieurs d'exploitation sont ordinairement garantis des eaux par la nature étanche des derniers bancs de recouvrement. Enfin, ils s'opposent aux exploitations illicites auxquelles les propriétaires de la surface sont fort enclins, exploitations déplorables sous le rapport de la production d'excavations formant réservoirs dont le contenu s'infiltre dans les mines.

Les morts terrains, dont on peut généraliser la dénomination en l'appliquant indistinctement à toutes les stratifications de recouvrement d'une épaisseur un peu considérable, appartiennent à trois formations :

Les terrains d'alluvion, tertiaires et secondaires.

(1) On verra fréquemment, dans la suite, que les termes et les procédés employés par les mineurs du Hainaut et du département du Nord sont à peu près identiques, ce qui n'a rien d'étonnant, puisque les mines d'Anzin ont été découvertes et exploitées originairement par des Belges. La plupart des mineurs du département du Nord sont les descendants des ouvriers appelés dans cette localité par le vicomte Desandrouin et ses successeurs.

Ces formations se présentent, tantôt isolées les unes des autres, tantôt superposées et réunies deux à deux ou trois à trois, suivant les localités. Elles ont été déposées postérieurement à l'époque où le terrain houiller fut soulevé et disloqué, puisqu'elles sont disposées par assises sensiblement horizontales, sans concordance avec les stratifications inférieures.

30. *Terrains d'alluvion.*

Ce sont en général des dépôts arénacés, des amas de graviers ou de cailloux roulés et des couches d'argile pure ou mélangée de sables en proportions variables. Ces terrains, situés sur les côtes de la mer, sur les bords des fleuves et des rivières, ne sont jamais fort élevés au-dessus du niveau des eaux. Ils sont très-récents, puisque les éléments de leur formation se déposent encore actuellement. Enfin, leur étendue et leur profondeur sont quelquefois considérables.

Telles sont les alluvions des rives de la Sambre et de la Meuse, composées de sables et de graviers, et celles qui reposent sur la formation houillère des départements de Maine-et-Loire et de la Loire-Inférieure. Ces dernières composées de bancs d'argile intercalés dans une masse arénacée, forment une puissance de 18 à 20 mètres. Les sables, dont les grains aux approches de la surface du sol sont très-fins, deviennent en descendant insensiblement plus grossiers, se changent ensuite en galets; puis, dans la partie inférieure de la formation, en vastes blocs erratiques, dont les angles abattus par le frottement affectent une forme presque sphérique. On reconnaît dans les fragmens de roches volcaniques, de granits, et dans les nombreux silex, des débris transportés par les affluens

de la Loire. Les sondages exécutés par M. Triger (1)
ont démontré que la surface du terrain houiller est entièrement plane et nivelée : ce qui ne peut être attribué qu'aux érosions qui ont eu lieu avant le dépôt des
substances arénacées.

On peut également classer parmi les roches d'alluvion
les sables aquifères , jaunes , superposés au bassin de
Newcastle , dans les vallées où coulent des rivières ; leur
puissance , ordinairement comprise entre 4 et 6 mètres ,
est , du reste , fort variable et quelquefois assez grande pour
offrir de graves difficultés dans le percement des puits.

31. *Terrains tertiaires.*

Ces formations consistent également en sables de différentes couleurs agglutinés entre eux ou complètement
désagrégés , en couches d'argile plus ou moins pure, et en
mélanges de ces deux substances en différentes proportions.
On y rencontre fréquemment des rognons de silex pyromaques, des fragments de houille et des roches qui l'accompagnent, disséminés dans la masse ; des troncs d'arbres ,
de même que de petits végétaux en partie décomposés ; des
coquillages et plus rarement des débris d'animaux marins.
C'est à cette classe de terrains généralement déposés sur
des plans plus élevés que le niveau des cours d'eau ac-
tuels, que se rapportent les dépôts arénacés et argileux qui
recouvrent une partie de la formation houillère du Centre
(Hainaut). Après la terre végétale et un banc d'un ou de
deux mètres d'argile propre à faire des briques , on rencontre 5 , 20 et même 50 mètres de sable argileux , tantôt
vert , tantôt bleu , contenant des galets de silex et au mi-

(1) Mémoire sur un appareil à air comprimé, etc., par M. TRIGER,
ingénieur civil. *Bulletin du Musée de l'Industrie* , année 1842.

lieu duquel sont quelquefois dispersés des troncs d'arbres couchés, dont, malgré l'état de décomposition fort avancé, on reconnaît facilement l'essence. A ces troncs sont attachés des cristaux de fer sulfuré. Sur quelques points du bassin, les sables peu puissants reposent sur des bancs d'une argile plastique employée dans les fabriques de poteries.

Coupe du terrain traversé par le puits Sainte Marie de la mine de la Louvière (district du Centre) :

1 Terre végétale et argile jaune, Mètres	2.50	»
2 Argile bleue	5.70	2.30
3 Argile aquifère	2 »	8 »
4 Id. mélangée de sables et de cailloux roulés	2.50	10 »
5 Silex dits *rabots*	2.50	12.50
6 Sables verts et graviers	2 »	15 »
7 Sables verts mêlés de cailloux blancs	9	17 »
8 Terrain houiller	»	26 »

Un sondage exécuté plus au sud, près du village de Haine-St.-Paul, a démontré l'existence des stratifications suivantes :

Terrains d'alluvion.	1 Terre végétale. Mètres 0.70	»
	2 Gravier et sable . . 5.90	0.70
Terrain tertiaire.	3 Sables verts et galets de silex 2.70	6.60
	4 Sable gris 7.46	9.30
	5 Sables verts et galets de silex 0.73	16.76
	6 Sable jaune aggluliné. 12.86	17.49
	7 Pierre siliceuse grise 8.23	30.35
	8 Sable argileux . . . 5.21	38.58
	9 Sable argileux d'abord, puis fort mouvant . 8.06	41.79
	10 Terrain houiller . . » »	49.85

Les stratifications arénacées qui reposent sur le gîte
houiller de Glascow consistent en :

1 Sable sec . . . . . Mètres	5.50	» »	
2 Sable aquifère	6.40	5.58	
3 Argile	1.20	11.90	
4 Terrain houiller	» »	13.10	

52. *Formations secondaires de recouvrement.*

On trouve dans plusieurs parties de la surface du bassin
de Newcastle, le grès bigarré et le calcaire magnésien
superposé aux grès houillers. Des dépôts arénacés rouges
de l'époque du trias (grès bigarrés et marnes irisées) recouvrent les cinq sixièmes du bassin de Saône-et-Loire.
Le lias est superposé aux formations houillères d'Alais et
de la Grande Combe (France). Le terrain houiller de la
Vendée est masqué par le terrain jurassique. La plupart
des districts de la Silésie sont recouverts de grès rouge et
de calcaire coquillier ; enfin la formation de Saarbruck
est enfouie sous le grès bigarré des Vosges. Mais les dépôts de formation secondaire les plus remarquables sous
le rapport de l'art des mines, sont les terrains crétacés
qui s'étendent sur la formation carbonifère du département du Nord, recouvrent la majeure partie de celle du
Couchant de Mons et s'avancent à l'Est jusqu'au-delà de
Binche. Ils sont formés de couches alternatives de marne,
de sable, d'argile et de craie, appartenant à la formation
des roches secondaires situées dans l'échelle géognostique
entre le calcaire jurassique et le calcaire grossier.

Les coupes suivantes donneront au lecteur une idée générale de la composition des morts terrains déposés dans
ces localités.

Stratifications de recouvrement traversées par le puits Sainte Zoé (N° 14) de la mine du Levant du Flénu, près de Mons.

		Puissance des stratifications.	Profondeurs au-dessous du sol.
Terrains tertiaires inférieurs.	1 Terre végétale et argile . . . Mètres	1.20	» »
	2 *Ergeron*. . . . . 4 »		1.20
Terrain crétacé supérieur.	3 *Marlettes* jaunâtres . 11 »		3.20
	4 Pierre calcaire, (trois bancs) 10.10		16.20
	5 *Marne* des mineurs, craie blanche . . 23.90		30.20
	6 Marne blanche, cinq bancs 4.20		30.20
	7 Idem compacte . . 8.10		54.40
	8 (*Gris*), 4 bancs . 3.50		62.50
	9 Trois bancs de rabots alternant avec des dièves et de la craie. 2.85		67.80
	10 *Fortes toises* et calcaires. 5.95		70.65
	11 Argiles grises, verdâtres et bleues . 2.10		76.60
	12 Terrain houiller . . » »		78.79

On désigne sous le nom d'*Ergeron* un mélange d'argile et de sable. Les *Marlettes* sont de la craie argileuse ; les *gris* de la craie chloritée ou un mélange de marne et de sable. Les *Rabots* ou *Cornus* sont des rognons de silex noirs empâtés dans de la marne calcaire ; quelques silex ont la surface jaune orange, ce qui leur a fait donner, par les

ouvriers , le nom de *rouges cailloux*. Ces stratifications sont ordinairement fort aquifères. Les *dièves* sont des argiles compactes , d'une couleur variable , mais le plus ordinairement noirâtre. Les *fortes toises*, ou calcaires argileux blanchâtres avec silex , sont plus ou moins compactes et imperméables.

Coupe du puits de Blaton , situé à la partie Nord du Couchant de Mons.

1	Terre végétale , sable et gravier, mètres	2	»
2	Marne blanche	5	2
3	Id. bleuâtre	20	7
4	*Meule*	26	27
5	Terrain houiller	»	53

La partie supérieure de la stratification dite *meule* consiste en sables et en cailloux roulés, liés ensemble par un ciment argilo-calcareux bleuâtre ou verdâtre , dans lequel se trouvent disséminés des blocs de calcaire recouverts d'une grande quantité de coquillages , tels que peignes , huitres , etc. Cette partie offre beaucoup d'analogie avec le banc appelé *tourtia* , que renferme la coupe suivante. La partie inférieure renferme également tous les élémens de ce tourtia, tels que silex et cailloux roulés ; mais ils sont peu ou point agrégés ensemble ; en sorte que le manque de solidité de ces strates et la grande quantité d'eau qu'elles renferment rendent le fonecment des puits très-difficile.

33. Morts terrains des mines d'Anzin et de Douchy.

La coupe suivante est celle du puits de la Cave près de Raismes :

Terrain crétacé supérieur.	1 Terre végétale . .	0.80	» »
	2 Quatre *durs bancs de turc* intercalés entre cinq bancs de *turc*.	8.20	0.80
	3 *Ciel de Marle* . .	11.50	9 »
	4 *Marle*	50.50	20.50
	5 Gris , vert , bonne pierre	10 »	51 »
	6 Cornus.	12 »	61 »
	7 1er. bleu , forte toise ; 2e. bleu , petit banc ; 3e. bleu , 2e. petit banc	18.50	73 »
Crétacé inférieur.	8 Dièves.	16 »	91.50
	9 Tourtia	2.50	107.50
	10 Terrain houiller . .	» »	110 »

Les stratifications appelées *turc*, qui sont au nombre de sept dans la coupe ci-dessus, sont un mélange de craie, d'argile et de sable très-fin. Les bancs de turc proprement dit sont sans consistance ; mais les *durs* bancs de turc, formés des mêmes substances, sont solides, compacts, ordinairement peu puissants et caractérisés par des silex et des grains verts disséminés dans la masse.

Le ciel de Marle constitue la partie inférieure des stratifications qui précédent ; la cassure en est grossière ; et l'on y voit une multitude de petits grains verts (silicate de fer). Cette roche est remplacée quelquefois par des argiles bleues.

Les Marles sont de véritables craies dures et consistantes ; on les utilise comme pierres à chaux. Les nombreuses fissures qu'elles contiennent laissent filtrer des sources fort abondantes ; cependant, lors du fonçage du puits de la Cave, on n'en a rencontré qu'une de quelque importance.

Gris, craie argileuse assez fissurée et plus solide que la craie ordinaire.

Vert, craie à cassure grossière, dans laquelle est disséminée une multitude de grains de silicate de fer.

Bonne pierre, calcaire jaunâtre à grains fins.

On appelle *cornus* des bancs de craie blanche dans laquelle se trouvent dispersés des silex pyromaques en galets, en rognons ou en petits grains. Quelquefois ces silex sont tellement abondants qu'ils semblent, à eux seuls, constituer toute l'assise. D'autres fois ils sont si rares que l'on s'enfonce de plusieurs décimètres sans en trouver un seul. C'est dans cette stratification, traversée par un nombre infini de fissures, que se rencontrent des masses d'eau considérables.

Les bleus sont composés d'une argile mêlée de calcaire et quelquefois de marne argileuse alternant avec des bancs de marne grise très-fissurée appelés *fortes toises, premier et second petit banc.* Ces trois derniers sont toujours plus ou moins aquifères; il arrive cependant quelquefois que l'un d'eux ne donne pas d'eau; les sources se font alors sentir dans d'autres stratifications; mais cette circonstance est fort rare.

Les dièves, formées d'argile compacte mêlée de parties calcaires, sont colorées en vert ou en rouge. Elles forment une couche puissante, imperméable à l'eau et facilitent l'exploitation en empêchant les sources abondantes des stratifications supérieures de se répandre dans le terrain houiller.

Enfin, *le tourtia*, poudingue calcaire mêlé d'argile et de galets quartzeux, repose presque toujours immédiatement sur la formation houillère. Cette roche est assez tenace lorsqu'elle ne contient pas d'eau; dans le cas contraire, elle se désagrège et n'offre aucune solidité.

Coupe des terrains aquifères traversés par le puits Naville, dit fosse n°. 7, de Douchy.

1 Terre végétale . . . . Mètres 1 »
2 Argile marneuse 0.55
3 Cornus ou craie et silex 15.65
4 Bancs d'argile bleue intercalés entre
   des assises de marne grise, et disposés
   comme suit :

Faux bleus . . . . . . 1.50 \
Premiers bleus 1
Fortes toises 2.70
Second bleu 5.50
Petit banc . . . . . . 0.50 } 15.20
Troisième bleu 5.10
Petit banc 0.50
Quatrième bleu 1
Petit banc . . . . . . 2 /
5 Dièves vertes et rouges. (*Base du*
   curelage) . . . . 40 »
6 Tourtia 1.50

                          ———
      Terrain houiller. . . Mètres 75.90

34. *Epaisseurs des terrains crétacés de recouvrement.*

Voici un aperçu de la puissance du terrain crétacé superposé à la formation carbonifère du Couchant de Mons :
Jemmapes. Société des pompes . . Mètres 79
—   Haut Flénu 12
—   Douze actions 150

Quesmes.	Levant du Flénu N° 18 . 97
—	Pompe à feu 47
Quaregnon.	Cossette N° 10 . . . . . 105 à 106
—	— N° 8 75
Frameries.	L'agrappe N° 2 15
—	Noirchain N° 12 . . . 37
Wasmes.	Hornu et Wasmes N° 3. 58
—	— — N° 4. 105
Grand Hornu.	Puits N° 1 . . . . . . 47 à 48
—	— N° 10 84
—	— N° 11 74
Elouges.	Grande veine 53
—	Les Andrieux 77
Boussu.	Avaleresse du bois de Boussu 15
Thulin.	Avaleresse de Thulin. . . 26
Dour.	Bellevue N° 6 54

La formation houillère paraît au jour dans le fond de quelques vallées creusées par les eaux ; par exemple à Grande-Veine-sur-Wasmes et au midi du bois de Boussu.

D'après ce qui précède, on voit que l'épaisseur des terrains crétacés est fort variable et qu'il n'existe aucune ligne définie suivant laquelle la puissance augmente ou diminue graduellement ; les différences considérables que l'on rencontre souvent entre deux localités contiguës peuvent faire supposer, au contraire, que la formation carbonifère était fortement accidentée au moment où elle a été recouverte par le mort terrain.

On a remarqué que dans le prolongement de la zone houillère renfermée dans le département du Nord, le terrain crétacé semble s'accroître en puissance à mesure

que l'on s'avance à l'ouest : cette réflexion ne peut toutefois s'appliquer qu'à l'ensemble des stratifications de
recouvrement sur une vaste étendue. Le tableau suivant
renferme les épaisseurs de ces formations en différentes
localités.

Vieux Condé . . . . de 40 à 47 Mètres
Fresnes . . . . 40 à 57
Anzin . . . . 60 à 75
Abscon 108
Aniche et Azincourt . . . . 95 à 104
Rœux 110
Mouchy-le-Preux 148
Tilloy 149
A l'Escarpelle 150
Fort de l'Escarpe 154
Pommier 180
Bienvilliers-au-Bois 198

35. *Dépôts arénacés aquifères intercalés entre la
base de la formation crétacée et la partie supérieure du terrain houiller.*

Dans quelques parties de la concession d'Anzin, le
tourtia ne repose pas immédiatement sur le terrain
houiller ; mais il en est séparé par un dépôt de sables
dont la puissance varie de 1 à 14 mètres, et qui,
vu la grande quantité d'eau qu'il renferme, a reçu
le nom de *torrent.*

Ces sables, formés de grains de quartz de la grosseur
d'une lentille ou d'un pois et même beaucoup plus ténus,
renferment des galets dispersés de hornstein, de jaspe,

d'argile ferrugineuse, de quartz et autres substances destinées à concourir au développement du banc de tourtia ;
mais restées à l'état de désagrégation. Cette stratification s'étend au-dessous du village de St-Waast au sud
et au sud-ouest de la concession d'Anzin. Au nord-ouest
on n'en peut exactement déterminer les limites ; à l'ouest,
elle finit avant d'arriver à Raismes, et, au sud-ouest,
avant d'atteindre Abscon.

Les eaux du torrent n'ont aucun rapport avec celles
que renferme le terrain crétacé superposé aux dièves ;
car lors de l'enfoncement du puits *la Sentinelle*, les premières ne s'élevaient qu'à environ 24 mètres, tandis que
les autres étaient parvenues à une hauteur de 35.50
mètres ; en sorte que le niveau dans les sables était
d'environ 11.50 mètres plus bas que dans les bancs supérieurs. En outre, les eaux du torrent sont salées, leur
évaporation laissant pour résidu du sel marin cristallisé,
peu différent du sel commun ; tandis que celles des sources
supérieures, employées pour l'alimentation des machines,
n'offrent pas la moindre trace de salure. Depuis longtemps
on faisait des tentatives pour traverser ce dépôt, lorsqu'en 1824 ou 1825 on y est parvenu, après toutefois
avoir pratiqué au-dessous une galerie d'écoulement destinée à recueillir les eaux de ces sables et à les assécher
en partie.

Les strates inférieures désagrégées du banc auquel les mineurs de Blaton ont donné le nom de *meule* (32) et dont
la puissance est d'environ trois mètres, offrent, sous tous les
rapports, la plus grande analogie avec le torrent d'Anzin.
Il en est de même des terrains traversés par le puits
St.-Alexandre, n°. 3, de Streppy Braquegnies (centre du
Hainaut), renfermant, entre la partie inférieure du dépôt
crétacé et la tête de la formation carbonifère, des sables

d'une puissance considérable. La coupe de ces terrains de recouvrement est la suivante :

1	Terre végétale	Mètres	1.50	»
2	Argile		9 »	1.50
3	Sables verts d'abord, puis gris			
	passant au blanc		8 »	10.50
4	Rabot		8.20	18.50
5	Sables blancs , puis verts . . .		7 »	26.70
6	Tourtia		8 »	55.70
7	Argile grisâtre		1.50	41.70
8	Sables fluides.		22 »	43 »
9	Terrain houiller		» »	65 »

Voici quelques observations sur la composition de ces stratifications :

2. La partie supérieure du banc d'argile est propre à faire des briques ; mais la partie inférieure contient une trop grande quantité de sable et de gravier pour servir à cet objet.

4. Le rabot, composé comme on l'a vu ci-dessus, (32) se présente par stratifications alternatives de silex et de marne.

6. Le tourtia est un poudingue composé de marne et de cailloux siliceux. La masse renferme assez de petits grains verts pour donner à la roche une teinte verdâtre.

7. C'est une couche d'argile plastique comme on en rencontre fréquemment, et même de fort épaisses , en plusieurs parties de la surface du bassin houiller du Centre.

8. Ces sables, analogues à ceux du torrent d'Anzin, sont très-fluides, en raison de la grande quantité d'eau

qui les pénètre. Les couleurs qu'ils affectent sont fort variées ; ils sont alternativement bleus, verts, blancs, gris ou noirs, les grains en sont fins ou fort grossiers. Des couches d'argile plastique sont intercalées dans ces sables. Au milieu de la masse sont dispersés des silex pyromaques roulés ; des quartz blancs lenticulaires ; des fragments de poudingues siliceux, quelquefois fort volumineux ; des lignites auxquels adhèrent des pyrites ; des tronçons de bois de différentes grandeurs dont il est facile de reconnaître l'essence ; du succin, de l'argile durcie, des blocs de calcaire et de houille en assez grande quantité.

La galerie de démergement de la mine dite la Louvière a fait connaître assez exactement les terrains arénacés de cette concession. Les sables siliceux qui les composent, mêlés de fragments de silex et de calcaire, forment des bancs légèrement inclinés à l'horizon et dont la puissance s'élève à 15 et 16 mètres. Entre ces bancs sont intercalées des couches d'argile imperméable et souvent plastique de 0,05 à 1.50 mètre d'épaisseur. Cette division de la masse arénacée en espaces éminemment perméables, compris entre des digues étanches, détermine de grandes différences dans le volume des eaux dont chaque fraction du terrain est pénétrée. Les lignites, que l'on rencontre fréquemment, sont stratifiés par couches de 0,05 à 1 mètre d'épaisseur ; ils ne jouissent pas de la propriété de retenir les sources.

Quelquefois dans ces localités (le centre du Hainaut), on rencontre accidentellement et à d'assez grandes profondeurs, des couches fort puissantes de sables mouvants très-aquifères, stratifiées au-dessous de roches solides ; au moment où le mineur les rencontre en approfondissant un puits, ou même en pratiquant un son-

dage, le sable et l'eau, probablement soumis à une pression considérable, jaillissent avec violence, comme le ferait une fontaine artésienne, et remplissent promptement l'excavation, que les ouvriers doivent abandonner à la hâte. Ce fait s'est présenté à la mine de Streppy-Bracquegnies, pendant qu'on était occupé à foncer le puits du midi. En général, ces formations arénacées semblent identiques sous le rapport de leur composition, de leur nature et de leurs dispositions, quel que soit le point où on les rencontre.

36. *Configuration extérieure des terrains houillers.*

Les terrains carbonifères et les roches qui leur sont superposées ne sont jamais accidentés par des montagnes ou des collines à pentes raides et abruptes; par des vallées étroites, profondes et fortement encaissées. Au contraire, ces formations n'offrent à la vue que des plateaux ou de vastes plaines au milieu desquelles coulent quelques rivières, ou simplement des groupes de collines arrondies d'une hauteur modérée.

Immédiatement après les convulsions qui ont bouleversé l'écorce du globe, après le ploiement et la rupture des stratifications, le terrain houiller offrait probablement à sa surface de grandes dénivellations, des déchirures, des précipices abrupts; des sommités étaient taillées en pics aigus, comme on en rencontre fréquemment au milieu des formations composées de roches d'une grande dureté et peu sensibles aux influences atmosphériques. Mais les couches et les roches encaissantes, d'une nature généralement tendre et déliteuse, n'ont pu conserver leurs aspérités; cédant à l'action érosive des eaux,

elles ont été promptement nivelées, leurs masses arrondies, des collines entières enlevées, leurs produits balayés et relégués dans des cavités voisines. Il en a été de même lorsque le terrain houiller s'est trouvé recouvert de formations plus récentes; celles-ci, stratifiées en bancs sensiblement horizontaux et rarement affectées de dislocation, n'ont été accidentées que par les irrégularités de leur superposition ou par les courants d'eau, qui, sillonnant la superficie, ont déterminé les pentes douces des plaines et des collines (1).

Il résulte de ce qui précède que les pentes du sol ne doivent pas être nécessairement concordantes avec l'inclinaison des couches de houille, à moins que les sinuosités de la surface actuelle ne soient une conséquence des inflexions et des dislocations du terrain houiller, circonstance fort rare. Ainsi, vouloir caractériser ou déterminer l'allure des couches d'après les accidents de la surface et sa configuration extérieure est une vaine spéculation; et l'opinion des mineurs qui, ayant observé un parallélisme accidentel entre l'inclinaison des versants d'une vallée et celle des couches de houille, en déduisent une règle générale, est erronée, en

---

(1) On doit cependant observer que les terrains de recouvrement composés de roches d'une dureté capable de résister aux influences atmosphériques (tels que les bancs épars de *grünstein* stratifiés au-dessus des gîtes de formation récente), quoique ne formant pas de véritables montagnes, offrent toutefois des sommités fort élevées., des pentes escarpées et même des pics de 50 à 60 mètres de hauteur. On trouve aussi la superficie des terrains carbonifères accidentée et coupée par des arêtes de trapp et autres matières volcaniques qui, remplissant certaines fentes, s'élèvent au-dessus de la surface par suite de la destruction des roches encaissantes de la houille.

ce sens que le nombre des cas soumis à la règle n'atteint peut-être pas celui des exceptions. Il arrive toutefois assez souvent, si l'on considère l'allure des couches d'une manière générale, que leur direction est parallèle au grand axe des bassins et que cet axe se confond avec celui des vallées. C'est ainsi, par exemple, que les couches gisant entre Liége et Charleroi courent à peu près parallèlement aux rivières principales ; c'est-à-dire à la Sambre d'abord, puis ensuite à la Meuse.

37. *Origine des eaux rencontrées par le mineur pratiquant des excavations à l'intérieur de la terre.*

Le mineur rencontre des eaux à différentes profondeurs au-dessous de la surface du sol et en quantités plus ou moins grandes, suivant les dispositions des assises et la structure du terrain. Il est bien prouvé, contrairement à l'opinion autrefois dominante, qu'elles proviennent toutes sans exception de la superficie du sol où elles sont absorbées par les diverses stratifications qui affleurent au-dessous de la terre végétale. Celles des eaux pluviales qui ne s'écoulent pas pour former les ruisseaux et les rivières, s'infiltrent à travers les bancs du terrain, dont elles traversent les pores, les joints ou les fissures, et descendent jusqu'à ce qu'elles en rencontrent un qui, privé de cette propriété, les arrête et les contient. Si le plan de stratification de la couche est tellement disposé que sa partie inférieure vienne affleurer sur les flancs d'une colline, ou tout au moins au-dessus du fond d'une vallée, les eaux s'écoulent naturellement; mais si la couche imperméable se replie et forme un bassin, privées d'issue, elles s'accumulent en

6

quantités variables suivant la porosité de la roche , le
nombre et la capacité des fissures, et forment alors, soit
de simples sources intérieures , soit de vastes nappes prêtes
à se déverser dans les puits ou les autres cavités , dès que la
résistance latérale est supprimée. Si , malheureusement ,
les bancs pénétrables, traversés sur un point de leur étendue
par une excavation quelconque, forment leur affleurement
dans le lit d'un lac, d'un étang, d'une rivière ou d'un simple
ruisseau, les infiltrations, fort abondantes et sans cesse renou-
velées , introduisent dans la mine des volumes d'eau considérables , dont quelquefois le mineur ne peut parvenir
à se débarrasser. Toutes ces considérations s'appliquent
également au terrain houiller et aux stratifications de
recouvrement.

38. *Etat des eaux dans les terrains crétacés.*

Les morts terrains sont secs ou aquifères selon leur
relation de position avec le fond des vallées qui acci-
dentent la superficie , c'est-à-dire suivant qu'ils sont
placés au-dessus ou au-dessous du plan d'écoulement
naturel des eaux; mais la situation relative des stratifications
et les inflexions auxquelles elles sont soumises apportent
toutefois de fréquentes modifications à ce système général
du régime des eaux.

Les bancs perméables de la formation crétacée sont
traversés en tous sens par d'innombrables fissures ou
coupes droites, horizontales ou inclinées, communiquant
toutes entre elles et dont l'ensemble peut être assimilé
à de vastes réservoirs dans lesquels s'écoulent les eaux
pluviales. Celles-ci, ne pouvant franchir les dièves qui ,
lorsqu'elles existent , recouvrent presque immédiatement

le terrain houiller, ni se déverser sur un sol presque horizontal, remontent et prennent pour niveau le fond des vallées voisines, où elles trouvent leur libre écoulement. La partie supérieure peut donc être asséchée; mais la partie inférieure est divisée en autant de cavités qu'il se trouve de stratifications fissurées et pénétrables, comprises entre deux bancs d'argile imperméables. Telle est la cause du jaillissement de ces sources artésiennes que le mineur rencontre au milieu des assises de la formation crétacée, et qui s'élèvent dans les excavations en se portant vers la surface du sol. Les sources que contiennent ces terrains sont des *niveaux*. Traverser ces bancs aquifères et empêcher les eaux de se précipiter dans l'excavation s'appelle *passer un niveau*.

L'abondance des sources affluentes dans les cavités est en raison de la résistance plus ou moins grande qu'elles trouvent à se porter d'un point à un autre, ainsi que du nombre et de la grandeur des coupes qui les contiennent. Lorsque celles-ci sont rares, peu ouvertes et telles qu'elles opposent des obstacles sérieux à la circulation des eaux, il suffit d'un simple treuil pour en opérer l'épuisement. Lorsqu'elles sont multipliées et prolongées à de grandes distances, les niveaux sont considérables et leur assèchement sur un point se fait sentir dans tous les puits du voisinage. Si enfin les orifices de quelques *coupes* viennent à déboucher dans un ruisseau, les travaux de fonçage deviennent impraticables.

Les fissures sont fort irrégulièrement réparties dans la masse du terrain crétacé. On cite des circonstances où l'exploitant, après s'être roidi pendant longtemps contre les obstacles apportés à l'enfoncement d'un puits par l'abondance des sources, abandonna le travail pour le reprendre à une faible distance du premier point d'attaque, où les

eaux, en quantité beaucoup moindre, lui permirent de le
conduire à bonne fin.

Il peut sembler, au premier abord, qu'une formation
houillère complètement découverte soit fort avantageuse,
puisque les travaux de recherche sont simples et peu coûteux, et que les eaux n'apportent aucun obstacle au percement destiné à atteindre les couches de houille. Cependant, lorsque les terrains de recouvrement contiennent,
à leur partie inférieure, des stratifications imperméables
comme les dièves, surtout lorsqu'ils ne sont pas trop épais
ou trop aquifères, les difficultés du fonçage sont largement
compensées par le bénéfice résultant de ce que le mineur
est dispensé d'épuiser la majeure partie des eaux que
retient la base du terrain crétacé pendant tout le temps de
l'exploitation, quelque prolongée qu'elle soit.

39. *Des eaux considérées dans le terrain houiller.*

Le mineur n'a pas à craindre dans le terrain houiller
des sources aussi abondantes que celles de la formation
crétacée. Les bancs de schiste et les couches de houille
fournissent quelques rares infiltrations qui se présentent
sous la forme de petits filets d'eau, ou de gouttelettes s'échap-
pant des pores du rocher. Mais les grès, ordinairement
très-fissurés et dont les fentes sont très-ouvertes, livrent
passage à des niveaux fort difficiles à contenir et toujours très-
coûteux à épuiser. En général, le régime des sources semble
soumis à l'une ou à l'autre des conditions suivantes : tantôt
elles tarissent après avoir été vidées par épuisement et ne
reparaissent plus, ou tout au moins ne se montrent qu'en
minime quantité et à des époques marquées par les grandes

pluies ; tantôt elles continuent à dégorger de l'eau avec uniformité ; lorsque ce dernier cas se présente , c'est que l'excavation est mise en communication , au moyen de fissures formant canal , avec de grands réservoirs qui fournissent incessamment à l'alimentation. En général , les eaux des mines sont d'autant plus abondantes que le point d'exploitation est plus rapproché du sol , parce que plus il est voisin de leur origine , moins elles rencontrent d'obstacles en traversant les diverses fissures du terrain.

On appelle *venues d'eau* les sources qui s'écoulent dans les mines d'une manière constante ou temporaire. Lorsqu'elles ne tarissent pas , l'eau affluente , objet d'un épuisement incessant , prend le nom de *nourriture*. L'ensemble de celles que l'on doit extraire d'une mine en activité en constitue *le niveau*. C'est dans ce sens que l'on doit prendre les expressions usitées à Liége , telles que , par exemple : *Nous avons actuellement les forts* ou *les faibles niveaux ;* ce qui veut dire que l'on se trouve dans l'époque de l'année où les mines reçoivent une quantité plus ou moins grande d'eau , en raison de la saison pluvieuse d'hiver ou sèche d'été , ou , en d'autres termes : le moment où le niveau des eaux rassemblées dans les réservoirs est plus ou moins élevé.

Dans la province de Liége , l'eau qui humecte la houille en place , et qui ne donne lieu qu'à de faibles infiltrations , est appelée *le sang de la veine*.

Celles que recèlent les anciennes excavations sont désignées dans la même localité, où cette circonstance dangereuse se présente fréquemment , sous le nom de *bains d'eau* ou *mers d'eau*. On les distingue facilement de celles que fournissent les sources vives venant du terrain vierge à l'odeur et au mauvais goût communiqué par les matières

qu'elles contiennent , telles que divers carbonates , des
sulfates acides de fer provenant de la décomposition des
sulfures, des matières volatiles, produits de la décomposition des bois, etc., etc.

IV°. SECTION.

DES ACCIDENTS QUI AFFECTENT LES COUCHES DE HOUILLE.

40. *Définitions de quelques termes relatifs aux couches.*

Avant d'entreprendre l'énumération des accidents dont la houille et les roches associées sont l'objet, il convient de définir ici les lignes imaginaires que l'on suppose exister dans les couches pour fixer la situation de ces dernières, quelques lignes réellement existantes et les termes relatifs à certaines parties d'un bassin houiller.

La direction ou *l'allongement* est la ligne d'intersection d'une couche par un plan horizontal. Si, dans le bassin représenté dans les figures 7 et 8, pl. I, on fait passer une série de plans horizontaux tels que AB, CD, etc., ils engendreront, sur la projection, des lignes droites, courbes ou sinueuses telles que abc, def, ghi, etc., indices de la direction des stratifications. L'exploitation n'ayant pour objet que des portions de couches, cette direction s'exprime par des lignes droites, telles que EF ou GH, dont la position se modifie à chaque contournement du terrain. S'il s'agit de la fixer d'une manière générale pour l'ensemble d'un bassin houiller, on choisit une ligne, telle

que EO, résultante ou moyenne de toutes les directions particlles. Et comme, pour déterminer la position d'une ligne, il suffit d'établir ses relations avec une autre ligne invariable, on la rapporte au méridien magnétique ou au méridien réel, en indiquant l'angle résultant de l'intersection des deux lignes. Ainsi l'on dira que la direction EF forme à l'Est du méridien un angle ROH de 60 degrés. On la désigne encore, et c'est le cas le plus fréquent, en indiquant le point de l'horizon vers lequel marche cette ligne. On peut dire, en parlant du grand Bassin belge, qu'il se dirige de l'Ouest à l'Est, en inclinant de 12° vers le Nord. Toute excavation pratiquée horizontalement dans une couche suit la direction de cette dernière.

Un plan vertical JK, formant un angle droit avec la direction LM d'une couche, coupe celle-ci suivant sa ligne de *plus grande pente;* c'est cette ligne que l'on désigne sous le nom d'*inclinaison,* de *pente* ou de *pendage.* Sa mesure est l'angle J*o*d (fig. 6), compris entre la ligne de plus grande pente J*o* et la trace *od* du plan vertical sur un plan horizontal. On exprime aussi en mesures linéaires la quantité verticale dont une couche s'élève ou s'abaisse pour chaque unité de longueur mesurée sur le plan horizontal, ou en établissant le rapport entre la hauteur verticale et la distance horizontale parcourue. Ainsi l'on dit indifféremment d'une couche qu'elle est inclinée de 26,25 degrés, de 50 °/₀ ou de 0.50 mètre par mètre. L'inclinaison s'exprime enfin par une fraction de la longueur mesurée sur la projection horizontale. On dit, par exemple, qu'elle est de 1/10ᵉ lorsqu'elle est de 0.1 mètre par mètre.

Une ligne, telle que PQ, intermédiaire entre la direction LM et l'inclinaison JK, tracée sur le plan de la couche, sera appelée *diagonale,* à l'imitation des Allemands.

L'*allure* est la forme d'une couche et sa position relative

dans le gîte (1). Les directions et les inclinaisons de quelques parties d'une couche suffisent pour fixer la situation de cette dernière dans l'espace.

Tout bassin houiller , sauf le cas de brusque interruption , offre deux pentes inclinées en sens inverse, raccordées par une surface courbe; ces pentes sont des *versans* ou des *combles*. Les coupes verticales (fig. 6 et 9) du bassin concave exprimé par la figure 7 font voir que les versants du Nord, du Sud, de l'Est et de l'Ouest ont leurs inclinaisons respectives au Sud, au Nord, à l'Ouest et à l'Est. C'est le contraire pour les bassins convexes. (Fig. 8).

Les couches de houille étant presque toujours dans une position inclinée ; leur partie supérieure se profile à la surface du sol par des lignes telles que p et q. (Fig. 9). Les traces qu'elles y déterminent sont appelées *affleurements*. Lorsque le terrain houiller est recouvert de roches étrangères à la formation , on dit qu'il n'y a pas d'affleurements; on s'exprimerait mieux en disant qu'ils se font au contact des terrains de recouvrement.

La tête d'une couche en est la partie supérieure relativement à un point donné , et *le pied* la partie inférieure par rapport au même point. Ainsi (fig. 6) ab est la tête d'une stratification , dont le pied est ac , pour la personne placée en a. Le mineur *marche en tête* lorsque , pratiquant une excavation horizontale ou peu inclinée , il se dirige de a en m du côté des affleurements, c'est-à-dire vers les points où la couche se relève. Il *marche en pied* lorsqu'il s'avance de a en n , vers le lieu où la couche s'enfonce dans le sein de la terre.

---

(1) Une couche pouvant être assimilée à une surface courbe et irrégulière , dont la direction et l'inclinaison changent suivant les points que l'on considère, le mot *allure* est une désignation complexe servant à indiquer la forme et la position de chacune de ses parties.

Si le mineur, parvenu à un point quelconque *a* d'une couche inclinée, suppose l'existence d'un plan horizontal CD, celui-ci la divise en deux parties : l'une, située au-dessus de la ligne de direction, constitue la couche *d'amont ;* l'autre, située au-dessous de la même ligne, est la couche *d'aval.* C'est ce que les Liégeois appellent *veine d'à thiers* et *veine d'à vallée. Marcher en aval* et *en amont* se disent lorsque le mineur, restant dans le plan de la couche, s'avance en montant vers sa tête ou en descendant vers son pied, c'est-à-dire de *a* en *c* et de *a* en *b.*

41. *Des dérangements en général.*

Il semblerait que les couches de houille et les roches encaissantes dussent, par le fait même de leur formation stratifiée, se trouver dans une position sensiblement horizontale et se prolonger sur toute la surface de leur gisement sans rupture et sans interruptions. Mais cette disposition est fort rare, l'ensemble des stratifications étant généralement accidenté et disloqué. L'explication très-satisfaisante de ces phénomènes se trouve dans la théorie des soulèvements, des glissements et des affaissements du sol, qui ont occasionné de si nombreuses perturbations dans la croûte du globe, postérieurement à l'époque où les terrains carbonifères se sont déposés.

Les diverses dislocations et les déviations des couches de leur position primitive sont désignées par le terme générique de *dérangements.* Les uns, tels que *l'inclinaison, les plis* ou *crochets, les failles, les dykes* et *les crains,* ont affecté simultanément tout un système de stratifications sur une surface considérable ; les autres, comme *les resserrements, les renflements, les chapelets,* etc., ne modifient pas sensiblement l'allure géné-

rale et ne se font sentir que partiellement. Il est possible que tous ces dérangements aient eu la même cause dynamique; mais l'action perturbatrice qui a engendré ceux de la seconde espèce a eu lieu lorsque, les roches étant encore à l'état plastique, il leur était permis de se contracter et de se dilater.

42. *Inclinaison ou pente des couches.*

L'inclinaison, déjà définie, affecte presque constamment les couches de houille, de même que les roches encaissantes ; elle est le résultat évident des soulèvements ou des affaissements du sol. Les stratifications sont à peu près horizontales, plus ou moins inclinées ou entièrement verticales ; en sorte que les diverses pentes sont mesurées par tous les degrés du quart de cercle. Si leur position est telle que l'angle qu'elles forment avec un plan horizontal ne dépasse pas 35° à 40° degrés, ce sont des *plats*, des *plateures* ou *plateuses*. Lorsqu'elles se rapprochent de la ligne verticale, elles portent le nom de *droits*, *dressants* ou *roisses*, suivant les localités. Cette règle est toutefois soumise à quelques exceptions qui seront exposées plus loin. On désigne la position relative d'une couche en indiquant le lieu de l'horizon où se dirige sa ligne de plus grande pente ; on dit, par exemple, qu'*elle s'incline ou pend au Nord*, pour exprimer que son pied est tourné vers le Nord et que le plan vertical, qui détermine sa ligne de plus grande pente, coïncide avec ce point de l'horizon. Les versants opposés d'un même bassin se raccordent par une courbe fort étendue et très-développée, ou par une courbe de petit rayon. Si le bassin a été comprimé par

des soulèvements latéraux, la concavité de la courbure est tournée vers la superficie du sol (fig. 9) ; on lui applique alors la désignation de *fond de bateau* , ou celle plus générale de *bassin*. Mais si le soulèvement ou toute autre cause a forcé les couches à se relever vers le centre (fig. 8), de telle sorte que la courbe de raccordement présente sa convexité du côté de la surface, on l'appelle *selle* , parce qu'alors la réunion des deux versants rappelle l'idée de la coupe d'une selle proprement dite.

43. Des plis et replis, zig-zag ou inflexions des couches.

Les plis sont formés par une suite de changements très-brusques dans l'inclinaison d'une même couche. La coupe transversale de la formation houillère du Couchant de Mons (fig. 5, pl. III) peut donner une idée de cet accident remarquable, reconnu dans la majeure partie de la zone méridionale des vastes dépôts houillers de la Belgique, de la Prusse rhénane et du Nord de la France. Sur presque toute cette étendue, on remarque que les couches de houille, de même que les roches argileuses ou psammitiques encaissantes , se plient et se replient plusieurs fois sur elles-mêmes, s'emboîtent les unes dans les autres, sans que ces divers contournements altèrent en rien le parallélisme et la régularité générale des diverses stratifications.

La même cause dynamique qui a formé l'inclinaison a contribué également à la création des plis ou crochets. Il existe pour l'explication de ce fait deux hypothèses également satisfaisantes.

D'après l'une d'elles, un grand soulèvement (peut-être

celui qui a fait jaillir les montagnes des Ardennes) aurait eu lieu au sud de la bande houillère; il aurait refoulé les stratifications sur elles-mêmes, et celles-ci se seraient comportées comme le ferait un tapis de table qu'une main presse et repousse en même temps.

Dans la seconde hypothèse, un soulèvement sur la ligne du nord ou un affaissement à la partie du sud aurait disposé la formation anthraxifère en plan incliné, sur lequel aurait glissé le dépôt carbonifère, et les diverses stratifications seraient venues se heurter contre les escarpements des terrains préexistants. Dans tous les cas, les diverses stratifications ont dû se trouver simultanément dans un état de plasticité et de ténacité suffisant pour se prêter aux divers mouvements sans se rompre et se déformer d'une manière trop complète; alors serrées et comprimées par une action aussi énergique qu'instantanée; forcées d'occuper un espace moindre que celui qui leur était originairement attribué, elles auront cédé en se pliant et en se repliant sur elles-mêmes.

Il semble que, pendant ce vaste mouvement, les couches inférieures soumises au choc direct aient dû subir de plus grandes perturbations que les couches supérieures; l'expérience confirme en effet cette supposition, puisqu'on observe assez généralement que les stratifications situées sur le bord méridional des bassins sont plus fréquemment et plus fortement disloquées que les autres; que la régularité des couches est d'autant plus grande et leurs inflexions d'autant moins nombreuses que l'on s'éloigne davantage des points où le choc a eu lieu. Mais ce fait souffre des exceptions, ainsi qu'on le verra plus loin.

Enfin, les soulèvements qui ont formé les plis, n'ont pas seulement cotoyé les bords des bassins carbonifères, ils se sont fait sentir, en outre, dans la masse elle-même.

C'est à ces mouvements que l'on peut attribuer les saillies de calcaire qui, en différentes localités, et notamment à l'est de Namur, interrompent la continuité de la formation.

44. *Désignations dérivant du ploiement des couches.*

Les bandes ou zones des couches résultant de la division de ces dernières par des plis sont disposées alternativement en droits et en plats, de telle façon qu'un droit *c d* (fig. 12, pl. I) est toujours compris entre deux plateures *c b* et *d e*, et chacune de ces dernières entre deux droits. On n'a plus alors, quant à la désignation relative à la position des couches, aucun égard à la règle indiquée (42) ci-dessus ; car il arrive que l'on est obligé d'appeler plateures des portions de couches dont l'inclinaison dépasse de beaucoup 40° degrés, et quelquefois dressants, des parties qui devraient rentrer dans la catégorie des plats. Les désignations ne sont alors que relatives et non absolues.

On appelle *plateures de tête* ou *de pied* les deux zones contiguës à la partie supérieure ou inférieure d'un dressant. Ainsi *c b* et *d e* sont respectivement les plateures de tête et de pied du droit *c d*. Les plats sont ordinairement inclinés vers le sud ; quelquefois, par exception, leur pied regarde le nord.

Les droits, dans le mouvement général, ont, la plupart du temps, dépassé la position verticale et ne se sont arrêtés qu'après avoir décrit autour du crochet, pris comme charnière, un arc de cercle excédant un quart de circonférence; en sorte que les stratifications sont renver-

sées; les bancs inférieurs, plus rapprochés de la surface, s'offrent, lors du creusement, avant les bancs supérieurs, et le mineur, en s'enfonçant verticalement, rencontre d'abord le mur des couches, puis leur toit au-dessous. La désignation des deux parois d'une couche dépend toujours d'un plat pris comme point de départ. Ainsi *a* (fig. 17 pl. I) étant le toit dans une platcure, la même stratification sera également le toit des deux dressants contigus, quoique en *b*, cependant, elle se trouve placée au-dessous de la couche. Les angles des plis sont quelquefois assez fermés et assez multipliés pour qu'une excavation verticale rencontre plusieurs fois la même stratification, tantôt par son toit, tantôt par son mur.

La coupe de raccordement des deux parties d'une couche soumise aux plis et aux replis, par un plan normal et parallèle à l'inclinaison, détermine des courbes qui prennent également le nom de *selles*, de *bassins* ou de *fonds de bateau*.

Lorsque les terrains ont dû se ployer en zig-zag, les schistes, en vertu de leur état de plasticité, se sont prêtés à toutes les inflexions, sans rupture ou disjonction sensible; mais il n'en a pas toujours été de même pour la houille, parce que, tantôt solidifiée plus promptement, elle a pu se courber régulièrement suivant un petit rayon, tantôt, soumise à une grande pression, elle s'est déformée, s'est brisée et ses fragments se sont dispersés dans la masse schisteuse. (Fig. 3 bis, pl. I). Quelquefois aussi les fragments s'accumulant les uns sur les autres, la couche s'est dilatée, soit dans toute l'étendue de la courbe de raccordement (fig. 3 ter), soit en quelques points où se sont formées des espèces de poches. (Fig. 3). On observe ordinairement que le combustible, aux approches de l'inflexion, est d'une nature feuilletée,

schisteuse, terreuse ; elle est mêlée d'argile et par conséquent fort sale, déliteuse et méritant rarement d'être arrachée de son gîte.

Les convulsions qui ont ployé les couches ont dû
nécessairement hérisser la surface du terrain de nombreuses aspérités, détruites depuis cette époque par les
érosions atmosphériques et par l'action des eaux. Cet enlèvement des roches saillantes est fort bien caractérisé dans
la fig. 12, représentant en coupe une partie du territoire
d'Ougrée sur la rive droite de la Meuse. Parmi les fragments de stratifications arrachées se trouvent des selles
qui, telles que O et O', donnent lieu à cette locution fami-
lière au mineur : *la selle se fait en l'air* ; c'est-à-dire que
cette partie de la couche supprimée par l'action des eaux
n'est plus qu'un plan imaginaire figuré dans l'espace.

45. *Faux bassins, fausses selles, ennoyages, etc.*

Les couches contournées en zig-zag n'offrent jamais
la régularité qu'on pourrait leur attribuer lorsqu'on les
considère dans les coupes générales. Les surfaces n'en sont
pas planes, mais gauches, fort tourmentées, et si
l'échelle était plus grande, elles se profileraient la plupart du temps par des lignes sinueuses. Le parallélisme
n'existe que quand on les considère d'une manière générale.

L'accident qui détruit le plus ordinairement la régularité des plis sont les relèvements accidentels en bassins
plus petits, que l'on désigne sous le nom de *faux bassins*
ou *bassins secondaires*, tels que *f n c*, *c d h*, etc. ; d'où
résultent nécessairement de *fausses selles*, *n c d*, *n' m d'*, etc.,

de *faux droits*, cn, mn', gk, etc., et de *faux plats*, cd, md', kl, etc.

Les lignes abc (fig. 12) de la coupe d'un terrain replié sont les traces des couches disposées en selles et en bassins. On commettrait une erreur si l'on pensait que les arêtes ou lignes d'intersection des droits ab et des plats bc, profilées par un point b, fussent dans une position horizontale; ces lignes, au contraire presque toujours plus ou moins inclinées relativement à l'horizon, plongent vers l'intérieur de la terre, se relèvent plus loin à une distance plus ou moins grande, pour s'enfoncer de nouveau et revenir à la surface du sol; en sorte que les bassins forment des espèces de gouttières inclinées en sens contraire les unes des autres. Pour rendre cet effet sensible à l'œil il suffit d'appuyer les deux mains sur le tapis d'une table, en les plaçant à une certaine distance l'une de l'autre, et de refouler ce tapis en le comprimant. Le lieu où les deux systèmes de plis se rencontrent est le point de relèvement de deux *ennoyages* successifs. Tel est le terme adopté dans les provinces de Namur et du Hainaut pour désigner les lignes d'intersection des diverses parties d'une même couche et les gouttières plongeantes qu'elles forment.

Dans ces circonstances, si les couches affleurent à la surface du sol, elles se profilent sous la forme d'une pointe de bateau. Les lignes d'affleurement abc et $a'b'c'$ (fig. 16) dues au relèvement des ennoyages, se succèdent à une distance plus ou moins grande l'une de l'autre, et les pointes d'une série pénètrent dans les intervalles des pointes de la série suivante. Une galerie horizontale peut, en vertu de l'ennoyage, passer, sans quitter la couche, d'un droit dans le plat contigu, en conservant une direction rigoureusement horizontale.

7

46. Des failles en général.

Les failles prises dans leur acception générale sont les plans de rupture d'un terrain houiller dont les divers fragments restent juxtaposés, ou sont séparés par des intervalles remplis de matières ordinairement étrangères à la formation. Le mot *faille* est le terme générique d'un accident qui se divise en trois catégories.

1°. *Les crains, rejettements* ou *sauts*, qui sont des failles sans fissures importantes ; les deux fragments du terrain disloqué n'ont pas cessé d'être en contact ; mais les stratifications ne correspondent plus les unes aux autres. Sans cette dernière circonstance, le dérangement ne serait plus qu'une fissure souvent inappréciable.

2°. *Les failles proprement dites* (1), ou fissures dont les deux parois sont séparées par un intervalle rempli de débris de roches confusément entassées, contemporaines ou postérieures à la formation houillère.

3°. Enfin *les dykes*, dont la fissure est remplie de substances auxquelles on croit pouvoir attribuer une origine ignée. Les stratifications homologues des deux fragments adjacents des failles et des dykes cessent ordinairement de se trouver sur le même niveau ; mais dans le cas, fort rare du reste, où la correspondance subsiste, le dé-

---

(1) Il existe, suivant les localités et les auteurs, de nombreuses divergences sur la signification des mots *crains*, *failles* et *dykes*. Celui qui écrit ces lignes a cru devoir adopter les désignations liégeoises quant aux deux premiers dérangements.

Le mot *dyke* est, du reste, celui que les Anglais appliquent plus particulièrement aux failles contenant des roches d'origine ignée, réservant les mots de *fault* et *slip* pour désigner les failles proprement dites et les crains.

rangement n'en porte pas moins le nom de faille ou de dyke, suivant la nature de la matière remplissante.

Ces accidents pouvant être assimilés à des plans, on détermine leur position dans l'espace, comme on le fait pour les couches, en indiquant leur direction et leur inclinaison.

47. *Des crains ou crans.*

L'action dynamique à la laquelle les formations carbonifères ont été exposées n'a pas eu seulement pour résultat l'inclinaison et les inflexions, mais aussi des ruptures et des déchirements dans tous les lieux où elles ont été sollicitées par deux forces inégales. Ainsi, lors du mouvement imprimé aux dépôts belges, soit que certaines parties aient été arrêtées dans leur marche par un obstacle quelconque, tandis que la partie contiguë continuait son mouvement ; soit que les unes aient éprouvé un affaissement plus considérable que les autres, par suite de l'irrégularité du terrain de transition sur lequel repose la formation houillère ; soit, enfin, que les deux causes aient agi simultanément, on rencontre presque à chaque pas, surtout dans la zone du sud, des dislocations de cette espèce, dont l'étendue en direction varie, de même que les effets produits sur les couches. Dans ces circonstances, les deux fragments du terrain restent toujours en contact, en ne comprenant entre eux que des fissures inappréciables ; et il est impossible qu'il en ait été autrement, sollicités comme ils l'ont été à occuper un espace moindre que celui dans lequel le dépôt était primitivement contenu. Les exemples suivants éclairciront suffisamment ces observations :

La figure 10, pl. I, est une section par un plan vertical de la mine de Gewalt (district de la Rühr). Elle comprend le plan de rupture d'un terrain sollicité simultanément par

deux forces inégales ; de là deux fragments, dont l'un s'est redressé presque verticalement, tandis que l'autre modifiait à peine son allure. La fissure, très-ondulée, est d'ailleurs oblique à l'horizon ; les stratifications ne correspondent plus ; mais la distance qui les sépare est peu considérable, ainsi qu'il est facile de s'en assurer, si l'on compare les couches entre elles à l'aide des numéros de raccordement. La rupture principale AB est accompagnée de fentes accessoires C et D, produits inévitables de la dislocation.

La figure 13, même planche, représente la coupe verticale du puits dit Neulangenberg, district de la Wuhrm. Deux crains ont déterminé trois fragments dont les mouvements de répulsion et d'affaissement ont été inégaux. Les stratifications se sont courbées en voûte, mais se sont peu écartées les unes des autres.

La figure 14, projection horizontale d'une partie de la mine d'Yvoz, près de Liége, indique l'effet des crains verticaux ou peu inclinés sur des couches droites. Le mineur parvenu, à l'aide de la galerie AB, dans la couche Bijou, s'est livré à l'exploitation de cette dernière ; mais, en C, la houille a disparu, et, pour retrouver son prolongement, il a dû revenir en arrière en creusant une galerie CD, opération que lui indiquait d'ailleurs la succession des stratifications.

Les effets d'un crain affectant simultanément un plat et un droit contigu sont souvent fort remarquables. Ainsi, l'on observe quelquefois qu'un dressant, loin de persévérer dans sa continuité, se rejette de côté, tandis qu'une des plateures, celle du pied, par exemple (fig. 5, A, pl. I), ayant glissé parallèlement à elle-même, semble n'avoir pas quitté sa position primitive. D'autres fois (fig. 5, B), les deux fragments de la plateure occupent des niveaux différents, tandis que le dressant semble n'avoir pas bougé de place.

Enfin, le droit et le plat (fig. 5, C et D) se sont simultanément écartés ; une partie du droit s'étant portée en avant ou en arrière, tandis que l'autre partie restait en place ; et la plateure s'est fractionnée en deux parties, qui se sont établies à des niveaux différents.

Ces accidents sont d'autant plus multipliés que les couches sont plus tourmentées par les plis et que l'on se rapproche davantage du terrain anthraxifère. Les formations en plateures exemptes de plis y sont également sujettes en certaines circonstances, par exemple, dans les brusques changements de direction des couches et surtout aux approches des failles proprement dites, ainsi qu'on le voit en *a, b, c, d*, (fig. 1, pl. II).

48. *Dykes et failles proprement dites.*

Si l'on suppose que l'affaissement d'un terrain ait déterminé sa rupture en un certain nombre de fragments, l'effet n'aura pas été uniforme, mais chaque fragment aura pris une position sensiblement différente de celle qu'il occupait, et ils se seront presque tous placés à des niveaux différents, en laissant entre eux, des fentes plus ou moins ouvertes. Alors les eaux, qui se sont précipitées dans ces fissures, y auront déposé les matières qu'elles tenaient en suspension, les débris des roches qu'elles entrainaient sur leur passage et les extrémités saillantes des stratifications rompues du terrain houiller. Ces matériaux, projetés sans ordre, auront comblé peu à peu les abimes, comme cela résulte évidemment de la confusion des masses intercalées.

Quant aux dykes, la matière qui les remplit semble appartenir à des roches d'origine ignée, injectées à l'état liquide de bas en haut, pendant que les fragments du terrain plongeaient dans le lac volcanique sur lequel

repose probablement l'écorce du globe. M^r. Buddle, pour
rendre ces effets sensibles, rappelle ce qui se passe à la
surface d'un lac gelé, dont la surface se rompt, et dont,
par un nouvel abaissement de température, les fragments
se soudent de nouveau les uns aux autres. Avant la nouvelle congélation, l'eau pénètre dans toutes les fissures,
pendant que les blocs s'enfoncent plus ou moins dans le
liquide, où ils prennent une position déterminée par leurs
centres de gravité. Une seconde gelée survient; les fragments se réunissent et ne forment plus qu'une masse,
dont les relations de position sont autres qu'elles n'étaient
avant la disjonction.

Les failles et les dykes donnent lieu à l'observation de
trois objets principaux :

1°. Le rejettement des couches, ou le niveau respectif
des stratifications correspondantes, considérées simultanément dans les deux fragments;

2°. L'épaisseur de la fente, c'est-à-dire la puissance du
dérangement, ou l'espace compris entre ses deux parois;

3°. La nature de la matière remplissante.

Avant d'examiner ces trois objets de détail, il convient
d'indiquer quelques exemples de failles remarquables.

49. Exemples de terrains divisés en fragments par des failles ou des dykes.

Il y a peu de terrains qui ne soient traversés par des
failles plus ou moins nombreuses et différemment disposées les unes relativement aux autres. Elles sont quelquefois
isolées, c'est-à-dire qu'on n'en rencontre qu'une seule et
unique au milieu d'un vaste champ régulièrement stratifié;

souvent un certain nombre d'entre elles se réunissent et s'embranchent mutuellement ; ensuite on parcourt de grands espaces sans aucune fissure ; quelquefois elles se succèdent en s'établissant à peu près parallèlement les unes aux autres, ou, enfin, en se recoupant sous divers angles.

La figure 11, planche I, représente l'une des coupes de la principale faille du bassin de la Rühr (Westphalie), dont la trace horizontale est indiquée par la ligne brisée A B (planche VI). Ce dérangement, appelé *Sutan*, dont le plan est oblique à l'horizon, a détruit la disposition primitive des couches, rejetées quelquefois à une distance verticale de plus de 300 mètres.

La faille dite de St.-Gilles, exprimée suivant un plan horizontal dans la figure 1 bis, planche II, est située à peu de distance au nord de la ville de Liége. Cette déchirure, la plus remarquable de la localité, se dirige sensiblement de l'est à l'ouest ; sa longueur est d'environ 20 kilomètres ; elle s'infléchit en divers sens et reçoit, comme embranchements, d'autres fissures moins considérables, telles que les failles de Bouck, de Gaillard-Cheval, etc. La fig. 1, même planche, offre une section verticale prise à St.-Gilles, entre les concessions de la Haye et du Champay. Dans cette partie de son parcours, où elle est le mieux connue par suite des travaux exécutés sur ses deux flancs, le rejettement des stratifications est de près de 100 mètres. Le glissement du terrain s'est opéré suivant la ligne de plus grande pente ; en sorte que, dans le fragment M, les stratifications occupent un niveau plus bas que dans la partie N, où les neuf couches supérieures ont disparu. Pendant le mouvement auquel le terrain a été soumis, il s'est déterminé, aux approches de la faille, des ruptures accessoires a, b, c, d, qui constituent de véritables crains.

Les mines de Newcastle sont fréquemment dérangées

par des accidents de ce genre, parmi lesquels on remarque
le *Main-Dyke* ou *Ninety fathoms dyke*, qui rejette les
couches au nord en les abaissant de 90 fathoms (166 mètres).
Sa direction court de l'est à l'ouest.

Les figures 5 et 5 bis de la planche II expriment respectivement en projection verticale et horizontale le terrain
houiller des environs de Hermsdorf, district de Walden-
burg, en Silésie. Des failles fort nombreuses divisent la
formation en vastes fragments isolés les uns des autres,
et les couches ont perdu leur niveau primitif. Les grandes
hauteurs de rejettement se trouvent aux deux extrémités de
la figure, c'est-à-dire en A et en E. Le premier accident, qui
a 71 mètres, n'est connu que sur une petite étendue ; le
second varie de 67 à 70 mètres. Les chiffres annexés
aux parties de couches indiquent la manière dont elles
doivent se raccorder. Les lettres *b*, *c*, *d*, *e*, etc., inscrites
dans les deux figures, désignent les plans de rupture,
et les lettres capitales A, B, C, etc., les fragments du
terrain. On observe, en outre, les points où se sont
épanchés les terrains volcaniques lors de la dislocation
des stratifications.

Les failles de Montceau (département de Saône-et-Loire),
représentées dans la figure 6, planche IV, se divisent en
deux systèmes : les unes suivant la direction et les autres
suivant l'inclinaison ; elles ont isolé les fragments de la
couche d'une manière si complète que, pendant longtemps,
on a cru exploiter des amas isolés les uns des autres.
Dans quelques parties de la formation, les couches sont
rejetées sans qu'aucune fissure appréciable se soit interposée
entre les deux fragments ; mais ces ruptures portent si
évidemment l'origine et le caractère des failles que, malgré
l'absence de matière remplissante, on doit les classer
parmi ces dérangements.

50. *Rejettement des couches.*

Lorsqu'après avoir poursuivi une couche *a b* (figure 5, planche II), on atteint le fragment situé au-delà du plan de rupture, on la retrouve rarement elle-même, mais le plus souvent un banc de schiste, de grès ou une autre couche. La stratification correspondante à celle dans laquelle le mineur se trouve est située au-dessous de ses pieds, ou au-dessus de sa tête. Dans le premier cas, c'est un *renfoncement* (en anglais downthrow); dans le second, un *relèvement* (upthrow); effets que les mineurs liégeois expriment par les mots de *rehinement* et de *rehoppement*. Ces circonstances dépendent évidemment de la position de l'observateur, car, suivant qu'il est placé sur l'un ou l'autre fragment, il a devant lui un renfoncement ou un relèvement.

La distance *m n*, qui sépare deux parties d'une même couche situées de chaque côté du plan de disjonction, s'appelle *hauteur de rejettement*. Elle se mesure par une ligne verticale.

Les couches sont rejetées d'une hauteur fort variable; tantôt elle est moindre que leur puissance, tantôt elle n'est que de quelques mètres; souvent elle atteint plusieurs centaines de mètres.

51. *Fentes ou fissures.*

Ce sont les espaces compris entre deux fragments d'un terrain houiller. Elles traversent en général la formation dans toutes les directions, recoupant les couches suivant leur allongement, leur inclinaison, ou leur diagonale. Elles peuvent marcher en ligne droite sur une certaine

étendue, ou s'infléchir plus ou moins, mais jamais de manière à former un angle aigu, excepté dans les points où une faille s'embranche sur une autre.

La longueur des fissures mesurée suivant leur direction, est très-variable: dans les crains, elle ne s'étend souvent que sur un faible espace; mais, dans les failles, on peut quelquefois la suivre sur toute l'étendue de la formation carbonifère. Leur profondeur est considérable, puisque la plupart du temps, elle dépasse les limites atteintes par le mineur. Elles sont verticales ou inclinées; leur angle de pente est mesuré par tous les degrés du quart de cercle. Toutefois, dans les crains, l'inclinaison se rapproche plus fréquemment de l'horizontale que dans les failles, où elle est rarement au-dessous de 25°. Leur épaisseur est aussi très-variable; on en connaît qui n'ont que quelques décimètres et d'autres dont la puissance s'élève à 10, 20 et même 40 mètres. La faille de St.-Gilles a quelquefois cette grande puissance. Les ruptures dont la fente, de quelques centimètres d'épaisseur, n'a pas été remplie de matières étrangères, prennent place parmi les crains.

Les parois des fissures n'offrent pas des surfaces planes; elles sont gauches, à double courbure, ordinairement fort irrégulières et très-ondulées. Ces inflexions ont une grande influence sur la distance des lignes d'intersection des couches et du plan de dislocation; car celles-ci, à hauteur de rejettement égale, seront d'autant plus rapprochées que le plan de la faille et celui de la couche sont plus près de former un angle droit; au contraire, la distance qui les sépare est d'autant plus considérable, qu'elles ont une plus grande tendance à former des angles aigus ou obtus.

Lorsque le plan de rupture cd (fig. 5 et 6) est incliné, on peut considérer l'un des fragments du terrain M comme re-

couvrant l'autre fragment N; le premier prend le nom de *chevet* ou *faîte* et le second celui de *sol* ou de *mur*. Ceci s'applique plus particulièrement aux failles et aux dykes ; car, dans les crains, ces deux parties sont ordinairement fort indistinctes , surtout si les parois sont en contact par des stratifications homogènes. On comprend que , dans les fissures rigoureusement verticales , ces désignations ne puissent avoir lieu, chaque fragment pouvant à volonté être sol ou chevet.

52. *Situation respective des deux fragments d'un terrain rompu; leur état à l'approche de la fissure.*

La partie M d'un terrain houiller formant le chevet (fig. 5) d'un crain ou d'une faille se trouve fréquemment à un niveau plus bas que le fragment N, où se trouve le *sol* du plan de rupture ; ce qui s'explique naturellement par cette circonstance que la partie M a été sollicitée à glisser sur le plan incliné offert par N. Mais les exceptions semblables à celles de la figure 6 , dans laquelle l'inverse a lieu , sont fort nombreuses , et la pratique a suffisamment prouvé qu'il est dangereux de faire de cette observation une règle pour la recherche des couches interrompues par des failles ; car souvent la disposition est intervertie , et c'est le fragment M (fig. 6) qui s'est élevé à la surface , en remontant le plan incliné formé par le fragment N. C'est principalement pour les crains que des exceptions , presque aussi nombreuses que les cas conformes au principe, peuvent entraîner dans les plus pernicieuses erreurs.

Le mineur s'aperçoit qu'il se trouve dans le voisinage d'une rupture par les ressauts et les ondulations des cou-

ches. Souvent il observe que les extrémités de ces dernières sont arquées et infléchies dans la direction du
gisement de l'autre fraction (fig. 7); cette courbure commence quelques mètres avant le plan de rupture, ou ne
se fait sentir qu'à une fort petite distance ; souvent aussi
ces inflexions n'affectent pas la couche entière ; mais seulement quelques lits de houille ou quelques feuillets schisteux du mur, du toit ou des nerfs intercalés. Les aspérités
saillantes forment des espèces de crochets placés comme
indices du lieu où se trouve l'autre partie de la couche.
Chacune de ces inflexions est évidemment le résultat de la
résistance du terrain à sa dislocation et du glissement des
stratifications les unes sur les autres ; elles ne sont pas
toujours perceptibles au premier coup d'œil, elles manquent même quelquefois, mais un examen attentif les fait
aussi reconnaître fréquemment, et elles sont pour l'exploitant un signe fort important lorsqu'il procède à la recherche
des couches de houille perdues.

55. *Masse remplissante.*

Les failles proprement dites contiennent des roches
disloquées appartenant aux formations antérieures, contemporaines ou postérieures au terrain houiller. Les débris de la formation carbonifère proviennent des parois de
la fissure, qui se sont écroulées ; ils consistent en fragments
plus ou moins volumineux de schistes et de grès confusément entassés, mélangés de boules d'argile et de blocs
de houille entièrement décomposée, broyée et semblable
à de la suie. Les masses de cette espèce, en se dépo-
sant sans ordre, prennent un caractère de porosité qui
engage le mineur à tenir ses travaux assez éloignés de la
fissure dans la crainte des inondations résultant de son contact.

Cependant, on a des exemples de semblables dérangements touchés impunément, ainsi que cela est arrivé à
la mine de la Haye, près de Liége, où la grande faille
de St.-Gilles a été traversée sans qu'il en soit résulté
aucun accident ; ce qui provient probablement de la
grande profondeur où s'est effectué le percement. D'autres
fois la fissure contient un sable pur ou mêlé d'argile sans
consistance ; ces failles sont les plus dangereuses, à cause
des amas d'eau qu'elles contiennent et qui souvent constituent de véritables lacs souterrains. Ailleurs on trouve
un dépôt crétacé assez semblable à celui qui recouvre la
formation houillère ; dans ce cas, comme aussi lorsque les
ruptures se prolongent jusqu'au mort terrain, on a le soin
d'éviter leur approche, sous peine de risquer l'inondation
complète de la mine, ou tout au moins de courir la chance
d'une augmentation notable dans le volume des eaux à
épuiser. Enfin, on rencontre de grands amas d'argile grise
ou bleue, complètement pure ou mélangée de schistes bitumineux et de quelques parcelles d'une houille impalpable.
Les failles de cette nature, ordinairement imperméables
aux eaux, sont considérées par les mineurs anglais comme
de véritables digues formant la limite naturelle d'un champ
d'exploitation.

Les dykes contiennent des roches d'origine ignée, telles
que grunstein, trapp et porphyre, quelquefois mêlées de
spath calcaire et d'une substance d'un vert sombre analogue
à l'amphibole et au pyroxène.

Les substances que contiennent les dykes, étant en
général absolument imperméables à l'eau, interceptent
tout passage d'un massif dans le suivant, et chacun d'eux
ne possède réellement que les infiltrations qui lui sont
propres. C'est en partie à cette circonstance qu'il faut probablement attribuer l'état d'assèchement naturel de quel-

ques mines des environs de Newcastle. On extrait du dyke porphyrique de Coley-Hill, près de cette dernière ville, des pierres excellentes pour faire des pavés.

54. *État de la houille aux approches des failles et des dykes.*

La houille, en contact avec les crains, se présente assez généralement dans son état naturel, sans avoir subi d'altération notable; cependant elle se délite plus facilement et perd de sa consistance.

Aux approches des failles, elle est plus altérée; sa couleur est souvent irisée; elle perd son éclat, devient friable, terreuse et moins combustible; les parties disloquées du toit et du mur renferment de minces lames de pholérite adhérente aux fragments du rocher.

Dans le voisinage des dykes, la houille présente un tout autre caractère. A une certaine distance, elle commence à se détériorer et perd son aspect brillant; elle devient de plus en plus terne, puis passe peu à peu par tous les degrés des houilles soumises à la distillation, jusqu'au moment où, au contact de la fissure, elle se transforme en une masse poreuse, d'apparence métallique et assez semblable au coke; tel est le principal argument en faveur de l'origine ignée de ces dérangements. Il arrive quelquefois que les grès ont été vitrifiés jusqu'à une certaine profondeur, que les schistes ont été calcinés, et que le soufre des pyrites sublimé est intimement mélangé à la masse du charbon, ou s'est déposé dans les fissures à l'état de petits cristaux cubiques. Souvent aussi la houille n'offre qu'une masse pierreuse, noire, incapable de s'enflammer, mais seulement de rougir, comme le feraient des schistes peu bitumineux. Enfin, elle est remplie des veinules d'une substance blanche et pierreuse.

55. *Brouillages.*

Les accidents généraux dont on vient de faire mention sont quelquefois accompagnés d'une espèce spéciale de dérangements appelés *brouillages*, conséquence accidentelle des premiers. A l'approche des crains, des failles et des dykes, la couche sur une partie fort limitée de sa surface, est remplacée par un amas de blocs de houille, de schistes et de grès confusément entassés; ou bien la houille est restée en place, mais la qualité en est tellement détériorée, qu'elle est devenue impropre à tout usage. Souvent le crochet d'une couche pliée sur elle-même est le lieu d'un véritable brouillage. On considère aussi comme tel, mais à tort, une faille dont la fente a été remplie de débris du terrain houiller, lorsque les deux fragments n'ont pas respectivement changé de niveau et que les stratifications sont restées en correspondance. Enfin, cette désignation est applicable à toute partie de couche dont les assises sont rompues et mêlées avec des fragments de roches encaissantes.

56. *Étranglements, renflements, chapelets, etc., etc.*

Les dislocations examinées ci-dessus ont eu pour causes les grandes catastrophes qui ont affecté l'écorce terrestre. Mais comme l'action n'a pas été uniforme sur toute la surface des terrains houillers; qu'au contraire l'intensité d'énergie a varié suivant les localités, les couches n'ont été que partiellement comprimées, étirées ou foulées; les assises ont été sollicitées à glisser les unes sur les autres, et par conséquent à perdre leur parallélisme, à augmenter ou à diminuer de puissance, et enfin à subir des solutions de continuité plus ou moins importantes ou nombreuses.

Dans les dérangements désignés sous les noms de *resserrements*, *rétrécissements*, *étreintes et étranglements*, le mur (fig. 11, pl. II) s'élève graduellement et pénètre dans la houille; ou (fig. 8) le toit s'abaisse sur le mur; ou, enfin, les deux lisières (fig. 9) se dilatent, se rapprochent simultanément l'une de l'autre en diminuant graduellement la puissance de la couche, qui, réduite à un mince filet de houille, disparaît entièrement, lorsque les parois se mettent en contact immédiat (fig. 12). Dans ce dernier cas, la stratification étant supprimée pendant un espace variable, il en résulte une solution complète de continuité et assez souvent une espèce de brouillage. Ces accidents n'affectent la couche que partiellement, sans la rejeter et sans modifier sensiblement son allure. L'espace accidenté est indéfini quant à sa longueur; sa largeur varie de un à quelques centaines de mètres, limite que toutefois il atteint rarement; sa direction ne coïncide qu'accidentellement avec l'inclinaison ou l'allongement de la couche. On a observé, dans les travaux de la mine de la Haye, près de Liége, que ce dérangement existait simultanément dans toutes les couches superposées, en conservant la même direction et en offrant seulement une différence dans les formes et les largeurs; ce qui semblerait prouver que l'action dynamique a agi par compression, en affectant toute la hauteur de la formation.

Les couches de St.-Etienne sont fréquemment troublées par cet accident, auquel on donne le nom local de *couffée*; il s'étend sur des espaces considérables.

Les *renflements* ou *grandeurs* sont une dilatation de la couche provenant de l'écartement des deux parois. La figure 2, planche II, qui se rapporte à la mine dite *Kuntwerker* du district de la Rühr, représente deux renflements: l'un de la couche *Sonnenschein*, l'autre de *Wasserfall*, liés avec d'autres dérangements tels que les crains

et l'infléchissement des strates. Ces anomalies, dans la puissance des couches, sont ordinairement désavantageuses, parce que le toit, fort disloqué, est plus difficile à soutenir ; que la houille est moins pure en raison de la dilatation des schistes intercalés ; qu'elle produit presque exclusivement du menu et rarement du gros charbon, et qu'enfin une grandeur est ordinairement suivie et précédée d'une étreinte ou d'un étranglement. C'est ainsi que, dans les exploitations du centre et du midi de la France, où ces dérangements sont fréquents, les mineurs ont l'habitude de dire : *la couche se renfle, elle va se perdre.* Les couches minces sont peu sujettes aux désordres de cette espèce ; on en trouve cependant assez souvent dans les mines du nord de la France, où on les désigne sous le nom de *boules de veine.* A Azincourt, près d'Aniche, des couches de 0.50 à 0.90 mètre s'enflent sans qu'on ait rencontré préalablement aucun rétrécissement ; elles atteignent, pendant un certain espace, une puissance de plus de 5 à 6 mètres ; et, chose étonnante, la houille, malgré cet état anormal, perd rarement de sa qualité.

Souvent les renflements et les étranglements sont solidaires les uns des autres ; la houille, enlevée sur une partie de la couche, se trouve portée en totalité sur la partie adjacente, et ces deux accidents alternent et se succèdent si rapidement que la coupe du terrain présente l'apparence d'un *chapelet,* dont cette espèce de dérangement porte le nom. Les mines d'Eschweiler (Prusse rhénane) en offrent de nombreux exemples. Quelques couches grasses du bassin de Charleroi, et principalement celle que l'on désigne sous le nom de *Mambour,* sont remarquables par leur constitution en chapelets ; c'est-à-dire qu'elles sont divisées en grands disques lenticulaires complètement isolés

8

les uns des autres, en sorte que, quand l'une de ces poches
est exploitée, on éprouve quelque difficulté à trouver la
suivante. Mais les mines de la Loire-Inférieure sont les
plus remarquables sous ce rapport; ces désordres affectent,
non plus des parties de couches, mais leur étendue totale,
car celles-ci sont divisées en une série d'amygdales ou
masses lenticulaires, isolées les unes des autres et comprises
entre deux stratifications consécutives. Ces masses de
houille et les intervalles stériles qui les séparent sont les
parties alternativement renflées et étranglées d'une couche
primitivement régulière dans son allure. Ainsi, aux mines
de Languin, près de Nort, on rencontre des amas de
combustible dont la longueur dépasse rarement 40 à 50
mètres suivant la direction ; la puissance maximum du
renflement est de 4 à 6 mètres, et se maintient à peine
sur des longueurs de 10 à 20 mètres, toutes séparées
entre elles par des étranglements d'environ 40 mètres de
longueur. Ces amygdales sont disposées sur plusieurs plans
parallèles, entre des stratifications inclinées de 75° à 80°
degrés, de telle sorte que le renflement de l'une de ces
masses correspond ordinairement à l'espace stérile qui
interrompt la continuité de deux autres couches situées
dans des plans voisins (1).

Le *coutelage* ou *doublure* se prononce de deux manières :
La roche du toit ou du mur, se détachant en forme
de coin, pénètre dans la couche, ce qui indique assez
souvent l'approche d'un renflement. Ce dérangement est
fréquent dans les mines de Hardinghen, en Boulonnais ;
on l'a également rencontré dans la couche dite Blancheveine de la mine de la Haye, près de Liége, à laquelle
se rapporte la figure 10, planche II. On a observé, dans

(1) *Géologie appliquée*, par M. A. Burat, p. 53.

cette localité, que, si le toit s'enfonce dans la houille, le prolongement de la stratification se trouve vers le mur et la partie supérieure n'a pas de suite. La seconde espèce de *doublure* se présente fréquemment dans les parties de couches soumises aux inflexions. Tel est le dérangement *g h* rencontré dans les travaux du puits n°. 12 de l'Agrappe et Grisoeuil (fig. 17, pl. I), et un autre analogue *k l* de la mine des Six-Boniers (fig. 12).

Enfin, les *queuwées* sont un accident singulier, ainsi nommé par les mineurs du district de Charleroi parce que, résultant du glissement d'un droit sur son plat ou réciproquement, l'une des branches forme une espèce de queue telle que *i k* et *h* (fig. 17), dont la longueur variable est quelquefois de plus de 20 mètres.

Les diverses opérations de la nature étant toutes dissemblables les unes des autres, on pourrait réunir ici un beaucoup plus grand nombre d'exemples; mais, comme leur divergence résulte de la forme qu'ils affectent; qu'on peut toujours les classer parmi les dérangements décrits ci-dessus; comme la plupart d'entre eux, étant des objets de curiosité tout-à-fait spéciaux, n'ont pas reçu de noms, il est évident qu'une description plus étendue serait sans aucune utilité.

57. *Accidents qui ont affecté les couches pendant leur formation.*

Tous les désordres précédents doivent naturellement être attribués à des actions dynamiques violentes, dont l'action a été postérieure à la formation de la houille; ceux qui suivent se rattachent, au contraire, à des perturbations arrivées pendant qu'elle se formait.

C'est dans cette dernière catégorie que peuvent être classées les interruptions totales et plus souvent partielles des couches (fig. 13 , pl. II) par des roches de forme lenticulaire interposées entre les assises du combustible ; la dilatation des stratifications schisteuses ou des nerfs intercalés qui , augmentant d'épaisseur par l'interposition successive de nouveaux lits parallèles, rétrécissent la couche ou l'anéantissent complètement et déterminent ce que l'on peut appeler *un étranglement naturel ;* et la réunion de deux couches en une seule , provenant de ce que les bancs qui les séparent diminuent graduellement d'épaisseur, sans que l'on puisse remarquer aucune action violente, en sorte que deux stratifications très-distinctes dans une localité, où chacune d'elles est désignée par un nom différent, n'en forment qu'une seule à une faible distance. C'est ainsi que Blancheveine et Piemtay, séparées, au puits de Champay (près de Liége), par des bancs de schiste de 10 mètres d'épaisseur , sont réunies au puits de la Nouvelle-Haye, où elles présentent une couche unique de 1.80 à 2 mètres de puissance , quoique ces deux points de percement soient situés à une distance moindre de 800 mètres. Il en est de même de la grande couche exploitée à Épinac (Saône-et-Loire), de la stratification dite *main coal* du Staffordshire et de beaucoup d'autres.

On peut aussi rapporter à la catégorie des dérangements survenus pendant la formation de la houille certaines ondulations du toit et du mur qui font paraître la couche renfoncée ou relevée sur une partie de son étendue , sans qu'aucune stratification ait été interrompue , accident auquel les mineurs du Centre du Hainaut ont donné le nom de *ringuion ;* de même que l'annihilation définitive d'une couche provenant de l'amincissement progressif des assises de la houille.

Il est du reste possible de distinguer si l'interruption que subit une stratification est inhérente à sa formation, ou si l'accident résulte d'une cause postérieure, énergique et violente. Dans le premier cas, l'allure d'une couche, sa texture et ses parois n'offrent aucune altération ; tandis que, dans le second, la houille brisée et friable, les schistes contournés offrant des surfaces lisses et polies, ont reçu l'empreinte des dislocations auxquelles ils ont été soumis. Enfin, la pholérite remplissant les interstices des roches sous forme d'écailles nacrées, concaves et polies, est toujours un indice de perturbation violente.

V^e. SECTION.

DESCRIPTION DE QUELQUES-UNS DES PRINCIPAUX BASSINS DE L'EUROPE.

58. *Gîtes carbonifères que renferme la Belgique.*

La zone du terrain houiller qui traverse de l'est à l'ouest les provinces méridionales de la Belgique, en pénétrant à l'est jusqu'au centre de la Prusse rhénane et s'avançant à l'ouest dans le département du Nord bien au-delà de Valenciennes, offre un dépôt marin des plus remarquables et incontestablement l'un des plus caractérisés parmi tous ceux que l'on connaît jusqu'à présent. Il repose, dans toute son étendue, sur des calcaires compacts gris, bleus et quelquefois noirâtres aux approches de la houille. Ce sont des bancs d'une grande puissance, dont les assises bleues fournissent des pierres de construction, des meules et des matériaux propres à l'alimentation des fours à chaux.

La direction des stratifications est sensiblement est, ouest en s'inclinant de 12° degrés vers le nord. La longueur de ce dépôt, à partir d'Eschweiler, près d'Aix-la-Chapelle, jusqu'à Aniche, près de Douai, est de 22 myriamètres environ. Quoiqu'en diverses parties de son parcours il soit interrompu par des soulèvements du terrain anthraxifère, quoique l'épaisseur des terrains super-

posés aient empêché en plusieurs points de s'assurer de sa
continuité, les circonstances constamment identiques observées dans toute son étendue, la conformité dans la composition et dans l'ensemble des caractères, engagent à le
considérer comme le résultat d'une seule et même formation, dont l'étendue s'accroît, si, en raison des
analogies de gisement, on y ajoute, vers l'extrémité
orientale, les bassins de la Rühr et d'Osnabruck; vers
l'ouest, les bassins d'Hardinghen, près de Boulogne, et
celui du pays de Galles situé au-delà du Pas-de-Calais.

Les motifs qui font attribuer ces divers gîtes à un
unique dépôt sont fort nombreux; ainsi, sur cette vaste
surface, le terrain houiller est toujours en contact avec
le calcaire carbonifère ou avec d'autres roches anthraxifères, telles que grauwacke, schistes argileux ou siliceux,
etc., lorsque la première roche fait défaut. Le schiste
argileux et ses modifications sont les roches dominantes; la houille est toujours en contact immédiat avec
ces dernières stratifications; le schiste bitumineux, lorsqu'il
existe, forme le toit des couches; les grès grossiers
en sont toujours fort éloignés; et, de même que les poudingues, ils se rencontrent rarement dans la formation, à
la base de laquelle ils sont toujours relégués. Les stratifications peu puissantes, mais nombreuses et continues, n'ont
qu'une pente peu rapide dans les versants du nord,
tandis qu'elles se relèvent au sud en affectant une forte
inclinaison et, la plupart du temps, en se repliant plusieurs fois consécutivement sur elles-mêmes pour former
une série de selles et de bassins. Enfin, les couches les
plus bitumineuses et les plus grasses sont situées,
sauf quelques exceptions, à la partie supérieure des
gîtes, tandis que la partie inférieure contient les couches
les plus maigres.

Les solutions de continuité réelles ou apparentes observées dans cette zone, réduite à ses limites les plus restreintes, c'est-à-dire, abstraction faite des dépôts extrèmes du levant et du couchant, la divisent naturellement en sept bassins distincts, savoir :

Les bassins allemands : 1°. De Bardenberg, de Rolduc ou de la Wurm ; 2°. d'Eschweiler ; les bassins belges ; 3°. de Liége ; 4°. de Namur et de Charleroi ; 5°. du Centre ou levant de Mons ; 6° du couchant de Mons ; 7°. enfin, celui de Valenciennes et d'Aniche renfermé dans le périmètre de la France. Cette série de gîtes se succèdent les uns aux autres en marchant de l'est à l'ouest ; ils se rétrécissent et se dilatent alternativement suivant les localités. Si l'un d'eux est assez large, il contient tous les systèmes des couches maigres et grasses ; s'ils se rétrécissent, le nombre en est d'autant plus limité que l'espace est plus circonscrit, et enfin, lorsque ce dernier est très-resserré, il n'existe plus que quelques couches appartenant au système inférieur qui, ayant été exposées immédiatement à l'action métamorphique, appartiennent toutes à la variété anthraciteuse.

59. *Bassin de Liége.* (Fig. 1, pl. III.)

Ce bassin court du nord-est au sud-ouest. Sa longueur (1), comprise entre Sippenacken et Thon, est

(1) On peut, pour suivre avec fruit la description de la zone houillère dont il s'agit ici, se servir de la carte minière dressée par MM. les ingénieurs des mines de la Belgique et publiée par M. l'ingénieur en chef CAUCHY.

de 67 kilomètres, et sa plus grande largeur, de quinze mille mètres. La partie orientale en est peu connue, parce qu'elle ne renferme qu'un petit nombre d'exploitations et qu'en plusieurs points le terrain houiller est recouvert de formations tertiaires. A l'ouest, les stratifications carbonifères s'étendent sans interruption jusqu'à Thon, hameau limitrophe de la province de Namur, où un soulèvement du calcaire anthraxifère les sépare du dépôt de la Sambre, avec lequel elles ne formaient probablement qu'un seul et même bassin. La partie septentrionale du gisement est recouverte de bancs de sable, d'argile et d'une marne caractérisée par des points verts et des bélemnites; mais la puissance de ces terrains de recouvrement est trop faible pour apporter aucun obstacle au fonçage des puits.

M. Dumont, ayant observé qu'en général la houille est d'autant plus grasse qu'elle appartient à des stratifications plus rapprochées de la surface, se fonde sur la qualité du combustible pour diviser en trois groupes les quatre-vingt-trois couches qu'il croit exister dans les environs de Liége. L'étage supérieur est composé de 31 couches d'un charbon fort gras; l'étage moyen en comprend 21 de demi-gras, et l'étage inférieur 31 de maigre. On doit cependant observer que les couches de la Chartreuse et surtout celles de Seraing, immédiatement superposées aux terrains anthraxifères et appartenant, par conséquent, au système inférieur, comptent parmi les plus grasses du gisement. Cette circonstance présente une anomalie remarquable, dont il est impossible de se rendre compte si l'on n'adopte la supposition d'un glissement de la partie supérieure du gisement en dehors de ses limites naturelles et après sa formation, ou celle d'un déplacement successif de son axe pendant le dépôt, hypothèses dont il sera parlé

plus loin pour expliquer des faits analogues observés dans les bassins de Charleroi et de Valenciennes. Les collines situées au nord de la ville de Liége, depuis le mont St.-Gilles jusqu'à la citadelle, semblent occuper le centre de la formation, puisqu'elles renferment dans leur sein toutes les couches de l'étage supérieur. Quant à ces dernières, elles forment un bassin ellipsoïdal fort allongé, dont le grand axe court du nord-est au sud-ouest. Au centre, elles sont stratifiées à peu près horizontalement; vers les bords, elles se relèvent en prenant une inclinaison de 10 à 15 degrés.

En additionnant la puissance des couches et celle des roches encaissantes, on trouve que la profondeur de la formation serait d'environ 1300 mètres dans la partie où elle est la plus complète; c'est-à-dire que la dernière stratification du dernier groupe se trouverait gisant à 1300 mètres au-dessous de la chapelle de St.-Gilles, point culminant des collines qui recèlent les couches supérieures. Cette chapelle étant située à 265 mètres au-dessus de la mer, il en résulte que le fond du bassin serait à un niveau d'environ 1035 mètres au-dessous de cette dernière. La figure 1 de la planche III représente une section, par un plan vertical dirigé du sud-est au nord-ouest, de cette partie centrale du dépôt (1).

La coupe suivante indique la manière dont la richesse minérale se répartit dans la localité où ont été foncés les puits dits de la Vieille et de la Nouvelle-Haye, situés à

_____

(1) Cette coupe a été dressée par M. MOIREN, directeur de la mine de houille du Horloz, près de Liége.

peu de distance du centre de la formation et au milieu des
grandes plateures.

DÉSIGNATION DES COUCHES. (1)	PUISSANCE DES COUCHES.	ROCHES ENCAISSANTES MESURÉES DE MUR EN MUR.
	Mètres.	Mètres.
Roches superposées	»	20.25
1 Trouvée et Pauvrette	0.15	17.80
2 Chaignée	0.58	14.30
5 Petite Mousselwege	»	9.90
4 Grande Mousselwege.	0.30	17.50
5 Bôme	0.88	5.50
— Besseline	0.58	12.20
— Vauval	»	5.75
6 Moyen	0.52	11.40
7 Grande veinette	0.88	24.00
8 Domina	0.52	25.00
9 Cerisier.	1.47	20.75
10 Crusny	0.88	21.80
11 Paon.	0.75	12.90
12 Rosier	0.88	29.60
13 Pestay	0.59	7.65
14 Grande veine	1.62	56.90
15 Les Neppes.	»	»
16 Charnaprez	0.25	27 00
17 Sarlette.	»	»
18 Marais	0.76	7.40
19 Déliée veine	0.25	14.09
20 Cougnée	0.47	42.75
21 Daignée.	»	»
22 Premier cochet	0.70	10.20
23 Deuxième cochet	»	»
24 Grignette	0.51	6.10
25 Dure veine.	0.47	18.15
26 Halballerée.	0.50	7.25
— Crochette	0.20	12.20
— Crohette	0.18	12.75
27 Blancheveine	1.10	»
28 Piemlay.	0.70	8.20
Veine de Joie	0 50	»
Mètres. . .	17.23	455.20

(1) Ce tableau peut servir de légende à la figure 1 de la pl. II,
les numéros d'ordre placés au-devant des couches se rapportant à
ceux de la figure.

Au sud et à l'ouest, les couches s'infléchissent, se plient et se replient plusieurs fois sur elles-mêmes en formant une série de bassins secondaires, semblables à ceux que représente la figure 16, planche I. Celle-ci est une coupe horizontale d'une partie du territoire d'Ougrée (rive droite de la Meuse), et la figure 15 une section verticale suivant la ligne E O du plan. Pour se faire une idée complète de cette disposition des couches, le lecteur n'a qu'à prendre une feuille de papier qu'il pliera plusieurs fois en formant des zones parallèles entre elles; les parties comprises entre deux plis consécutifs représenteront alternativement la série des plateures et des dressants ou roisses. Plaçant cette feuille de telle façon que les arêtes formées par la jonction des droits et des plats soient légèrement inclinées à l'horizon, il pourra, en faisant varier la position de la feuille conformément à la coupe exprimée dans la figure 15, observer les circonstances qui accompagnent le plongement des couches dans la profondeur et leur relèvement à la surface. Si l'expérimentateur les suppose alors coupées un peu au-dessous du sol par un plan horizontal, il les verra se projeter de la manière indiquée dans la figure 16, en affectant les dispositions et les contours les plus variés. Ainsi, elles laisseront pour trace, tantôt des zigzags, tels que *a b c* et *a' b' c'*, résultat de plusieurs plis successifs combinés avec le relèvement, au nord, de tout le système des couches; tantôt des *pointes de bateau*, comme on les désigne ordinairement à Liége, telles que *d*, *e*, et qui seront directement opposées aux pointes de la série suivante *f, g*, ou intercalées entre elles. Enfin, les crains et autres dislocations viendront compliquer les dispositions en changeant les relations des différentes pointes de bateau de deux systèmes consécutifs.

Le bassin liégeois, qui constitue la partie orientale de la grande zone carbonifère belge, se rétrécit de plus en

plus à mesure que l'on s'avance vers l'ouest, et finit par ne plus contenir qu'un nombre fort restreint de couches appartenant au groupe inférieur ; celles-ci, disposées en plateures et en dressants, sont formées d'un charbon de qualité médiocre, altéré, comme il l'est, par des oxides terreux et des sulfures métalliques. La majeure partie d'entre elles, appartenant à cette espèce de charbon désignée dans le pays par le nom de *terouille*, ne donnent lieu qu'à un petit nombre d'exploitations peu développées.

Une section de cette partie de la formation est représentée par la figure 2, planche III ; traversant les villages de Ramet et de Chokier, elle est, par conséquent, prise à 7 1/2 kilomètres à l'ouest de la précédente. Un soulèvement de calcaire anthraxifère, s'avançant de l'ouest à l'est, comme un promontoire, au milieu de la formation carbonifère, divise celle-ci en deux fragments situés, l'un au nord, l'autre au sud. Entre le calcaire et le terrain houiller se trouvent les *ampélites* ou *schistes aluniferes* qui, sur la lisière du nord, ont été autrefois l'objet d'exploitations très-actives pour la fabrication de l'alun.

Les dérangements inhérents à ce bassin sont des crains fort nombreux dans les couches sujettes aux inflexions ; des resserrements, des étreintes ou étranglements assez fréquents dans toutes les stratifications et même dans les plateures si régulières du nord ; enfin les failles que renferme le territoire situé sur la rive gauche de la Meuse et les dislocations de même nature, mais moins étendues, que l'on observe sur la rive droite, et dont la direction est ordinairement du nord au sud.

60. *Bassin de la Sambre.*

Ce dépôt fait partie du grand bassin occidental de la Belgique et comprend les divisions administratives de

Namur et de Charleroi. Il s'étend de l'est à l'ouest sur une longueur d'environ 23 kilomètres ; il est borné, à l'est, par un soulèvement anthraxifère de 2,000 mètres d'étendue, suivant la direction, et, à l'ouest, par quelques terrains secondaires et des sables mouvants.

De l'extrémité orientale et jusqu'au-delà d'un méridien situé à 5 kilomètres à l'ouest de Charleroi, les couches de houille affleurent à la surface du sol, excepté sur les rives de la Sambre, où elles sont masquées par quelques bancs d'alluvion, tels que sables, graviers, etc.

Dans la partie du levant (district de Namur), les stratifications sont sujettes à des inflexions tellement brusques et irrégulières, qu'il est souvent impossible d'en déterminer l'allure ; mais cette dernière se régularise à mesure que le terrain houiller se dilate, c'est-à-dire en s'avançant vers l'ouest ; les plateures et les dressants s'écartent les uns des autres, plongent dans la profondeur et permettent à ceux des étages immédiatement supérieurs de venir s'y emboîter en quantité d'autant plus grande que l'espace est plus considérable. Ainsi le gisement de houille maigre de Namur ne renferme que 5 ou 6 couches ; celui de Moignelée en a déjà 36, et le nombre augmente à mesure que l'on s'avance vers Charleroi. Les couches de la province de Namur, dont l'épaisseur est comprise entre 0.20 et 0.90 mètre, atteignent quelquefois 4, 6 et même 7 mètres. Mais la qualité du combustible s'altère à mesure que la puissance augmente, par suite de la grande quantité de substances terreuses qui s'y intercalent.

Lorsqu'on arrive à Charleroi, où le terrain houiller a acquis le maximum de largeur, on trouve au nord de la ville d'innombrables exploitations de la plus grande importance. La coupe (fig. 3, pl. III) empruntée au Mé-

moire de M. l'ingénieur Bidaut (1) a été dressée, de
même que toutes celles qui sont mentionnées dans ce
chapitre, soit à l'aide des travaux en exploitation et des
reconnaissances faites sur divers points de la ligne ; soit
au moyen d'inductions et d'analogies. C'est une projection sur un plan méridien passant par Montceau-sur-
Sambre, village situé à une distance d'environ 5,000 mètres
à l'ouest de Charleroi, dans la partie où la formation
semble la plus complète. On voit, d'après cette coupe,
que les couches de houille forment une série de plis et de
replis qui, lorsqu'ils atteignent la limite du sud, viennent
se heurter contre le relèvement du calcaire. Il en résulte
divers bassins partiels dont les directions n'affectent de
constance dans le parallélisme ni entre eux, ni pour
aucun d'eux, relativement au bassin général. Ici, les
zigzags du sud portent le nom de *retours* ; les grands
plats du nord sont appelés *maîtresses-allures*, parce qu'ils
offrent une hauteur d'exploitation considérable. Les droits
qui interrompent les maîtresses-allures ne changent la
désignation de ces parties de couches qu'autant qu'ils ont
une hauteur d'au moins 100 à 150 mètres ; dans ce cas
seulement la couche est considérée comme étant à l'état
de retour.

L'ennoyage dont la notion commence seulement à Charleroi est, comme on le sait, la ligne d'intersection d'un
droit et d'un plat ; rarement cette ligne est droite, elle
est le plus souvent courbe ou brisée. Les ennoyages s'enfoncent en se dirigeant de Charleroi sur Montceau-Fontaine ;
et c'est à cette circonstance qu'il faut attribuer le maximum
de couches renfermées dans cette partie du bassin.

(1) *Études minérales. Mines de houille de l'arrondissement de
Charleroi*, par E. BIDAUT, ingénieur des mines. 1845.

Le terrain houiller de cet arrondissement a environ 30 kilomètres de longueur, sur une largeur moyenne d'un myriamètre. M. Bidaut évalue à 1200 mètres la profondeur du bassin à son point central. D'après le même auteur, le nombre des couches exploitables peut s'élever à 73 ; leur puissance est comprise entre 0.30 et 2 mètres ; mais ces dernières sont fort rares ; il se fonde d'ailleurs sur la qualité de la houille qu'elles contiennent pour les diviser en quatre systèmes :

1°. Celui de Mambour, contenant des charbons fort gras, propres à la fabrication du coke ;

2°. Celui de la Sablonnière et de Lodelinsart ; combustible demi-gras ; à flamme longue, convenable aux foyers domestiques, aux fours de pudlage et de chauffage ;

3°. Le système des Ardinoises, moins gras que le précédent ;

4°. Enfin, celui de Lambusart, houille sèche, propre à la cuisson de la chaux et des briques.

En général, les stratifications de la partie supérieure du bassin, lorsqu'on se place en un point où elles se rencontrent toutes, contiennent des houilles maréchales en discordance avec celles des étages inférieurs ; elles sont très-disloquées et affectées d'une si grande quantité de dérangements que l'exploitation en est fort difficile. Les combustibles les plus secs sont stratifiés au fond du bassin, et les couches intermédiaires offrent tous les passages gradués entre les deux extrêmes.

Toutefois, ici comme dans la province de Liége, on remarque, à la limite méridionale de la formation et en contact avec le calcaire, l'existence de la houille grasse propre à la fabrication du coke. Pour expliquer cette anomalie, on peut supposer qu'au moment du cataclysme qui a affecté le dépôt et peu après sa formation, les

couches supérieures, repoussées du nord au midi, se sont portées en glissant vers la lisière du bassin, à laquelle elles se sont superposées en recouvrant aussi quelques parties de la zone du calcaire encaissant. Et comme à cette époque les influences métamorphiques avaient beaucoup diminué d'intensité, les houilles grasses, quoique mises en contact avec les roches anthraxifères, ont conservé leur gaz et par conséquent leur nature bitumineuse. Cette explication purement hypothétique semble confirmée par la discordance qui semble exister entre les stratifications des deux étages supérieurs. Quoi qu'il en soit, voici la nomenclature de la partie du dépôt, objet des exploitations les plus remarquables de cette localité.

PARTIE INFÉRIEURE DU PREMIER SYSTÈME.

1 Pieuse	. . . Mètres	0.60
2 Petit Mambour.	. . .	0.90
3 Huit paumes	. . . .	0.50

DEUXIÈME SYSTÈME (LODELINSART).

4 Veinette genaux	. . .	0.70
5 Sablonnière, Ronche ou Langin	. . . .	1.10
6 Mayeur ou Bonne-Espérance	. . . . .	1.10
7 Caylette des Bergers ou Pisselotte	. . .	0.95
8 Noupaumes ou cayant qui bout	. . . . .	
9 Grande Caylette	. . .	0.98
10 Les Oles	. . . . .	0.50
11 Droit jet	. . . . .	0.80
12 Masse	. . . . .	1.00
13 Les Oles	. . . . .	0.50

TROISIÈME SYSTÈME (ARDINOISES).

14 Catula	. . . . .	0.80

15 Ardinoise	. . . . .	0.40
16 Marleau	. . . . .	0.50
17 Folemprisa	. . . . .	0.60
18 Veinette	. . . . .	0.90
19 Gabrielle	. . . . .	1 10
20 Strapette	. . . . .	0.60
21 Mère des veines	. . .	0.70
22 Crève-cœur ou Maugy.		0.80
23 Langin	. . . . .	0.60
24 Mère Dieu	. . . . .	0.50
25 Les Mouchens	. . .	0.50
26 Noël ou Broze	. . .	1.20
27 Maigre ou Logerie	. .	0.50
28 Charnia ou Matton	. .	0.70
29 Veine aux clous	. . .	0.66

PARTIE SUPÉRIEURE DU QUATRIÈME SYSTÈME (LAMBUSART).

30 Naye à Bois ou Cense.		0.80
31 Vindeloup ou Querelle	.	0.60
32 Cailette	. . . . .	0.80
33 L'Hermite	. . . . .	0.90
34 Grosse-fosse	. . . .	1.20

Il manque dans ce tableau les 16 ou 17 stratifications les plus rapprochées du sol ; leur état de dislocation et d'irrégularité, leur peu de continuité et la faible étendue de la surface qu'elles recouvrent, ont engagé l'auteur à

9

les passer sous silence. Les couches anthraciteuses inférieures, gisant au-dessous de Grosse-fosse et reconnues
au nord par les travaux du bois d'Heigne, du Grand-
Conti et de Falnuée, se rattachent à l'est aux stratifications exploitées dans les mines de la basse Sambre ;
à l'ouest elles constituent, d'après M. Bidaut, le bassin
du Centre du Hainaut ; mais alors il faut admettre que
la nature de leur houille a été singulièrement modifiée
dans ce parcours, et que, sèche et anthraciteuse sur un
point, elle s'est transformée sur un autre en combustible
demi-gras et quelquefois propre à la fabrication du coke.
Cette supposition n'a d'ailleurs rien d'inadmissible si l'on
observe que les actions métamorphiques ont pu varier sur
une étendue qui embrasse plusieurs kilomètres.

Si l'on se transporte aux confins méridionaux du dépôt,
on remarque un petit bassin spécial formé par un promontoire de calcaire s'avançant de l'ouest à l'est dans le
terrain houiller. Les couches qu'il recèle sont de cette
espèce particulière de combustible appelé *terre houille* ou
terroulle, dont l'origine ne peut être attribuée à la détérioration du combustible par les agents atmosphériques,
puisqu'elles se trouvent dans cet état jusqu'à une profondeur de plus de 150 mètres au-dessous du sol. Peut-être
ce bassin particulier est-il le résultat de l'arrachement de
la partie supérieure des stratifications du grand bassin
qui, lors du cataclysme, ont été entraînées et déposées
dans la dépression où on les retrouve actuellement ; les
houilles ont perdu leurs principes volatiles, après avoir
été pénétrées par l'argile, qui altère leur pureté, et par les
eaux, qui leur ont enlevé leurs principales qualités. Peut-
être aussi, mélangées d'argile au moment de leur dépôt,
doivent-elles, comme le pense M. Bidaut, leur état de
dégénérescence aux actions métamorphiques.

Les failles quelque peu notables sont inconnues dans ce district. Les principaux dérangements sont les crains (*rejetages*) ; les étranglements ou étreintes (*rafles*), qui affectent principalement les couches grasses, et les *kewèes*, qui, comme on l'a vu précédemment (56), consistent en ce que le V représentant la section des bassins et des selles est remplacé par un Y, c'est-à-dire terminé par une queue.

61. *Bassin de la Haine.*

Ce dépôt, désigné plus communément sous le nom de charbonnages du Centre ou du Levant de Mons, n'est pas connu dans sa totalité. Le versant du nord, composé de couches plates et peu inclinées, est le seul exploité, et l'on ignore jusqu'à présent si, vers le sud, elles se relèvent au jour en ne formant qu'une seule inflexion, ou si elles sont l'objet d'une série de plis et de replis analogues au gisement général de la bande houillère belge. Les stratifications marchent de l'est à l'ouest suivant une direction que l'on peut considérer comme sensiblement rectiligne ; mais elles sont fortement troublées vers le milieu de leur parcours, sur l'espace qu'occupent les concessions de Haine-St.-Pierre, Houssu et Sart-Longchamps, par un contournement qui en affecte l'ensemble, c'est à-dire que, venant de l'est, elles s'infléchissent brusquement en déviant au sud, se relèvent à l'ouest et reprennent leur direction primitive après avoir décrit un S disposé suivant un plan horizontal. Les couches, ainsi contournées, ont dû nécessairement se déchirer et se disloquer ; aussi cette localité renferme-t-elle des failles et des crains plus nombreux et plus importants que les autres dérangements obser-

vés dans le reste du bassin, où, cependant, ces accidents sont loin d'être rares. Il existe aussi des étreintes d'une nature particulière auxquelles on a donné le nom de *ringuions*. Les roches encaissantes n'ont que peu de solidité ; les bancs de schiste, mal liés entre eux, exigent des moyens de soutenement fort énergiques. Dans cette formation, les grès (*pierres sauvages*) sont fort rares et ne présentent que des bancs peu puissants.

La coupe (fig. 4, pl. III) traverse la concession du bois du Luc du nord au sud, c'est-à-dire parallèlement à la ligne de plus grande pente ; cette section est prise dans la partie située à l'ouest du contournement horizontal et dans une localité où les explorations suivant la méridienne, offrent le plus grand développement. On y peut observer la marche du terrain tertiaire de recouvrement qui, de peu d'importance au nord, augmente de puissance à mesure que l'on s'avance vers le sud. On doit aussi remarquer, en ce point, la tendance des couches à former le fond de bateau pour se relever au jour. Serait-ce là le lieu de la ligne de jonction des deux versants, ou bien ce renversement de l'inclinaison ne serait-il qu'un accident partiel qui affecte l'allure des couches ? C'est ce qu'on ignore jusqu'à présent.

En général, le dépôt du Centre, qui semble consister dans le prolongement des deux dernières séries de celui de Mons, contient, près de la surface du sol, des houilles grasses propres à la fabrication du coke et du charbon demi-gras dans la partie inférieure de la formation.

La synonymie des couches exploitées dans les diverses parties de ce bassin n'a pas encore été établie exactement ; chacune d'elles est qualifiée d'une manière toute différente lorsque, marchant de l'est à l'ouest, on passe successivement d'une concession dans la suivante.

Voici toutefois la nomenclature la plus complète que
l'on ait formée jusqu'à présent; elle a pour objet les stratifications rencontrées par les puits de la mine du bois du
Luc et peut servir de légende à la section de la fig. 4.

DÉSIGNATION DES COUCHES.	PUISSANCE DES COUCHES.	ROCHES ENCAISSANTES.
	Mètres.	Mètres.
De la surface du sol		27.60
1 Première couche	0.26	9.75
2 Deuxième id.	0.52	8.10
3 Veine du Bosquet ou veine du Pré . . .	0.55	45.65
4 — — —	0.30	2.70
5 Veine de la Machine à tine.	0.44	9.55
6 — — —	0.55	5.65
7 Cinq paumes	0.49	4.10
8 — — —	0.38	6.00
9 Huit paumes	0.77	23.25
10 Veine à Layes.	0.80	20.80
11 Veine à Chauffour	0.61	9.80
12 Engin	0.37	9.25
13 Sept paumes	0.72	12.70
14 Six paumes.	0.61	7.80
15 — — —	0.58	2.60
16 Grande veine	0.40	7.40
17 —	0.55	12.05
18 Gargay 0.80 } Grande veine	1.09	6.90
19 Joligay 0.29 }		
20 Quatre paumes	0.45	12.75
21 Escaillère	0.53	8.50
22 Veine du Fond	1.06	57.95
23 Veine à Layes.	0.46	27.85
24 — — —	0.25	46.15
25 — — —	0.50	34.05
26 Veine du Calvaire (affleurements) . . .		
	12.24	598.70

La surface septentrionale de ce dépôt est masquée par
des terrains tertiaires de peu d'importance et la zone du

midi par des terrains secondaires et des sables mouvants,
dont quelques coupes ont déjà été mises sous les yeux du
lecteur (31). Aux environs de la ville de Mons, il est
recouvert d'une formation crétacée fort épaisse à travers
laquelle on n'a pu encore atteindre la houille. Cet obstacle
est une limite indécise et probablement temporaire ; car
il est à croire qu'en vertu de la loi de continuité, ces
couches rejoignent celles du bassin gisant à l'ouest.

62. *Formation carbonifère du Couchant de Mons.*

Il est très-probable que le dépôt du Couchant de Mons
et celui du Centre, qui en est le prolongement, se réunissent, sans solution de continuité, au-dessous des stratifications secondaires ou tertiaires qui, jusqu'à présent,
ont empêché de constater ce fait important. Quoi qu'il en
soit, cette partie remarquable de la formation belge,
comprise entre la ville de Mons à l'est, et le village de
Thulin à l'ouest, est mesurée, dans sa plus grande largeur, par une ligne méridienne de 8 à 9,000 mètres, de
laquelle il faut retrancher environ 3,000 mètres, que
rendent inaccessibles les dépôts accumulés de mort terrain ; ce qui reste vers le sud, objet d'innombrables
exploitations offrant la plus grande activité, est aussi la
partie la plus complète de toute la formation belge et
même de toute la zone carbonifère, qui s'étend d'Osnabruck au sud du pays de Galles.

La figure 2 de la planche III bis comprend le tracé
des affleurements sur un plan horizontal. On y voit les
couches du Flénu formant deux bassins spéciaux ; le plus
occidental est interrompu par un calcaire dont l'origine

est contestée, les uns le classant parmi les roches anthraxifères, d'autres pensant qu'il doit trouver place dans
les dépôts postérieurs au terrain houiller. Une ligne
ponctuée W, W.... passant par les villages de Wasmes,
Quaregnon, traversant les Produits, le levant du Flénu,
Picquery et Noirchain, exprime la limite des niveaux
constants renfermés dans les marnes. Au nord de cette
ligne de démarcation, l'épaisseur du terrain crétacé s'accroît; au midi, la formation carbonifère est recouverte
par de faux niveaux, nuls en temps de sécheresse, mais
fort élevés dans les saisons pluviales. La coupe longitudinale (fig. 1, pl. III bis) a été dressée sur un plan vertical passant par la naye et suivant la trace E C C' D de la
projection horizontale. Elle fait connaître l'ennoyage des
couches du centre du gisement, entre les villages de
Cuesmes et de Hornu.

Enfin, c'est à la trace méridienne A, B, du plan horizontal que se rapporte la coupe transversale (fig. 5, pl. III)
passant par le centre du Flénu et par les principaux puits
de la localité (1).

La direction générale du bassin est sensiblement est-
ouest, en inclinant légèrement vers le sud. Sa longueur
ne peut être déterminée par suite de l'indécision où l'on
se trouve relativement à ses deux extrémités et surtout à
l'extrémité occidentale, où, vers la frontière de la France
et de la Belgique, les couches semblent éprouver une
interruption due à la saillie du calcaire dont il a été fait
mention plus haut et que l'on remarque principalement
dans la vallée des Hannetons, aux environs du village de

(1) Cette coupe horizontale et les deux sections verticales sont
dues à M. César Plumat, ingénieur de la mine de Boussu.

Boussu. Peut-être aussi le terrain n'est-il que simplement étranglé, puisqu'il se dilate en s'avançant à l'ouest du côté de Valenciennes.

Dans cette localité, la ligne suivant laquelle se raccordent les deux versants d'une plateure porte le nom de *Naye*. Cette expression se rapporte également au plan imaginaire passant par les diverses lignes de raccordement. Le versant du nord, appelé *combles du nord*, renferme les *grands plats*, dont l'inclinaison, peu considérable, se dirige au sud. Les *combles du midi* sont l'ensemble des couches qui, se relevant vers ce point cardinal, ont leur inclinaison au nord; plus loin elles s'infléchissent et se contournent pour former une série de selles et de bassins. Les plats compris entre deux droits sont presque toujours inclinés au nord; les droits, au contraire, ayant décrit, lors de leur contournement, un arc de cercle un peu plus grand que le quart de la circonférence, ont une inclinaison inverse, c'est-à-dire dirigée au sud. Cette disposition est normale dans le bassin de Mons, car les mineurs disent, dans ce cas, que le droit ou le plat a son *pied à son droit*, et, dans les cas exceptionnels, fort rares du reste, que les couches sont *pied à revers*.

Le nombre d'inflexions qui affectent les stratifications varie suivant la position de celles-ci dans le gisement; vers le centre, ce sont simplement deux versants inclinés en sens contraire; mais, en dehors d'une certaine surface, les strates inférieures qui s'étendent au nord et au sud forment, dans cette direction, un nombre de bassins d'autant plus grand que l'on se rapproche davantage de la limite du terrain houiller. Jusqu'à présent on n'a pas découvert plus de trois inflexions dans la même couche, mais il est très-probable que des travaux portés à une profondeur suffisante mettront en évidence au moins cinq droits et

cinq plats successifs ; c'est du moins ce qui résulte du tracé systématique complet de la coupe transversale. (Fig. 5, pl. III.)

Les dérangements du Couchant de Mons consistent en failles dont les principales sont : le crain Pierresant *a b* (fig. 2, pl. III bis), qui, s'inclinant au sud, relève les couches de 22 mètres dans cette direction. Le Douaire *c*, qui se dirige du nord-nord-ouest au sud-sud-est et s'incline à l'est en produisant un rejettement de 15 mètres ; le cran Cambier *d*, de 4 à 6 mètres ; et les crans dits du Moulin *e* et du Berger *f* courant parallèlement avec le Douaire. Les lettres *m*, *m'* et *m''* de la fig. 2 indiquent trois autres failles auxquelles on n'a pas donné de noms ; elles rejettent les stratifications de 5 à 17 mètres.

Les assises dont les couches sont formées portent le nom de *laies ;* elles sont quelquefois séparées par des intercalations de schistes bitumineux (haverie) utilisés pour l'arrachement.

Les grès portent le nom de *querelle.*

On connaît dans ce bassin 157 couches de houille auxquelles on a attribué un nom ; 117 à 122 seulement sont exploitables ; leur puissance est comprise entre 0.25 et 0.70 mètre, et peu d'entre elles dépassent un mètre.

On les divise en quatre étages qui sont, en commençant par le centre du bassin :

1er étage.	Charbon Flénu,	couches. .	47
2e »	»	dur	21
3e »	»	de forge . . .	29
4e »	»	sec ou maigre.	20 à 25

117 à 122.

Le premier groupe contient des couches de houille à gaz dit charbon Flénu, dont le caractère principal est de

s'allumer facilement et de produire une flamme longue,
vive et fuligineuse. La richesse de ce combustible en gaz
propre à l'éclairage est telle que 100 kilog. en produisent
22 à 24 mètres cubes ; mais la proportion de coke qui
reste en résidu dans les cornues n'est que de 45 à 50
pour cent. Les houilles du second groupe ne méritent pas
leur nom de charbon dur, puisqu'elles sont, au contraire,
généralement très-friables. Cent kilog. de ce charbon ne
donnent à la distillation que 20 mètres cubes de gaz,
mais laissent pour résidu 55 à 60 pour cent d'un beau
coke d'apparence métallique. Le troisième étage comprend
les charbons de forge, dont la désignation indique suffisamment l'emploi industriel. Les houilles de la partie inférieure de ce système, auxquelles s'adjoignent celles de la
partie supérieure du groupe suivant, peuvent être classées
parmi les demi-grasses. Enfin, le quatrième étage renferme
des combustibles dont la nature anthraciteuse se développe
à mesure que leur gisement se rapproche du fond du
bassin. Ils sont généralement peu exploités, quoique très-
propres à la cuisson de la chaux et des briques.

Une semblable division par groupes, quoique assez
exacte lorsqu'on la considère d'une manière générale, ne
peut être prise d'une manière absolue, puisque, par exception, il arrive souvent que des couches qui, par leurs
qualités, semblent appartenir à un groupe, sont intercalées dans le groupe voisin et réciproquement. En outre,
on a déjà vu que cette classification ne se fait pas d'une
manière tranchée et sans transition ; mais que les caractères des houilles se métamorphosent graduellement, en
sorte qu'il est ordinairement difficile de saisir la ligne de
démarcation qui sépare deux groupes consécutifs.

Les couches des trois premiers groupes, considérées
comme exploitables, sont les suivantes :

PREMIER GROUPE. — CHARBON FLÉNU.

1 Veine d'Amis	0.55	25 Grande Béchée	0.50
2 Moulinet	0.75	26 Petite Houbarde	0.40
3 Grand Moulin	0.85	27 Grande Houbarde	0.70
4 Veine à gros cinqmille	0.50	28 Belle et Bonne	0.40
5 Idem à forge	0.65	29 Grand Franois	0.60
6 Grande Morette	0.65	30 Petit Franois	0.55
7 Petite Morette	0.52	31 Brèze	0.81
8 Clayaux	0.87	32 Carlier	1.06
9 Horiaux ou rouge veine	1.20	33 Faux corps	0.93
10 Veine à chiens	0.60	34 Petit faux corps	1.50
11 Petit Houspin	0.50	35 Grande veine à l'aune	0.85
12 Grand Houspin	0.65	36 Petite idem	0.64
13 Herpe	0.70	37 Layette de la Gade	0.59
14 Désirée	0.72	38 Gade	1.33
15 Cochet	0.45	39 Hana	1.62
16 Jausquette	0.55	40 Renard	0.50
17 Foigneau	0.50	41 Petit Gaillet	0.70
18 Grande veine	0.60	42 Grand idem	0.70
19 Jonguelleresse	0.50	43 Plate veine	0.67
20 Bonnet	0.90	44 Soumillarde	0.60
21 Veine à mouches	0.60	45 Cornaillette	0.65
22 Pucelette	0.50	46 Veinette	0.75
23 Cossette	0.40	47 Dure veine	0.80
24 Petite Béchée	0.60		

DEUXIÈME GROUPE. — CHARBON DUR.

48 Veine à la pierre	0.60	59 Veinette	0.75
49 Payé	0.45	60 Veine au mur	0.60
50 Naton	0.45	61 Naisson	0.56
51 Grand Buisson	0.75	62 Pierrain	0.40
52 Petit Buisson	0.50	63 Toroire	0.75
53 Selixé	0.65	64 Petit corps	0.25
54 Layette	0.50	65 Grand corps	0.90
55 Bouleau	0.55	66 Houbât	0.00
56 Releume	0.55	67 Tant de laies	0.60
57 Catelinotte	0.75	68 Roger Goltrain	0.20
58 Bonne veine	0.80		

TROISIÈME GROUPE. — FINES FORGES.

69 Forcïde	0.30	84 Chaufournoise	1.00
70 Petite Garde-de-Dieu	0.45	85 Veine à main	0.50
71 Grande idem	0.75	86 Cinq paumes	0.90
72 Langleuse	0.78	87 Grande Séreuse	1.50
73 Liberzée	0.58	88 Petite idem	0.40
74 Chandelle	0.50	89 Petit Moucheron	0.30
75 Pied à Renoulot	0.50	90 Grand idem	0.25
76 Grand Duriau	0.70	91 Valérienne	0.30
77 Long terne	0.62	92 Gistierne	1.15
78 Grand Clau	0.65	93 Petite veine l'Évêque	0.29
79 Petit Clau	0.55	94 Grande idem	1.51
80 Plate veine	0.75	95 Epuissoir	0.87
81 Pouilleuse	0.55	96 Moreau	0.55
82 Grand Samain	1.00	97 Grande Auvergies	0.58
85 Petit idem	0.60		

Cette coupe , de laquelle ont été exclues les houilles maigres (charbons secs) peu exploitées et peu connues , peut servir de légende à la figure 5 de la planche III et aux figures 1 et 2 de la planche III bis. (1)

C'est dans cette localité que se trouve le développement le plus complet de la grande zone carbonifère belge, soit par la multiplicité des couches , soit par la présence des houilles gazeuses gisant à la partie supérieure du dépôt et qui font défaut dans les prolongements orientaux et occidentaux de la formation.

63. *Département du Nord.*

Les remarquables mines d'Anzin , de Fresnes et de Vieux-Condé sont situées sur les rives de l'Escaut , au nord de Valenciennes. Celles de Denain , d'Azincourt et d'Aniche se trouvent à une distance de 16 à 18 kilomètres à l'ouest des premières. Enfin on a reconnu le terrain houiller sur d'autres points , entre autres à Mouchy-le-Preux, dans les environs d'Arras. Mais la grande puissance des terrains secondaires qui recouvrent toute la surface du bassin n'a pas permis de suivre le prolongement de ces gites exploités et de reconnaître s'il y a continuité dans les couches de ces diverses localités ; on ignore également si ce dépôt est le prolongement direct de celui de Mons

---

(1) Dans le but d'éviter la confusion , il n'a été tracé sur cette dernière qu'un petit nombre de couches ; chacune d'elles porte un chiffre correspondant au numéro d'ordre du tableau. Les dernières appartiennent au système des houilles maigres. Ce sont :
109 Grande Chevalière.
113 Grand Bouillon.
117 Croix Rouvroy.

ou s'il en est séparé par quelque soulèvement calcaire.
Dans les environs de Valenciennes, le terrain houiller,
assez dilaté, est tout-à-coup resserré et étranglé à l'ouest
de cette ville, entre les villages de Hérin et de St.-Léger,
où le bassin, fort étroit, n'est plus occupé que par quelques stratifications anthraciteuses appartenant à la partie
inférieure de la formation.

Les couches exploitées à Raismes et à Vieux-Condé
courent du nord-est au sud-ouest, et laissent pour trace
sur un plan horizontal des lignes sinueuses formées de
courbes à grands rayons ; leur inclinaison est au sud-est ;
elles semblent former une selle avec les parties exploitées
sur la rive droite de la Haine, et n'être que le prolongement des combles du nord du grand bassin de Mons.
Au sud, les couches d'Anzin (fig. 1, pl. IV) se comportent comme celles de ce dernier ; mais le nombre des
inflexions est moindre ; car, dans toute l'étendue de la
formation, on n'y rencontre que deux droits réunis par un
plat incliné d'environ 15 degrés. On appelle les uns *droits
du nord* et les autres *droits du midi* ; les courbes de
raccordement du plat et des droits sont les *crochons du
nord* et les *crochons du midi*. Le faisceau de ces stratifications, contournées en crochets, laissent sur un plan
vertical une trace semblable à un **Z** capital.

On compte à Anzin douze couches, dont la puissance dépasse rarement 0.70 mètre. Celles qui n'ont pas 0.30 mètre
sont considérées comme inexploitables ; ce sont *des veines
passées*. Les assises des couches en sont les *sillons*. Enfin
les grès et les schistes sont désignés respectivement sous
les noms de *querelle* et de *rocher*. Les principaux dérangements qui affectent cette localité sont les renflements
ou *boules de veine ;* les étreintes dites *crains* ou *crans ;*
les failles, assez rares, sont sans importance.

L'étage des houilles maigres exploitées dans la zone septentrionale du bassin, sous les territoires de Vieux-Condé,
de Fresnes et de Vicoigne, comprend trente couches,
plongeant vers le sud avec une inclinaison de 20 à 50 degrés; leur puissance varie de 0.30 à 1.40 mètre. Les
charbons demi-gras ne sont bien connus que dans
les environs d'Aniche, où ils portent le nom de *charbons
durs;* ces couches on une inclinaison de 20 à 40 degrés;
leur nombre est de 20 à 30 et leur puissance est comprise entre 0.30 et 0.80 mètre. Les houilles grasses,
repliées en zigzag, paraissent dans la zone méridionale, où leur position est indiquée par les exploitations d'Anzin, de Saint-Vaast, de Denain et d'Abscon.
Cet étage, au lieu d'être enveloppé vers le sud par
la formation des houilles sèches, déborde les roches
encaissantes du bassin et s'appuie immédiatement sur le
calcaire carbonifère ou sur les bancs inférieurs des poudingues rouges.

Cette position anormale peut s'expliquer soit par le glissement de l'étage supérieur vers le sud et jusqu'au dehors
du bassin : hypothèse avancée déjà à l'occasion des formations de Liége et de Charleroi; soit, d'après l'opinion de
M. Burat, par le déplacement progressif et fort lent de l'axe
du bassin houiller vers le sud, pendant le dépôt des diverses stratifications, déplacement qui aurait eu pour résultat
la création de l'étage supérieur du terrain, non vers le
centre du bassin, mais à sa limite méridionale où il recouvre
les affleurements des strates inférieures, tandis que la zone
du nord est restée à découvert. Il faut nécessairement
supposer que les derniers dépôts ont eu lieu au moment où
les influences métamorphiques n'agissaient plus que faiblement; en sorte que les houilles qu'ils renferment ont pu
rester à l'état de houilles grasses.

64. *Bassins houillers du département de Saône-et-Loire.*

Les différents gîtes exploités jusqu'à présent dans cette localité forment deux zones à peu près parallèles et qui semblent se réunir par leurs deux extrémités. Il en résulte une ellipse irrégulière, dont le terrain houiller reconnu occupe le périmètre, tandis que la partie centrale, stérile en quelques points, est tout-à-fait inconnue sur d'autres où les terrains inférieurs sont masqués par des dépôts arénacés rouges de l'époque du trias. Cette formation repose immédiatement sur les granits et autres roches cristallisées. Sa direction générale est parallèle au grand axe de l'ellipse; c'est-à-dire O. 40° N — E. 40° S. Les couches du nord plongent vers le sud et celles du sud s'inclinent le plus souvent vers le nord. Les principaux bassins isolés, quoique subordonnés au bassin principal, sont, dans la zone du nord, en marchant de l'est à l'ouest, ceux du Creuzot, de St.-Eugène, etc.; dans la lisière du sud, en s'avant de l'ouest à l'est, Lucy, Montceau, Blanzy, Montchanin et St.-Berain. Les roches constituantes sont : le schiste argileux, les psammites, les grès compactes fins ou grossiers, mais jamais à l'état de conglomérats, et le fer carbonaté lithoïde.

Le bassin du Creuzot s'appuie sur une formation de granit à gros grains feldspatiques dont il est souvent séparé par une roche verdâtre esquilleuse et porphyrique. La grande couche, objet principal de l'exploitation, repose sur des bancs de poudingues et de grès grossiers d'environ 40 mètres d'épaisseur. Sa puissance moyenne est de 12 à 15 mètres; mais, par suite de renflements, elle en a quelquefois plus de 40. Elle a été poursuivie sur

une longueur de 1800 mètres; à ses deux extrémités elle
s'appauvrit, se divise et fournit tous les indices d'une suppression définitive. Ses allures sont très-variées; tantôt les
assises en sont presque verticales, tantôt l'inclinaison se
fait au nord ou au sud, et tantôt il semble qu'elle soit
sur le point de courir horizontalement. Chaque section
transversale produit une forme différente. La coupe (A),
(fig. 5, pl. IV), passant par le puits de l'Ouche, indique
la manière dont la couche se comporte dans les points où
elle offre le plus de régularité. Quelquefois, ainsi qu'on
peut le voir au puits dix (B), elle est divisée en deux ou
trois assises, et des intercalations de schistes ou de grès
fins appelées *barres* lui font acquérir une puissance considérable; souvent aussi ces grès interposés se transforment
en une masse lenticulaire ou amygdale (C) disposée au
milieu de la masse, ou bien, enfin (D), la couche, soumise
à un renflement, occupe un espace de 40 à 75 mètres
mesurés suivant le sens horizontal.

Cette stratification est affectée, dans son parcours, de sept
étranglements, produits par le rapprochement du toit et du
mur, d'où il résulte qu'elle offre, dans le sens de la direction, l'apparence d'une série de lentilles juxtaposées. Lorsqu'une barre divise le dépôt en deux parties, celle de dessus
donne du charbon terne et compact, appelé *charbon dur*,
et la partie inférieure du *charbon clair* très-tendre, déliteux et d'un noir éclatant. Toutefois, la qualité de la
houille n'est constante, ni dans le sens de la direction,
ni dans celui de l'inclinaison; car non-seulement certains points en donnent de plus grasse que d'autres; mais
encore les divers étages d'un même puits ne fournissent
pas la même nature de combustible. En général, celui que
l'on extrait est friable et menu : circonstance assez fréquente
dans l'exploitation des couches puissantes et mal réglées,

L'allure irrégulière de ce gîte lui avait fait donner le nom d'amas par les anciens exploitants du Creuzot ; mais depuis qu'il n'est plus permis d'admettre ce mode de gisement pour la houille, on doit le considérer comme une couche. En effet, une masse aplatie de 1300 mètres de longueur dont la direction est constante, intercalée dans des roches encaissantes et suivant leur plan de stratification, est, et ne peut être autre chose qu'une masse stratifiée, c'est-à-dire une couche. Le toit est formé de grès fins et d'argile schisteuse très-grossière.

Au midi de la grande couche s'en trouvent d'autres remarquables par leurs irrégularités ; l'une d'elles, autrefois exploitée à ciel ouvert près de l'église du Creuzot, a une puissance de 5 mètres ; les autres, beaucoup plus minces, n'ont été poursuivies que sur une faible longueur dans le sens de la direction et de l'inclinaison. Lorsqu'on les réunit toutes dans une même coupe (B), il semble que ces stratifications aient dû n'en former primitivement qu'une seule disposée horizontalement, et que deux soulèvements latéraux et parallèles à l'axe du bassin l'ayant rompue, aient ainsi déterminé une faille au centre de la vallée, en inclinant les deux fragments en sens opposé. Mais cette hypothèse, formée par M. Burat (1), semble avoir été ultérieurement abandonnée par son auteur.

La concession de Blanzy, dans la lisière du sud, renferme deux centres principaux d'exploitation : Lucy et Montceau. Quoique les travaux exécutés dans ces deux gisements ne soient pas en communication, il n'en est pas moins presque certain que ceux-ci renferment une couche com-

_____

(1) *Mémoire sur le gisement de la houille dans le bassin de Saône-et-Loire*, par Amédée Burat.

mune, inclinée vers le nord de 12 à 15 degrés et dont la puissance varie entre 10 et 12 mètres. (Fig. 6, pl. **IV.**) Elle est divisée en trois assises principales par deux barres d'un grès très-dur et d'une épaisseur de 0.10 à 0.30 mètre. La première, adjacente au mur, est de 6.50 mètres, l'assise intermédiaire de 1.50 mètre, et celle du toit a 4.50 mètres. Les barres, assez régulières à Lucy, se dilatent au Montceau et produisent de fréquents étranglements qui, quelquefois, font disparaître totalement la houille.

La couche de Lucy n'est accidentée que par quelques crains, et sa puissance est rarement dépassée par la hauteur de leurs rejettements. Celle de Montceau, au contraire, est disloquée par des crains et des failles formant deux systèmes qui se recoupent mutuellement et qui produisent des différences de niveau assez considérables pour qu'elle soit divisée en parallélipipèdes isolés les uns des autres. Cette circonstance a fait considérer ce gîte par les premiers exploitants comme autant d'amas tout-à-fait distincts. Telle était la seule stratification connue et exploitée encore en 1840, lorsque des travaux de recherches, dirigés dans la profondeur et dans des parties plus rapprochées du centre du bassin, ont amené la constatation de plusieurs couches de 1.50 à 3 mètres de puissance superposées à celle de Lucy, et d'une autre sousjacente de 12 à 14 mètres d'épaisseur. La dernière contient de la houille propre à la fabrication du coke et aux travaux de forgerie; quant à la couche de Lucy, elle fournit les meilleures qualités de houille flambante et gazeuse.

Le gîte de Montchanin, dont les caractères d'isolement sont très-prononcés, a été regardé pendant longtemps comme un amas; mais les raisons exposées ci-dessus lui étant également applicables, on le classe actuellement dans les dépôts stratifiés; c'est le plus puissant que l'on con-

naisse ; mais il est très-limité dans sa direction. Sa forme
est celle d'un coin intercalé obliquement entre deux stratifications du terrain encaissant.

La section verticale et les deux sections horizontales
représentées dans les figures 2, 3 et 4, pl. IV, déterminent d'une manière complète la forme irrégulière et
la situation de ce gîte extraordinaire. Par la comparaison des trois sections, on voit qu'il se rétrécit dans sa
puissance et dans sa direction à mesure que l'on s'enfonce
dans le sein de la terre, d'où l'on peut conclure sa complète annihilation à une profondeur donnée.

65. *Bassin de la Loire.*

Cette formation lacustre repose immédiatement sur les
granits, les gneiss et les micaschistes avec interposition de
conglomérats à fragments anguleux ; ceux-ci proviennent
des roches encaissantes ; leurs éléments, confusément entassés et mal cimentés, ont quelquefois un volume de
plusieurs mètres cubes. Les poudingues, formés de fragments granitiques ou talqueux de différentes grosseurs,
constituent ordinairement les premières assises du terrain
houiller et sont toujours fort éloignés des couches ;
différents grès à grains plus ou moins gros, mélangés
de paillettes de mica, sont les roches dominantes ; enfin
on trouve aux étages supérieurs des schistes plus ou moins
compactes. Partout la houille affleure à la surface du
sol, au-dessous de la terre végétale, excepté à l'ouest,
sur quelques points recouverts des débris d'une formation d'origine ignée plus récente que les roches carbonifères. Le dépôt de la Loire se divise en deux bassins,
l'un oriental, l'autre occidental, qui ont respectivement
pour centres les villes de Rive-de-Gier et de St.-Étienne.

Le dernier, dont la plus grande largeur est de 13 kilomètres, est beaucoup plus dilaté que le premier, dont la largeur maximum n'est que de 2,3 kilomètres. La longueur totale du levant au couchant est de 46,23 kilomètres et la direction générale E. N. E. — O. S. O.

La partie orientale, ou le territoire de Rive-de-Gier, est resserrée entre deux chaines de montagnes granitiques qui, au moment de leur soulèvement, ont ployé les stratifications, en leur imprimant une légère courbure vers le milieu de la vallée et en les relevant vers les bords du bassin, de manière à former deux versants dont les lignes extrêmes viennent affleurer à la surface du sol. Dans quelques points de la lisière du sud, les soulèvements ayant agi plus directement, les couches se sont dressées d'une manière plus rapprochée de la verticale; tandis que, sur la lisière du nord, l'inclinaison dépasse rarement 20 degrés.

La section transversale, représentée par la figure 8, pl. IV, donne une idée générale de ce gisement. Prise vers le milieu de la longueur du bassin, c'est-à-dire à égale distance de Rive-de-Gier et de St.-Chamond, elle se dirige à peu près suivant une méridienne et forme, avec la ligne de plus grande pente, un angle d'environ 40 degrés. Cette partie contient de dix à onze couches, dont quelques-unes seulement sont exploitées. Les principales, en commençant de haut en bas, sont : La *grande masse*, formant la principale richesse minérale de ce bassin ; sa puissance moyenne est de 8 à 12 et quelquefois 18 mètres ; elle est divisée en deux assises à peu près égales par une intercalation schisteuse très-micacée, appelée *nerf blanc*, dont l'épaisseur normale est de 0.20 mètres, mais qui, se dilatant quelquefois jusqu'à acquérir une puissance de 10

mètres , détermine deux couches distinctes. Les mineurs
se servent de cette intercalation , dont la constance est
assez remarquable pour retrouver le prolongement de
la couche perdue par les effets des nombreux étranglements auxquels elle est sujette. La partie inférieure porte
le nom de *Raffaud* et la partie supérieure celui de
Maréchale. Les *bâtardes*, couches séparées par un nerf de
1 mètre d'épaisseur ; la puissance de la première varie
entre 1 mètre et 1.50 mètre , celle de la seconde de
1.50 à 2.50 mètres. Enfin , la *Bourrue*, qui a environ
1.25 de puissance, et la *Gentille*, de 2 à 5 mètres. Les
failles , à Rive-de-Gier , sont appelées *crains* ; l'une
d'elles, le *crain Mouillon*, est très-remarquable par la
hauteur de rejettement qui est de 120 mètres au nord.
Située au N. O. du Gier , elle court parallèlement à
cette rivière.

Le bassin de St.-Etienne , situé à l'ouest du précédent , est beaucoup plus développé ; les couches, plus
nombreuses, se trouvent aussi dans des conditions de
gisement très-différentes. On avait observé depuis longtemps l'état d'isolement dans lequel se trouvent les différentes parties de cette formation , et on l'avait attribué
à la destruction de la continuité des couches par les
soulèvements qui auraient engendré plusieurs bassins partiels. Mais un examen ultérieur plus attentif a prouvé
que cet effet provenait des nombreuses failles qui recoupent les stratifications et en forment de vastes fragments isolés les uns des autres , ainsi que l'indiquent
les sections représentées par les figures 9 et 10 de la
planche IV (1). La première est une coupe longitu-

(1) Ces sections ont été dressées par M. GRÜNER, ingénieur chargé
de la carte géologique de la Loire.

dinale suivant une ligne sensiblement dirigée de l'est à
l'ouest ; elle traverse les mines de houille les plus importantes et les couches les plus nombreuses. La coupe
transversale (fig. 10) représente à peu près la moitié
de la largeur du terrain houiller suivant une ligne
nord-sud.

L'inclinaison la plus ordinaire est de 15 degrés ; rarement elle est au-dessus de 25°, si ce n'est aux approches
du mont Pilas, où elle est fort prononcée. A peu d'exceptions près, toutes les couches que contiennent les
collines se profilent sur leurs flancs et ont une inclinaison directement contraire aux pentes de ces monticules ; leurs affleurements enveloppent ces derniers, elles
plongent vers le centre, et les sommets les plus élevés
de la formation houillère coïncident avec les points
où elles ont été déposées en fond de bateau ; la montagne
d'Aveize (fig. 9) offre un exemple de cette circonstance
digne de remarque.

Les mouvements qui ont disloqué ces terrains et en ont
si fortement accidenté la surface ont aussi comprimé les
stratifications et les ont rejetées vers le sud, où elles se sont
relevées aux approches des terrains granitiques ; en sorte que
l'axe général du bassin ne traverse pas le centre du dépôt,
mais se rapproche considérablement de sa lisière méridionale. Ces perturbations ont ployé les couches suivant
différentes directions, les ont déchirées et ont déterminé
des ruptures nombreuses parmi lesquelles on remarque la
faille des Maures, qui les rejette à une distance horizontale de plus de 120 mètres. Elles sont aussi sujettes aux renflements, qui portent leur puissance jusqu'à 18 et 20 mètres,
aux étreintes, qui dégénèrent en étranglements, et dont
l'intensité est quelquefois telle que l'on perd toute trace
de houille sur une étendue considérable. Ce dernier acci-

dent, appelé *couffée* par les mineurs de la Loire, est
très-ordinaire dans ces gisements.

M. Burat, s'appuyant sur des faits locaux , entre autres
sur l'analogie frappante qu'offrent la formation de Rive-de-
Gier et celle de Firminy, partie occidentale du bassin
de St.-Étienne; sur l'identité de nature des grès rouges
qui recouvrent ces deux points et sur d'autres circonstances de détail , croit devoir en conclure l'existence de
tout le système houiller de Rive-de-Gier en dessous des
territoires de St.-Chamond et de St.-Étienne (1). Cet
ingénieur admet pour les deux vallées quatre étages dont
l'étendue irait en diminuant à mesure que l'on se rapproche de la partie supérieure de la formation : le
premier, contenant le groupe des couches de Rive-de-Gier,
occuperait la totalité de la surface et se prolongerait jusqu'à
Firminy; à ce premier étage en succéderaient deux autres,
dont les strates auraient été déposées sur des surfaces de
plus en plus étroites, et, enfin, le quatrième, le moins
développé de tous, se bornerait aux couches que renferme
la montagne du bois d'Aveize, située au sud de St.-Étienne.

Le lecteur trouvera dans le tableau suivant la nomenclature des couches que, d'après ce système, comprendrait
le bassin de la Loire. Leur désignation commence à partir
de la surface du sol.

(1) *De la houille*, page 407.

Puissance.

	1 La couche du Mouriné . . . . Mètres	5.00
	2 — de la Rouillère	2.00
Formation	3 — du bon menu	5
supérieure, bois	4 La petite couche	1.50
d'Aveize.	5 La grande couche d'Aveize	7.00
	6 Les trois planches	4.50
	7 La petite veine	1.80
	8 La couche des Rochettes	6.00

50.80

	9 Première crue	1.50
	10 Deuxième crue	2.00
	11 Troisième couche du Treuil	6.00
Formation	12 Quatrième couche adhérente à la troisième.	» »
moyenne, sys-	13 La cinquième du Treuil	1.50
tème du Treuil.	14 La sixième	0.50
	15 La septième	0.80
	16 La huitième	0.50
	17 La neuvième	0.75

13.55

	18 La première petite couche de Meons . .	1.50
Formation infé-	19 La deuxième, ou crue de Monteil . . .	1.00
rieure,	20 La grande couche de Meons	4.00
système de	21 La petite veine	0.50
Meons et de la	22 La couche des roches	1.50
Chazotte.	23 — du Moncel	3.00
	24 — de la Vaure	3.00

Mètres 14.50

Si, à l'ensemble de ces stratifications (58.55 mètres), on ajoute le groupe de Rive-de-Gier, dont les cinq couches exploitables forment une épaisseur moyenne de 20 mètres, on aura en totalité 78.85 mètres de houille; celle-ci, répartie sur une épaisseur de dépôts de 1,600 mètres, entre donc pour un vingtième dans la composition du terrain.

Les deux étages supérieurs fournissent, en majeure partie, du charbon propre à la forge et à la fabrication du coke. Le second groupe, le mieux connu de tout le bassin, renferme la troisième couche du Treuil, objet des plus anciennes exploitations; elle est criblée d'excavations, où de nombreux incendies attestent l'incurie et le gaspillage des anciens mineurs. Cette puissante stratification est ordinaire-

ment recouverte par des bancs d'un grès fin et compacte, exploité à ciel ouvert dans les environs de la mine du Treuil; il fournit la pierre de taille la plus communément employée dans les constructions de St.-Étienne. Les charbons de l'étage inférieur sont moins gras que les précédents; cependant on fait du coke avec les produits de quelques couches de ce groupe. La grande masse de Firminy, gisant à la lisière occidentale du bassin et dont l'épaisseur varie de 10 à 18 mètres, est remarquable, soit parce qu'elle a été l'objet d'une exploitation à ciel ouvert assez importante à la mine de Breuil, soit par l'analogie qu'elle offre avec la couche de même nom, connue à Rive-de-Gier.

Les minerais de fer carbonaté que renferme cette formation sont intercalés dans les schistes qui séparent les couches de houille. Ils servent en partie à l'alimentation des hauts-fourneaux du Janou.

Quant à la formation de Rive-de-Gier, on sait que la partie supérieure de la grande couche fournit d'excellents charbons de forge et sa partie inférieure de la houille propre aux grilles et aux bateaux à vapeur; les stratifications subjacentes deviennent de plus en plus maigres à mesure qu'elles se rapprochent des conglomérats de la base du dépôt.

66. *Bassins d'Eschweiler et de Bardenberg.*

Les mines de Bardenberg ou de la Wurm sont situées au nord d'Aix-la-Chapelle, entre cette ville et Rolduc, sur les rives de la Wurm, rivière qui débouche dans la Roer entre Ruremonde et Juliers. Le bassin d'Eschweiler

est situé à quinze kilomètres à l'est d'Aix-la-Chapelle,
dans la vallée de l'Inde, rivière qui se jette également
dans la Roer, au-dessus de Juliers. Il est séparé du
précédent par un relèvement de roches anthraxifères
(grauwacke et calcaire carbonifère). Les couches de
ces deux bassins affleurent au jour sur une grande partie
de la surface, ou ne sont masquées que par quelques
décimètres de terre glaise jaunâtre, mélangée de sable,
sur laquelle repose la terre végétale. Au couchant, ces
dépôts sont recouverts de terrains crétacés et de sables
assez épais, et, au levant, de lignites ligneux ou im-
parfaits (*Braunkohle*), qui se prolongent jusqu'au-delà
de Düren, où ils donnent lieu à des exploitations spéciales.

Le bassin de Bardenberg est représenté dans la figure 2,
planche V, par une section suivant un plan vertical dirigé
du nord-ouest au sud-est, c'est-à-dire suivant la ligne de
plus grande pente. Il n'a pas été jusqu'à présent l'objet
de travaux assez développés ou de reconnaissances assez
étendues pour qu'on le connaisse d'une manière complète ;
mais on voit suffisamment qu'il a été soumis, principalement dans sa partie méridionale, à des compressions qui
ont déterminé des plis et des replis, tandis que les
mines de Kerkrade, situées plus au nord sur son prolongement, renferment des couches plates ou peu inclinées sans interposition de droits. Cette formation renferme
un grand nombre de crains et quelques failles. Voici la
nomenclature des stratifications rencontrées par les puits
de la mine de Guley :

DÉSIGNATION DES STRATIFICATIONS.	PUISSANCE DES COUCHES.	ROCHES INTERPOSÉES.
	Mètres.	Mètres.
1 Klein Langenberg.	Inexploitable.	
2 Ath ou gros Langenberg.	1.57	54.80
3 Klein Bruck	Inexplo table.	12.00
4 Bruck.	Idem.	15.50
5 Meister	0.70	23.80
6 Klein Meister	0.50	6.50
7 Geelach	0.55	6.80
8 Kroath	0.65	15.00
9 Furth.	1.40	19.00
10 Graueck	0.78	10.90
11 Senteweck	0.94	25.20
12 Smallmann	0.59	54.70
13 Rauschenwerck	1.09	24.00
	8.55	246.20

Le dépôt d'Eschweiler est moulé dans une dépression
du calcaire plombifère, dont il est séparé toutefois par un
poudingue quartzeux à base siliceuse, confusément entassé, et par un banc de grès houiller à gros grains. Il
présente la forme d'un ellipsoïde ou d'un œuf (fig. 1, pl. V),
coupé par un plan horizontal parallèle à son grand axe.
Le versant du nord est incliné au sud de 45 à 50 degrés ;
l'inclinaison du versant opposé est de 60 à 65 degrés.
Mais, un peu avant d'atteindre la surface du sol, les
couches, s'infléchissent de nouveau, se ploient vers l'intérieur du bassin en formant avec la verticale un angle
d'environ 20 degrés ; cette flexion place le mur des stratifications à la place de leur toit, et vice-versâ ; elle a lieu
à une distance de 100 à 120 mètres au-dessous de la
surface, et s'affaiblit insensiblement à mesure que l'on

avance vers le nord, où elle cesse tout-à-fait ; là, les couches sont brusquement interrompues par un banc de sable mouvant (*Sand gewand*), contre lequel elles se heurtent et disparaissent subitement. Les lignes de raccordement des deux versants, parallèles à la direction générale, inclinent vers le nord-est, en plongeant d'environ 10 degrés.

On connait 46 couches dont la puissance varie de 0.20 à 1.40 mètres ; ce sont, en supprimant les plus rapprochées de la surface et celles que l'on considère comme inexploitables :

	DÉSIGNATION DES COUCHES.	PUISSANCE.		ROCHES INTERPOSÉES.
		Mètres.		Mètres.
District dit Ceentrum.	1 Grosbücking	0.30	0.35	»
	2 Knock	0.72	0.78	44 »
	3 Stock	»	0.78	9.20
	4 Mumm	»	0.83	19.30
	5 Kupp	0.72	0.78	20 80
	6 Schlemrich	1.10	1.20	9.70
	7 Kirschbaum	»	0.72	15.60
	8 Fornegel	0.15	0.69	28.90
	9 Gros Kohl	1.33	1.75	13 »
	10 Kessel	0.78		17 »
	11 Hart Kohl	0.44		18 »
	12 Kaiser	0.22	0.30	21.30
	13 Gyr	0.15	0.30	23 »
	14 Padt Kohl	0.44	0.60	50 »
Birkengang.	15 Langenberg	0.30		191 »
	16 Eull	0.31	0.37	10 »
	17 Splies	0.30	0.35	36 »
	18 Gros Kohl	0.70	0.90	24.90
	19 Klein Kohl	»	»	9.30

Les dérangements qui affectent ce terrain sont les crains, les chapelets et les failles. Ces dernières, au nombre de 12 ou de 13, traversent le dépôt suivant sa largeur, c'est-à-dire suivant des plans à peu près parallèles au petit axe

du bassin (1). L'épaisseur de leurs fissures varie de quelques décimètres à plusieurs mètres ; la masse remplissante est une argile d'un gris bleuâtre, mélangée de débris du terrain houiller, de rognons de fer lithoïde et d'autres substances. Les hauteurs de rejettement atteignent quelquefois 25 et même 30 mètres.

Les deux bassins d'Eschweiler et de Bardenberg offrent une différence fort remarquable ; les couches grasses n'y sont pas superposées aux couches maigres, mais elles appartiennent exclusivement au premier de ces dépôts, tandis que celui de la Wurm ne renferme que des couches anthraciteuses et rarement des demi-grasses. On peut appliquer à ce nouveau fait l'une des deux hypothèses formées à l'occasion du bassin de Valenciennes.

67. *Bassin de la Ruhr ou bassin westphalien.*

Le bassin houiller de la Ruhr, dont l'analogie d'allure et de composition avec la formation belge est des plus remarquables, paraît être le prolongement de cette formation qui plongerait alors au-dessous de la vallée du Rhin, où elle serait masquée par des dépôts plus modernes. Ce gisement, dont la direction générale est de l'ouest à l'est en s'écartant d'environ 20 degrés vers le nord, est situé dans les plateaux voisins de la grande vallée que la Ruhr traverse en faisant une multitude de méandres.

La partie septentrionale, masquée par des marnes verdâtres dont la puissance augmente lorsqu'on s'avance vers le nord, en est peu connue ; mais les affleu-

(1) Cette direction coïncidant avec la ligne de plus grande pente, il n'a pas été possible d'exprimer ces dérangements dans la figure.

rements du sud, les montagnes de grauwacke, de calcaire et les stratifications de schistes alunifères renfermés dans la lisière méridionale, font voir que ce dépôt carbonifère se trouve, quant aux terrains sur lesquels il repose, dans les mêmes conditions que la grande zone belge.

Les bords de la Ruhr sont fréquemment accidentés par des collines dont les pentes roides et abruptes permettent l'attaque directe des couches de houille ; cette rivière a déposé en quelques points de la surface des sables d'alluvion que le mineur doit traverser pour atteindre le gîte houiller. Enfin, au nord de ce cours d'eau, se trouve un grand plateau assez élevé au-dessus du niveau de la Ruhr, où sont disséminées quelques éminences peu saillantes. Le territoire houiller est circonscrit par une ligne courbe et irrégulière qui, partant du village de Schwelm au sud, remonte à l'ouest vers Mülheim ; passe au nord des villes d'Essen et de Bochum, où les stratifications de recouvrement rendent la limite de la formation assez indécise ; traverse Dortmund pour arriver à l'extrémité orientale, en un point situé au sud d'Unna, à la moitié de la distance qui sépare cette ville de la Ruhr ; puis la ligne d'enceinte se replie sur Schwelm, point de départ. La longueur mesurée de l'est à l'ouest est de 5 1/2 myriamètres ; et sa plus grande largeur, prise suivant le méridien de Bochum, est de 2 1/2 myriamètres.

La planche VI contient une section de la partie méridionale de ce bassin suivant un plan horizontal passant par le niveau moyen des eaux de la Ruhr. La ligne brisée A, B, C, D, E se rapporte à la coupe verticale représentée dans la figure 3, pl. V. La figure 4, même planche, est une seconde coupe verticale, suivant

un plan demi-circulaire, passant à travers les terrains situés au nord d'Essen et à une petite distance de cette ville. La première donne une idée des contournements et des inflexions si variées des couches qui, tantôt forment des bassins partiels ellipsoïdaux fort allongés et dont les grands axes sont sensiblement parallèles à la direction générale ; tantôt décrivent des sinuosités profilées horizontalement par des courbes en forme d'S ; ainsi, par exemple, courant de l'est à l'ouest, en décrivant un cercle de grand rayon, elles s'infléchissent au sud et se contournent une seconde fois pour reprendre leur direction primitive en dehors du prolongement de la première ligne ; on voit aussi des couches, repliées plusieurs fois sur elles-mêmes, former des pointes de bateau analogues à celles de la zone belge ; enfin leurs évolutions sont si variées que leur tracé semblerait un effet de l'imagination, si l'on ne connaissait pas les efforts et la persévérance de l'administration des mines de ces districts dans la détermination de la disposition des couches contenues dans le gîte. En effet, pour atteindre ce but on a depuis longtemps intéressé les propriétaires de mine à cette recherche, en leur accordant le droit d'exploiter, en dehors de leur concession, certaines couches fort avantageuses, pourvu qu'ils les poursuivent jusqu'à une distance donnée. L'allure des principales stratifications étant ainsi déterminée, il ne reste qu'à intercaler celles qui, moins profitables, ont été l'objet de travaux moins développés, et dont la reconnaissance a eu lieu par des galeries perpendiculaires à l'allongement. Les versants des bassins spéciaux sont dirigés, les uns vers le nord-ouest, les autres vers le sud-est ; l'inclinaison des couches, qui se renferme dans les limites de 5 à 85 degrés, est ordinairement moins grande dans les premiers que dans les seconds.

Les dérangements (*zerstœrungen*) fort nombreux et fort variés, principalement dans la partie inférieure de la formation, consistent en crains et en failles dont la hauteur moyenne de rejettement est de 10 mètres. La matière remplissante de ces dernières est de l'argile mélangée des débris du terrain houiller. La plus remarquable (fig. 2, pl. I) porte le nom de *Sutan*. On rencontre également un grand nombre de renflements et d'étranglements.

Les stratifications de combustible sont classées parmi les couches minces ; mais leur puissance est généralement plus considérable que celles de la zone carbonifère belge, ainsi qu'on peut s'en assurer par l'inspection du tableau suivant, contenant les 56 couches reconnues et considérées comme exploitables dans le district de la Ruhr. Elles sont, à commencer par les plus récentes :

MINE DE GRAF-BEUST.		MINE DE SAELZER ET NEUACK.
	(1) Mètres.	
1 Laura	0.70	
2 Victoria.	0.80	
3 Catharina	1.25	
4 Gustav	0.94	
5 Herrmann	0.70	
6 Gretchen	0.50	
7 Anna	1.05	
8 Mathias.	2.66	
9 Mathilde	0.78	
10 Hugo	1.20	. . . . . 1.72
11 Robert	0.47	}Funffussbanck. . 1.60
12 Albert	0.78	
13 Wellington	0.73	Steinbanck. . . 0.60
14 Karl	0.70	}Knochenbanck. . 0.70
15 Ernest	0 81	
16 Blücher.	0.37	
17 Ida	1.40	Dreckherrenbanck. 1.30
18 Ernestine	1.20	Dreckbanck. . . 1.10
19 20 zœlligflœtz	0.52	Funfhandbanck . 0.52
20 Magdalena	0.89	Rœttersbanck . . 1.32
21 18 zœlligflœtz	0.47	Idem . . 1.52
22 Herrenbanck	1.10	Idem . . 1.32

Système supérieur des houilles grasses (Fett-Kohle), dont l'ensemble forme une puissance de 20 mètres répartie dans un terrain de 483 mètres d'épaisseur.

(1) La puissance des couches est donnée en charbon pur, abstraction faite des intercalations schisteuses.

MINES SITUÉES SUR LES BORDS DE LA RUHR , AU MIDI
DE STEELE.

Système moyen des couches demi-grasses (*Esch-Kohle*). Épaisseur des roches encaissantes , 2.26 ; puissance en houille, 8.46 mètres.	23 Bænksgen.	0.42
	24 18 zœlligflœtz	0.47
	25 Colibri	0.44
	26 Knabenbanck	0.42
	27 Wichagen	0.68
	28 Rickenbank	0.52
	29 Nettelkœnig	0.42
	30 Beckstædt	1.35
	31 Feltlappen	0.97
	32 12 zœlligflœtz	0 51
	33 Voss	1.10
	34 Dickbanck , Schnabel , Sonnenschein, Steingat , Sandbanck et Schœttelchen. . . .	1.45
Système inférieur. Couches maigres formant une puissance de 14.30, distribuée sur une épaisseur de 8.56 mètres.	35 Schœttelchen	0.31
	36 Flasshofsbanck	0.34
	37 Obere girendelle	0.31
	38 Mittelere idem	0.25
	39 Untere idem	0.34
	40 Stein und Kœnigsbanck	0.77
	41 Bænksgen.	0.65
	42 Finefrau	0.84
	43 Mentor	0.56
	44 Geitting	1.02
	45 Kreftenscheere nº. 1	0.73
	46 Idem nº. 2	0.73
	47 Mausegat	1.40
	De 48 à 56. Couches de houille fort maigres et peu exploitées.	

Les couches supérieures à partir de Laura sont exprimées dans la section verticale (fig. 4 , pl. V) par la série des numéros 1 , 3 , 8 , 10 , 22 , 29 et 34, correspondant aux numéros inscrits dans le tableau précédent ; l'autre section (fig. 3) renferme la partie inférieure du dépôt, et il est facile de relier les deux dessins, en prenant pour horizon géognostique la stratification indiquée par les lettres *a, a, a, a, a* relative à *Sonnenschein*, dont les caractères sont si remarquables et si constants. Les couches stratifiées au-dessus de ce plan de repère contiennent des houilles demi-grasses, tandis que les houilles maigres gisent au-dessous. Elles ne portent pas partout les noms inscrits au tableau , mais des synonymes variables suivant les concessions.

11

L'épaisseur de la partie bien connue de la formation
est de 1560 mètres ; elle comprend 56 couches , ou 42.80
mètres de houille , c'est-à-dire environ 1/36 de la
puissance totale , ce qui constitue évidemment l'un des
bassins les plus riches de l'Europe ; cependant il n'est
pas encore entièrement reconnu dans le sens vertical,
les dernières explorations ayant fait reconnaître qu'à la
couche Laura viennent s'en superposer d'autres dont le
nombre n'est pas encore déterminé, et que la naye ou
grand axe du bassin se trouve au nord des villes d'Essen
et de Bochum , au-dessous de terrains aquifères fort épais
et dans un gîte inaccessible jusqu'à ces derniers temps (1).

Les terrains secondaires , désignés par les mineurs
allemands sous le nom de *marnes* (*Mergel*) , sont limités
au sud par une ligne ondulée marchant de l'est à l'ouest ;
celle-ci passe au midi de Bochum et d'Essen , au nord
de Steele et s'avance à l'ouest, où , arrivée au niveau de

(1) Lorsque dans le commencement de 1851 la société de Zollverein , dont le siége est situé à plus de 4,000 mètres au nord
d'Essen, après avoir traversé 114 mètres de terrains crétacés, rencontra une couche de houille grasse de 1.40 mètre de puissance,
inclinée au midi de 15° degrés , on ignorait encore comment ce
nouveau gisement pouvait se raccorder avec les terrains connus ,
situés plus au sud. Celui qui écrit ces lignes, observant l'inclinaison des stratifications de la mine de *Graff-Beust* , située aux
portes d'Essen, inclinaison qui , d'abord très-grande (55 degrés)
et dirigée au nord, décroît lorsqu'on s'avance vers ce dernier point
cardinal , crut pouvoir se fonder sur l'analogie qu'offre cette formation avec celles de la Belgique, pour conclure l'existence d'une
naye générale et la faire passer entre les mines de *Graff-Beust* et
de *Zollverein* , à quelques kilomètres au nord d'Essen. Cette hypothèse , que les explorations ultérieures viennent confirmer de jour
en jour davantage, entraîne nécessairement l'existence d'un assez
bon nombre de couches superposées aux charbons gras actuellement connus et qui peut-être appartiennent aux variétés flambantes.

Mülheim, elle se replie sur cette ville. L'inclinaison de la
surface de contact de ces stratifications aquifères avec le
terrain houiller étant de 3 à 5 degrés, leur puissance
augmente en s'avançant vers le nord. C'est ainsi qu'à
Graff-Beust, elle n'est que de mètres 33.45, à *Saelzer*
et *Neuwack*, de 37.60 mètres, lorsqu'à la mine de *Mathias*
elle atteint déjà 67 mètres. Puis elle continue à s'épaissir
et à acquérir bientôt plus de 100 mètres.

La coupe suivante donnera une idée de la composition
de ces roches de recouvrement.

COUPE DES STRATIFICATIONS

TRAVERSÉES PAR LE PUITS DE LA NOUVELLE-COLOGNE, PRÈS
DE LA VILLE D'ESSEN, DISTRICT DE LA RUHR.

1	Remblais . . . . Mètres.	3.13
2	Terre végétale et argile (*Dammerde*)	1.88
3	Sables mouvants grisâtres (*Fliss*).	3.34
4	Id. id. rouges (*Fliss*)	0.36
5	Grise. (Base de la maçonnerie descendante). . .	11.88
6	Gris pâle, fort dure.	8.50
7	Bleue, mêlée de sable gris	4.50
8	Grise, mélangée de sables blancs	8.26
9	Dure, bleu pâle avec sables bleus	7.43
10	Grise, grasse et tendre, peu fissurée, mais laissant échapper beaucoup d'eau	2 40
11	Grise, dure, avec du sable blanc	1.57
12	Blanche, tendre, fissurée, renfermant quelques empreintes	3 98
13	Grise, mélangée de sable gris	8.37
14	Gris pâle, avec sable blanc. Dure	1.47
15	Blanche, grasse et tendre ; les fissures donnent de l'eau	7.27
16	Grise, sablonneuse et dure	3.98
17	Id. très-dure et devant être attaquée à la poudre	2.72
18	Sable vert, mouvant et aquifère (*Kiesel*) . . .	1.57
19	Mêlée de sable vert, contenant peu d'eau. . . .	0.94
20	Id. de sable vert, très-dure ; elle doit être attaquée à la poudre.	1.23
21	Mêlée de sable gris, facile à entailler.	12.34
22	Blanche, avec rognons de silex ; elle exige l'emploi de la poudre.	11.72
23	Blanche, grasse et tendre.	2.72
24	Blanche et dure.	1.26

Marnes.

Marnes.

A reporter . . 112.84

	Report. . . .	112.84
25	Sable d'un vert olive contenant des pétrifications.	1.26
26	Id. mêlé de sables blancs.	2.72
27	Id. vert olive avec pétrifications	62
28	Marnes, sable vert et pétrifications	1 26
29	Sable vert.	2.09
30	Id. avec des rognons de silex dispersés dans la masse.	1.10
31	Id. avec quelques cailloux bruns.	0.73
32	Marne grise, tachée de points verts et blancs. . .	1.88

Mètres, 124.50

Le terrain carbonifère des environs de Mülheim est recouvert sur une surface de plusieurs myriamètres carrés d'une stratification arénacée extrêmement aquifère ; les sables mouvants, composés de grains de quartz pur, dans lesquels sont dispersés des fragments de grès à grains fins de volumes compris entre ceux d'un pois et d'un œuf, gisent à une profondeur moyenne de 16.50 mètres. Ils sont stratifiés par ondulations et d'une manière irrégulière sur un banc d'argile d'une faible épaisseur, reposant lui-même sur des sables verts. Ce banc d'argile est la cause de l'accumulation des eaux atmosphériques ; il les empêche de descendre plus bas et force leur trop-plein à venir sourdre à la surface du sol, sous forme de sources. Partout où il manque dans la formation, et cette circonstance n'est pas rare, le passage des sables s'effectue à sec ; mais on retrouve les eaux au-dessous, en une abondance telle qu'elles opposent quelquefois un obstacle invincible aux travaux de fonçage. Le banc arénacé a été traversé plusieurs fois ; sa puissance varie de 1.20 mètre à 3.40 mètres.

Le bassin de la Ruhr, exploité et exploré dans sa partie méridionale et seulement à de faibles profondeurs, peut être considéré comme presque intact. Cette inactivité en présence de richesses minérales pareilles s'explique par le manque d'industrie et le défaut de voies de commu-

nication qui, pendant si longtemps, a réduit l'extraction de ces admirables mines aux besoins de la consommation domestique et à quelques timides exportations en Hollande. Mais, depuis l'établissement des chemins fer, on a vu non-seulement s'élever des hauts-fourneaux alimentés par les minerais du Taunus et du Nassau et par les houilles à coke si abondantes dans ces districts, mais encore s'édifier des forges, des verreries, des fabriques de machines à vapeur et des usines destinées à réduire en plomb les blendes du grand-duché de Berg. Enfin, le même chemin de fer qui relie Cologne à Berlin permet actuellement de transporter les combustibles dans celles des contrées de l'intérieur de l'Allemagne qui en sont dépourvues, et, de les déposer à peu de frais à Ruhrort, où se font les chargements destinés aux pays limitrophes du Rhin; en sorte que, dans un temps très-prochain, ce bassin acquerra toute l'importance qu'il mérite réellement.

68. *Bassin du sud du Staffordshire.*

La figure 5 de la planche V (1) est une projection verticale passant par West-Bromich, Dudley et Kingswinford, c'est-à-dire dirigée de l'est-nord-est à l'ouest-sud-ouest. Le dépôt carbonifère est de forme oblongue et irrégulière; sa plus grande longueur, comprise entre Stourbridge et Cannock, mesurée suivant une ligne nord-nord-est est de 33 à 34 kilomètres; sa plus grande largeur, prise au nord de Dudley, est d'environ un myriamètre. Ce qui le caractérise principalement, c'est une couche remarquable désignée par les noms de *thick, main* ou *teen yards coal*

(1) Cette section est empruntée à l'ouvrage de M. MURCHISON, intitulé : *The Silurian system.*

gisant dans la partie méridionale, évidemment la plus
intéressante sous le rapport géologique et industriel.

Le château de Dudley a été bâti sur une colline de
calcaire de transition ou calcaire carbonifère (*Limestone*)
qui, s'étendant au nord-ouest, forme encore trois croupes
ou sommités entièrement distinctes les unes des autres ;
les stratifications, relevées en droits, sont inclinées de
40 à 80 degrés, vers tous les points de l'horizon ; celles
qui affleurent à la base de ces collines sont très-disloquées ; circonstance attribuée à la convulsion qui a fait
surgir ces sommités au-dessus du niveau primitif du
sol, d'où les eaux ont balayé les dernières traces des
stratifications soulevées.

A l'ouest et au sud de Dudley apparaissent çà et là
des terrains basaltiques donnant naissance à une multitude de monticules en forme de cônes isolés. L'un de ces
monticules est reproduit dans la figure, où il est
désigné par le nom de *Barrow hill.* Ces masses remarquables sont évidemment les produits d'éjections volcaniques ; car elles ont agi énergiquement sur la houille
avec laquelle elles sont en contact, et l'ont transformée
en une substance analogue au coke.

La formation repose sur le calcaire carbonifère ; elle
est enveloppée de tous côtés d'une ceinture de grès bigarré (*New red sandstone*), au-dessous de laquelle plonge
en quelques parties le terrain houiller, ainsi qu'on l'a
constaté dans le foncement de divers puits qui, pour
atteindre ce dernier, ont dû traverser les stratifications
de recouvrement.

D'autres formations plus ou moins puissantes sont aussi
superposées au dépôt carbonifère ; ce sont ordinairement
des sables fluides dans lesquels sont dispersés des fragments roulés de houille, de calcaire et de minerais de

fer. Les schistes dominent d'ailleurs dans ce bassin, et les grès y sont peu abondants.

On a une connaissance complète de la couche principale, exploitée par une multitude de puits dispersés sur toute la surface de la partie méridionale du dépôt. Son affleurement se fait suivant une ligne sinueuse, passant par Wolverhampton, Bilston, et West-Bromich. Dans les environs de Dudley, elle se trouve à une profondeur de 100 à 125 mètres au-dessous du sol; à la limite méridionale elle gît à plus de 208 mètres, et, enfin, les puits qui doivent traverser le grès bigarré ont souvent une profondeur de 270 à 280 mètres.

La couche de dix yards, sauf les crains et les failles fort nombreuses qui la disloquent, est régulière; son inclinaison, considérée dans son ensemble, dépasse rarement un degré; elle doit être regardée comme la réunion de stratifications distinctes, dont quelques-unes seulement sont séparées par des lits de schistes d'une puissance variable; chacune de ses diverses assises est désignée par un nom particulier.

La coupe suivante, prise à Tividale, au sud de Dudley, c'est-à-dire au centre de son gisement, est le type de cette couche remarquable, dont les stratifications sont, à commencer par le toit :

1 *Roof floor*, appelée par le docteur Plot *top floor*.   Mètres 1.219
  Intercalation de terre noire et schisteuse (*Parting*) de
  0 10 mètre environ.
2 *Top slipper* ou *spires*, par le docteur Plot, *Over-slipper* . . 0.664
3 *Jays* 0.610
  Intercalation appelée *patchel* de 0.0254.
4 *Lumbs* 0.505
5 *Tow*, *Trough*, *Kitts* ou *heath coal*. 0.457
6 *Benches* 0.457
7 *Brassils* ou *corns* 0.457
  Fissure de foot coal.

A reporter . . 4.169

Report . . 4.169
8 *Foot coal, bottom slipper* ou *fine coal* 0.508
   Intercalation de John coal 0,0254.
9 *John coal* ou *slipper veins* 0.914
   Hard stone, intercalation de 0,254.
10 *Stone coal* ou *long coal* 1.219
11 *Sawyer* ou *springs* 0.457
12 *Slipper* 0.762
   Intercalation de Humphrey.
13 *Humphrey, bottom bench* ou *Kid*, appelée par le docteur
   Plot *Omfray floor* 0.686

Mètres 8.715

La puissance normale de la couche, y compris les intercalations, qui varient plus que les bancs de houille, est ordinairement de 10 yards ou 9.14 mètres.

Elle s'enfonce quelquefois à une profondeur assez grande au-dessous du sol, pour permettre à certaines stratifications de s'y superposer; mais celles-ci ne s'étendent que sur des surfaces limitées et n'ont qu'une faible importance. Il n'en est pas de même de celles qui se trouvent au-dessous; leur puissance réunie est de 12.80 mètres; et ce sont elles qui, par leur prolongement, forment exclusivement la partie septentrionale du bassin.

On peut observer ici une circonstance déjà signalée en d'autres localités : la séparation des deux assises supérieures du reste de la couche principale, par l'interposition de bancs de schistes, dont la puissance s'accroît en s'avançant vers le nord; en sorte qu'il en résulte une stratification séparée dont le nom est *Flying reed*.

La coupe des mines de Deepfield, près de Bilston, fait ressortir ce fait remarquable, tout en offrant l'ensemble du dépôt carbonifère sur une épaisseur de 280 mètres.

DÉSIGNATION DES STRATIFICATIONS.		PUISSANCE DES COUCHES.	ROCHES INTERPOSÉES.
Terre végétale		0.50	
Argile rouge pour la fabrication des briques . .		1.67	49.06
Argile réfractaire (*Fi e clay*)		5.82	4.56
1re. couche. *Brock coal.*		1.22	27.43
2e. couche. *Flying reed.*		1.22	25.60
3e. couche. *Main coal.*	Withe coal. 0.91	8.60	0.00
	Tow 0.61		
	Brazil 1.06		
	Parting 0.05		
	Foot coal 0.76		
	Batt 0.61		
	Slips coal 0.61		
	Stone coal 0 91		
	Patchels 0.61		
	Sawyer 0.76		
	Slipper 1.00		
	Humphries. 0.76		
Black ou top gubbin (minerai de fer)		1.22	5.18
4e. couche. *Heathen coal*		0.91	13.54
New mine ironstone (minerai de fer)		1.06	5.48
5e. couche. *Sulphur coal* ou *stinking*		0.91	0.00
Argile réfractaire		1.52	11.87
6e. couche. *New mine coal.*	Top coal 1.82	6.75	1.52
	Parting 1.22		
	Fire clay coal 1.52		
	Parting 0.50		
	Coal 0.61		
	Parting 0.61		
	Coal 0.45		
Poor Robbin (minerai de fer) 1.00		3.56	0.00
White stone idem . . . 0.91			
Balls and gubbin idem . . . 1.45			
Argile réfractaire		1.57	0.00
7e. couche. *Bottom coal.*	Coal 1.82	3.63	6.57
	Parting 0.76		
	Coal 1.05		
Ironstone Balls (minerai de fer)		1.57	21.18
Blue Flats idem		0.76	59.15
		41.67	233 14

On voit que l'épaisseur totale du dépôt est de 274.80 mètres et la puissance de la houille comprise dans les sept couches de 20.15 mètres.

Les innombrables hauts-fourneaux de cette contrée sont alimentés par les géodes aplatis de minerai de fer (*ironstone*), extraits du milieu d'un schiste argileux appelé *clunch*. Le gîte le plus riche est stratifié dans les bancs qui recouvrent la couche principale, au-dessous de laquelle on en trouve cependant encore cinq autres. L'argile réfractaire (*fire clay*), que préfèrent les verriers, se tire des environs de Stourbridge. De nombreuses carrières sont établies sur les flancs des collines calcaires situées au nord de Dudley; elles donnent lieu à des extractions activées par des machines à vapeur.

69. *Gîtes carbonifères de Newcastle* (fig. 1, pl. VII).

La formation de Newcastle, l'une des plus considérables de la Grande-Bretagne, s'étend du nord au sud, de la rivière Coquet à la Tees. Sa longueur la plus grande est d'environ 77 kilomètres; elle est bornée à l'orient par la mer; mais sa limite occidentale est indéterminée. Elle repose sur un grès appelé *milstone grit* et sur le calcaire métallifère; elle est recouverte à l'ouest, entre le Wear et la Tyne, d'un calcaire magnésien et du nouveau grès rouge. En quelques points du gisement on rencontre des bancs de sable jaune qui apportent des obstacles aux travaux de foncement.

On peut considérer certaines parties de ce bassin, disloquées par des failles et des dykes, comme formées d'un certain nombre de vastes fragments du terrain, dont les relations de position et de pente ont été complètement changées. Ici s'applique l'analogie indiquée précédemment (48) entre un bassin très-fracturé et la glace d'un lac gelé qui se brise et dont les morceaux se

soudent entre eux par suite de l'abaissement de température de l'eau dans laquelle ils plongent. L'inclinaison
des couches, presque nulle en beaucoup de localités,
n'est fréquemment que de 1 à 2 degrés et ne devient un
peu considérable que vers la limite ouest, aux approches
des montagnes du Cumberland.

M. Buddle estime que le bassin contient en tout 40
couches; dix-huit d'entre elles sont exploitables et varient
dans leur puissance de 0.40 mètre à 2 mètres. Parmi
les plus avantageuses on cite *high main coal* ; c'est aussi
la plus puissante, celle qui donne le meilleur combustible ; après elle, viennent *hutton seam* et *five quarter seam*.
Les couches de cette contrée, si remarquables par leur
continuité et leur étendue, ne se maintiennent pas sur
toute la surface du bassin avec des caractères constants
de puissance et de qualité; les unes augmentent ou
diminuent d'épaisseur; d'autres donnent d'excellentes qualités de charbon sur un point, mais ne fournissent que
des produits médiocres sur un autre ; quelques-unes se
confondent sur une certaine étendue de la formation ;
plusieurs, enfin, se divisent, s'appauvrissent et finissent
par disparaître complètement. Il en résulte que non-
seulement la même stratification porte des noms différents suivant les mines, mais que le même nom est
attribué quelquefois à deux stratifications différentes.

Les dix-huit couches exploitables sont réparties sur la
surface du bassin de la manière suivante : La partie du
nord, vers les bords de la rivière Coquet, ne contient
que les dernières de l'étage inférieur. Le centre,
arrosé par la basse Tyne, renferme les 15 stratifications
supérieures ; mais les trois dernières n'ont pas encore été
trouvées. A l'ouest, toutes les couches inférieures existent ;
les neuf plus rapprochées de la surface ont disparu. La

partie limitrophe du Wear, au sud, n'en contient que 6
ou 7 ; toutes les stratifications inférieures manquent, de
même que les deux premières, les plus rapprochées du sol.

Voici, d'après M. Buddle, le tableau des couches de
la formation de Newcastle disposées dans une épaisseur de
dépôt de plus de 500 mètres.

COUCHES SITUÉES A L'EST DU MÉRIDIEN DE NEWCASTLE.		COUCHES SITUÉES A L'OUEST DU MÊME MÉRIDIEN.	
1 Monkton . . . Mètre	0.86	(Couche disparue.)	
2 Three quarter coal . .	0.55	— —	
3 High main coal . . .	1.85	— —	
4 Metal coal seam . . .	0.91	— —	
5 Stone coal.	0.20	— —	
6 Yard coal	0.91	— —	
7 Bensham seam . . .	1.42	— —	
8 Six quarter coal . . .	0.76	— —	
9 Five quarter coal . .	0.81	— —	
10 Low main coal . . .	1.83	Grand lease main coal . .	1.98
11 Crow coal	0.20	Crow coal	0.69
12 Ryton five quarter . .	0.12	Five quarter coal . . .	1.10
13 Ryton ruler coal . .	1.52	Ruler coal.	0.50
14 Beaumont seam . . .	1.04	Townley main	1.16
15 ⎫		Stone coal	0.85
16 ⎬ N'ont pas encore été		Under five quarter . . .	1.00
17 ⎪ trouvées.		Three quarter coal . .	0.76
18 ⎭		Brockwell ou Splint . .	0.96

Metal et *stone coal* se réunissent dans une partie du
bassin où elles ne constituent qu'une seule et même stratification. On lui a donné le nom de *Five quarter coal*, et
sa puissance est alors de 1.27 mètre. Il en est de même
des couches comprises sous les n°s. 7, 8 et 9, qui, à Tan-
field, se confondent pour former *Hutton seam*, dont la
puissance est de 1.98 mètre.

La coupe du bassin (fig. 1, pl. VII) a été dressée
par M. Buddle et publiée dans les transactions de la

Société d'histoire naturelle de Newcastle ; elle s'étend du
nord au sud : des sables de Jarrow à Holywel , et comprend les huit couches désignées par les n°. 3 à 10.
La première d'entre elles, *High main coal*, est recouverte
d'un banc de grès (1), remarquable par sa puissance, sa
régularité et son étendue.

On voit, d'après ce qui précède, que la richesse minérale de cette partie de l'Angleterre ne peut être attribuée
ni au nombre , ni à la puissance des stratifications de la
houille , puisqu'elles ne forment que $1/42^e$ de l'épaisseur
du dépôt, mais à leur continuité et à la surface considérable qu'elles occupent.

Les roches encaissantes sont des schistes et des grès
de nature très-variable. D'après M. Buddle, les bancs
de grès sont d'autant plus épais et plus nombreux que
l'on se rapproche davantage de la crête de la formation.
Parmi ces derniers il en existe un de 20 mètres d'épaisseur dont les affleurements , situés à quelque distance
au sud de Newcastle , fournissent de meules à aiguiser
toute la Grande Bretagne et une partie du continent.

Le terrain houiller est fréquemment coupé de dykes
et de failles généralement dirigées est-ouest et qui changent
le niveau et la direction des couches. La plus remarquable
par la hauteur du rejettement qu'elle fait subir aux couches
est appelée dyke de quatre-vingt-dix fathoms (*minety fathoms dyke*). A la mine de Jarrow , on n'en rencontre
pas moins de 12 , marchant de l'est à l'ouest et reje-
tant les couches de 1 à 16 mètres.

(1) Les bancs de grès sont indiqués dans la section par des
pointillés.

VIᵉ. SECTION.

APPAREILS DE SONDAGE.

70. *De la sonde et de son usage.*

Le *sondage*, désigné aussi sous le nom de *forage*, est une opération qui consiste à percer les premières strates de la croûte du globe, en y pratiquant une excavation d'un diamètre fort petit, relativement à sa longueur. Elle se fait à l'aide d'un appareil appelé *sonde*; son résultat est un *trou* ou *coup de sonde*. Celui-ci indique par ses débris la nature des diverses roches stratifiées au-dessous du sol et a pour objet, non-seulement la recherche de la houille dans le sein de la terre et la constatation de son existence, mais encore la reconnaissance de la nature et de l'épaisseur des stratifications qui la recouvrent; c'est un procédé convenable pour déterminer le point le plus favorable à l'emplacement d'un siége d'exploitation, et pour éviter une trop grande épaisseur de morts terrains ou la rencontre de sables mouvants intercalés entre des stratifications solides; c'est aussi le moyen d'apprécier à l'avance toutes les difficultés d'un percement futur. On s'en sert dans le fonçage des puits, au milieu des stratifications aquifères, pour faciliter l'écoulement des eaux sur les galeries d'exhaure préalablement prolongées au-dessous des points en creusement. Dans les différentes circonstances énoncées ci-dessus, l'opération s'exécute à la surface du sol; mais

lorsqu'elle a lieu à l'intérieur d'une mine, son but est la recherche d'une couche interrompue par un dérangement, l'établissement d'une communication nécessaire à la circulation de l'air, à l'écoulement des eaux d'une galerie dans une autre, ou la reconnaissance d'anciennes excavations remplies d'eau ou de gaz nuisibles, dont le mineur doit éviter la rencontre afin d'en préserver les travaux en activité.

La sonde, qui remonte à une haute antiquité et dont l'invention n'appartient ni aux Anglais, ni aux Allemands, ni à Bernard de Palissy, était encore, il y a un siècle, un instrument lourd, incommode et qui ne permettait pas d'atteindre à de grandes profondeurs ou de percer toute espèce de terrains. Il suffit, pour se convaincre de ce fait, d'examiner les figures et de lire les descriptions contenues dans les anciens traités d'exploitation. Ce n'est que depuis l'exécution des puits dits artésiens, destinés à ramener à la surface du sol les eaux renfermées dans le sein de la terre, que le sondage est devenu un art de plus en plus perfectionné par les travaux de MM. Fantet, Degousée, Mulot, en France; Sello, Kindt, Oeynhausen, en Allemagne, et Jobard en Belgique.

71. Classification des appareils de sondage.

On distingue deux méthodes principales dans le percement des trous de sonde. Dans l'une, le sondeur communique le mouvement à l'outil perforant, par l'intermédiaire d'une tige rigide, métallique ou ligneuse; dans l'autre, il emploie une corde en chanvre, en aloès ou en fil de fer. Ce dernier procédé, appelé *sondage chi-*

nois, est constamment le même, quelle que soit la profondeur à laquelle on veuille atteindre.

Les *sondes à tige rigide*, au contraire, sont divisées en trois classes, qui diffèrent entre elles, non par la forme des pièces, mais par leurs dimensions, leur nombre et ordinairement par la plus ou moins grande complication des outils. Ce sont :

Les *sondes à bras* ou *petites sondes*, destinées aux reconnaissances intérieures ; elles servent à forer des trous de 5 à 30 mètres de profondeur sur un diamètre de 0.05 à 0.06 mètre.

Les *sondes moyennes* ou *sondes de recherches*, à l'aide desquelles on pénètre jusqu'à 200 et même 250 mètres de profondeur, en perçant sur un diamètre de 0.10 à 0.20 mètre.

On emploie ces appareils pour la recherche de la houille et pour déterminer l'épaisseur des morts terrains.

Enfin, les *grandes sondes* ou *sondes artésiennes*, qui, quant à la forme, ne diffèrent en rien des précédentes, et seront, par conséquent, décrites simultanément ; elles servent à forer des trous de 0.15 à 0.30 de diamètre, dont la profondeur atteint 500 mètres et quelquefois dépasse cette limite.

72. *Parties constituantes d'une sonde.*

L'équipage complet d'une sonde grande ou moyenne est toujours composé de cinq parties distinctes.

1°. Les *outils* qui doivent agir immédiatement sur le terrain à traverser : les uns entament la roche et opèrent le prolongement du trou, d'autres l'élargissent et le calibrent, en attaquant ses parois ; ceux-ci servent à enlever les boues et les débris et à nettoyer l'excavation

et ceux-là, enfin, ramènent au jour les parties de la sonde accidentellement brisées.

2°. Les *tiges* employées pour communiquer les mouvements aux outils travaillant dans le sein de la terre.

3°. La *tête*, destinée à la suspension et à la manœuvre de l'appareil.

4°. Les *pièces accessoires*, ou différentes espèces de clefs, de tourne-à-gauche, etc.

5°. Enfin, les *engins*, tels que les *chèvres* et les *treuils*, etc., servant à retirer la sonde du trou et à exécuter diverses autres manœuvres.

L'attirail doit être disposé de manière à retomber successivement un grand nombre de fois d'une petite hauteur, afin de percer les roches et à recevoir un mouvement de rotation autour de son axe, pour déterminer un trou circulaire, et pour arracher les fragments tendres ou disloqués. Le *battage* ou la *frappe* consiste à soulever la sonde et à la laisser retomber, pour que l'outil entame et défonce le terrain. La *hauteur de frappe* est la quantité dont on soulève la sonde à chaque coup. Le *rodage* ou *alésage* s'exécute en imprimant à l'outil un mouvement de rotation autour de son axe; son but est de rendre le trou cylindrique, en abattant les aspérités des parois.

73. Outils propres à entailler les roches.

La forme des outils de cette espèce varie suivant la consistance et la dureté de la roche qu'il s'agit d'attaquer; lorsqu'elle est solide, on agit par percussion ou

battage, en employant des instruments tranchants appelés *ciseaux* ou *trépans*.

La figure 2, pl. VII, représente le *ciseau simple* à tranche droite, propre à percer les schistes, les marnes, les craies et les calcaires superposés au terrain houiller.

Le *trépan à pointe* et à double biseau (fig. 4) est particulièrement applicable aux roches peu dures.

Lorsque les terrains sont fort tenaces, que le trou est d'un grand diamètre, on se sert avantageusement du *ciseau élargisseur* ou *trépan à échelons* (fig. 3), dont la partie inférieure, *amorçant* l'excavation, guide l'outil et l'empêche de dévier de la verticale ; elle fendille la roche et facilite l'attaque des gradins ou échelons supérieurs; l'action, ainsi divisée, est beaucoup plus énergique. Les ciseaux doivent être aciérés sur la moitié de leur longueur et trempés au rouge naissant. Le biseau de leur tranchant est aigu dans les roches tendres et d'autant plus obtus que le terrain est plus solide et plus tenace. Ils doivent être très-exactement calibrés, et, avant de les mettre en œuvre, il est prudent, ainsi que le conseille M. Jobard, de les laisser tomber du haut de l'échafaudage, le tranchant en avant, sur une pierre fort dure.

Les modifications que l'on a fait subir aux ciseaux sont fort nombreuses ; on a regardé pendant longtemps comme nécessaire d'en varier les formes aussi souvent que les terrains changent de nature ; de là la grande complication des équipages de sonde, luxe démontré inutile par le forage de Cessingen, où l'on est parvenu à une profondeur de 534.85 mètres par l'emploi exclusif du ciseau (fig. 8) dû à M. Kindt. Ce ciseau se compose d'une tige carrée *a*, dont la forte section (0.08 mètre de côté) est destinée à lui donner du poids. A la partie

inférieure est un tranchant en acier fondu, légèrement arqué. Les côtés latéraux sont munis de deux oreilles c, c', courbées extérieurement, suivant la surface cylindrique du trou à creuser; ces oreilles ont pour but d'empêcher l'outil de s'insinuer dans les fentes et les crevasses qui, quelquefois, sillonnent les roches. A la partie supérieure du trépan et au-dessous de la vis d'assemblage, est ajustée une croix de Malte d, d', dont les extrémités tranchantes raient les parois du trou dans le sens de la longueur et contribuent à l'arrondir en lui donnant rigoureusement le diamètre voulu. L'inventeur fait varier les formes de cet outil suivant les circonstances (1).

Les *trépans à dard* sont fort avantageux pour broyer les gros galets de silex que contiennent souvent les terrains superposés à la formation houillère. L'outil (fig. 5), terminé par un *bonnet de prêtre*, frappe suivant une ligne verticale; il est d'un bon usage, mais il est difficile à réparer. On lui donne quelquefois une courbure qui, plaçant sa pointe en dehors de l'axe, régularise la circonférence du trou par son excentricité, et on l'emploie alternativement avec le premier trépan.

D'autres instruments de ce genre produisent leur effet par suite du mouvement giratoire qu'on leur imprime. C'est ainsi que l'on emploie, quoique rarement, les *langues de carpes* ou *serpias* (fig. 6) dans les terrains d'une dureté moyenne, tels que certaines espèces de craies, de marnes et de calcaires peu compactes; les arêtes en sont aciérées et tranchantes, et la tôle recourbée se termine par deux languettes arrondies. Ces outils

(1) On verra ultérieurement d'autres dispositions appliquées plus récemment par le même ingénieur.

sont aussi peu convenables dans les roches trop dures,
où ils se brisent, que dans les terrains tendres, comme
les argiles compactes, où ils s'engagent trop facilement.

Le *trépan rubané* (fig. 7), formé d'une tôle contournée
en hélice et dont les bords sont aciérés, agit par un mouvement de rotation pendant lequel on soulève la tige et on
la laisse retomber. Il sert à désagréger les sables peu cohé-
rents ou les petits graviers mal cimentés.

74. Outils destinés à calibrer et à régulariser le trou de sonde.

Les *alésoirs* ou *équarrissoirs* sont destinés à enlever les
nervures résultant de l'action des ciseaux sur les parois des
trous de sonde et à les élargir quand cela est nécessaire.
On a inventé jusqu'à présent une multitude d'outils de
cette espèce ; il suffira de décrire le plus usité, celui de
M. Degousée, qui remplit très-bien le but que l'on se
propose. Cet instrument (fig. 9) est composé de deux
disques en fer, *d, d'*, sur lesquels sont boulonnées quatre,
six ou huit barres de fer, *e, e*, aciérées, cintrées et ca-
librées de telle façon que, les disques étant plus petits
que la section future du trou de sonde, l'instrument, à
son renflement, soit égal à celle-ci.

On emploie l'équarrissoir en frappant et surtout en
rodant, et les détritus tombent au fond de la cavité, d'où
on les retire ultérieurement. Les réparations se font
promptement, les barres n'éprouvant aucune difficulté à
se détacher du corps de l'outil, pour passer isolément
à la forge lorsqu'elles sont gauchies ou que leurs arêtes
sont émoussées.

75. *Instruments propres à l'extraction des déblais.*

Les *tarières* ou *cuillères* sont formées d'une lame de fer, pliée cylindriquement, suivant une forme plus ou moins régulière, en rapport avec la nature des substances que l'on veut extraire. On peut les diviser en deux classes.

Celles de la première, analogues aux tarières qu'emploient les charpentiers (fig. 10), sont formées, de même que ces dernières, d'une mèche a, a', qui coupe le terrain; d'un mentonnet b, b', qui en soutient les débris, et du corps D de la tarière, dans lequel s'accumulent ces dernières. On ménage, dans le sens de leur longueur, une ouverture latérale assez large, s'il s'agit d'enlever les détritus des calcaires, des marnes, des schistes, qui forment, avec l'eau, une pâte de quelque consistance. Lorsqu'elles doivent fonctionner dans les débris du grès houiller ou dans les substances arénacées dont l'adhérence est nulle, on emploie préférablement des instruments complètement fermés, analogues à ceux de la fig. 11.

Le diamètre de ces outils est généralement un peu moindre que la largeur des trépans employés; la mèche en est quelquefois supprimée; et, lorsqu'il s'agit simplement de ramener au jour les matières pulvérisées par l'action des ciseaux, on leur affecte plus particulièrement le nom de *cuillères*. On les appelle plus particulièrement *tarières à glaise* (fig. 12), lorsque, employés dans les terrains mous, tels que certains bancs d'argile, ils creusent le trou et en extraient simultanément les débris. Comme la glaise qui a pénétré dans le corps de la tarière y reste adhérente, il est inutile de leur appliquer un mentonnet.

Celles de la seconde classe sont :

La *tarière conique* (fig. 13), composée d'une feuille de tôle pliée en forme de cône renversé ; la partie inférieure en est armée de deux languettes *h, h'* recourbées et tranchantes, destinées à désagréger les sables à la manière de la langue de carpe. Les débris du terrain, mis en suspension par l'agitation de l'eau, retombent nécessairement dans la cavité conique, où ils s'accumulent.

Les *tarières* ou *cloches à boulets* (fig. 15) qui se composent d'un *fourreau* cylindrique en tôle, dont l'extrémité inférieure est alternativement ouverte et fermée par une soupape sphérique *i*. Cette soupape, en bois ou en métal, est d'un poids proportionné au degré de fluidité des matières à extraire ; elle repose sur les parois coniques d'une pièce annulaire *k l*, rivée au cylindre. Lorsqu'on imprime à l'appareil un mouvement de pompage, le boulet, chassé vers le haut par le courant d'eau, s'applique contre la bride *m*, qui limite son ascension ; le passage s'ouvre, et le sable ou les matières désagrégées s'introduisent dans le fourreau. A la relevée, le boulet, s'appuyant sur sa base, contient les sables, tout en permettant à une partie de l'eau de s'écouler à travers les interstices accidentels, ce qui produit un espace dans lequel s'introduit une nouvelle quantité de matières en suspension. M. Degousée a enlevé, au moyen de cet instrument, jusqu'à un mètre cube de déblais d'un seul coup. Lorsque ceux-ci sont tels que l'excès de la pression extérieure sur la pression intérieure ne suffit pas pour forcer le boulet à remonter, on le munit (fig. 17) d'une tige en fer *n* qui, par sa partie supérieure traversant l'étrier, contribue à le guider pendant son mouvement de va-et-vient ; tandis que son prolongement inférieur venant à heurter le

rocher un peu avant l'instant où le cylindre atteint le
fond du trou, détermine l'ouverture de la soupape. Ces
outils sont manœuvrés, tantôt à l'aide d'une corde attachée à une anse *w* (fig. 15) dont le cylindre est muni,
tantôt au moyen d'une tige rigide à laquelle ils se
rattachent par une vis ou tout autre emmanchement.
On arme aussi quelquefois leur base d'une mèche de
tarière (fig. 16) ou d'un trépan rubané qui, par le rodage,
désagrége préalablement les roches, dont les débris pénètrent dans le fourreau.

La *tarière à clapets* (fig. 14) porte à sa base une ou
deux soupapes *o*, *o'* s'ouvrant de bas en haut et faisant
charnière suivant le diamètre. M. Jobard a constaté, dans
le forage qu'il a exécuté à Marienbourg, que l'on peut,
à l'aide de cet outil, extraire des graviers et même des
cailloux roulés de la dimension du poing. On pourrait
craindre que les premiers fragments engagés dans le fourreau de l'outil n'empêchassent les clapets de s'ouvrir,
mais l'expérience prouve qu'il n'en est rien ; en effet, les
pierres perdent dans l'eau une partie de leur poids, et
comme elles sont repoussées vers le haut par le courant
ascendant, elles permettent toujours à d'autres cailloux
de pénétrer dans le corps de la tarière, où il s'en accumule
quelquefois jusqu'à 10 kilogrammes.

76. *Tiges en fer.*

La *tige de sonde*, attirail au moyen duquel le sondeur,
placé à la surface du sol, communique les mouvements
nécessaires à l'action des outils gisant au fond de l'excavation, se compose d'un certain nombre de tringles de fer,
rondes, octogones ou carrées, que l'on peut à volonté
réunir ou séparer les unes des autres. On préfère les

tiges à section carrée, parce que cette forme exige moins
de travail et que, sur tous les points de leur hauteur,
on peut appliquer une clef pour les tourner ou dé-
tourner à volonté.

Les assemblages employés pour lier les tiges bout à
bout sont appelés *emmanchements* ou *emboîtages*. Il en
existe de plusieurs espèces ; mais la plupart, étant d'un
mauvais usage, ont été complètement abandonnés ; il n'en
reste plus que deux : les emmanchements *à enfourchement*
et les emmanchements *à vis*. Ces derniers sont généralement préférés par les mineurs, soit dans les explorations
à l'intérieur, soit pour les recherches à la superficie.

Les premiers (fig. 18) consistent en un tenon *p* compris entre les deux branches *q*, *q'* d'une fourchette ; ces
deux objets sont liés ensemble à l'aide de deux ou trois
boulons ; la tête et les écrous de ceux-ci sont forgés en
goutte de suif, ou tout au moins les arêtes en sont fort
émoussées, afin que, pendant le mouvement de va-et-vient,
aucun dévissage accidentel ne puisse être provoqué. Il
vaut mieux que les trous préparés pour le passage des
boulons soient faits par l'écartement des fibres du fer que
percés à l'emporte-pièce ; ils affaiblissent moins les barres.
Enfin, il convient de ne pas placer les têtes de vis du
même côté, afin que deux ouvriers puissent visser ou
dévisser simultanément deux écrous. Les emmanchements
de cette espèce offrent des inconvénients assez graves : l'assemblage et le désassemblage exigent un temps considérable ; quelle que soit la précision apportée dans l'exécution
de ces pièces, il arrive toujours, après quelque temps
de service, que les boulons prennent du jeu dans leurs
trous et que les deux parties glissent l'une sur l'autre.
L'étendue de ce mouvement, s'accroissant avec le nombre
des tiges entraîne une perte de force et produit un choc

dont le résultat est la détérioration des fibres du fer et souvent la rupture de l'attirail. En outre, les surfaces des fourches se gauchissent, les écrous se dévissent spontanément, les ouvriers, en fixant ou retirant les boulons, les laissent maladroitement échapper et engendrent de graves obstacles, lorsque, accidentellement, ils tombent dans le trou de sonde.

Aussi l'assemblage à vis est-il généralement préféré. Il se compose (fig. 19) d'une cloche ou douille taraudée *a* et d'une vis *b* filetée sur le même pas : les filets, au nombre de six à sept, sont triangulaires ou carrés ; mais les premiers sont préférables. Le cylindre de la vis est de même section que le corps de la tige, afin que chaque partie isolée de l'emmanchement soit aussi forte que la tige elle-même. Au-dessous de chaque renflement se trouve une partie méplate *m*, propre à recevoir les clefs ou les autres instruments accessoires. Les cylindres des petites sondes sont filetées dans toute leur étendue ; ceux des moyennes et des grandes sondes ne le sont qu'à leur base et sur la moitié de leur hauteur ; le reste est formé d'une surface unie *c*, propre à faciliter l'introduction de la vis dans l'écrou. Dans les deux cas, la hauteur de la partie mâle doit être rigoureusement égale à la profondeur de la cloche, afin que cette dernière porte sur l'embase, et que l'extrémité du cylindre s'applique contre le fond de la cavité. La douille est toujours située au bas de la tige, disposition très-convenable pour se garantir des graviers ou des poussières qui endommageraient les pas de vis.

Le seul inconvénient attaché à ce genre d'emmanchement est de ne permettre le rodage que dans un seul sens ; mais il est peu grave et se trouve compensé, d'ailleurs, par de nombreux avantages, entre autres par la

promptitude du vissage et du dévissage, opération qui ne réclame ordinairement que le quart du temps employé pour les assemblages à enfourchement.

Les tiges sont construites en fer battu de première qualité, doux et nerveux; elles doivent être rigoureusement droites. Leur équarrissage dépend des profondeurs auxquelles on veut atteindre, et varie comme suit :

PROFONDEURS.	DIAMÈTRE DU TROU DE SONDE.	ÉQUARRISSAGE DES TIGES.
Jusqu'à 50 mètres.	De 0.05 à 0.06	0.025 mètres.
De 50 à 100 »	De 0.06 à 0.10	0.050 »
» 100 à 200 »	De 0.10 à 0.15	0.035 »
Au-delà de 200 »	De 0.15 à 0.25	0.045 »

Cependant, par l'emploi des nouveaux perfectionnements introduits tout récemment, on peut se dispenser d'augmenter ainsi la section ; car le sondage de Cessingen, par exemple, est parvenu à 535 mètres avec des tiges de 0.025 d'équarrissage seulement.

La longueur des tiges n'est limitée que par la hauteur des échafaudages, puisqu'il est toujours facile de les empêcher de se fausser ou de se tordre. Une grande longueur diminue le temps employé pour la descente et la remonte de l'attirail. Elle est ordinairement comprise entre 4 et 8 mètres. Le sondeur se munit, en outre, de *rallonges* ou tiges plus petites et de longueur variable, comme, par exemple, de 0.50, 1.00, 1.50 et 2.00 mètres, ces fractions étant indispensables pour maintenir la partie supérieure de la sonde à une hauteur peu variable au-dessus du sol pendant le cours de l'opération.

77. *Têtes de sonde et autres accessoires.*

Les *têtes de sonde* sont de petites pièces destinées à suspendre la sonde au câble ou à la chaîne de manœuvre ; elles sont liées par un emmanchement à la partie supérieure de la tige et sont construites de telle façon qu'on puisse imprimer à l'appareil des mouvements de rodage, sans qu'ils se transmettent aux cables de suspension.

On emploie assez généralement en France une pièce appelée *tourbillon* (fig. 20), dans les œillets de laquelle passent des leviers *o o* disposés à angle droit et destinés à imprimer le mouvement de rotation. La partie supérieure porte un étrier *h* tournant librement autour d'un boulon, et la partie inférieure une douille taraudée ou tout autre emmanchement en rapport avec le système d'attache adopté.

En Belgique, la tête de sonde consiste simplement (fig. 21) en un étrier *r* tournant à la partie supérieure d'un bout de tige ; le rodage dérive alors d'une *manivelle de manœuvre*. Celle-ci (fig. 22) est formée de deux manches en bois *g*, *g* fixés aux deux extrémités d'une pièce *h* en fer forgé, échancrée dans son milieu ; de deux plaques *i*, comprenant entre elles un trou circulaire, et d'une vis de pression *m*. Pour se servir de cet instrument, on enlève la plaque opposée à la vis et on la remet en place après avoir introduit la tige dans l'échancrure. Un double talon *k*, *k* s'oppose à ce que la boîte, comprimée par la vis, ne s'échappe de son gîte.

On attache les têtes de sonde au levier, qui les fait danser au moyen d'une corde ou d'une chaîne *c* (fig. 21), terminée par un crochet. Cette ligature pouvant être raccourcie ou allongée à volonté, il est possible de maintenir la tête de sonde constamment à la même hauteur.

Les *grappins* ou *clefs de relevée* servent à la suspension des tiges au câble de l'engin , afin de les introduire dans le trou de sonde ou de les en retirer. Un instrument de cette espèce , que M. Degousée appelle *pied de bœuf* , est représenté sous deux de ses faces dans la figure 23 : *a* est un étrier tournant autour d'un boulon ; *b* est l'extrémité inférieure de l'outil recourbée horizontalement ; *c* une échancrure dans laquelle se loge la partie méplate des tiges et sur laquelle reposent les épaulements ; cette échancrure se ferme au moyen d'une broche ou d'un battant de loquet. On saisit l'étrier de la clef de relevée avec un crochet *d* en forme d'S, attaché à l'extrémité du câble ; des ficelles passées dans des œillets empêchent ce dernier, de même que le pied de bœuf, de s'échapper du crochet.

Les clefs de relevée usitées en Belgique (fig. 24) consistent en un anneau *e*, une douille taraudée *f*, et en un crochet *g*, propre à suspendre les tiges au haut de l'échafaudage. Un autre crochet *B*, lié à l'extrémité du câble, s'engage dans l'anneau de la clef de relevée.

Les *clefs de retenue* (fig. 25 et 26) saisissent la tige au-dessous de l'un de ses renflements et tiennent l'appareil suspendu dans le trou.

Les *tourne-à-gauche* (fig. 27 et 28), qui, dans l'usage, se confondent avec les clefs de retenue, sont appliquées au dévissage des tiges.

78. *Des engins ou chèvres.*

Les chèvres servent à la remonte et à la descente de la sonde dans le trou , et à la suspension des tiges qui ne fonctionnent pas. Leur hauteur doit être assez grande

pour permettre d'enlever simultanément un certain nombre de ces dernières, malgré leur grande longueur. La construction en doit être simple ; quoique solidement établies, elles doivent pouvoir se transporter facilement d'un lieu dans un autre, se démonter et se remonter promptement. Leur hauteur est comprise entre 8 à 22 mètres, suivant la profondeur présumée du coup de sonde. Elles sont formées de deux, trois ou quatre montants disposés de différentes manières.

Les chèvres usitées en Belgique (fig. 29 et 30) sont formées de deux pièces jumelles CC assemblées sur une semelle BB, et dont les extrémités supérieures sont réunies par un chapeau AA, d'où résulte un cadre que l'on maintient dans un plan vertical au moyen de quatre jambes de force DD, fixées un peu au-dessus des deux tiers de la hauteur de l'engin. Ces jambes de force portent sur deux autres semelles EE, en sorte qu'en plan horizontal, cette base a la forme d'un H capital. Tous les assemblages à tenons et à mortaises sont consolidés au moyen d'équerres en fer. Une tringle de même métal aa, fixée horizontalement à la partie supérieure de l'échafaudage, reçoit les crochets des clefs de relevée; les tiges hh, ainsi suspendues, ne peuvent s'infléchir et se courber sous leur propre poids, ce qui ne manquerait pas d'arriver si elles reposaient directement sur le sol. La partie inférieure de l'engin est entourée d'une baraque de 4,50 à 5 mètres de hauteur, afin de préserver les travailleurs des intempéries de l'air. Vers le haut est construite une espèce de lanterne en planches H, pour abriter l'ouvrier qui accroche les tiges à la tringle supérieure. Enfin, l'un des deux montants, muni d'échelons m,m, établit une communication entre la lanterne et le sol.

La chèvre représentée par les fig. 29 et 30 a 15 mètres de hauteur, en sorte qu'il est facile de retirer simultanément du trou de sonde trois tiges h, h, h, chacune de 4 mètres de longueur, outre le crochet de suspension.

Dans des forages moins importants, ces engins n'ont que trois montants; les semelles sont disposées triangulairement; des sommets du triangle s'élèvent trois piliers, réunis à leur partie supérieure sur un bloc de bois exaédrique, avec lequel ils sont liés au moyen de boulons. La poulie et sa chappe se fixent à la base du bloc.

Les chèvres à quatre montants sont assez répandues; la construction adoptée par M. Degousée consiste à assembler ces derniers sur les quatre angles d'un cadre horizontal et rectangulaire, en les inclinant légèrement les uns vers les autres; à embrasser leurs extrémités supérieures par un chapeau et à les consolider au moyen d'autres cadres, répartis sur toute la hauteur de l'échafaudage; l'un des montants, muni de tasseaux, permet de s'élever jusqu'à la poulie. On se sert, ailleurs, d'échelles ordinaires. A Cessingen, on avait établi un escalier.

79. *Appareils destinés à descendre et à remonter la sonde.*

On emploie, dans ce but, un treuil ou tout autre engin analogue, des cordes et des poulies.

Le treuil G (fig. 29 et 30, pl. VII) se compose de deux grandes roues m, n, fixées à l'extrémité d'un tambour l; elles sont commandées par deux pignons de rayons inégaux; en sorte que les ouvriers appliqués

à la manivelle engendrent à volonté deux vitesses différentes. Le mouvement le plus lent est appliqué dans les premiers moments du soulèvement de la sonde, lorsqu'elle a encore la majeure partie de sa longueur ; puis, on lui substitue une vitesse plus grande, au moment où elle devient plus légère par la suppression des tiges supérieures. La force de gravitation provoque la descente des tiges, dont on modère la chute à l'aide du frein *o, p*. Les poulies *q*, attachées au sommet de la chèvre, ont leur tourillon suspendu par une chappe ou simplement fixé contre une pièce de support. L'emploi de deux poulies est très-avantageux ; il permet de disposer les cordes de telle façon que l'extrémité de l'une soit au haut de l'échafaudage, lorsque l'autre se trouve à la surface du sol. Par cette disposition, on peut attacher une nouvelle série de tiges, sans attendre que le crochet ait opéré un mouvement de retour du haut en bas ; tandis que, si le sondeur n'a à son service qu'une seule poulie et une seule corde, il ne peut se soustraire à des pertes de temps fort nuisibles. On emploie également de vastes tambours creux, mus par des hommes marchant sur des degrés établis à l'intérieur.

80. *Appareils à l'aide desquels on imprime le mouvement de battage ou de sonnette.*

Ce sont des leviers en bois mis en mouvement, tantôt directement, tantôt par l'intermédiaire de cames ou de pignons à lanterne.

Les premiers, appelés *leviers à secteur*, consistent en un levier de première classe *J*, dont la longueur

des bras est en rapport avec la hauteur de frappe et avec l'intensité de la résistance. A l'une des extrémités sont attachées autant de petites cordes *e* que l'on doit employer d'ouvriers, pour produire le mouvement de battage : d'autres fois, on leur substitue une traverse en bois que les manœuvres saisissent en l'abaissant pour soulever la sonde. A l'autre extrémité est ajusté un secteur de cercle *i*, décrit du point d'appui comme centre, et dont la circonférence est creusée en gorge de poulie. Une chaîne *f*, attachée au sommet de l'arc de cercle, se termine inférieurement par un crochet, introduit à volonté dans l'un des maillons ; le nœud qui en résulte saisit la tête de sonde, quelle que soit sa position et malgré ses variations, au-dessus de la surface du sol. Ce procédé, le plus simple de tous, est presque exclusivement employé dans les sondages de reconnaissance exécutés en Belgique.

M. Degousée fait agir les hommes par l'intermédiaire d'un treuil muni de cames. C'est le même que celui dont il se sert pour retirer la sonde. Le levier de battage (figure 20, planche VIII) *AB* oscille sur un tourillon et deux crapaudines ; son point d'appui peut être déplacé pour augmenter ou diminuer la hauteur de frappe. Le levier porte, à chacune de ses extrémités, un crochet ; l'un *c* se rattache à la tête de sonde par l'intermédiaire d'une corde ; l'autre *c'* sert à la suspension d'une bielle en fer *b d*, terminée à sa partie inférieure par une fourchette *d*, dont le point d'attache est mobile. Les cames, au nombre de deux ou trois, suivant les circonstances, agissent sur un petit levier en fer *e*, mobile autour du point H ; de cette manière la sonde, étant soulevée, retombe dès que la came abandonne le levier. Le treuil (fig. 24 et 25) a ses deux flasques

A A en fonte de fer et porte trois cames ˙*b b b*; il est muni d'une grande roue *c*, d'un pignon *d*, et de deux petites roues à rochet *e*, accompagnées d'un double crochet d'encliquetage, pour empêcher le retour du cylindre en sens contraire du mouvement imprimé. Le frein *f f* est composé d'un secteur de cercle en fer, auquel sont attachés des voussoirs en bois, qui s'appliquent sur une roue de même nature *g*, lorsqu'on presse l'extrémité du levier *h*. On s'en sert pour modérer le mouvement de descente des tiges livrées à la force de pesanteur. Le tambour *k k* est muni d'un crochet *o*, qui reçoit l'anneau attaché à l'extrémité du câble. Pour faire sauter l'attirail, on décroche le câble du treuil et l'on attache la tête de sonde à l'extrémité antérieure du levier; pour le soulever et l'extraire du trou, on décroche la tête de sonde du levier avec lequel elle est liée, et l'on y substitue la corde du tambour.

Dans les forages artésiens exécutés récemment en Allemagne et notamment à Cessingen, on a trouvé avantageux de se servir d'un grand cylindre creux en bois, dont l'intérieur, muni de traverses, permet à cinq ou six hommes de marcher de front et de lui imprimer ainsi un mouvement de rotation, tantôt dans un sens, tantôt en sens contraire. Le câble de relevée est plat; il s'enroule à la circonférence extérieure de ce cylindre; l'axe, très-solide, porte à l'une de ses extrémités une lanterne, dont les fuseaux soulèvent le levier de frappe. Une grande roue en bois, embrassée par deux pièces verticales mobiles à leur base et pouvant, par leur extrémité supérieure, s'écarter ou se rapprocher l'une de l'autre, forment un frein serré ou desserré à volonté par un système de tiges et de leviers dont le mouvement se trouve à portée du maître sondeur.

13

81. *Manœuvre de la sonde.*

Après avoir creusé un puits de quelques mètres de profondeur, on y installe, dans une position rigoureusement verticale, une buse de conduite en bois dont l'ouverture permette l'introduction des outils les plus larges ; on la maintient dans une situation invariable, à l'aide de deux ou de quatre solives embrassant sa partie supérieure ; puis on remblaie le puits. Cette disposition a pour but de diriger la descente des tiges, suivant une ligne verticale, dès le commencement du forage. La chèvre, ou tout autre engin, étant convenablement disposée au-dessus de l'orifice du trou, on procède à l'exécution du travail. Celui-ci consiste à défoncer les terrains durs et à les broyer en faisant battre les ciseaux, à agir sur les roches tendres ou peu consistantes, en rodant avec les tarières sur lesquelles les tiges pèsent de tout leur poids. Dans ces opérations continuellement répétées, on doit avoir le soin d'approprier les outils à la nature des stratifications, et si le trou est sec, on n'oublie pas d'y projeter de l'eau, afin d'empêcher les trépans de s'échauffer et, par suite, de se détremper. Les limites de la hauteur de frappe sont contenues entre 0.45 et 0.60 mètre suivant la pesanteur plus ou moins grande de l'appareil.

Pendant le battage et pour obtenir un trou rond, le sondeur imprime à l'outil un mouvement de rotation tel qu'il décrive environ 1/6 de la circonférence à chaque coup. Lorsque l'accumulation des détritus et des boues semble assez considérable, et avant qu'ils ne s'opposent à l'action efficace des ciseaux sur la roche, il substitue à ces derniers une tarière propre à nettoyer la cavité. Il

doit, par conséquent, retirer l'attirail, opération pour
laquelle il remplace la tête de sonde par une clef ou un
crochet de relevée (fig. 24, pl. VII), attaché au câble ; les
manœuvres appliqués au treuil soulèvent les tiges et en
ramènent un certain nombre au-dessus de l'orifice, trois
par exemple, comme l'indiquent les figures 18 et 19,
puis il ajuste, sur la partie méplate du renflement le
plus rapproché du sol, une clef de retenue dont les
mâchoires maintiennent le reste de la sonde suspendue
dans le trou ; saisissant alors un tourne-à-gauche (fig.
27, 29 et 30), il dévisse l'emmanchement, pendant
que l'ouvrier installé dans la lanterne se prépare à placer
le crochet de la clef de relevée sur la tringle en fer *a*
(fig. 29 et 30), destinée à suspendre les tiges. De
nouvelles portions de l'appareil sont ainsi successivement
élevées au jour, jusqu'à ce que l'outil paraisse à la surface ; le sondeur enlève ce dernier, y substitue une
tarière qu'il fait alors descendre au fond du puits, en
répétant la manœuvre en sens contraire.

A mesure que l'on s'avance dans le terrain, la tête de
sonde se rapproche du sol. Pour que ce mouvement de
descente ne change pas la situation du levier, on dispose la ligature qui réunit le secteur à la tête de
sonde, de telle façon que l'on puisse l'allonger successivement d'une petite quantité à la fois ; on y parvient,
comme on l'a vu précédemment, à l'aide d'une chaîne
ou d'une corde. Mais comme une tige est toujours plus
longue que la hauteur du levier au-dessus du sol, et que
l'allongement produit par la ligature ne peut servir
que pour une petite hauteur, on supplée à cette différence de niveau en plaçant une rallonge dont la longueur soit une fraction de l'une des tiges, par exemple
de 0,50 mètre, et l'on raccourcit la chaîne. Plus tard,

on ajuste successivement d'autres rallonges de 1 mètre,
1.50 , 2 mètres, etc. , jusqu'à ce que l'approfondissement
du trou permette de leur substituer une tige entière.

Il convient d'ajuster , par mesure de prudence, sur
la buse en bois qui forme l'orifice du trou , un clapet
en ailes de papillon , dont la tête , échancrée demi-cir-
culairement, laisse une ouverture ronde pour le passage de la tige ; on évite par ce moyen la chute de
graviers , de boulons ou d'autres petits objets qui , se
détachant pendant la manœuvre, pénètrent dans le trou ,
entravent la marche régulière du travail et peuvent occa-
sionner de graves accidents.

82. *Revêtement d'un trou de sonde.*

Pour prévenir les éboulements des stratifications sans
consistance traversées par les trous de sonde , on
garnit ces derniers d'un revêtement en bois ou en fer ,
qui en maintient les parois. Ces revêtements consistent
en coffres formés de planches , dont la section perpendiculaire à l'axe est un hexagone , un octogone , et fréquemment un carré. Dans les sondages profonds , on
emploie la tôle de fer, dont on forme des cylindres ou
tubes ; de là le nom de *tubage* donné à l'ensemble du
revêtement. Les tuyaux de fonte ont été abandonnés , à
cause de leur épaisseur et des difficultés qu'entraîne
leur manœuvre.

Les coffres à section carrée (fig. 7 *A* et *B*, pl. VIII) ont
une longueur qui dépend en partie des planches mises
à la disposition du mineur. Celles-ci sont assemblées de
telle façon que deux d'entre elles *a* , *b* , situées sur

deux côtés opposés du coffre, dépassent d'environ 0,50 mètre les deux planches c, d; tandis qu'à l'extrémité opposée, ce sont les planches c, d, qui font saillie sur les deux autres. Cette disposition permet de réunir avec solidité tous les coffres partiels, qui, mis en place, n'en forment plus qu'un seul.

Les revêtements en bois, à section hexagonale ou octogonale, se construisent de la même manière; ils ont, sur les premiers, l'avantage d'occuper moins de place, parce que leur forme est plus rapprochée de la forme cylindrique du trou; mais les coffres carrés sont plus simples, plus solides, et quelquefois très-suffisants dans la recherche par sondages des gîtes houillers (1).

Le premier coffre introduit dans le trou est muni, à sa partie inférieure, d'un sabot tranchant, qui facilite la descente de l'appareil au milieu des terrains éboulcux. On verra, dans le paragraphe suivant, les moyens communs aux coffres et aux tubes employés pour forcer ces revêtements à pénétrer dans le trou de sonde; mais la pression du terrain et d'autres circonstances accidentelles ne leur permettent de s'enfoncer que d'une quantité variable et limitée, au delà de laquelle nul effort ne peut les faire avancer.

Lorsque les sondages doivent être portés à une notable profondeur, ou même lorsque, peu profonds, ils doivent

_____

(1) On est rarement appelé, dans la recherche ou dans les reconnaissances des mines de houille, à traverser un grand nombre d'assises désagrégées, et à forer des morts terrains dont l'épaisseur excède 150 à 200 mètres. L'exploitation qui commencerait au-dessous de cette profondeur, après avoir préalablement réclamé l'emploi de travaux d'art extraordinaires, serait placée dans une condition d'infériorité très-grande, relativement aux autres mines de la localité.

traverser un certain nombre de stratifications ébouleuses, on est obligé d'employer plusieurs séries de revêtements et de les introduire les unes dans les autres ; les coffres alors, quelle que soit leur section, doivent être rejetés à cause de l'espace considérable qu'ils occupent, et remplacés par des tubes cylindriques en tôle.

83. *Tubes en tôle.*

La tôle de ces tubages, appelés aussi *tuyaux de retenue*, doit être douce et ductile, afin de ployer sans rompre au contact des aspérités du terrain, et sous l'impression du fouettement des tiges dans le trou. Elle est clouée et rivée à froid ; son épaisseur varie en raison du diamètre des tubes et de la pression à laquelle ils doivent résister. Pour des diamètres de 0.30, 0.20 et 0.10 mètre, on prend ordinairement des épaisseurs respectives de 0.005, 0.003 et 0.002 mètre. Le premier que l'on introduit est naturellement aciéré et tranchant par son extrémité inférieure.

Il existe deux procédés perfectionnés pour l'assemblage bout à bout des tubes de retenue ; l'un est dû à M. Degousée ; l'autre a été employé dans le forage de Cessingen.

Ceux de M. Degousée ont deux mètres de longueur ; chacune de leurs extrémités est munie extérieurement d'une frette ou manchon faisant saillie de la moitié de sa largeur (0.08 mètre) ; l'autre extrémité est percée d'une ligne de trous, régulièrement espacés, de façon à correspondre avec les trous forés sur les frettes.

Pour assembler deux tubes, on engage la partie inférieure de l'un dans la frette de l'autre ; on tourne le

premier jusqu'à ce que les trous correspondent exactement, et l'on introduit de petits boulons dont la queue est terminée par un crochet, en agissant comme suit : un ouvrier, placé au haut de l'échafaudage, lie le crochet du boulon à l'extrémité d'une ficelle et le descend dans le tube, éclairé à l'intérieur par une lampe ; un autre ouvrier, placé en bas, passe dans l'un des trous un fil de fer recourbé, avec lequel il saisit le cordon, l'attire au-dehors et le coupe ; le bout qui lui reste entre les mains sert à amener le boulon dans le trou. Alors, introduisant l'écrou, il emploie la main droite pour le serrer avec une clef, tandis qu'il saisit le crochet avec les tenailles dont sa main gauche est armée. Puis il scie la partie du boulon attenant au crochet qui dépasse l'écrou, et frappe quelques coups de marteau pour rabattre les arêtes. Pendant ce temps, l'ouvrier placé sur l'échafaudage a retiré le cordon pour y attacher un autre boulon, dont on fait un usage semblable. L'opération marche avec plus de rapidité lorsqu'il a été possible d'assembler à l'avance deux ou trois tuyaux pour former des tronçons de 4 à 6 mètres de longueur.

Les tubes employés à Cessingen, dont la longueur est également de 2 mètres, ont leurs extrémités coniques, légèrement amincies, afin qu'ils s'engagent les uns dans les autres à la manière des tuyaux de poêle. L'un d'eux étant ajusté au-dessus d'une colonne, on prend un vilebrequin et l'on fore des trous simultanément dans les deux pièces assemblées. On descend, à l'intérieur et au-dessous de la ligne des trous, une enclume A B (fig. 9 *A* et *B*, pl. VIII) formée de deux segments cylindriques *a a*, munis d'une charnière *b*, qui leur permet de s'écarter ou de se rapprocher à volonté. Un bout de bougie allumée se place au-dessus et transforme le tuyau en une véritable che-

minée d'appel ; l'ouvrier installé sur le sol dirige vers
l'un des trous la flamme d'une lampe ; cette flamme,
appelée à l'intérieur par le courant d'air, indique à l'autre
ouvrier établi sur l'échafaudage le point précis où il
doit porter un rivet préalablement introduit dans la fente ménagée à l'extrémité d'une baguette. Lorsque tous les clous
sont mis en place, on relève l'enclume, on enfonce
entre ses deux parties mobiles un coin ou palette *c*, qui
la force à occuper un espace plus considérable, serre
sa circonférence contre la tête des rivets et soutient le
choc du marteau pendant que l'on exécute les rivures à
l'extérieur.

84. *Descente des coffres et des tubes.*

On prévient la chute accidentelle des tubages qui
peuvent se mouvoir assez facilement dans le trou de
sonde, en les retenant suspendus pendant que l'on
ajoute de nouvelles pièces aux tronçons déjà descendus.
On se sert, dans ce but, de *colliers* (fig. 12) dont
l'ouverture intérieure est ronde pour les tubes, carrée,
pour les coffres ; ces colliers sont composés de deux
joues en bois de chêne, réunies par deux boulons, dont
les écrous *s*, plus ou moins serrés, permettent au collier
d'embrasser la colonne ou de s'en séparer. Cet appareil
repose sur le sol.

Pour manœuvrer les pièces ajoutées successivement au
tubage, on emploie un collier de fer (fig. 11), dont
on règle l'ouverture à l'aide de deux boulons *o*, *p*. Le
collier est muni, suivant l'un de ses diamètres, de deux
manches *q*, *q*, destinés à imprimer aux tubes un mouvement de droite à gauche, et vice-versâ. Suivant un diamètre perpendiculaire, au premier sont fixés deux cro-

chets *s*, *s*, au moyen desquels on suspend le coffre ou le
bout de tuyau à la clef de relevée ; le treuil peut alors
lui communiquer tous les mouvements nécessaires à la
manœuvre.

Tant que le calibre du trou est plus grand que le
diamètre extérieur du tubage, celui-ci descend sans difficulté, si l'on a le soin de lui imprimer un mouvement
de rotation de droite à gauche et de gauche à droite.
Si ce sont des coffres et qu'ils présentent quelque
résistance à l'enfoncement, on frappe sur leur tête à
grands coups de maillet. Les tubes sont également soumis à ce procédé ; mais il faut avoir le soin de recouvrir leur orifice d'une planche, afin que les coups ne
portent pas directement sur la tôle. Lorsque la résistance est trop grande pour pouvoir être vaincue de cette
manière, on a recours aux coups d'un mouton *k* avec
interposition d'un tampon en bois *w* (fig. 8 et 10), ou,
ce qui est infiniment préférable, on les force à pénétrer en opérant une pression à l'aide de deux ou trois
vis. Lorsque la colonne traverse des sables mouvants,
on fait agir à l'intérieur une tarière quelconque qui,
raréfiant le sable, facilite la descente. Mais s'il atteint une stratification solide, les outils dont on se
sert pour forer au-dessous ne pouvant être plus grands
que le diamètre des tubes ou la diagonale des coffres,
le revêtement ne peut être prolongé, à moins que l'on
ne parvienne à agrandir le trou. Cette dernière opération est fort importante, afin de ne pas perdre l'avantage qu'entraîne nécessairement l'emploi d'un petit nombre
de séries de tubages ; c'est dans ce but que l'on emploie les outils *élargisseurs*, dont la collection est assez
variée ; mais il suffira de décrire les deux suivants.

Le premier, fig. 15, est compris dans les équipages

de M. Degousée; il se compose d'une masse cylindrique
terminée par un cône ; aux deux extrémités d'un même
diamètre sont ménagées deux échancrures où peuvent se
loger des virgules ou lames d'acier *m m* pivotant autour
d'un boulon et dentelées à leurs extrémités. On descend
cet outil en lui imprimant un léger mouvement circulaire de gauche à droite, afin que les lames restent
renfermées dans leur gîte ; arrivé à la base de la
colonne, on le tourne en sens contraire ; les virgules
s'ouvrent et entament la roche sur une épaisseur de 0.015
à 0.020 mètre. On doit ensuite régulariser le trou en
faisant agir la *patte d'écrevisse*, composée de lames d'acier
repoussées du dedans au dehors par deux ressorts très-
solides. Cet élargisseur est employé dans les bancs de
roches d'une dureté moyenne, telles que les craies, les
marnes, etc.

La figure 14 représente l'instrument inventé par M. Kindt
dans le forage de Cessingen. Deux branches d'acier *a, a,*
tranchantes à leur partie inférieure, sont articulées sur
une tringle où elles se meuvent librement. Entre ces deux
branches se trouve un coin *v*, qui, en s'élevant et en
s'abaissant, les écarte ou les rapproche à volonté ; cet
écartement est limité par deux goujons saillants *pp*. On
visse cet outil à l'extrémité des tiges et on lie le coin à
la corde dont on se sert pour manœuvrer les cylindres
à soupape ; on fait descendre le tout en tenant la corde
lâche, et les branches se tiennent rapprochées l'une de
l'autre. Lorsqu'il est parvenu au-dessous de la colonne de
tuyaux, on bande la corde; le coin se relève; les branches
du trépan s'écartent, et l'on fait agir la frappe comme à
l'ordinaire. M. Kindt, dans le but d'attaquer la corniche
qui se trouve immédiatement au-dessous de la colonne,
modifie cet élargisseur en retournant vers le haut les

tranchants qui , dès lors , mordent la roche pendant le mouvement de relevée des tiges (1).

Le sondeur regarde comme fort avantageux d'enfoncer une même colonne de tuyaux jusqu'à la plus grande profondeur où elle puisse pénétrer ; il s'efforce d'obtenir ce résultat à travers les bancs alternatifs de roches solides et ébouleuses, et cela tant que la pression des parois permet la descente du revêtement. Quand il n'est plus possible de continuer avec la même colonne, on poursuit le forage du trou au diamètre intérieur des tuyaux. Mais de nouveaux terrains désagrégés forcent le sondeur à en descendre une nouvelle série plus étroite pour laquelle il agit comme ci-devant ; puis une troisième, et c'est ainsi que certains sondages fort profonds ont exigé sept ou huit tubages concentriques, qui naturellement diminuaient le diamètre du trou.

Le nombre des colonnes que l'on prévoit devoir introduire en détermine le diamètre initial. La première qui fut introduite dans le forage de Cessingen, pour lequel on pensait devoir en employer sept à huit, reçut un diamètre de 0.30 mètre, afin que la cavité fût encore de 0.10 mètre au moins à 500 mètres de profondeur.

Ordinairement ces diverses séries de tubes s'élèvent toutes jusqu'à l'orifice du trou. Quelques sondeurs, entre autres M. Kindt, font usage de *colonnes perdues* se recouvrant mutuellement sur une hauteur de 1 à 2 mètres, et dont l'ensemble peut être représenté par une lunette d'approche dont les tubes sont développés. Cette disposition offre de grandes difficultés d'exécution ; elle n'est pas en usage dans les reconnaissances relatives aux mines de houille.

(1) Le lecteur verra plus loin le nouvel outil inventé plus récemment par le même sondeur.

85. *Arracher les tuyaux de revêtement.*

On reconnaît quelquefois que la tôle employée pour les tubages est trop mince pour pouvoir résister à la poussée des stratifications. Il arrive aussi que, dans l'impossibilité d'établir à l'avance la coupe des terrains à traverser, on se trompe dans l'évaluation du nombre de colonnes nécessaire pour parvenir à une profondeur donnée; les tubes alors acquièrent, avant le temps voulu, le diamètre minimum exigé pour la manœuvre de la sonde. Dans ces circonstances, il n'existe d'autre remède que de les enlever et d'élargir le trou, pour donner passage à d'autres tuyaux d'un diamètre plus grand. Cette opération, dont on peut apprécier la difficulté, a dû être répétée cinq fois lors de l'exécution du puits de Grenelle.

L'instrument déjà décrit pour l'agrandissement des trous de sonde (fig. 15) se transforme en *arrache-tuyaux* par la substitution de virgules échancrées à leur face supérieure aux virgules dentelées ou tranchantes. On tourne l'outil dans un sens convenable; l'épaulement se loge au-dessous de la base du tuyau, et il ne s'agit que de faire un effort pour remonter la colonne. Quand celle-ci ne peut être ramenée tout entière à la surface, le sondeur la coupe en tronçons, qu'il retire successivement. Il se sert pour cela du même instrument, auquel il ajuste alors des virgules tranchantes dans les échancrures du cylindre.

Le procédé le plus simple et le plus efficace est celui que M. Kindt a employé dans le forage de Cessingen (fig. 13). C'est une navette formée d'un bloc de chêne de forme ovoïde, fortement cerclée au milieu de sa hauteur et traversée par une tige en fer, avec laquelle elle est liée par deux écrous. Cet instrument, dont le diamètre

est de quelques millimètres plus petit que celui de la
colonne, étant placé à la hauteur voulue, on verse au-
dessus un panier de menu gravier bien lavé et tamisé,
qui se loge entre la navette et le tube ; il s'établit ainsi
entre ces deux objets une adhérence telle que le second
doit céder à la traction exercée sur lui et revenir à la
surface. Pour retirer la navette, il suffit de la laisser descendre au-dessous de la base du revêtement; le gravier, trouvant assez d'espace, tombe au fond du trou et lui rend sa
liberté. Le grand avantage de cet instrument consiste
dans la facilité qu'il offre de saisir la colonne sur un
point quelconque de sa hauteur.

86. *Des accidents.*

Le poids de la partie supérieure des tiges, pressant
sur les tiges inférieures, tend à les écraser. Les chocs
résultant de la chute de l'attirail, dans l'action du battage, altèrent les fibres du fer et lui font perdre de
sa cohésion ; et comme le poids est d'autant plus considérable que le trou est plus profond, l'effet augmente
d'intensité, les ruptures deviennent plus fréquentes, les
vis et les écrous prennent du jeu, et quelquefois se séparent les uns des autres, ou tout au moins l'attirail se
courbe sous son propre poids ; en outre, les oscillations
latérales des tiges et leur fouettement entraînent la chute
de fragments de rocher ; les parois des trous se dégradent, et, à mesure que ceux-ci s'évasent, les vibrations acquièrent une plus grande amplitude. Le mal
s'accroît à chaque instant, en même temps que les
chances de rupture augmentent. Lorsqu'une tige se
rompt, elle échappe aux engins qui la soutiennent, ou,
lorsque le câble se brise pendant la remonte, la partie

non soutenue retombe avec violence au fond du trou ;
elle s'y tord , s'y épate ou se divise en fragments ; et
ceux-ci , se serrant les uns contre les autres , forment
une rupture compliquée. Il arrive aussi que les outils
trempés au dur se détachent ou se brisent ; la tige ,
formée de fer doux , vient s'aplatir au-dessus , et, dans
certaines circonstances , l'épatement est assez large
pour qu'il soit impossible de retirer la sonde sans avoir
préalablement enlevé les tubages.

Quelquefois un outil, s'étant détaché des tiges , vient
loger sa partie supérieure dans une cavité de la paroi ;
ou bien un ciseau ordinaire , frappant sur un rocher
compacte superposé à une stratification tendre , brise
le premier et y détermine une fente , dans laquelle il
pénètre ; les deux lèvres de la fissure se rapprochent ,
les fragments forment arc-boutant, et l'instrument , pris
comme dans un étau , ne peut être dégagé (1).

Les autres accidents proviennent , en grande partie ,
de l'imprévoyance ou de la maladresse des ouvriers ;
telles sont les chutes de boulons et d'outils dans le
trou ; celle d'un certain nombre de tiges qui , mal
fixées par la clef de retenue , retombent pendant que
l'ouvrier est occupé à défaire les emmanchements. Cet
accident , très-fréquent , occasionne des pertes de temps
considérables. M. Jobard estime que, dans le forage
du puits de Grenelle , M. Mulot a perdu environ deux
années à retirer les tiges échappées à l'encliquetage. On
verra plus loin les moyens de prévenir ces accidents ou
d'y porter remède , lorsqu'ils arrivent malgré toutes les
précautions.

_____

(1) C'est pour éviter cet inconvénient que M. KINDT a inventé
le ciseau décrit dans le paragraphe 73.

87. *Outils destinés à retirer les sondes brisées.*

Lorsqu'un appareil s'est rompu, le sondeur voit immédiatement, à l'inspection de la dernière tige restée suspendue, si la rupture a eu lieu au-dessus ou au-dessous de l'emmanchement ; il cherche alors à reconnaître la position et la forme de la partie brisée, en descendant sur le bris une pelotte d'argile bien pétrie avec du chanvre et de l'huile. Celle-ci, ramenée à la surface, lui indique, par son empreinte, toutes les circonstances qu'il lui importe de connaître et le choix de l'accrocheur qu'il doit employer pour saisir les tiges perdues.

Lorsque la tige a été fracturée dans un emmanchement, ou immédiatement au-dessus d'un renflement, on emploie *la caracole* (fig. 1, pl. VIII), formée d'une barre de fer recourbée, suivant un plan horizontal ; la surface intérieure en est hachée à coups de burin, afin que la tige ne puisse glisser et s'échapper. Le sondeur descend cet outil de manière à saisir l'appareil au-dessous de l'emmanchement ; lorsqu'il sent que la tige est engagée dans le cercle horizontal, il l'enlève sans difficulté, ce retrait réussissant presque toujours du premier coup.

La rupture peut avoir lieu au-dessous de l'épaulement, ou vers le milieu de la longueur de la tige ; la caracole devient alors inutile, et on prend l'instrument appelé *cloche à reprise* ou *cloche à écrou*, composé d'un cône creux (fig. 3), muni à l'intérieur d'un filet de vis aciéré et dirigé en sens inverse des filets des emmanchements. Lorsqu'après avoir descendu la cloche dans le trou, on s'aperçoit qu'elle coiffe la tête

de la tige rompue, on agit en rodant, afin de creuser une espèce de pas de vis et de rendre les deux objets tellement adhérents, que la cloche puisse ramener la tige à la surface.

La fig. 2 représente la cloche à reprises usitée dans le cas où l'extrémité de la tige est appliquée contre les parois; comme il s'agit de ramener celle-ci vers l'axe de l'excavation, la partie inférieure de l'outil est alors munie d'un entonnoir en tôle, qui en facilite la reprise.

L'*accrocheur à pinces*, inventé par M. Oberster, est formé (fig. 5 et 6) d'une pièce de fer carré *a*, terminée par une fourche *b*, *b*, dont les deux extrémités inférieures sont soudées à un anneau conique *c*. Deux forts ressorts *d*, *d*, tendant à se rapprocher l'un de l'autre, sont placés à angle droit de la fourche et maintenus, à leur partie supérieure, par une bride *e*, disposée de manière à pouvoir glisser le long de la tige; la partie inférieure de ces ressorts est aciérée et dentelée; elle se loge dans l'anneau conique, dont ils ne peuvent sortir, la course de la bride étant limitée dans sa hauteur par un goujon *h*. Pour se servir de cet accrocheur, on introduit entre les dents des deux ressorts un morceau de bois qui les maintient écartés l'un de l'autre; on le descend dans le trou, et, lorsqu'il rencontre l'extrémité fracturée de la tige, celle-ci chasse le morceau de bois, les ressorts se rapprochent, les dents saisissent la sonde et la résistance qu'oppose cette dernière tendant à engager de plus en plus l'extrémité des ressorts dans le cône supérieur de l'anneau, les deux objets se lient de telle façon qu'ils ne peuvent plus se séparer l'un de l'autre. Dans le forage de Cessingen, cet instrument n'a jamais manqué de produire l'effet qu'on en attendait et a remplacé avantageu-

sement toutes les autres espèces d'accrocheurs, avec ou sans ressort. On munit quelquefois cet instrument d'un entonnoir renversé ou d'un crochet *v* destiné à saisir la tige logée dans une excavation latérale et à la ramener dans l'axe du trou.

Le *tire-bourre* (fig. 4), dont les bords sont aciérés et tranchants, peut agir à la manière des cloches taraudées sur l'extrémité des tiges. On s'en sert principalement pour ramener à la surface la corde rompue d'une tarière à soupapes ou à boulets, et quelquefois des rognons de silex difficiles à pulvériser.

88. Méthodes employées pour porter remède aux accidents d'une nature différente des précédents.

Les tarières ramènent fréquemment au jour les boulons, les écrous et les autres petits objets qui tombent au fond du trou de sonde ; mais il faut que les détritus forment pâte avec l'eau. S'il en est autrement, on remplit le cône creux de la cloche taraudée d'argile pétrie avec de l'huile et du chanvre ; cette substance, s'appliquant sur les pièces de faible dimension, les empâte et permet de les élever jusqu'à l'orifice du trou. Les fragments d'outils rompus réclament l'emploi des accrocheurs, principalement de l'accrocheur dit *à pinces*, le plus efficace de tous. Les corps sphériques, tels que les cailloux roulés, sont relevés au moyen du tire-bourre. Enfin les objets que l'on ne peut parvenir à retirer sont brisés à coups de trépan pointu (fig. 5, pl. VII), ou contraints à se retirer dans les parois latérales.

Lorsque de petits éboulements, provenant de ce qu'on

14

a négligé de tuber le trou en temps convenable, recouvrent le trépan, il est quelquefois possible de le dégager en imprimant à la tige des oscillations répétées jusqu'au moment où l'obstacle a pris la place du ciseau ; celui-ci est alors retiré pour faire jouer la cloche à soupapes. Si la partie inférieure de la tige est ensevelie sous desfragments d'une grosseur notable, l'accident est des plus graves ; il n'existe d'autre moyen d'y porter remède que de diviser les tiges au niveau supérieur de l'éboulement, en employant une autre tige assemblée à enfourchement ou dont on a rendu fixes les assemblages à vis ; puis de faire agir la tarière à soupapes jusqu'à ce que l'on arrive à l'outil, auquel on imprime un mouvement d'oscillation pour le dégager.

Enfin, si le trépan reste engagé dans la fente d'une roche disloquée sous les efforts de la sonde, il serait peu prudent de chercher à le relever violemment ; on réussit beaucoup mieux en agissant par petits coups de marteau dirigés de bas en haut et de haut en bas ; ces coups, fréquemment répétés, déterminent des oscillations, au moyen desquelles on parvient à le dégager. On a vu les dispositions prises par M. Kindt (73) pour se soustraire à cet accident.

89. *Prévenir les vibrations des tiges et leur fouettement contre les parois des trous.*

Il est évident que, dans le commencement d'un forage, l'accroissement successif de la pesanteur des tiges facilite le défoncement du terrain, puisque la masse est un des éléments du choc ; mais la quantité de mouvement né-

cessaire à l'effet utile a une limite qui ne peut être dépassée
sans inconvénient ; ainsi, dès que la partie active de
l'appareil a acquis un poids de 500 à 1,000 kilogrammes,
suivant les circonstances, toute augmentation ultérieure
devient inutile. Or, cette limite est promptement dépassée
quand le sondage est poussé à une certaine profondeur,
et les inconvénients signalés ci-dessus se font vivement
sentir.

C'est à M. Kindt que l'on doit les moyens de prévenir
les graves accidents provenant des vibrations. Il donne au
trépan, dès l'origine, tout le poids nécessaire à l'obtention
du maximum d'effet utile et le rend complètement indépendant des tiges, qui, dès lors, ne servent qu'à relever
l'outil de défoncement pour le laisser retomber d'une certaine hauteur.

Cet appareil, représenté dans son intégrité par la figure 21,
pl. VIII, se compose d'une barre de fer carré dont les angles
sont abattus; elle a 0.14 mètre d'équarrissage sur 6 mètres
de longueur. On l'appelle *tige conductrice* ou *travaillante*.
Sa partie inférieure est munie d'une douille taraudée *r*,
propre à recevoir le trépan. La partie supérieure *w*, aplatie
sur une longueur de 0.60 mètre, est embrassée par les
deux branches d'une fourche. Celle-ci, de même que la
tige conductrice, est percée d'une longue ouverture *u*,
dans laquelle passe une clavette *t*, laissant un jeu de 0.25
mètre (1). La fourche est assemblée avec la colonne des
tiges. Cette disposition, au moyen de laquelle on divise
la sonde en deux parties : d'un côté les tiges et la fourche,
de l'autre le trépan et la travaillante, peut être assimilée
aux deux maillons d'une chaine. Les effets en sont simples

(1) Cette dernière partie de l'outil est représentée sur une plus
grande échelle dans les figures 22 et 23, planche VIII.

et faciles à comprendre. En soulevant l'attirail, la fourchette s'élève jusqu'à ce que la clavette vienne s'appuyer contre la partie supérieure de l'ouverture rectangulaire *u* ; alors l'outil est entraîné dans le mouvement ascensionnel. Au moment de la chute, les deux parties sont indépendantes l'une de l'autre ; le trépan et la travaillante se précipitent au fond du trou ; les tiges descendent, mais plus lentement, suspendues comme elles le sont par un contre-poids ou un arbre élastique ; la fourchette ne reçoit aucun contre-coup et les tiges sont soustraites à l'influence de la réaction produite par le choc du ciseau sur le rocher. La partie supérieure de la travaillante, forgée cylindriquement, reçoit une pièce mobile *m*, attachée à deux anneaux carrés ; elle a pour objet, de même que la croix de Malte, d'empêcher l'outil de dévier de la direction verticale et de le maintenir au milieu du trou. Mais sa principale fonction est de servir de parachute, ainsi qu'on le verra dans le paragraphe suivant.

Cette innovation, outre l'avantage d'anéantir les vibrations et de diminuer les chances de rupture, permet de réduire le calibre des tiges et, par conséquent, la force motrice nécessaire à leur manœuvre. Dans le forage de Cessingen, porté à 535 mètres de profondeur en 25 mois et 6 jours, on s'est servi, pendant les 422 premiers mètres, de tiges dont le calibre ne dépassait pas 0.025 mètre et dont le poids, pour une longueur de 7 mètres, n'était que de 18 kilogrammes. La coulisse n'est d'ailleurs adoptée que pour le battage ; lorsqu'il s'agit de roder, on la remplace par un bout de tige ordinaire ayant la même longueur qu'elle.

M. le conseiller des mines Oeynhausen a également appliqué un appareil de cette espèce aux tiges dont il s'est servi pour le forage de Neusalzwerck, près de Min-

den , mais il diffère sensiblement de celui de M. Kindt,
quoique le principe soit le même (1).

Ce savant ingénieur divise les tiges en deux colonnes;
la partie supérieure, qui , comme ci-dessus , n'a d'autre
objet que de relever l'outil , est équilibrée par un contre-
poids porté à l'extrémité d'un levier romaine de 8 à 10
mètres de longueur. Ce balancier , par l'une de ses
extrémités , se rattache à la tige , tandis que l'autre ,
chargée d'un baril rempli de corps pesants , peut acquérir
un poids plus ou moins considérable , suivant que l'on
écarte ou que l'on rapproche le dernier du centre de
rotation du levier. Les tiges de la partie inférieure ,
ayant une longueur suffisante pour que le choc de l'outil
soit efficace , agissent par percussion. C'est entre ces
deux parties que se place la coulisse représentée fig. 31 ,
32 et 33, pl. VIII , avec lesquelles elle se lie par emmanchements à vis. Cette coulisse se compose d'une pièce
cylindrique percée d'une ouverture rectangulaire cb dans
laquelle joue verticalement une tige carrée ; celle-ci est
munie à son extrémité supérieure d'un talon ou étrier m,
qui repose sur la surface inférieure de l'ouverture au
moment où l'attirail est relevé. Le jeu de la tige ne
pouvant excéder la hauteur cd , on doit limiter l'excursion du levier de frappe , de telle façon que la partie
c ne puisse heurter l'épaulement d , c'est-à-dire que le
talon ne puisse atteindre le sommet de l'ouverture.

(1) M. KINDT, dans un ouvrage intitulé *An leitung zum abteu-
fen der bohrlœcher*, affirme avoir essayé la coulisse dans le forage
qu'il exécutait à Sotterheim et être déjà parvenu à 1,000 pieds de
profondeur dès le 30 avril 1834. D'un autre côté, M. DE DECHEN rapporte dans les *Archives de Karsten* , t. XII p. 72, que M. OEYN-
HAUSEN a appliqué ce perfectionnement au sondage de Neusalzwerk
pendant le mois de juin 1834.

Cette disposition tend au même but que celle de
M. Kindt, mais elle semble moins avantageuse en ce que
la partie inférieure de la tige, quoique n'étant pas d'une
grande longueur, est toutefois soumise à l'ébranlement
du choc de l'outil sur le terrain, ce qui n'a pas lieu
dans le premier appareil. Lorsqu'après plusieurs essais,
M. Oeynhausen fut parvenu à la profondeur de 405
mètres, la tige supérieure avait un équarrissage de 0.026
mètre; la partie inférieure, qui avait 37 mètres, formait
un carré de 0.052 de côté. La diminution du poids
de l'appareil était considérable, puisque, dans l'ancien
système, il eût été de 10,144 kilogrammes, tandis que,
dans le nouveau, il n'était que 3,405 kilogrammes ou
environ le tiers.

90. *Dispositions propres à amortir l'accélération de vitesse lors de la chute des tiges.*

On a vu combien sont graves les accidents engendrés
par la chute des tiges et par le choc qu'elles produisent
au fond de l'excavation. Pour les empêcher de se précipiter avec l'accélération de vitesse due à la force de la
gravitation, M. Kindt emploie le *parachute* m (fig. 21),
formé de tiges en fer cintrées, au-dessous desquelles
sont placés un ou deux disques en cuir, dont le diamètre est un peu moindre que la section du trou de
sonde. Ce petit appareil, coulant librement sur la partie
cylindrique de la travaillante et dont la course est limitée
par un épaulement i, prévient le choc de la clavette
contre la partie inférieure de l'ouverture rectangulaire
de la tige conductrice. En effet, pendant le battage,
celle-ci glisse dans les anneaux du parachute, dont la

position varie peu, et le mouvement n'éprouve aucune résistance. Si la sonde, venant à s'échapper, retombe dans l'excavation, la chute n'en est rapide que pendant l'instant où la travaillante glisse dans le centre de la pièce ; mais dès que la partie inférieure de la fourchette rencontre le parachute, l'eau que contient le trou de sonde, forcée de se laminer, pour ainsi dire, entre les rondelles en cuir et les parois de l'excavation, ne se déplace que difficilement, et l'attirail, quel que soit son poids, descend avec lenteur et vient simplement se déposer au fond du trou.

Cette disposition peut suffire dans les sondages de moyenne profondeur et surtout lorsqu'ils sont effectués à l'aide de tiges en bois. Pour les appareils dont la tige est complètement en fer et qui doivent atteindre à de grandes profondeurs, M. Kindt a modifié cet instrument, en lui donnant la forme d'un parapluie maintenu constamment ouvert. La couverture est formée d'une double rondelle en cuir, préservée des frottements, qui l'useraient trop promptement, par des lames en fer. Il est fixé, par son centre, sur un manche ou tube en tôle qui enveloppe la tige et s'y rattache par des tringles en fer reliant sa circonférence avec la partie inférieure du manchon. Ce chapeau, mobile entre deux arrêts, produit les mêmes effets que le parachute précédent ; mais il est plus efficace : il se place à volonté sur un point quelconque de la hauteur de la tige, et, comme il n'empêche pas les fragments du rocher de tomber au fond du trou, il peut fonctionner même dans les terrains ébouleux.

Le forage de Cessingen, où ce genre de travail a reçu de si notables et de si nombreux perfectionnements, est aussi le premier où l'on se soit servi de tiges en bois, destinées à remédier en grande partie aux conséquences funestes

dérivant de la chute des tiges et de leur vibration dans le
trou. Le bois étant plus léger que l'eau, les attirails de
cette nature perdent leur poids tout entier, lorsqu'ils sont
plongés dans ce liquide, malgré l'emploi des ferrures
indispensables pour les emmanchements; l'excédant de 500
à 1,000 kilogrammes qu'exige la percussion dérive de
l'outil de défoncement et de sa tige conductrice. Le volume d'une colonne en bois de sapin étant bien supérieur
à celui d'une tige en fer, et sa pesanteur spécifique
s'écartant peu de celle de l'eau dans laquelle elle se meut,
nul fouettement ne s'exerce contre les parois du trou;
les chutes accidentelles perdent de leur gravité, puisque
l'attirail ne peut jamais être sollicité dans sa chute par un
poids supérieur à 500 ou 1,000 kilogrammes; enfin, la
force motrice peut être réduite d'une quantité considérable, c'est-à-dire d'un tiers environ de ce qu'elle est dans
l'ancien système. Le seul inconvénient signalé par l'expérience est le dévissement assez fréquent des emmanchements, attribué par M. Jobard au mouvement hélicoïdal
de la colonne d'eau ascendante, dont la température augmente avec la profondeur de l'excavation. Lorsque les
tiges en fer, qui exigeaient 14 hommes pour être mises
en mouvement, furent remplacées par des tiges en bois,
le nombre des manœuvres fut réduit à six.

91. *Nouveaux perfectionnements dus à M. Kindt.*

On a déjà vu les procédés employés par cet habile
sondeur pour rendre l'outil de percussion indépendant
de la colonne des tiges. Mais ce n'était pas assez: il
voulait encore que le trépan, parvenu au haut de sa
course, se détachât spontanément de ces dernières, et
retombât librement au fond du trou de sonde, avec

toute la vitesse due à la hauteur de sa chute. Ce moyen, il l'a trouvé, ainsi que deux autres perfectionnements relatifs, l'un à un outil élargisseur d'un nouveau système, l'autre à une ligature propre à prévenir le dévissage du trépan, et à se garantir des effets de sa rupture pendant le battage.

Le premier de ces appareils se compose de trois parties essentielles :

1°. Le trépan ;

2°. La tige (*Bohrstange*), forte barre de fer superposée à l'outil de défoncement ;

3°. Le mécanisme de battage, ou l'instrument employé pour soulever le trépan et le laisser retomber.

Le trépan, représenté sous deux de ses faces dans la fig. 38, est un ciseau ordinaire, dont la longueur est d'environ 1 mètre ; il est muni latéralement de deux oreilles tranchantes c, c, qui arrondissent le trou et le calibrent. Il est terminé par une vis w, qui s'engage dans la douille f de la pièce suivante.

La grosse tige (fig. 39, pl. VIII) est une barre de fer octogone, de 5 à 6 mètres de longueur ; sa partie supérieure, tournée sur une hauteur, dépassant nécessairement la levée de la sonde, reçoit à glissement un manchon en bois m, superposé à un disque d. Le premier (1), muni de quatre larges cannelures, sert à maintenir la sonde au milieu de l'excavation. Le second, formé de rondelles en cuir, comprises entre deux plaques de tôles, est un parachute, propre à empêcher l'attirail de retomber brusquement au fond du trou,

_____

(1) La fig. 40 est une section de ce manchon, par un plan perpendiculaire à son axe.

en cas de rupture de la tige de manœuvre. La vis
v, pratiquée à l'extrémité supérieure de la pièce, est
introduite dans l'écrou de la douille *y*, située à la base
de la barre méplate *a*.

Le mécanisme de battage (fig. 41, 42 et 43) est
composé de deux platines *c*, *c*, maintenues à une certaine distance l'une de l'autre et réunies à leur extrémité
inférieure par un anneau creux *e*, et à leur partie
supérieure par quatre boulons ; ceux-ci traversent également une pièce méplate *a'*, terminée par une vis *v'*,
au moyen de laquelle on la rattache à la colonne des
tiges en bois ou en fer, qui s'étend jusqu'à l'orifice du
puits foré. De la disposition de ces divers objets résulte une coulisse comprenant la barre méplate *a*, tête
de la grosse tige du trépan, deux crochets *g* qui,
mobiles sur leurs axes, forment des espèces de tenailles,
et quelques autres organes intermédiaires.

o est un disque glissant sur *a'*, mais entre des limites peu
écartées ; il est composé de trois rondelles en cuir, serrées
par des vis entre deux plaques en tôle ; le diamètre des
premières est plus grand que celui des plaques, afin
que le cuir puisse se recourber légèrement vers le haut
ou vers le bas. Pour rendre solidaires le disque et
les tenailles, on emploie deux petits leviers *r*, *r*, arti-
culés sur la tête des crochets, deux tringles *s*, coulant
dans une rainure, creusée moitié dans l'épaisseur de la
pièce *a'*, moitié dans celle des platines, et deux pièces
u, attachées d'un côté aux tringles *s*, et, de l'autre,
au disque *o*. Le mouvement de ces organes est limité,
vers le haut, par la longueur des leviers *r*, *r*, et, vers
le bas, par le contact de *t*, *t*, sur les platines *c*, *c*.
Enfin, la tige *a*, munie d'un appendice triangulaire *x*,
que peut saisir la mâchoire des tenailles, porte en

outre deux oreilles z, z, qui, venant reposer sur l'anneau e, empêchent cette tige de sortir de la coulisse.

Les effets de ce mécanisme sont fort simples : si, pendant que l'appareil prend un mouvement de descente, le disque o reste stationnaire, il détermine le rapprochement des petits leviers r, r, et, par conséquent, l'écartement des crochets; ceux-ci s'ouvrent, abandonnent l'appendice, et le trépan, livré à lui-même, retombe librement (fig. 42). Lorsque l'instrument remonte, le disque, dans les premiers instants, reste encore immobile et rapproche, au moyen des organes intermédiaires, les extrémités inférieures des tenailles, qui saisissent alors la saillie triangulaire. Supposant actuellement la sonde en activité dans un puits foré plein d'eau, elle accomplit l'une de ses excursions ascendantes, les tenailles tiennent entre leurs mâchoires la partie supérieure de la tige a, et le disque o se trouve à la limite inférieure de son excursion. Tant que la pression de l'eau s'exerce de haut en bas, rien n'est changé dans la position des organes, mais la sonde arrive à l'extrémité de sa course ascendante, et commence à descendre ; le disque, pressé par dessous, reste stationnaire, les mâchoires s'écartent, lâchent le ciseau, qui tombe et atteint le fond du trou avant les tiges de manœuvre ; celles-ci, soutenues par le parachute, arrivent quelques instants après le trépan ; les crochets rencontrent la saillie, s'écartent, la dépassent de quelques centimètres et la saisissent dès que l'appareil remonte.

Ainsi l'outil, dont la chute est libre et indépendante, n'étant plus retardé par la masse des tiges, agit avec plus d'efficacité ; l'emploi de main-d'œuvre et les effets utiles sont les mêmes à toute profondeur ; l'attirail peut s'équilibrer par des contre-poids, et les tiges en bois

sont d'une application très-facile , puisqu'on n'a plus à
craindre de diminuer l'énergie des effets dus à la percussion du trépan ; enfin , le poids de ces attirails et le
nombre des ruptures n'augmentent plus avec la profondeur.

Le nouvel alésoir (fig. 44) imaginé par **M. Kindt**
pour forer au-dessous des tubes de retenue n'est autre
que le ciseau de défoncement décrit ci-dessus , dont
les oreilles fixes ont été remplacées par des trépans c^l, c^l, mobiles sur leur axe. Ceux-ci se logent
dans une cavité pratiquée latéralement dans le corps de
l'outil , d'où ils peuvent sortir pour former saillie au-
dehors ; chacun d'eux porte une petite tige en fer rond d, d,
surmontée d'un anneau ; deux cordes de 3 à 4 mètres
de longueur rattachent ces anneaux à un boulon fixé
au milieu de la hauteur de la grosse tige.

Les choses étant ainsi disposées, lorsqu'il s'agit de descendre l'instrument dans le puits, on comprime les petits
trépans pour les faire entrer dans leurs échancrures
latérales , où on les maintient à l'aide de deux petits
éclats en bois. Lorsque l'alésoir arrive au fond de la
cavité, ce léger obstacle est facilement écarté par les premiers chocs auxquels l'instrument est soumis ; alors les
cordes qui, plongées dans l'eau , se sont raccourcies pendant le trajet , tirent sur les tranchants ; ceux-ci, cédant
à la traction et trouvant un espace suffisant pour se dis-
tendre, sortent de leur gite , dépassent le tube d'environ un
centimètre et agrandissent le trou foré par le ciseau inférieur.
Lors de la relevée de la sonde, les trépans mobiles, soumis
à un léger effort, rentrent dans les échancrures. On a
le soin , avant de redescendre l'outil , de substituer des
cordes sèches aux cordes mouillées, la tension produite
par leur rétrécissement étant la seule cause de la saillie
des branches de l'alésoir. C'est ainsi que le forage et

l'élargissement du trou s'exécutent simultanément et que les roches désagrégées, pouvant être soutenues immédiatement après le passage de l'outil, loin d'opposer aucun obstacle au sondage, sont la cause d'un avancement facile et rapide.

Pour se garantir des résultats de la rupture ou du dévissage des trépans, M. Kindt fixe, sur les deux côtés de la grosse tige, deux bandes de fer plat i, i auxquelles s'adjoignent, au moyen d'une charnière s, deux autres bandes i', appliquées sur l'outil et percées vers leurs extrémités inférieures d'une ouverture rectangulaire assez longue ; un gros boulon z', fixé au ciseau, traverse l'entaille, dans laquelle il glisse librement. Cet ajustement s'oppose au dévissage et peut aussi, en cas de rupture, soulever le trépan et l'entraîner hors du trou de sonde.

Ces divers procédés ont été appliqués avec succès à Mondorff (grand-duché de Luxembourg) ; le sondage, qui avait un diamètre de 0.20 mètre à la partie inférieure, a atteint une profondeur de 730 mètres. On s'en est aussi servi dans le creusement de plusieurs autres trous pratiqués à Forbach (département de la Moselle) pour la recherche du prolongement, au-dessus du grès des Vosges, de la partie occidentale du bassin houiller de Saarbrück.

92. *Sondage à la corde, ou sondage chinois.*

Le lecteur trouvera probablement quelque intérêt à connaître l'histoire de l'introduction en Europe de l'appareil chinois. Ce qui suit est extrait de deux articles publiés par M. Jobard, l'un dans son *Rapport sur l'Exposition de* 1839, l'autre dans le *Bulletin du Musée de l'Industrie* (année 1846, 2°. livraison).

On trouve dans un *Voyage pittoresque*, publié à Amsterdam il y a environ 160 ans, le passage suivant :
« Les Chinois pratiquent des trous dans la terre, à de
» très-grandes profondeurs, à l'aide d'une corde armée
» d'une main de fer (*yzerhand*), laquelle rapporte au jour
» les détritus du fond. » Telle est la première notice
relative à cette espèce de forage qui soit parvenue en
Europe. En 1827, ce fait fut confirmé par une lettre que
l'abbé Imbert, missionnaire, adressa à M. Jobard, et
dans laquelle il donne quelques détails fort intéressants
sur la province de Ou-Tong-Kiao. Là, une surface de 10
lieues sur 4 renferme plusieurs dizaines de mille puits,
forés de temps immémorial, pour l'extraction des eaux
salées et des bitumes, gisant à une profondeur de 1,800
pieds ; quelques-uns d'entre eux, ayant été poussés à
3,000 pieds, ont donné issue à des courants de gaz hydrogène carboné tellement abondants, qu'un seul puits
sert quelquefois à l'ébullition de 300 chaudières de la
saunerie de Tsélicou-Tsing. On rencontre des personnes
riches de plusieurs centaines de puits ; et quand deux
paysans ont économisé une somme suffisante pour
vivre pendant deux ou trois ans, ils s'associent et en
creusent un dont le produit futur est évalué à 30 fr.
par jour.

Cette lettre intéressante, ayant été publiée dans *l'Industriel*, fut traduite dans toutes les langues de l'Europe ;
mais peu de personnes voulurent ajouter foi à l'efficacité
du procédé. M. Héricart de Thury, dont chacun reconnaît la compétence en semblable matière, déclara que
« ce missionnaire avait recueilli de bonne foi, mais sans
» discernement, tous les détails qui lui ont été donnés ;
» que, ne pouvant en vérifier l'exactitude, il avait dû
» nécessairement être induit en erreur, et qu'il est difficile

» de croire qu'avec une pareille sonde on puisse forer la
» terre à une profondeur de 3,000 pieds. »

Malgré cette condamnation, et quelque vagues que
fussent les données acquises sur ces procédés, M. Jobard
l'essaya, en 1828, près de Marienbourg (Belgique); le
forage fut porté à 75 pieds de profondeur à travers des
bancs de phyllade ou ardoises dures, et fut l'objet d'une
note dont M. Cuvier donna lecture à l'Académie de Paris,
en 1830, et qui attira l'attention de tout le corps savant.

Ce fut à peu près vers cette époque que l'abbé Imbert,
répondant au supérieur des Missions de Paris, qui lui
avait fait connaître les doutes élevés par les savants sur
la réalité des détails transmis antérieurement en Europe,
annonça qu'il avait entrepris un long voyage exclusivement dans le but de vérifier cet objet. « J'ai mesuré,
» dit-il, la circonférence du cylindre en bambou sur le-
» quel s'enroule la corde qui remonte les instruments
» du fond du puits; j'ai mesuré le nombre de tours
» de cette corde. Le cylindre a 50 pieds de tour, et le
» nombre de tours de la corde est de 62. Comptez vous-
» même si cela ne fait pas 3,100 pieds? Ce cylindre est
» mis en mouvement par deux bœufs attachés à un ma-
» nége; la corde n'est pas plus grosse que le doigt; elle
» est faite de lanières de bambou tressées à la main et
» ne souffre pas de l'humidité. »

En 1832, M. le conseiller des mines Sello imagina, à
son tour, des outils pour le sondage à la corde. Quoiqu'ils ne fussent pas aussi rationnels que ceux de M. Jobard, il parvint cependant à forer, dans le district de
Saarbrück, un bon nombre de puits à travers le grès
bigarré qui recouvre la formation houillère; quelques-
unes de ces excavations, destinées à faciliter la circulation
de l'air, eurent un diamètre de 0.49 mètre et une pro-

fondeur de 75 mètres environ. Malheureusement, la grande
publicité donnée à ces appareils répandit promptement leur
usage en diverses localités , où ils n'obtinrent qu'un demi-
succès , et notamment à Roche-la-Molière (département
de la Loire) , où la méthode fut proclamée défectueuse ,
parce qu'ayant rencontré des stratifications ébouleuses on
crut les tubages incompatibles avec le sondage à la corde.
Cependant le système est foncièrement bon , puisque le
puits de l'École militaire de Paris est parvenu à 200 mètres
de profondeur avec la moitié du temps et des frais que
réclame l'ancienne méthode , et on serait descendu beaucoup plus bas si , contrairement aux prescriptions de
M. Jobard, qui avait donné le dessin de ses outils, ceux-
ci n'eussent été composés de pièces diverses , dont l'une ,
se détachant , forma coin entre le mouton et la roche et
détermina la rupture du câble, déjà pourri et débourré.

Le'échec essuyé dans cette dernière circonstance , de
même que la publication des instrumens de M. Sello , ont
été , d'après l'opinion de M. Jobard , les principales causes
pour lesquelles la corde chinoise , si supérieure aux tiges
rigides, n'a pas été complètement substituée à ces dernières.

93. *Outils et appareils de percussion employés par M. Jobard.*

Les outils sont au nombre de trois seulement : le
mouton, l'emporte-pièce et *l'alésoir.*

Le *mouton de sondage* (fig. 16) est un cylindre en
fonte de fer , dont le diamètre est d'environ 0.20 mètre
et la hauteur d'un mètre , plus ou moins ; son poids varie
de 100 à 300 kilogrammes ; il contient , à sa partie supérieure, un cône vide renversé ; la surface inférieure se
compose d'un champ de pointes pyramidales de 0.026 mètre

de saillie, taillées en diamants. Le cylindre est coulé
en coquille, afin que ses dents acquièrent la dureté de
l'acier ; sa surface extérieure porte des cannelures de
0.01 mètre de flèche et 0.03 mètre de corde ; il est traversé dans sa longueur par une tige en fer terminée,
d'un côté, par une pointe directrice ; de l'autre, par une
croix en acier qui contribue à maintenir l'outil dans la
situation verticale, et à laquelle on attache le câble de
suspension. Les poussières résultant du battage forment,
avec l'eau, une boue qui s'élève dans le trou en passant
entre les cannelures et le rocher, et vient se déposer
dans le vase conique de la partie supérieure du cylindre ;
là, elle se tasse de telle façon qu'il faut souvent
employer des moyens énergiques pour l'en arracher
lorsqu'elle s'y est accumulée et durcie. Il est permis
de faire varier la forme, le poids et le mode de suspension du trépan ; mais on doit toujours avoir soin de le
composer d'un fort petit nombre de pièces ; car, s'il est
trop compliqué, la percussion, quoi qu'on fasse, en détache toujours quelques-unes, et celles-ci, restant au fond
de l'excavation, ainsi que cela est arrivé pour le puits de
l'École militaire, anéantissent toutes les chances de succès.
Comme il est aussi convenable de ne pas retirer le mouton
à moitié plein, que de battre après le remplissage du
cône, on fait sur la corde de suspension une marque à
la craie au niveau de la margelle du puits ; l'expérience
enseigne ensuite de quelle quantité cette marque doit descendre pour que le seau soit rempli. Avant de retirer
l'outil, on le laisse quelques instants en repos, afin que
les boues les plus pesantes puissent se déposer ; mais on
se garde de le laisser immobile pendant un espace de
temps trop long, car il pourrait s'incruster et offrirait une
grande résistance lorsqu'il s'agirait de le relever.

Pour traverser les argiles plastiques et les sables mouvants ou faiblement agrégés, on se sert d'un emporte-pièce (fig. 18) ou cylindre à soupapes, auquel est attaché un mouton d'une trentaine de kilogrammes, glissant le long d'une tringle en fer fixée au sommet du fourreau. Cet instrument étant déposé au fond de l'excavation, on fait jouer le mouton à petits coups; les soupapes s'ouvrent pour laisser passer toute espèce de déblais; et quand on juge la cuillère suffisamment enfoncée, on la retire. Si ce sont des sables ou d'autres terrains meubles, les soupapes se ferment; si c'est de l'argile plastique, elles restent ouvertes, ce qui n'empêche pas la matière d'arriver au jour. Dans l'extraction des graviers, des cailloux roulés, etc., on supprime le mouton, et il suffit de faire danser la cuillère pour la ramener pleine à la surface.

L'alésoir (fig. 17), indispensable pour forer au-dessous d'un tubage qu'il s'agit de porter à une plus grande profondeur, n'est autre que le mouton de frappe modifié dans son mode de suspension. A la tige directrice, on substitue une anse en fer battu, prise à crochet dans la fonte; au milieu de l'anse, on fixe un arrêt, destiné à maintenir la ligature de la corde en un point situé en dehors de la verticale et passant par le centre de figure de l'outil; celui-ci prend alors une position inclinée, tourne sur lui-même et produit un trou qui, plus grand que le diamètre de l'instrument, peut recevoir le tubage descendant.

Les engins propres à la frappe peuvent varier. Celui de Marienbourg consistait en un arbre fort long, placé dans une position inclinée; l'extrémité la plus mince se trouvait à 4 ou 5 mètres au-dessus du trou, tandis que le gros bout était solidement affermi dans le sol;

une poulie, placée à l'aplomb de l'orifice, recevait un câble qui d'un bout s'enroulait sur un treuil, et, de l'autre, supportait le mouton. Les ouvriers n'avaient d'autre manœuvre à effectuer que de faire fléchir l'arbre élastique, en tirant avec des cordes sur le bout le plus mince, afin de le rapprocher brusquement du sol et de provoquer, à chaque secousse, la chute du trépan au fond de l'excavation. Mais comme ce moyen favorise trop la paresse des ouvriers, M. Jobard propose de le remplacer par une simple hie ou une chèvre, munie d'une poulie, d'un treuil et de plusieurs cordes de traction; celles-ci, se rattachant au câble de suspension à l'aide d'une sorte de porte-mousqueton ou de tout autre ajustement, peuvent se déplacer à volonté. Les machines à vapeur, qui s'appliquent si mal aux tiges rigides dont les évolutions sont variées, intermittentes et incertaines, sont très-susceptibles de servir de moteur pour la frappe et le relèvement des appareils chinois. Une machine de la force de 2 à 3 chevaux serait très-suffisante.

Quoique, grâce aux dernières inventions de M. Kindt, l'avancement du travail par l'ancien procédé soit devenu constant, de si énormément décroissant qu'il était; quoique le nombre des manœuvres ne doive plus augmenter avec la profondeur du percement, cependant l'ancien procédé n'en est pas moins resté, relativement au nouveau, dans une condition d'infériorité, fondée sur ce que le relèvement des tiges rigides, le changement des outils, etc., réclament 4 à 5 heures pour des profondeurs de 5 à 600 mètres, ou environ 8 heures sur 24; tandis que par l'emploi de la méthode chinoise, où il suffit d'enrouler la corde sur le tambour, 8 à 10 minutes suffisent dans les mêmes circonstances.

Parmi les nombreuses objections faites au forage chinois, il en est quelques-unes qui, au premier abord, semblent fondées. Ainsi l'on suppose que le trou peut dévier de la ligne verticale ; mais cette circonstance, qui lui serait commune avec le procédé par tiges rigides, n'existe pas en réalité ; le mouton attaché au bout du câble, étant un fil à plomb parfait, ne peut varier, même en tombant sur les stratifications inclinées. D'ailleurs l'outil est si bien guidé sur une hauteur notable que le trou, commencé verticalement, doit se prolonger dans la même direction. Le sondeur ne peut, dit-on, roder avec la corde, et, par conséquent, arrondir le trou ; mais il est prouvé que cet acte s'accomplit de lui-même et parfaitement bien par la percussion. Ce procédé, ajoute-t-on, est impraticable dans les terrains sujets aux éboulements ; cependant le puits foré à l'École militaire de Paris prouve qu'il est aussi facile d'appliquer les tubages au nouveau système qu'à l'ancien, puisque le tube de 200 mètres employé à ce forage était tellement mobile sur toute sa hauteur que, dans le but de permettre à l'alésoir de travailler au-dessous de sa base, on avait dû le relever par une ceinture et le tenir suspendu par des béquilles latérales. Enfin, les adversaires de la méthode allèguent avec raison que la corde en chanvre ou en aloès, en vertu de son extensibilité, ne permet pas de s'apercevoir à de grandes profondeurs si l'outil est soulevé en même temps qu'elle ; mais dans ces expériences, dues à M. Kindt, on n'avait pas employé les câbles en fil de fer galvanisé, qui préviennent cet inconvénient et sont d'un excellent usage, si toutefois on a le soin de les enrouler sur des tambours d'un diamètre tel que l'élasticité du métal ne soit pas altérée et qu'il ne souffre pas de la flexion. Cette modification répond également aux objections tirées de la prompte usure du câble,

de son état défectueux , des ruptures à la suite desquelles il s'entasse au fond du trou , en formant des plis parmi lesquels il est difficile de saisir le bout. Dans tous les cas, la portée de ces inconvénients est d'une bien faible gravité , puisqu'un simple crochet suffit pour ramener au jour la corde et l'instrument qui s'y trouve attaché.

En résumé, il est probable , comme le dit M. Jobard , que si M. Kindt, surnommé en Allemagne le *Napoléon des sondeurs* , avait appliqué son génie au perfectionnement du système chinois , comme il l'a fait pour le sondage à la tige rigide , les opérations seraient parvenues actuellement à un degré de simplicité et d'efficacité tel que l'ancien procédé serait , dans bien des cas, remplacé par le nouveau.

94. *Sonde à bras pour les recherches à l'intérieur.*

La sonde à bras dont on se sert à l'intérieur des mines de houille belges est représentée par les figures 26, 27, 28 , 29 et 30 de la planche VIII.

La tête de sonde (fig. 26) consiste en un bout de tige terminée par un œillet, et en un manche en bois destiné à faire tourner. et sauter l'appareil.

Les tiges (fig. 28) sont généralement cylindriques; leur diamètre est de 0.015 à 0.020 mètre ; comme elles doivent, la plupart du temps, se mouvoir dans des galeries de faible section, on leur donne au maximum 1.80 mètre de longueur, et quelquefois seulement la moitié.

La tarière (fig. 27) est destinée à forer dans l'épaisseur du gîte exploitable et à en ramener les détritus.

A l'aide du ciseau (fig. 29), on perce les roches encaissantes en agissant par percussion et en tournant,

Le nettoyage du trou se fait avec une petite curette ou disque concave soudé à l'extrémité d'une tringle en fer.

On fore dans la houille pour ne pas tomber à l'improviste sur des excavations inondées ou sur des galeries infectées de gaz hydrogène carboné, d'acide carbonique ou d'autres gaz irrespirables, et pour conserver entre elles et l'atelier d'arrachement un massif suffisant. Les trous sont horizontaux et rarement inclinés ; leur longueur ordinaire est de 4 à 6 mètres, et dépasse rarement 10 mètres. Leur diamètre est faible (environ 0.03 mètre), afin de pouvoir les obstruer promptement, à l'aide d'une broche en bois, dans le cas où l'ouvrier foreur rencontre un lac souterrain ou des cavités remplies de gaz délétères. On verra, dans l'exploitation proprement dite, la disposition attribuée à ces excavations préservatrices. On perce également dans le gîte pour mettre en communication deux parties de la mine, et faciliter ainsi la circulation de l'air et l'écoulement des eaux. Les trous forés dans les roches encaissantes ont pour but la recherche d'une stratification perdue par suite de dérangements, ou d'une couche que l'on sait devoir marcher parallèlement à celle dans laquelle on se trouve, mais qui en est séparée par des bancs formant un massif de médiocre épaisseur ; de faire écouler les eaux d'une galerie sur une autre par un trou vertical, incliné ou horizontal, etc.

Les trous verticaux dirigés de haut en bas et les trous horizontaux sont percés à l'aide du manche en bois manœuvré à la main. Les trous inclinés ou verticaux dont la direction est ascendante exigent l'emploi d'un appareil accessoire représenté dans la figure 30. C'est une fraction de tige percée d'un œillet et à l'extrémité inférieure de laquelle se trouve un étrier permettant à la sonde de prendre un mouvement de rotation, pendant qu'à l'aide d'un levier c on opère la frappe

de bas en haut. Les trous de cette espèce sont difficiles
à forer, surtout quand les outils travaillent dans une roche
sèche, car ceux-ci se détrempent promptement, et il n'existe
aucun moyen d'y introduire de l'eau. En général, les
forages pratiqués à l'intérieur de la mine n'ont qu'une
longueur fort limitée, excepté ceux qui, entrepris au
fond des puits dans le but de reconnaître les stratifications inférieures, peuvent être poussés à de grandes profondeurs; car cette opération n'exige pas le démontage
de la sonde, qui se retire d'une seule pièce, ou tout au
moins par bouts d'une fort grande longueur, et ce, à l'aide
de la machine motrice et du câble d'extraction.

VIIe. SECTION.

TRAVAUX DE RECHERCHE ET DE RECONNAISSANCE.

95. *Divers travaux appliqués à la recherche des couches de houille.*

Les travaux de recherche ont pour objet la constatation de l'existence de la houille sur un point donné. Ils peuvent avoir pour point de départ la superficie du sol ou l'intérieur d'une mine dans laquelle il s'agit de retrouver une couche momentanément perdue. Les travaux effectués à l'intérieur se rapportent à l'exploitation proprement dite; ceux qui ont pour origine la surface doivent seuls attirer, pour le moment, l'attention du lecteur.

Les opérations de cette nature s'exécutent de différentes manières, suivant le but que l'on se propose. Lorsque la recherche doit se faire *à priori*, c'est-à-dire dans une contrée où il n'existe aucune trace d'exploitation, les premiers travaux consistent en investigations géologiques et minéralogiques tendant à découvrir les formations connues comme pouvant être carbonifères, et les indices qui, faisant pressentir la présence de la houille, conduisent à la découverte de ses affleurements. Mais comme ces observations ne sont possibles que dans le cas où les couches viennent se profiler en quelques points de la surface du sol ; comme les indices de la formation carbonifère ne suffisent pas pour motiver l'établissement de travaux immédiats d'exploitation, il faut, avant toute autre chose, s'assurer si les traces observées se transforment, dans la

profondeur, en stratifications exploitables, reconnaitre leur direction, leur inclinaison et les autres circonstances du gisement. On a recours alors à d'autres modes d'exploration propres à suppléer au précédent ; savoir :

1°. Les tranchées, petites excavations horizontales à ciel ouvert destinées à mettre en évidence les affleurements des couches à une faible profondeur au-dessous de la surface du sol ;

2°. Les sondages au moyen desquels on fouille l'intérieur de la terre et l'on se rend compte de la nature des substances qu'elle contient dans son sein ;

3°. Enfin, les puits et les galeries, excavations verticales, inclinées ou horizontales pratiquées dans la couche ou les roches encaissantes. Leur section est telle que le mineur puisse y pénétrer et examiner sur place tous les caractères des stratifications qu'il lui importe de connaitre.

96. *Exploration géologique de la surface du sol.*

Les premiers travaux de recherche de la houille à exécuter dans un district où il n'existe encore aucune exploitation sont exclusivement du ressort de la géologie et de la minéralogie ; l'explorateur n'est guidé que par les caractères extérieurs de la superficie et les phénomènes qu'il peut y observer.

La position plus ou moins élevée d'un terrain ne peut être un guide, puisque les gîtes carbonifères sont tantôt enfouis à des profondeurs considérables au-dessous de la mer, tantôt déposés dans le sein de collines fort élevées au-dessus de ce même niveau. Quelquefois ils sont entièrement découverts, ou plutôt simplement masqués à la vue par une couche de terre végétale ; souvent ils gisent au-dessous de plaines, de vallées et de collines, où ils sont

recouverts par des dépôts arénacés ou par des stratifications secondaires et tertiaires. La configuration et l'aspect
du sol, qui, dans d'autres formations, ne trompent jamais
l'œil d'un géologue expérimenté, ne sont ici que d'un
faible secours, en raison de la facilité avec laquelle les
roches du terrain houiller se sont décomposées et désagrégées sous l'influence des actions météorologiques. Les
seuls caractères de forme qui puissent lui être de quelque
utilité dérivent de cette circonstance que, dans la plupart
des cas, les combustibles sont renfermés dans des collines
à pente douce et dont les croupes sont arrondies.

L'explorateur, connaissant les formations dans lesquelles
il y a quelque espoir de découvrir la houille, à l'exclu-
sion des autres, ne s'occupera pas, par exemple, des
terrains d'origine ignée, comme le granit, le gneiss, etc.;
il ne s'arrêtera pas à la partie inférieure de ceux de
transition, ni aux dépôts d'un âge plus moderne que la
formation houillère proprement dite, s'ils sont doués
d'une grande puissance ; mais il examinera attentivement
les bancs du calcaire anthraxifère, qui, peu affectés
par les influences atmosphériques, se montrent toujours
d'une manière distincte à la surface du sol ; il recher-
chera s'ils contiennent des vestiges organiques, indices de
la présence du combustible ; s'il en trouve, il prend
une formation de cette nature pour point de départ, et
s'avance suivant une ligne perpendiculaire à la direction, en parcourant successivement toutes les stratifications appartenant à des terrains de plus en plus récents ;
il examine tous les points où il peut apercevoir les
roches découvertes ; il visite les puits, les berges des
torrents et des rivières, les chemins creux, les escarp-
pements des collines, les carrières, en un mot, toutes
les excavations naturelles ou artificielles ; il examine

les blocs de schiste et de grès qu'il rencontre sur son passage ; il recherche avec soin les fragments et même les grains de houille accidentellement arrachés de leur gîte par les pluies d'orage et transportés à une certaine distance par les courants naturels, et il juge de la distance où doit se trouver le dépôt par l'état des arêtes plus ou moins vives et la forme plus ou moins arrondie de ces fragments.

Sachant que la houille doit suivre toutes les inflexions des roches encaissantes, qu'une série de bancs alternativement psammitico-schisteux est déjà un indice assez prochain, il portera principalement son attention sur les grès, parce que, moins sujets à la désagrégation que les schistes, il les apercevra plus promptement. S'il trouve des empreintes végétales ou quelques rognons de fer carbonaté lithoïde, c'est un indice encore plus rapproché de la présence du charbon minéral. Enfin, s'il rencontre, intercalée entre les bancs de la masse psammitico-argileuse et suivant la direction de la stratification générale, une simple trace offrant l'aspect de la suie, un lit de schistes noirs ou pourris, une terre noire et feuilletée, ou toute autre substance analogue ; si, enfin, cette lisière renferme quelques parcelles de houille, il est probable qu'il aura rencontré un affleurement (1).

Lorsque la localité objet de l'examen fournit tous les

_____

(1) Quelqu'exigus que soient les indices ainsi rencontrés, l'explorateur n'en décidera pas moins des recherches en profondeur ; car il sait que la puissance de la houille vers les affleurements est singulièrement diminuée, que souvent des couches de plusieurs mètres viennent se profiler à la surface du sol par une simple trace de schistes noirs, et qu'enfin les affleurements eux-mêmes sont quelquefois totalement supprimés, ce qui ne peut être attribué qu'à la décomposition du combustible sous l'influence des agents atmosphériques.

caractères d'une formation houillère, le géologue a atteint
les limites de son domaine, et les opérations du mineur
commencent ; celui-ci recherche alors si les affleurements
reconnus sont ceux de couches exploitables ayant quelque
continuité ; il détermine leur nature, leur direction, leur
inclinaison, en un mot, il s'assure si l'établissement futur
présente quelque chance de succès.

97. *Recherches par tranchées.*

On ne donne aux tranchées que la profondeur nécessaire
pour constater si l'affleurement découvert est réellement
celui d'une couche de houille et pour acquérir une idée
approximative de sa régularité, de son allure et de sa
puissance. L'excavation étant ouverte sur la trace noire
présumée être un affleurement, on creuse en descendant
et suivant le sens des stratifications. Si la houille existe
réellement, son aspect terreux est loin de promettre un
résultat satisfaisant ; mais ceci n'est l'objet d'aucune inquié-
tude pour le mineur, car il sait que cette apparence, due à
l'argile qui en remplit les cavités et les fentes naturelles,
cesse lorsque l'excavation s'est avancée de quelques mètres
dans la profondeur. En effet, à mesure qu'il s'enfonce, la
couleur sombre et bitumineuse devient de plus en plus
opaque ; il rencontre des fragments noirs, angulaires et
brillants, dispersés dans la masse ; puis il voit stratifiée
sur le mur une houille solide en apparence, mais, en
réalité, assez friable ; enfin, les parois se régularisent et
deviennent parallèles ; il pousse alors, pendant quelques
mètres, une excavation perpendiculaire à la première,
c'est-à-dire dans le sens de l'allongement ; c'est alors qu'il
mesure la puissance de la couche, qu'il en détermine la
direction et l'inclinaison, sans négliger toutefois d'examiner

le terrain encaissant, afin de se mettre en garde contre les dérangements qui troubleraient les conclusions déduites des documents acquis.

Une couche étant ainsi mise en évidence, on recherche les affleurements des autres strates parallèles en reprenant, sur une longueur indéterminée, la tranchée que l'on peut alors conduire perpendiculairement à la direction reconnue. Cette excavation, poussée à droite et à gauche du point primitivement exploré, donne les éléments d'une coupe du terrain et fait connaitre la largeur du bassin.

Les travaux de cette espèce ont quelque utilité dans les pays de plaines, lorsque les couches de houille ne sont masquées que par la terre végétale ou par quelques faibles bancs d'argile; ils sont complètement impraticables, si le terrain houiller est recouvert de stratifications d'une puissance même très-médiocre. Les travaux agricoles peuvent aussi être un obstacle à l'emploi de cette méthode; quoi qu'il en soit, elle est simple et peu coûteuse, mais ne donne que des résultats insuffisants.

98. *Découvrir les formations carbonifères masquées par des dépôts plus récents qu'elles.*

Si, comme on vient de le voir, la recherche de la houille est souvent facile dans les formations qui affleurent à la surface du sol, il en est tout autrement lorsque des terrains tertiaires ou secondaires assez puissants leur sont superposés; les difficultés croissent alors avec l'épaisseur du dépôt. Lorsque ces terrains de recouvrement consistent en sables, graviers ou autres stratifications d'alluvion, il est rare, quelle que soit la profondeur à laquelle on s'enfonce, que l'on y rencontre des fragments de houille ou des

roches encaissantes ; et cependant, comme en s'avançant
dans l'intérieur du pays leur épaisseur ne décroît qu'insensiblement, il est impossible de rechercher les affleurements sur aucun point de la surface.

Les terrains secondaires et tertiaires contiennent quelquefois des débris de la formation qu'ils recouvrent, mais
ces indices rendent seulement probable l'existence de la
houille dans le district objet de l'exploration. Si le terrain
de recouvrement n'est pas fort épais, s'il est accidenté par
des vallées et des collines assez élevées, les rivières ou les
torrents qui en sillonnent la superficie peuvent en avoir
excavé la surface jusqu'au-dessous de la crête de la formation
carbonifère, en sorte que l'inspection seule des roches
permet de les classer ; il se peut aussi que des affleurements
aient été mis à nu ; on peut alors agir d'après les principes
énoncés ci-dessus. Mais de semblables dispositions locales
sont rares et les indices qu'elles peuvent fournir tout-à-fait
insuffisants et incertains. Dans ces circonstances, les seuls
moyens efficaces à employer pour acquérir la connaissance
de la nature des roches inférieures au terrain de recouvrement sont les forages, les puits ou les galeries de recherche.

99. *Du sondage appliqué à la recherche des couches de houille.*

Il serait très-hasardeux de se livrer à des recherches
à travers des morts terrains puissants et continus, dans une
contrée complètement inconnue ; la prudence semble exiger
que le mineur se borne à rechercher seulement le prolongement des bassins en exploitation, en se basant sur la direction
générale et en fouillant les stratifications inférieures, au
moyen de sondages successifs et peu écartés les uns des
autres ; il marchera ainsi du connu à l'inconnu, en

suivant pas à pas le prolongement du terrain déjà exploré. Il aura le soin de se tenir constamment dans l'axe présumé du bassin, afin de ne pas risquer de se perdre dans les formations encaissantes, si le gîte se rétrécit momentanément, et de pouvoir changer la direction de la ligne de recherche lorsque les couches s'infléchissent en abandonnant leur direction primitive.

Comme il examine attentivement la nature et les âges relatifs des roches traversées, il s'aperçoit tout de suite si la sonde vient à percer une formation plus ancienne que la formation houillère. En ce cas, il est complètement inutile de passer outre; mais il convient de tenir une note exacte de la nature et de la position des divers terrains, afin de comparer ces données avec celles qu'il pourra recueillir sur d'autres points où des sondages plus fructueux seront ultérieurement entrepris.

100. *Travaux de reconnaissance.*

Si, après avoir reconnu la présence de la houille, on procédait de suite au développement des travaux, on s'exposerait à la chance d'absorber sans résultat des capitaux considérables; car les couches pourraient être mal stratifiées, sans continuité ou fréquemment interrompues, en un mot, inexploitables. Le mineur prudent prévient des résultats aussi fâcheux en déterminant préalablement l'inclinaison et l'allongement des couches, leur succession, leur puissance et leur continuité en sens divers et la nature des roches encaissantes, soit à l'aide de puits et de galeries, soit au moyen d'une série de sondages convenablement disposés les uns relativement aux autres. Ce sont ces travaux complémentaires des recherches que l'on désigne sous le nom de *travaux de reconnaissance.*

101. *Déterminer par le sondage l'inclinaison et la direction d'une couche de houille.*

La première notion que l'explorateur doit chercher à acquérir, dans les travaux de reconnaissance, est relative à l'inclinaison des couches de houille, d'où dérivent naturellement leur direction et leur puissance réelle ; cet élément est essentiel pour fixer la position d'une série de forages destinés à former une coupe des stratifications et à indiquer les principaux caractères du gisement. Il est toujours possible de déterminer l'inclinaison au moyen de trois coups de sonde, pourvu qu'ils ne soient pas disposés en ligne droite ; mais comme cette méthode est longue et coûteuse, on a cherché à atteindre ce but à l'aide d'un seul trou (1). C'est ce que M. Évrard, professeur de chimie à Valenciennes, et M. l'ingénieur Souich, sont parvenus à obtenir dans ces derniers temps.

Le procédé consiste à isoler au fond du trou un *témoin* ou cylindre en houille, en schiste ou en grès ; à l'arracher et à le ramener au jour, après l'avoir *orienté*, c'est-à-dire après y avoir tracé une ligne correspondante à une autre ligne invariable. L'échantillon étant rétabli dans une position analogue à celle qu'il occupait primitivement, on reconnaîtra le sens de l'allongement des bancs, en considérant les feuillets des schistes comme l'expression de l'inclinaison du terrain. On peut aussi opérer à la surface de jonction des couches et des roches encaissantes.

(1) Les premiers travaux relatifs à cet objet sont dus à M. James Ryan, Irlandais, qui a obtenu dans le siècle passé un brevet d'invention pour un instrument analogue à celui de M. Evrard. (Voyez *Edimburgh encyclopædia*, tome XIV, page 330 : *New mode of boring, by* M. Ryan).

L'opération a lieu comme suit. Après avoir dressé convenablement le fond du trou, on y descend un ciseau destiné à tracer la ligne que l'échantillon doit rapporter au jour ; mais comme l'orientation de cet outil doit être connue dans le moment où il fonctionne ; comme on ne peut se fier pour cela à la face des tiges, presque toujours gauchie par l'effet du travail, on se sert d'un artifice au moyen duquel il est possible de connaître sa position exacte à chaque instant de la descente. Le trépan étant placé au-dessus de l'orifice du puits foré, on ajuste sur la tige, et rigoureusement dans le plan du tranchant, une fourchette (fig. 37, pl. VIII) que l'on fait descendre avec la sonde jusqu'à ce qu'elle atteigne le sol ; une autre fourchette est alors placée vers le haut de l'échafaudage et, dans le plan de la première ; on retire celle-ci pour descendre une nouvelle partie de tiges ; la première fourchette est ajustée au-dessus de la seconde, et ainsi de suite jusqu'à ce que l'outil atteignant le fond de l'excavation, on tourne la sonde entière pour amener le ciseau dans une direction déterminée (dans le plan du méridien par exemple) ; puis, faisant battre quelques légers coups, on imprime la marque au fond du trou. Le parallélisme des fourchettes est facile à obtenir au moyen de fils à plomb, ou mieux encore en projetant ces deux objets l'un sur l'autre par le procédé usité pour dresser les surfaces.

Cette opération délicate étant achevée, on se sert d'un *emporte-pièce* pour isoler et enlever le témoin, muni de l'empreinte du ciseau. L'emporte-pièce de M. Évrard est composé d'une couronne dentelée, surmontée d'un manchon creux dans lequel s'engage l'échantillon ; en faisant agir l'instrument comme une tarière, on creuse une rainure à la circonférence du trou ; et de ce travail résulte un cylindre que l'on rompt à sa base, en imprimant à la tige quelques oscillations brusques et saccadées. L'outil ramène ordinaire-

16

ment le témoin avec lui , parce que les boues, se logeant
entre les lames et dans les autres interstices , forment une
espèce de mastic propre à réunir les deux objets. Si le
cylindre reste au fond , on peut le ramener au jour à l'aide
d'un tire-bourre, de pinces ou d'autres instruments de reprise.

M. Kindt a inventé tout récemment un appareil plus convenable encore pour isoler le témoin et l'arracher du massif.
Le trépan (fig. 55) est composé d'un fourreau cylindrique
en tôle *a*, au bas duquel sont attachés six à huit ciseaux *c*,
c', placés suivant le diamètre et destinés à broyer la roche.
Ils forment une saillie au-dehors du cylindre, et facilitent
ainsi le dégagement des boues entre la surface extérieure de
l'outil et les parois du trou ; si l'on négligeait de prendre
cette précaution, les ciseaux s'engorgeraient et le témoin
serait arraché avant qu'on lui eût donné une hauteur convenable. Ce trépan étant descendu dans le trou préalablement aplani et nettoyé, on frappe à petits coups en
lui imprimant un mouvement de rotation continu et dirigé
dans le même sens ; puis, après l'avoir engagé dans le roc
de toute la hauteur du fourreau, on le retire et on lui
substitue l'instrument représenté dans la figure 36. C'est un
cylindre en tôle *e*, *e*, de même diamètre que le précédent,
à la partie inférieure duquel est rivée une couronne *o*, *o*,
munie de dents en fer aciéré, mobiles autour de leurs axes
horizontaux ; il contient un manchon *g* soutenu par deux
tiges, et susceptible de se mouvoir de haut en bas et de bas
en haut. La première partie de cet outil se fixe à la tige
rigide ; la seconde se manœuvre à l'aide d'une corde.
Lorsque l'appareil arrive au fond de l'excavation, on a
le soin de relever le manchon et de le tenir suspendu à
la partie supérieure du fourreau ; celui-ci enveloppe le
témoin ; les dents se relèvent pendant le mouvement
et prennent une position verticale ; puis on laisse tom-

ber le manchon, qui, frappant sur les dents, les porte vers le centre du témoin qu'elles séparent en partie de la masse. Il suffit alors de relever la sonde pour achever de l'arracher et pour le ramener au jour.

Les roches tendres, telles que les houilles, se détachent presque spontanément; mais lorsqu'elles sont consistantes elles exigent l'ébranlement de l'échantillon et par conséquent quelques oscillations verticales qui tendent à le séparer de sa base. Il est bien entendu qu'au moment où il arrive au jour, on connaît la position relative qu'il occupait au fond du trou, soit en empêchant les tiges de dévier, soit en employant les fourchettes indiquées ci-dessus.

M. Kindt, dans l'exécution de forages entrepris récemment à Forbach (Moselle), est parvenu à retirer du fond de trous percés à quelques centaines de mètres, des cylindres de un mètre de hauteur et de 0.25 mètre de diamètre.

102. *Reconnaître la continuité des couches et leur succession à l'aide de sondages peu profonds.*

Comme l'ensemble d'un gisement ne peut être reconnu que par une série de forages qui, peu profonds, sont quelquefois plus économiques qu'un seul porté à une grande profondeur, il convient de choisir ici un exemple de reconnaissance basé sur un nombre illimité de trous de sonde. Supposant donc que, dans la recherche du prolongement d'un bassin, on ait reconnu au moyen du sondage n°. 1 (fig. 45, pl. VIII), situé à peu près dans l'axe d'un bassin, cinq couches f, g, h, i, k, leur inclinaison et la nature des roches encaissantes ; qu'il s'agisse de former une section transversale du terrain, afin de s'assurer de leur continuité et de leur succession, suivant l'inclinaison, c'est-à-dire suivant une ligne dirigée du nord au sud ;

on commence d'abord par calculer, dans la supposition d'un dépôt assez régulièrement stratifié, à quelle distance doivent être placés des percements d'égale profondeur, pour que chacun d'eux rencontre dans son parcours la première ou la dernière couche déjà reconnue par le forage le plus rapproché. Ainsi, par exemple, k ayant été percée par le n°. 1 à une profondeur de 80 mètres, l'inclinaison étant de $1/10^e$, on en conclura que le n°. 2 devra être foré à moins de 800 mètres du premier, si l'on veut rencontrer de nouveau vers la surface du sol la même couche k, et mettre ainsi les deux sondages en relation. On acquerra par ce nouveau puits la connaissance des strates inférieures gisant au point où l'on serait parvenu si l'on avait porté le fonçage du n°. 1 à 160 mètres au lieu de 80 mètres. On aura eu le soin, pendant le percement, d'observer tous les bancs remarquables, entre autres ceux de grès propres à fournir des indices ultérieurs fort importants. D'autres forages seront entrepris vers le nord sur le prolongement de la ligne, jusqu'à ce que la sonde ramène le calcaire anthraxifère ou quelque autre roche plus ancienne que le terrain houiller. Si, par exemple, outre le n°. 2, on en exécutait encore deux autres, le résultat serait à peu près le même que si le n°. 1 eût été enfoncé à 320 mètres.

La distance comprise entre deux forages consécutifs donnée par le calcul n'est qu'une appréciation modifiée par l'explorateur suivant des considérations provenant de la surface; ainsi il évite de se placer sur les éminences et recherche autant que possible le fond des vallées, les ravins, etc., parce que alors un sondage de hauteur moyenne lui permet d'atteindre des couches pour lesquelles il devrait forer à une plus grande profondeur s'il s'installait au sommet d'une colline.

Il se dirigera ensuite vers le sud, afin de reconnaître les

couches supérieures et leur relèvement supposé vers ce point cardinal. Si, par exemple, ayant entrepris le n°. 3, celui-ci, au lieu de traverser plusieurs stratifications inconnues jusqu'à présent, rencontre immédiatement les couches *f, g, h*, déjà traversées par le n°. 1, le sondeur fera continuer le forage encore quelque temps; mais la certitude devenant complète à la rencontre du banc de grès, il abandonnera ce travail, qui, désormais, ne peut lui fournir aucun document qu'il ne possède déjà. Il conclut de cette circonstance que les deux puits sont séparés par un crain ou une faille abaissant les couches au nord d'une hauteur facile à apprécier, soit graphiquement, soit par le calcul, et dont les éléments sont l'inclinaison, la profondeur où se trouvent les mêmes strates dans les deux puits et la distance qui sépare les deux points de percement.

Continuant les explorations vers le sud, on fore le n°. 4; il fournit des notions sur les cinq couches *a, b, c, d, e*, inconnues jusqu'alors et dont l'inclinaison a diminué; on prolonge le puits jusqu'à ce qu'il atteigne des stratifications telles que *f, g*, qui ne laissent aucun doute sur les relations avec le n°. 4; et comme elles se trouvent à une profondeur plus grande que celle où on aurait dû les rencontrer d'après l'inclinaison du terrain, on en conclut qu'il existe encore un dérangement entre les deux forages, dont il est facile d'apprécier la hauteur.

Enfin, le n°. 5 constate que les couches, en se relevant dans le versant du sud, prennent une inclinaison considérable; dans ce cas, les coups de sonde doivent se rapprocher les uns des autres, si l'on ne préfère creuser une galerie qui les recoupe toutes. Les circonstances locales et les besoins futurs de l'exploitation déterminent seuls le choix du moyen que l'on doit employer.

On comprend combien les dérangements peuvent apporter

de troubles dans la reconnaissance d'une formation : souvent la hauteur de rejettement d'une faille située entre deux forages est telle qu'il est impossible d'atteindre une stratification déjà connue ; la sonde peut tomber dans la matière de remplissage de la fissure et n'amener aucun résultat; quelquefois encore, deux couches de houille différentes, quoique de même puissance, se correspondent sur les deux côtés d'une rupture du terrain, en sorte que le mineur le plus expérimenté est naturellement conduit à des conclusions erronées. Un examen attentif des roches encaissantes ou des reconnaissances par puits et galeries sont seules capables de rectifier les erreurs commises dans les sondages. Toutefois, on peut ainsi, en s'avançant à l'est ou à l'ouest, tracer une série de sections perpendiculaires à la direction préalablement reconnue, les coups de sonde de la deuxième section étant fixés de telle façon que chacun d'eux corresponde à peu près au milieu de l'espace compris entre deux autres trous appartenant à la section qui précède. Cette disposition permet de faire des coupes assez distantes les unes des autres, sans, pour cela, perdre aucune des données importantes.

103. *Échantillons et journal de sondage.*

Les détritus ramenés au jour par les outils doivent être traités avec précaution, puisque ce sont les seuls guides qui puissent conduire le sondeur à une juste appréciation de la nature des roches traversées. Il agira prudemment en n'accordant pas toute confiance aux déblais qui s'attachent ordinairement aux trépans, ceux-ci étant toujours souillés par les boues accumulées au fond du trou de sonde. Les tarières sont évidemment les outils les plus avantageux pour ramener au jour les échantillons les plus purs; mais toutes les

parties de *la carotte*, c'est-à-dire de la masse cylindrique de détritus, ne se trouvent pas à un égal degré de pureté ; l'extrémité inférieure peut seule donner une assez grande confiance, parce que l'instrument, pénétrant dans le terrain vierge, en enlève à chaque voyage une quantité plus ou moins grande, qui forme la base de la carotte et fournit des débris sans mélange. Les détritus argileux sont séchés ; on lave à grande eau les fragments de schiste et de grès afin de les débarrasser de la boue qui les enveloppe ; et s'ils sont hétérogènes, les plus nombreux d'une même espèce indiquent la nature de la roche traversée. Comme les débris les plus volumineux expriment avec le plus d'exactitude la nature des bancs traversés, il sera facile de s'en procurer chaque fois que le besoin s'en fera sentir. Dans ce but, on fera agir le trépan à couronne, au moyen duquel on formera au fond du trou un cylindre qui, brisé ensuite par un trépan ordinaire, produira des morceaux convenables que la tarière à soupape ramènera au jour. On pourra également agir inversément, c'est-à-dire creuser d'abord une cavité avec un trépan de petit diamètre, pour en fragmenter ensuite la circonférence, à l'aide d'un outil dont le diamètre soit égal à celui du trou de sonde. Mais les gros blocs s'obtiennent au moyen de l'emporte-pièce décrit ci-dessus, en manœuvrant cet instrument comme si l'on devait rechercher l'inclinaison des stratifications.

Toutes les parcelles des terrains recueillies à différentes profondeurs sont classées dans un casier dont les numéros d'ordre se rapportent à des numéros correspondants inscrits dans l'une des colonnes du journal de sondage. Celui-ci comprend ordinairement :

1°. La date et l'heure des diverses manœuvres ;

2°. La profondeur du point d'extraction de l'échantillon ;

3°. L'espèce d'outil employé ;

4°. Le numéro de renvoi de l'échantillon ;

5°. La désignation de la roche traversée ;

6°. Son degré de dureté ;

7°. L'appréciation de la puissance des bancs ;

8°. Une colonne d'observations, dans laquelle on inscrit les plus petits détails qui, tôt ou tard, offriront quelque intérêt.

104. *Vérificateurs de sondages.*

Si, malheureusement, la confusion se mettait parmi les échantillons d'un sondage effectué ; s'il devenait utile d'examiner de nouveau la nature de quelques stratifications gisant à une profondeur quelconque ; si, enfin, il fallait rechercher de nouveau la puissance d'une couche de houille ou d'un banc de grès sur lequel s'élèveraient quelques doutes, on se servirait du *vérificateur de sondages.*

L'instrument de cette espèce le plus usité, conjointement avec les tiges rigides, est un élargisseur ordinaire (fig. 34, pl. VIII), muni d'oreilles ou d'ailerons dentelés *i*, *i*, au-dessous duquel on ajuste une capsule *k* ou godet, propre à recevoir les fragments provenant de la dégradation des parois. Pour se servir du vérificateur, on le descend en tournant doucement en sens inverse du mouvement ordinaire, afin de maintenir les ailerons fermés ; arrivé à la stratification que l'on doit entamer, on imprime à la tige quelques mouvements brusques et saccadés qui déterminent la sortie des ailerons de leur gite ; ceux-ci s'ouvrent complètement, s'accrochent au terrain, et, par suite du mouvement circulaire qui leur est communiqué, dégradent les parois, dont les déblais tombent dans la capsule.

Pour vérifier la hauteur verticale d'une couche ou de tout autre banc, on place l'instrument à peu près au milieu de la stratification ; à chaque voyage on le remonte ou on le descend de deux à trois centimètres, jusqu'à ce que les débris ne contiennent aucune parcelle de houille ou de la roche objet de l'examen. Si les deux points extrêmes ont été marqués sur la tige, l'espace qui sépare les deux traces sera l'expression de la distance verticale comprise entre le plan supérieur et le plan inférieur de la stratification.

Il existe un outil de même espèce que l'on emploie pour la vérification des sondages à la corde ; les ailerons, disposés verticalement, se meuvent autour d'un axe horizontal, en sorte que les échantillons se détachent des parois lorsqu'on fait *sonner* l'instrument ; mais ce vérificateur, compliqué de ressorts et composé d'une grande quantité de pièces, est loin d'offrir la facilité de manœuvre et l'exactitude des résultats de celui qui précède ; ce qui tient plus à l'emploi de la corde qu'à l'outil lui-même.

105. *Reconnaissances par puits et par galeries.*

Les terrains dont les stratifications se rapprochent d'un plan vertical ne peuvent guère être explorés au moyen d'un trou de sonde, l'outil pouvant se trouver constamment renfermé dans les bancs stériles interposés entre deux couches consécutives, ou, tout au moins, n'atteindre qu'un nombre fort limité de ces dernières. Le coup de sonde pourrait être dirigé horizontalement, mais la longueur des forages horizontaux, ordinairement fort limitée, est tout-à-fait insuffisante ; d'ailleurs, il est rare que les localités se prêtent à une opération de cette nature. Dans ces circonstances, on est obligé d'avoir recours aux puits

ou aux galeries, ou à la combinaison des deux genres
d'excavation.

L'attaque se fera simplement par galerie, si la surface
du terrain, fortement accidentée, offre des collines assez
élevées au-dessus des vallées, ou si quelque dépression
du terrain, telle qu'une profonde ravine, favorise un percement horizontal. Dans ce cas, l'excavation sera placée
à un niveau tel qu'on n'ait pas à craindre les inondations
provenant d'une rivière ou d'un ruisseau coulant au fond
de la vallée; on lui imprimera une direction perpendiculaire aux stratifications, pour atteindre les couches suivant
la ligne la plus courte, et on la prolongera à des distances
considérables, afin d'en recouper un grand nombre. Si
l'on est exposé à traverser un grand espace de terrains
tertiaires, tels que sables, graviers ou autres stratifications aquifères; si la surface du sol étant plane, il ne
s'y trouve pas de dépressions à utiliser pour une attaque
horizontale, on devra enfoncer un puits jusqu'à ce que
l'on atteigne la formation houillère dans un état de stratification normal et régulier; puis on creusera deux galeries
dirigées en sens opposé, c'est-à-dire l'une vers le pied,
l'autre vers la tête des couches, en les conduisant également d'une manière normale à la direction.

C'est au moyen des puits que l'on reconnaît les strates
peu inclinées d'un dépôt préalablement exploré ou regardé
comme carbonifère. On s'en est aussi servi pour effectuer des
recherches fondées sur de simples présomptions résultant
du prolongement probable d'un bassin houiller. C'est ainsi
que, dans le cours de l'année 1734, le vicomte Desandrouin découvrit enfin les riches mines d'Anzin, après
dix-sept ans de travaux infructueux et une dépense de
plus de trois millions, quoique cette recherche à travers
des terrains aquifères n'eût d'autre base que la supposition
du prolongement des couches de Mons.

106. *Comparaison entre les deux méthodes de recherches précédentes.*

On a beaucoup vanté et beaucoup dénigré les forages dans leur application à la recherche des mines de houille et à la reconnaissance des couches. Ce blâme et ces louanges doivent être attribués à ce que la question a toujours été envisagée d'une manière absolue , sans égard aux circonstances locales et aux résultats que l'on se propose d'obtenir.

Le sondage est d'une exécution plus prompte et d'un prix moins élevé que le creusement d'un puits ou d'une galerie de même longueur. Aussi les sociétés qui se livrent à des entreprises de cette espèce préfèrent-elles le premier mode au second, surtout si les données acquises préalablement n'offrent pas des indices suffisamment certains ; surtout encore s'il est possible de prévoir le cas où le terrain houiller recouvert d'épaisses stratifications aquifères doit nécessiter, dans l'exécution des puits , des travaux d'art considérables, dont la grande valeur risquerait d'être en pure perte. Plusieurs sondages profonds ou le fonçage d'un seul puits absorbent des sommes à peu près égales ; or, des sondages multipliés fournissent une chance plus grande qu'une excavation verticale unique de rencontrer la houille au-dessous d'une surface donnée , puisque cette excavation, destinée à attaquer la formation sur un seul point, ne peut démontrer l'absence de combustible sur les autres.

Telles sont les circonstances dans lesquelles le forage semble avoir la supériorité ; mais si les puits ou les galeries, s'ouvrant sur un affleurement, peuvent pénétrer immédiatement dans la couche ; si l'on possède la certitude d'être établi sur un terrain houiller non stérile ; si les

creusements doivent servir non-seulement aux recherches,
mais aux travaux de l'exploitation future, tout semble alors
solliciter l'emploi du second procédé.

Dans tous les cas, le sondage donne des résultats plus
inexacts et plus insuffisants qu'une excavation dans laquelle
l'homme pénètre ; on peut, il est vrai, reconnaître l'inclinaison du terrain et, par conséquent, sa direction avec
un seul trou ; mais combien cette opération est délicate,
et comment se garantir de toutes les chances d'erreur ?
Les débris de la sonde amenés à la surface du sol
font bien connaître à l'explorateur la qualité de la houille
rencontrée ; il sait si elle est grasse ou maigre ; mais sa
nature compacte ou déliteuse lui reste inconnue ; il n'acquiert aucune connaissance sur la solidité du toit et du
mur, malgré l'importance de ces objets. Quelles que soient
les précautions qu'il prenne, il parviendra rarement à assigner avec exactitude la puissance des couches ; il ne pourra
pousser aucune reconnaissance et, par conséquent, il ne
se fera aucune idée de l'allure du gîte, de sa continuité,
de la nature et du nombre relatif des dérangements dont
il est affecté ; en un mot, ne pouvant acquérir toutes les
données importantes comme il le ferait à l'aide d'un puits
ou d'une galerie, il ne pourra pas démontrer la possibilité
de l'utile exploitation des couches et, par conséquent, se
conformer à la prescription de la loi de 1810 pour l'obtention de la concession de la mine ; en sorte que, après
avoir constaté simplement l'existence de la houille au moyen
de sondages, il devra ultérieurement creuser des puits et
sera entraîné dans une double dépense.

CHAPITRE II.

PREMIÈRE SECTION.

DES PUITS ET DES GALERIES EN GÉNÉRAL.

107. *Définitions.*

Toute excavation cylindrique ou prismatique dont la section transversale est fort petite relativement à la longueur, qu'elle soit creusée dans le sein du gite ou dans les roches stériles, est un *puits* ou une *galerie* suivant que son axe se rapproche de la verticale ou de l'horizontale.

Les puits et les galeries sont percés dans les couches ou dans les roches encaissantes. Les premières trouveront leur place dans le chapitre consacré à l'exploitation proprement dite; celles de la seconde catégorie, destinées à pénétrer au cœur du gite, sont les seules dont on ait à s'occuper actuellement.

Quelques parties d'un puits portent une désignation spéciale; ce sont : l'*orifice* ou l'extrémité supérieure aboutissant au jour, ou dans la mine s'il s'agit d'un puits

intérieur; le *fond* ou l'extrémité inférieure, et les faces latérales ou *parois*. La *marge*, *margelle* ou *pas de bure* (1),
est la partie du sol qui entoure l'orifice d'un puits. Ces
excavations reçoivent des dénominations tirées de leur
usage; c'est ainsi que l'on distingue les puits d'*extraction*,
d'*épuisement*, de *sortie de l'air*, d'*appel* ou d'*aérage*, les
puits de *recherche*, les *puits aux échelles*, etc.

On remarque également dans les galeries l'*orifice* aboutissant au jour, à un puits ou à toute autre excavation souterraine; l'*extrémité*, point où elle finit; et les quatre
surfaces, qui en constituent le *sol*, le *faîte* ou *couronnement*
et les *parois*.

Les galeries qui, creusées dans les roches encaissantes,
recoupent les stratifications perpendiculairement à leur ligne
de direction, sont des *galeries à travers bancs*; elles suivent
le chemin le plus court pour atteindre le gîte, et on les
perce, autant que possible, en ligne droite; mais si les
stratifications changent d'allure, on doit en modifier la
direction, qui devient alors une ligne brisée, dont les différentes parties se raccordent par des courbes. Ces excavations prennent le nom de galerie d'*exploitation* ou de
recherche lorsqu'elles ont pour objet l'une de ces deux opérations du mineur. Enfin, les galeries d'*écoulement*, d'*exhaure* ou de *démergement* ont pour but l'évacuation des
eaux souterraines, et sont creusées, suivant les circonstances, dans les roches stériles ou dans le gîte lui-même.
Pousser, *chasser*, *percer* et *creuser* se dit d'une galerie en
voie d'exécution; lorsqu'il s'agit d'un puits, on emploie les
mots : *approfondir*, *foncer*, *enfoncer* et *avaler* (de l'ancien
verbe *avaler*, *descendre*), d'où vient le mot wallon *avaleresse*,
ou puits en creusement.

_____

(1) Terme usité en Belgique, où les puits sont appelés *fosses* ou *bures*.

108. *Puits et galeries creusés dans le gîte.*

Si le terrain houiller simplement recouvert de terre végétale renferme des couches droites faciles à mettre en évidence, si, coupé par de profondes vallées, il démasque les assises de la houille, stratifiées en plateures, et les profile sur les flancs des collines, principalement dans les parties escarpées, on peut, en partant des affleurements, s'enfoncer verticalement ou horizontalement et parvenir à de grandes distances sans attaquer la roche stérile ; mais les excavations pratiquées dans le gîte doivent en suivre toutes les sinuosités, et cette circonstance, qui offre peu d'inconvénients pour les galeries, pourvu que leur sol soit maintenu dans un plan horizontal, est au contraire fort désavantageuse lorsqu'on s'enfonce dans des stratifications droites, car les puits, soumis aux inflexions de la couche, sont par conséquent inclinés et souvent brisés ; leurs parois ne se soutiennent que difficilement ; les revêtements doivent être sans cesse renouvelés et les cables plus longs s'usent plus vite, en raison des frottements auxquels ils sont exposés. Aussi ces excavations, fort en usage sur la rive gauche de la Meuse, au Creuzot et dans beaucoup d'autres contrées, à l'époque où l'exploitation était encore à l'état d'enfance, sont-elles entièrement proscrites et se sert-on exclusivement de puits verticaux creusés en dehors du gîte, dans les roches stériles.

109. *Puits et galeries percés dans les roches encaissantes.*

Dans un pays de plaines, le seul moyen d'atteindre les couches, quelle que soit leur inclinaison, consiste à creuser un puits ; celui-ci en rencontrera d'abord quelques-unes,

et les galeries à travers bancs dont il sera l'origine en recouperont d'autres à une distance plus ou moins grande. L'axe du puits devra toujours être rigoureusement vertical; car, quoiqu'une normale à une stratification soit la ligne la plus courte pour atteindre celle-ci, et que, par conséquent, les couches généralement inclinées semblent exiger des puits également inclinés, toute déviation de la ligne verticale entraînerait les conséquences les plus graves relativement à la solidité et à l'usage de l'excavation.

Lorsque la surface du sol est accidentée, il convient de percer, sur les flancs des collines, des galeries à travers bancs dont on aura le soin de diriger l'axe d'une manière sensiblement horizontale (1); en effet, si elles étaient inclinées, elles ne pourraient que monter ou descendre à partir du flanc de la montagne. Montantes : toutes les tranches de couches, situées entre un plan horizontal passant par leur orifice et un autre plan coïncidant avec leur sol, seraient perdues pour l'exploitation. Descendantes : le transport des produits serait fort pénible et plus coûteux; en outre, l'évacuation des eaux serait impossible par écoulement naturel.

110. *Formes attribuées à ces excavations.*

Les puits prennent des qualifications relatives à la forme de leur section par un plan perpendiculaire à l'axe; c'est ainsi qu'on a des puits carrés, rectangulaires, polygonaux, circulaires, elliptiques, etc. Ces formes, auxquelles sont

(1) Les galeries ne sont jamais entièrement horizontales, mais on les incline toujours de quelques degrés du côté où les eaux doivent s'écouler.

inhérents des avantages et des désavantages, dépendent
des usages locaux et de la nature des revêtements que l'on
se propose d'employer. Dans un terrain stratifié presque
horizontalement, la pression étant partout à peu près la
même, une section circulaire est convenable, puisqu'alors
chaque point de la circonférence offre une égale résistance.
Si le puits doit être revêtu d'un muraillement, si l'on
doit traverser des terrains ébouleux dont la poussée est
toujours très-grande, le cercle sera également la forme
qui offrira le plus de solidité. Mais si un puits circulaire
est affecté à plusieurs usages, et c'est le cas le plus
ordinaire; lorsqu'il doit servir simultanément à l'extraction,
à l'épuisement des eaux et à la descente des ouvriers par
les échelles, il est, à surface de section égale, plus petit
qu'un puits rectangulaire ou carré; en effet, la perte
d'espace est toujours moins grande dans le second que
dans le premier, où, par l'emploi des compartiments, il
reste toujours des angles qu'on ne peut ni éviter, ni utiliser.
Les puits boisés réclament la forme quadrangulaire, et l'on
a le soin d'opposer les petits côtés à l'inclinaison du terrain, partie qui exerce la plus forte pression; c'est-à-dire
qu'on place ces petits côtés parallèlement à la direction des
stratifications. Les Allemands se servent également du rectangle et du carré avec des revêtements en maçonnerie.

Les sections des galeries n'offrent pas des formes aussi
variées et aussi régulières que celles des puits; ce sont,
en cas de muraillement, des rectangles combinés avec un
ou deux secteurs circulaires ou elliptiques; revêtues de
boisages, elles consistent en rectangles, en trapèzes ou en
quadrilatères quelconques. Ces excavations ne prennent
jamais de qualifications dérivant de leur forme, mais toujours de leur usage. Ainsi l'on dit : des galeries d'*extraction*, d'*écoulement*, d'*aérage*, etc.

17

111. *Dimensions des puits et des galeries.*

Les dimensions de la section transversale des puits sont très-variables ; elles dépendent principalement de la nature des terrains traversés et de l'usage auquel l'excavation doit être affectée. Ainsi la grandeur des vases de transport détermine celles des puits d'extraction ; l'espèce et le nombre des pompes, celles des puits d'exhaure.

En Belgique, le diamètre des sections circulaires varie entre 1.80, 2 et 3 mètres. Dans les districts du nord de l'Angleterre, les limites, comprises entre 3 et 5 mètres, atteignent quelquefois 6.50.

Les Allemands leur donnent de grandes dimensions, quelle que soit la forme de leur section ; le district de la Ruhr en renferme plusieurs de 5 à 6 mètres de diamètre.

Les puits carrés les plus petits ont 1.80 mètre de côté ; mais on en construit rarement ; on les préfère rectangulaires. Leur largeur étant de 1.30 à 2.25 mètres, leur longueur est de 3 à 5 mètres. Dans la province de Liége, celle-ci est quelquefois de 5.50 mètres.

Les mêmes causes font également varier les dimensions de la section des galeries. Lorsqu'elles sont exclusivement destinées à l'évacuation des eaux, on leur donne de 1.20 mètre à 1.50 de largeur sur une hauteur à peu près égale. Les galeries d'exploitation ont une section proportionnelle à l'activité du transport ; elles sont à simple ou à double voie, c'est-à-dire qu'elles peuvent être parcourues simultanément par une ou deux files de voitures ; les limites extrêmes sont en largeur 1.25 et 3 mètres, et en hauteur 1.50, 1.80 et 2 mètres.

On ne peut dire qu'une galerie est d'autant moins coûteuse que sa section est plus petite ; car, lorsqu'on

atteint la limite minimum, l'ouvrier, gêné dans ses mouvements, ne travaille qu'avec difficulté. Une petite section
exige proportionnellement plus d'entailles qu'une grande,
et n'offre définitivement d'avantages que sous le rapport
du volume des déblais à transporter. Des considérations
très-différentes guident le mineur pour déterminer les
dimensions des excavations de cette nature pratiquées
dans le gîte.

112. Puits destinés à plusieurs usages.

De ce que les puits prennent des noms provenant spécialement de leur emploi, il n'en faut pas conclure qu'ils
soient destinés à ne remplir qu'une seule fonction. On s'ar-
range au contraire de telle façon qu'ils servent simultanément à deux, trois et même quatre usages différents. Un
puits d'extraction laisse en même temps pénétrer l'air qui
doit circuler dans les travaux; tandis qu'un autre puits,
utilisé pour l'extraction ou la descente des ouvriers par les
échelles, sert à la sortie du courant d'air. En prenant une
surface assez grande, on accouple le puits d'extraction et
le puits d'épuisement, les deux servant en outre à la descente de l'air; quelquefois on y joint aussi celui aux
échelles. Souvent un seul puits, divisé en 5 ou 4 compartiments, remplit simultanément ces diverses fonctions.
On voit dans la planche XIII diverses combinaisons de
cette espèce.

Fig. 1. Section d'un puits de la province de Liége, renfermant les deux vases d'extraction, les pompes et les
échelles. La largeur varie entre 1.50 à 2 mètres, et la longueur de 5 à 6 mètres.

Fig. 2. Puits circulaire du grand Hornu (couchant de
Mons). Dans un diamètre de 5.25 mètres, il contient un

compartiment pour l'extraction, un pour les pompes et le troisième pour les échelles.

La fig. 3 représente la section du puits n°. 19 de la concession du Levant du Flénu, dont les trois compartiments, circulaires et séparés par des maçonneries, présentent une très-grande solidité.

Les puits des environs de Dudley (Staffordshire) (fig. 5), ne contiennent qu'un seul vase d'extraction ; ils sont très-rapprochés l'un de l'autre , et leur diamètre est de 1.80 à 2 mètres.

Les puits du nord de l'Angleterre (fig. 4 et 6) sont à deux ou trois compartiments ; dans le premier cas, un seul d'entre eux renferme les deux vases d'extraction ; dans le second, chaque vase a son compartiment spécial. Les pompes occupent un espace entièrement isolé.

113. *Relations entre les plans de stratification et les axes des excavations.*

Les axes peuvent occuper trois positions distinctes relativement aux strates d'un terrain : ils peuvent être parallèles à la direction, perpendiculaires à celle-ci ou former avec elle un angle quelconque.

1°. Le parallélisme de l'axe d'une excavation et des bancs du rocher est fort rare, quant aux galeries, puisque le mineur, se maintenant dans les mêmes stratifications, n'en met aucune nouvelle en évidence. De semblables percements n'ont lieu que pour faciliter l'aérage ou l'écoulement des eaux. Quant aux puits, ils se trouvent dans cette condition, lorsqu'ils sont foncés à travers des terrains stratifiés verticalement.

2°. La perpendicularité de l'axe sur la direction du terrain est une circonstance très-fréquente dans les mines

de houille ; les puits en creusement sont presque toujours dans ce cas, de même que les galeries percées à travers bancs suivant le chemin le plus court pour arriver d'un point donné à une couche cherchée. L'axe de la galerie peut être non-seulement perpendiculaire à la direction, mais encore normal au plan de stratification ; alors les *travers bancs* (1) sont exécutés pour atteindre des couches droites à travers des stratifications verticales, et les puits verticaux sont foncés dans un terrain stratifié horizontalement. Si, dans le creusement d'une galerie, la direction est telle que les bancs se relèvent sur la tête du mineur (fig. 6, pl. X), on dira que l'excavation est *chassée en pied ;* car, à mesure qu'elle s'enfonce dans le terrain, elle tend à s'écarter des affleurements des strates qu'elle rencontre et à se rapprocher de leur partie inférieure. Si, au contraire (fig. 4, pl. X), elle se rapproche des affleurements ou de la tête des couches, on dit qu'elle est *chassée en tête.*

3°. Enfin, l'obliquité de l'axe relativement à l'allongement des strates est une circonstance impossible dans le foncement des puits verticaux. On l'évite autant que possible dans le creusement des galeries, parce que la ligne à suivre pour atteindre une stratification donnée est plus longue qu'elle ne le serait en la menant perpendiculairement à la direction.

114. *Circonstances qui influent sur l'emplacement des puits.*

Le foncement d'un puits sur un point préférablement à tout autre est déterminé par des circonstances fort nom-

(1) Expression abréviative fort usitée en France.

breuses ; celles-ci dépendent des localités , et présentent
souvent une complication telle, qu'il faut sacrifier quelques
avantages d'un genre, pour n'en pas perdre d'autres plus
importants. Voici celles qui doivent principalement attirer
l'attention de l'exploitant :

1°. Les excavations destinées à mettre le jour en communication avec le gîte doivent être placées dans des conditions
qui rendent l'exploitation future de la richesse minérale aussi
facile et économique que possible. Cette appréciation résulte
de règles qui seront exposées ultérieurement.

2°. La situation sera raisonnée d'après les limites de la
concession ; de telle sorte que les puits ne soient pas trop
multipliés ou trop distants les uns des autres ; car si,
d'un côté, on s'expose sans nécessité à supporter des frais
considérables de foncement et de constructions , de l'autre
on doit craindre un transport intérieur porté à de grandes
distances , et surtout des galeries trop développées et par
conséquent fort coûteuses à entretenir.

3°. Dans quelques contrées , comme dans la province de
Liége, où le terrain houiller est criblé d'anciens puits, où
l'exploitation n'a pour objet que les couches inférieures ;
(les plus rapprochées de la surface ayant disparu pour faire
place à des excavations remplies d'eau), on sacrifie tout à
ce que les puits, dans leur foncement, ne rencontrent pas sur
leur passage l'un de ces lacs intérieurs , souvent impossibles
à franchir, mais à ce qu'ils traversent au contraire un massif
abandonné lors de l'ancienne exploitation de la couche. C'est
ce que le mineur appelle *passer en serre*. Heureux l'exploitant qui connaît par tradition l'un de ces rares espaces restés
intacts, et dont le souvenir s'en va décroissant de jour en
jour !

4°. Les stratifications de recouvrement, s'il y en a, doivent
être prises en sérieuse considération. Ainsi les formations

crétacées des environs de Mons et de Valenciennes varient d'un point à un autre, quant à l'épaisseur et à la nature aquifère; il en résulte que tel puits qui doit être porté à une profondeur considérable avant d'atteindre le terrain houiller, ou dont l'exécution est rendue fort difficile, quelquefois même impossible par suite de la trop grande affluence des eaux, aurait été creusé facilement s'il eût été placé à peu de distance du point choisi primitivement. Les lits des rivières sont fréquemment formés de terrains d'alluvion consistant en sables et en graviers plus ou moins épais, mais toujours perméables aux eaux. Les difficultés du passage à travers ces stratifications sont très-grandes, et la plupart du temps on cherche à les éluder en se portant à l'intérieur des terres ; cependant les Anglais choisissent souvent ces emplacements et préfèrent avancer un fort capital, pour lutter contre les eaux et contre la nature ébouleuse du terrain, plutôt que de perdre les avantages résultant de la proximité de la rivière lors du transport futur des produits.

5°. On recherche une position telle que le point de départ des voitures de transport extérieur soit plus élevé que le point d'arrivée aux routes, canaux et rivières, dans la proximité desquels on a soin de se placer ; ces voitures sont alors dispensées de descendre à vide vers le puits, pour remonter à charge, et l'on évite ainsi des frais sans cesse renouvelés pendant tout le temps de l'exploitation.

6°. Enfin, la plus ou moins grande facilité d'acquérir un terrain plutôt qu'un autre, la proximité des bâtiments et des enclos muraillés sont autant de considérations essentielles auxquelles l'exploitant doit avoir égard.

IIe. SECTION.

OUTILS ET INSTRUMENTS DU MINEUR.

115. *Considérations générales.*

Peu d'objets présentent une aussi grande variété que les outils, eu égard à leur forme, à leur construction et à leur poids. Que ces différences proviennent de l'habitude ou de circonstances locales et fortuites, il n'en est pas moins vrai que chaque bassin houiller possède non-seulement une, mais plusieurs espèces particulières d'outils dont l'énumération serait inutile et fastidieuse.

Une bonne construction est d'une grande importance, tant sous le rapport des frais d'entretien que sous celui de la promptitude d'exécution du travail, l'effet utile du mineur armé de bons outils étant plus grand que si les instruments mis à sa disposition sont défectueux. La bonté d'un outil dépend de la qualité des matières qui le composent, et il produira le maximum d'effet, lorsque sa forme et son poids seront appropriés à la nature des corps sur lesquels il doit agir, à l'adresse et à la force des ouvriers qui doivent s'en servir. Comme, d'un côté, on ne peut exécuter un instrument normal qui puisse convenir à l'universalité des ouvriers; que, de l'autre, il est impossible d'en établir pour chacun d'entre eux en particulier, on est forcé, quant à la forme et au poids, de se renfermer dans de certaines limites convenables à tous, quoique ne s'appliquant pas rigoureusement à chaque travailleur pris individuellement.

La planche IX contient les différentes espèces d'outils propres à l'excavation de la houille et des roches stériles; ceux-ci doivent seuls occuper actuellement le lecteur, les premiers appartenant au chapitre relatif à l'exploitation.

116. *Outils de déblai.*

Les outils de cette classe sont en trop petit nombre et trop connus, d'ailleurs, pour qu'il soit utile d'entrer en développement à leur sujet. Ce sont, fig. 13 et 14, des pelles rondes ou *escoupes* destinées à recueillir les débris de roches abattues et à ramasser les substances ébouleuses, pour les charger sur des voitures. L'instrument représenté dans la figure 13, semblable à celui des terrassiers, sert pour les travaux de la surface. La figure 14 offre une pelle employée à l'intérieur des mines de houille ; le manche, fort court, en permet l'emploi dans les excavations resserrées; il est coudé vers le bas, afin que le manœuvre ne soit pas contraint à trop se baisser. On se sert encore d'une pelle dont le fer est recourbé à angle droit sur la douille, pour retirer les déblais accidentellement recouverts d'une couche d'eau de quelque épaisseur.

117. *Outils d'entaille. Pointerolles et pics.*

La pointerolle (fig. 24), inconnue en Belgique, est fort en usage dans les mines d'Allemagne. C'est au moyen de ce petit outil qu'avant l'invention de la poudre les anciens mineurs ont creusé la plupart de ces grandes galeries de démergement et de transport si répandues dans toute l'Allemagne, et principalement dans le Hartz. La pointerolle de la figure 24 est composée de deux pyramides

quadrangulaires ; l'une , située à la partie inférieure , est
complète ; l'autre est tronquée et reçoit le choc d'un
marteau (fig. 25), dont le poids est de 1.60 kilogramme.
La tête et la pointe sont aciérées ; le manche se loge dans
un œil pratiqué plus près de la pointe que de la tête ,
parce que celle-ci , sous les coups répétés du marteau ,
tend à s'écraser, à s'ébarber, et, par conséquent, à se
raccourcir. Comme cet outil sert à attaquer toute espèce
de roche , on proportionne la forme de la pointe à la
nature des terrains. Lorsque ceux-ci sont tendres , la
pointe en est aiguë ; durs , elle est obtuse ou mousse,
et l'on adopte toutes les modifications comprises entre
ces deux limites extrêmes. L'ouvrier doit donc connaître
à l'avance la nature des roches à entailler , afin d'indiquer au forgeron la forme de la pointe dont il devra se
servir. Comme celle-ci s'use assez rapidement, le manche
doit pouvoir s'enlever et se remettre très-facilement afin
de changer le fer. Chaque ouvrier , pour sa journée
de travail , porte une trousse de pointerolles (fig. 24 bis),
composée de 4 à 6 paires attachées à un ruban de fer,
à une courroie ou à un crochet. Pour s'en servir , le
mineur tient le manche de la main gauche , en plaçant
la pointe sur les saillies du rocher et sur les points à entamer , et frappe sur la tête avec le petit marteau (fig. 25)
qu'il saisit de la main droite.

Les pics dits *à la pierre* , pour les distinguer de ceux dont
on se sert pour détacher la houille , peuvent remplir toutes
les fonctions d'une pointerolle. On s'en sert dans les circonstances où la poudre pourrait endommager les boisages, les
machines , etc., et toutes les fois que l'on peut craindre
l'ébranlement des rocs voisins ; avec leur aide , on pratique
les entailles destinées à recevoir les extrémités des pièces de
bois ; on détache les blocs de pierre ébranlés par une cause

quelconque, on abat les saillies qui existent toujours après un coup de mine; enfin on planit et on cisèle les parois des galeries et des puits. La tête sert au mineur, entre autres choses, à frapper le toit, afin de juger, par le son qu'il rend, s'il doit craindre un éboulement provenant de la disjonction des bancs supérieurs. Ces instruments sont terminés d'un bout par une pointe ou un tranchant aciéré, et de l'autre par un œil dans lequel s'ajuste le manche; quelquefois cet œil est percé au milieu de l'outil, qui alors est terminé par deux pointes. Sa longueur et sa pesanteur varient avec la nature de la roche à attaquer et surtout d'après les habitudes locales. La pointe est plus ou moins obtuse, suivant la dureté de la stratification à entamer.

Fig. 1. Pics liégeois, dits *gros pics*, dont le poids est de 2.20 kilogrammes et s'élève quelquefois à 2.50 kilogrammes.

Fig. 16. *Gros pic* principalement employé dans les avaleresses ou fonçage des puits; on l'utilise en guise de pointe, de marteau et de palfer. 2.50 kilogrammes.

Fig. 4. Outil du Couchant de Mons, où il porte le nom de *marteau à pointes* et sert à creuser les puits et les galeries. 1.75 kilogramme.

Fig. 7. Pic, dit *picquet*, dont on se sert dans le creusement des morts terrains non aquifères. 1.75 kilogramme.

Fig. 10 et 11. Instruments appelés *picquets d'avaleurs, en niveau*; ils ont une assez grande longueur, afin que l'ouvrier puisse atteindre le roc masqué par les eaux, sans être forcé d'y plonger les mains. La nature du terrain détermine seule la forme de la pointe, qui se termine tantôt par une pyramide rectangulaire, tantôt par un bec de canne. Poids de 2 à 5 kilogrammes.

Fig. 20. *Pic à branche*; fig. 21, *pic à roc*, et fig. 22, *pic à tête*, employés dans les mines de France.

Fig. 26. Outil silésien (*Keilhaue* ou *gesteinhaue*), dont on se sert également pour l'arrachement de la houille et des roches encaissantes.

Fig. 27. Outil usité dans les districts de la Ruhr (Westphalie). Son poids est de 2 kilogrammes à 2.30.

Fig. 29. Pic (*Pike*) employé presque généralement en Angleterre ; il est muni de deux pointes et pèse 2.50 kilogrammes.

Fig. 30. Pic du Staffordshire; il porte à l'une de ses extrémités une tête qui donne une chasse énergique, lorsque le travail exige un choc violent. En retournant l'outil, on peut s'en servir de marteau. Son poids est de 2.40 kilogrammes.

Fig. 31. Pic à deux branches courbées et en bec de canne, également usité dans quelques parties de l'Angleterre.

118. *Observations sur les pics.*

On voit, d'après ce qui précède, que les usages locaux modifient la forme des pointes; tantôt elles sont droites, comme en Allemagne et en Angleterre ; tantôt plus ou moins courbes, comme en Belgique ou en France. Les pics sont aussi à une ou à deux pointes; mais ce n'est guère qu'en Angleterre qu'ils affectent cette dernière forme. En général, ces outils doivent être solides et inflexibles, car leur emploi exigeant une grande force, ils doivent eux-mêmes offrir une grande résistance. On les emmanche solidement, l'ouvrier s'en servant en guise de levier pour disjoindre les rocs déjà fissurés, afin d'éviter la perte de temps qu'il éprouverait en saisissant d'autres outils. Pour cela, l'œil rond, elliptique, quadrangulaire et même triangulaire doit toujours être assez grand pour recevoir un manche fort,

durable et toujours perpendiculaire au corps de l'outil. Le talon, devant servir de marteau, aura une épaisseur suffisante. Enfin la pointe pyramidale à base quadrangulaire ou en bec de canne sera aciérée sur une longueur de 5 à 6 centimètres.

Les meilleurs manches sont en frêne; ce bois, quoique dur, est tendre à la main; et la faculté dont il jouit de se fendre fort bien fait que toutes ses fibres concourent à la solidité de l'objet.

119. *Outils accessoires.*

Les *palfer*, *pinces* ou *leviers*, fig. 45, 46, 47, sont des barres de fer rondes, carrées ou octogonales, dont l'épaisseur est proportionnée à la longueur, ordinairement comprise entre 0.90 et 1.50 mètre. Elles sont terminées en pied de biche, en ciseau ou en pointe. On s'en sert pour achever de détacher les blocs déjà ébranlés par la poudre ou séparés de la masse par des fissures naturelles.

Le *coin* est un instrument dont le nom indique la forme; le mineur l'introduit dans les fentes, dont il écarte les parois, et détache ainsi des blocs du rocher. Son rôle est analogue à celui du levier; mais, en vertu du choc qu'il reçoit du marteau, il agit avec plus d'énergie.

La figure 17 représente le coin employé au Couchant de Mons, et la figure 33 celui des mines de la Ruhr. Dans les deux bassins il est formé par la réunion de deux pyramides, dont l'une, de grande hauteur, est tronquée, et dont la section est un carré ou un rectangle. Cette dernière forme est de beaucoup préférable à l'autre, parce que, s'il ne produit pas tout l'effet désiré après avoir été introduit de plat dans la fissure, on peut le retourner et le placer de champ;

le résultat est alors analogue à celui que l'on obtiendrait par l'insertion d'un second coin d'une plus grande épaisseur. Des forgerons inhabiles font des coins (fig. 17) dont la section longitudinale est un triangle; le frottement se faisant sentir sur toute la longueur de l'outil, l'ouvrier, en l'enfonçant dans la roche, est obligé de dépenser une somme de force beaucoup plus grande que ne le réclame un outil (fig. 33), formé de deux pyramides opposées par leur base. La pointe doit en être aciérée et les arêtes abattues. Le poids des coins usités en Belgique est de 1 à 1.5 kilogr.; ceux du district de la Ruhr pèsent 2.50 à 3 kilogrammes.

Les *masses* ou *battrans* sont de gros marteaux destinés à briser la roche, à rompre des blocs trop gros pour pouvoir être placés dans un vase de transport, à chasser en avant un coin déjà enfoncé par le marteau dans une fissure, etc. Ils sont semblables aux marteaux ordinaires quant à la forme et n'en diffèrent que par le poids, qui, du reste, varie de 4 à 10 kilog. — Les masses ont un manche fort long et se manœuvrent à deux mains.

En Belgique, où cet outil porte le nom de *mât* (Liége), ou *mahotte* (Couchant de Mons), on lui donne une forme semblable à celle du marteau représenté par la fig. 19, c'est-à-dire telle que la plus grande masse se trouve au centre et qu'elle décroisse à mesure que l'on se rapproche des extrémités; dans ce but, les surfaces sont composées de quatre courbes opposées par leur concavité. Les *mâts* pèsent 5 kilogrammes.

En Allemagne, les deux surfaces latérales en sont planes et parallèles; celles de dessus et de dessous forment des courbes presque concentriques, dont le rayon moyen est d'environ 0.60 mètre, le mouvement des épaules, la longueur des bras recourbés et la distance des mains à la tête de l'outil (évaluée à 0.30 mètre) lui faisant parcourir

un arc de cercle dont le rayon est à peu près de cette longueur, en sorte qu'il tombe normalement à la surface
frappée. L'emploi de ces masses (*Tribefaustel*), dont la construction est fondée sur un raisonnement fort logique, réclame beaucoup d'adresse à cause de la difficulté de les
maintenir dans la main et de leur faire décrire la courbe
voulue. Leur poids est de 3.75 à 4.75 kilogrammes.

120. *Outils propres à percer les trous de mine,*
marteaux et fleurets.

Les marteaux (fig. 19, 43 et 44) ne diffèrent en rien des
masses, sinon que les dimensions en sont moindres, et tout
ce qu'on a dit sur ces dernières peut entièrement leur être
appliqué. Les marteaux sont à une ou à deux mains; les
premiers pèsent de 1.80 à 2.80 kil.; les seconds, de 2.50 à
2.70 kil.; leur poids est d'ailleurs en raison de la dureté de
la roche. Les trous de mine se font dans tous les sens, et le
marteau est appelé à frapper aussi bien de bas en haut que
de haut en bas; dans le second cas, son poids est en faveur
du choc, tandis que, dans le premier, il y est tout-à-fait
opposé. Pour que la dépense de force reste la même, on
cherche à rétablir l'égalité par une différence dans le poids
des marteaux employés dans les deux circonstances. On doit
autant que possible leur donner une forme élancée, afin que
le coup ne soit pas amorti, mais pour ainsi dire élastique.

Les *fleurets*, *pistolets*, *poinçons* ou *fers de mine* (*Meissel-
bohrer*) sont des tiges en fer (fig. 34) au moyen desquelles
on perce les *trous* ou *fourneaux* de mine. Ces barreaux,
dont les dimensions varient avec la profondeur et le diamètre du trou à forer, sont généralement cylindriques et
quelquefois octogonaux. Le ciseau, ou tranchant destiné à

entamer le terrain, agit à la manière des coins; sa forme, plus ou moins arquée, tend à la suppression des angles, sans cesse exposés à être abattus par le choc; il déborde latéralement le barreau, de 6 à 7 millimètres, et détermine le diamètre du trou, dans lequel la tige se meut avec facilité. La tête et le ciseau sont fortement aciérés, et la trempe de ce dernier est toujours en raison de la dureté de la roche. La forme du tranchant constitue seule les différences observées dans les fleurets; les figures 39, 40 et 41 en représentent de face et de profil trois espèces appropriées à la dureté variable des terrains.

Fig. 39. Tranchant aigu et très-arqué, convenable dans les rocs tendres, où il s'enfonce facilement et creuse promptement son trou.

Fig. 40. Ciseau moins aigu, la courbure de l'arc étant moins prononcée. On l'emploie dans les rocs d'une consistance moyenne.

Fig. 41. Ciseau employé pour les stratifications fort dures; il est souvent si obtus que la section longitudinale forme presque un triangle équilatéral; les faces comprennent entre elles un angle de 60 degrés, et la courbure de l'arc est alors très-peu sensible. Quelquefois (fig. 42) on substitue à l'arc de cercle deux lignes droites formant un angle plus ou moins aigu, suivant la dureté de la pierre. Ce genre de ciseau n'est employé qu'en Allemagne.

Il existe encore une multitude d'autres fleurets dont les têtes ont des formes fort variées; mais tous sont hors d'usage dans les mines de houille, excepté toutefois le *bonnet de prêtre* (*Kreuz bohrer*), formé de quatre surfaces inclinées entre elles (fig. 42); celles-ci formant une croix concourant au centre de l'outil, engendrent ainsi une pointe plus ou moins saillante, suivant la dureté de la pierre. On s'en sert avec avantage dans quelques dis-

tricts allemands, soit pour rectifier un trou qui a dévié de la ligne droite, soit pour en ébaucher un dans une roche fort dure et le rendre rigoureusement circulaire. Le fleuret en ciseau, d'une construction beaucoup plus facile, exige, il est vrai, de l'adresse et de l'habileté de la part du mineur; mais le travail s'exécute rapidement, et l'ouvrier expérimenté est rarement exposé à détériorer les trous.

La grosseur du barreau est en raison inverse de la dureté du roc. Lorsque celui-ci est fort tendre, l'instrument pénétrant avec facilité, on emploie du fer de 40 millimètres de diamètre, dont on diminue l'épaisseur à mesure que le terrain devient plus dur jusqu'à ce que l'on arrive à une dimension minimum de 25 millimètres pour les rocs fort durs, où un diamètre trop considérable exigerait l'emploi d'une force trop grande. En Angleterre, on se sert de barres octogonales, et le ciseau, fort étroit, est compris entre 0.022 à 0.026 mètre.

La longueur de l'outil est égale à la profondeur du trou, plus la largeur de la main et quelques centimètres de jeu. Ainsi, pour un trou dont la profondeur doit être de 0.50 mètre, on prend un fleuret de 0.65 à 0.70 mètre; mais s'il doit être plus profond, comme un outil trop long serait fort incommode au commencement du travail, on débute par un fleuret court, c'est-à-dire d'environ 30 à 40 centimètres. Les fourneaux fort profonds exigent l'emploi successif de trois fleurets de longueurs différentes; afin qu'ils ne soient pas serrés contre les parois et qu'ils puissent tourner facilement, on calibre les ciseaux de telle façon que leur largeur diminue quand les longueurs augmentent; en sorte que l'instrument préparatoire, le plus court, est aussi le plus large, et que le dernier, le plus long, est le plus étroit.

18

Le fleuret en usage chez les mineurs allemands sous
le nom de *letten* ou *trocken bohrer* n'est pas destiné à
creuser le trou, mais à l'assécher lorsque le terrain est
imprégné d'eau. Il consiste simplement en une barre de
fer cylindrique, d'un diamètre un peu inférieur à celui
de l'excavation ; l'une de ses extrémités est hémisphérique,
tandis que l'autre porte un anneau ou une clef. On remplit le trou d'argile à peu près sèche, puis on force
l'outil à pénétrer dans la masse, en lui donnant un
mouvement rotatif sur son axe. On engendre ainsi un
fourneau dont toutes les parois, enduites d'argile, sont
inaccessibles à l'eau pendant le temps nécessaire à l'achèvement de l'opération.

121. *Curette, épinglette et bourroir.*

La *curette* est une petite tringle en fer terminée à
l'une de ses extrémités par une cuillère recourbée ou un
disque d'un diamètre moindre que ceux des trous dans
lesquels elle doit être introduite; elle sert à extraire les
boues provenant des détritus du rocher pulvérisé par
l'action du fleuret au fur et à mesure qu'ils se produisent.
A l'autre extrémité se trouve une ouverture oblongue,
dans laquelle on insère un chiffon ou des étoupes pour
assécher la cavité si elle est humide, ou simplement un
anneau pour manœuvrer l'outil.

La figure 36 représente sous deux faces différentes la
curette à cuillère employée dans les mines belges.

La figure 37 est celle des mineurs allemands ; ils la
désignent sous le nom de *kraezer*. Son poids est de
0.24 kilogramme.

L'*épinglette* (fig. 58) est une tige de fer, de cuivre ou
mi-partie de ces deux métaux, destinée à ménager dans la

bourre le canal nécessaire à l'amorce. Elle se termine
d'un côté par une longue pointe à surface bien unie ;
de l'autre, par un anneau ou un manche en forme de
T servant de poignée pour la retirer du trou. Les mineurs liégeois appellent cet outil *amorceux;* les Montois,
vergillon, et les Allemands, *raumnadel.*

Le *bourroir* (fig. 33) ou *refouloir* (*stampfer*) est une
barre cylindrique servant à entasser la bourre dans le
fourneau de mine ; à sa partie inférieure, plus forte que
le reste de l'outil, et dont l'extrémité est terminée par
une calotte hémisphérique, se trouve une cannelure destinée à livrer passage à l'épinglette pendant le bourrage.
Le plus fort diamètre de la barre est un peu plus petit
que celui du trou ; sa surface est unie et bien réglée.
Il serait dangereux d'aciérer l'outil dans le but de lui
donner plus de durée.

SECTION III⁰.

TIRAGE A LA POUDRE.

122. *Importance de la poudre dans les creusements.*

La poudre était inventée. Depuis plus d'un siècle, on s'en servait dans les armes de guerre pour décider du sort des batailles, lorsque (1615) on appliqua sa force expansive à la rupture et à la disjonction des rochers. Les premiers essais se firent dans les carrières, et le succès complet dont ils furent suivis firent promptement appliquer ce mode de creusement aux travaux souterrains. Cette innovation fut une révolution dans l'art des mines, dont elle changea complètement la face.

Sans puits et sans galeries à travers bancs, il n'est aucune possibilité d'exploiter la houille, si ce n'est quand les affleurements permettent de s'enfoncer immédiatement dans le gite, circonstance fort rare et dont l'application se borne à quelques cas exceptionnels. Or, avant l'invention de la poudre, on n'avait, pour pratiquer de grandes excavations dans les roches les plus dures, que les outils d'entaillement ci-dessus décrits. Que deviendraient actuellement les mineurs sans ce nouvel et énergique agent, s'il fallait avoir recours au pic et à la pointerolle, avec le prix toujours croissant de la main-d'œuvre ? Combien d'exploitations seraient rendues tout-à-fait impossibles ? Quelle majoration dans le prix des minéraux utiles ? etc.

123. Des coups de mine en général.

Le travail à exécuter pour un coup de mine est très-simple en lui-même. Il consiste à forer un *fourneau* ou trou cylindrique dans la masse que l'on veut faire éclater ; à le remplir partiellement de poudre ; à obstruer la partie supérieure de la cavité en tassant des matières convenablement choisies, afin d'intercepter toute communication entre l'intérieur et l'extérieur de l'excavation, et disposées de telle façon que la force expansive des gaz agisse sur la roche environnante et non sur l'obstacle placé au-dessus ; à ménager à travers la bourre un étroit canal ; enfin à ajuster l'artifice destiné à déterminer l'embrasement de la poudre.

On distingue donc quatre phases principales dans la préparation et l'exécution d'un coup de mine.

1°. Le forage du trou ;

2°. La charge, ou l'introduction de la poudre ;

3°. Le bourrage ;

4°. L'amorce du coup.

124. Forage du trou, ou exécution du fourneau de mine.

On se sert des fleurets, sur la tête desquels on frappe avec le marteau, en les faisant tourner à chaque coup d'une quantité angulaire comprise entre un sixième et un dixième de la circonférence ; pendant l'accomplissement de ce mouvement giratoire, l'ouvrier, à chaque coup, soulève l'instrument d'une certaine quantité. C'est de la régularité et de l'uniformité des mouvements que dépend la bonne confection du fourneau. Si celui-ci n'est pas naturellement humide, l'ouvrier a le soin d'y jeter de temps en temps

un peu d'eau, pour empêcher l'outil de se détremper par l'influence de la chaleur que dégage le choc, et pour faciliter la désagrégation de la roche. Il enlève aussi les boues résultant de l'eau et des débris du rocher pulvérisé, chaque fois que le ciseau du fleuret cesse de mordre efficacement; il se sert pour cela de la curette. Arrivé au point où il juge le trou assez profond, si l'eau des roches environnantes menace d'envahir l'excavation, il construit tout autour de son orifice une digue de terre glaise propre à lui en interdire l'accès.

On emploie pour le forage, tantôt un seul, tantôt deux ouvriers. Le premier mode est usité en France, en Allemagne et dans un seul des districts belges : celui de Charleroi. L'exécution des trous peu profonds à un seul homme n'exige qu'un fleuret; dans le cas contraire, on doit en prendre successivement deux ou trois dont les dimensions décroissent comme suit :

	Longueur.	Diamètre au biseau.
1ᵉʳ. fleuret. . .	0.30 mètre.	0.029 mètre.
2ᵉ. id. . . .	0.50 id.	0.024 id.
3ᵉ. id. . . .	0.70 id.	0,022 id.

L'ouvrier frappe 40 à 50 coups à la minute.

Dans le percement des trous à deux hommes, l'un tient la masse et l'autre manœuvre les instruments. Ces derniers sont au nombre de deux, trois et même quatre :

	Longueur.	Diamètre au biseau.
1ᵉʳ. fleuret. . .	0.70 mètre.	0.040 mètre.
2ᵉ. id. . . .	0.90 id.	0.036 id.
3ᵉ. id. . . .	1.00 id.	0.035 id.
4ᵉ. id. . . .	1.20 id.	0.031 id.

On peut, avec leur aide, percer des fourneaux de un mètre de profondeur; mais cette circonstance se présente rarement dans les mines de houille, le creusement

des puits et des galeries ne comportant que des trous
de 0.25 à 0.60 ou 0.70 mètre, pour lesquels suffisent
des fleurets de la première ou de la seconde dimension.

Le forage des trous à deux hommes permettant l'emploi
d'un marteau pesant, le travail avance plus promptement,
et lorsque le mineur occupé à la frappe commence à se
fatiguer, il est remplacé par celui qui tient le fleuret ;
cependant, malgré cet avantage, l'expérience enseigne qu'en
temps égaux deux trous à un homme sont plus profonds
qu'un trou à deux hommes ; et si, en diverses contrées,
la dernière méthode a prévalu, il faut l'attribuer à
l'exiguïté de l'espace offert par l'extrémité d'une galerie
ou le fond d'un puits pour le percement simultané de
plusieurs fourneaux, et aussi à ce que, si l'on parvient
à en placer plusieurs, ils seront fort rapprochés, et si
l'un d'eux fait éclater une plus grande masse qu'on ne
l'avait prévu, les autres seront détruits après avoir donné
lieu à un travail inutile.

125. De la charge.

Pour introduire la poudre au fond du trou, on la
renferme dans un cylindre de papier gris, c'est-à-dire
que l'on en fait une *cartouche* ; ou bien on la verse
directement sans enveloppe au moyen d'une cuillère ou
simplement avec la main. Mais ce dernier procédé, usité
seulement dans la province de Liége et dans le Cornwall
(Angleterre), offre tant d'inconvénients et même de dangers
qu'il doit être entièrement proscrit. En effet, quelque
peu d'humidité que renferme la roche, quelque soin que
l'on prenne de l'étancher, la poudre en est très-avide ;
pendant le bourrage, elle a tout le temps nécessaire de
l'absorber et perd ainsi une grande partie de sa force

d'expansion. En outre, les grains ne se réunissent pas au fond du fourneau ; un bon nombre d'entre eux restent suspendus aux parois, ce qui est non-seulement une perte, mais encore une chance d'accident. Lorsque le trou est horizontal ou incliné l'orifice en bas , l'emploi de la cartouche devient indispensable.

La charge, dans les mines de houille , varie ordinairement entre 5 et 15 décagrammes ; elle est réglée par la dimension du trou, sa profondeur, sa position et par la résistance présumée du rocher qu'il s'agit de fendre et de déliter, mais non de faire voler en éclats , ce qui est inutile et dangereux.

Avant de mettre la poudre on a le soin de reconnaître l'état hygrométrique des parois du fourneau ; si elles sont médiocrement imprégnées d'eau , on se borne à les assécher avec des étoupes ou des chiffons passés dans l'œil ou l'anneau de la curette , et le papier de la cartouche suffit pendant un certain temps à préserver la poudre du contact de l'humidité. Lorsqu'il ne s'agit plus d'humidité , mais que des gouttes d'eau sillonnent les parois du trou , il est très-convenable de le glaiser convenablement au moyen du fleuret décrit dans le paragraphe 120. Si l'opération se fait sous une nappe liquide , circonstance assez fréquente dans les fonçages à travers les morts terrains , les cartouches sont protégées par un tube en tôle ou en fer-blanc calibré de manière à pénétrer dans le trou sans trop de frottement, le bourrage s'effectuant d'ailleurs comme à l'ordinaire. Le cylindre métallique est brisé à chaque coup, et quoiqu'il puisse recevoir un nouveau fond et être employé derechef, cette pratique n'en est pas moins assez coûteuse. On peut se soustraire à la dépense qu'elle occasionne par l'emploi de cartouches imperméables en bois, en cuir

ou mieux en papier-carton, ou en toile enduite de
goudron ou d'un vernis formé d'une dissolution de cire
d'Espagne dans l'alcool ; ces cartouches sont munies
d'un tube également imperméable servant de porte-feu.
Lorsque, dans le creusement des terrains crétacés de la
Belgique et du nord de la France, on rencontre des
quantités d'eau considérables, la cartouche résulte de
l'enroulement sur un mandrin d'une toile grossière cousue
latéralement de manière à former une espèce de sac ;
après avoir retourné ce sac et en avoir fortement lié
l'une des extrémités , on le remplit de sable et on
le plonge dans un bain de goudron. Pour s'en servir,
on vide le sable, on y substitue de la poudre, on y
introduit une fusée à double enveloppe; on attache les
deux objets, puis on recouvre la ligature de goudron (1),
qui interdit tout accès à l'eau.

126. De la poudre.

La force d'expansion avec laquelle agit la poudre est
considérable, puisque cette substance solide, se transfor-
mant en gaz sous l'influence d'une haute température, tend
à occuper un espace égal à 4 ou 6,000 fois son volume primitif. De nombreuses expériences ont prouvé qu'elle produit d'abord un choc instantané qui force les stratifications
à se fissurer, à se disjoindre, et fait éclater le rocher dans
lequel elle est renfermée; en cet instant l'effet utile est
produit, et la distension ultérieure des gaz est un excédant

(1) La matière hydrofuge n'est pas proprement du goudron ,
mais de la poix et de la résine , auxquelles on ajoute un peu de
suif pour rendre le mélange plus liquide.

de force entièrement inutile et même nuisible, puisqu'il
n'a d'autre but que de projeter au loin quelques portions
du rocher. On parvient, autant que possible, à obtenir le
premier effet indépendamment du second par l'emploi
dans les mines d'une poudre moins vive (1) que la poudre
de guerre, dont le but est de lancer des projectiles. La qualité la plus convenable est celle dont les grains égaux, secs,
durs, ne laissent pas de trace lorsqu'on les roule entre les
doigts, et qui sont complètement exempts de poussière.
Elle se conserve dans des magasins éloignés des lieux d'ha-
bitation et entièrement à l'abri de l'humidité.

127. *Poudre mélangée de substances pulvérulentes.*

Dans le cours de l'année 1817, on apprit en Allemagne
que les Brésiliens mélangeaient leur poudre avec les râpures
d'une racine appelée *Jatropha manihot*, prétendant obtenir
à quantités égales des effets plus grands que lorsqu'ils l'employaient sans mélange. M. Thürnagel, ingénieur des
mines à Tarnowitz (Silésie), s'occupa le premier de cet
objet. Après avoir substitué à cette racine des sciures de
bois tendre desséché au feu et d'autres substances pulvérulentes, telles que de la poussière de lycopode, de colopho-
nium, etc., etc., il crut avoir trouvé que, de l'emploi de
ces mélanges, il résultait une économie considérable. Ainsi,
en expérimentant sur une roche dont la nature n'avait pas
changé pendant le cours des essais, il trouva qu'il fallait 23

---

(1) Les poudres les moins vives sont celles dont les proportions
de salpêtre (azotate de soude) sont moindres relativement au charbon
et au soufre. Les dosages comparatifs de ces deux qualités sont
les suivants :
Poudre de guerre. Salpêtre, 750. Soufre, 125. Charbon, 25.
    »   de mine   »   650. » 200. »   150.

à 24 livres de poudre par l'ancien procédé, tandis que le nouveau n'exigeait plus que 12 à 14 livres et réalisait par conséquent une économie de 8 à 10 livres due à l'emploi des sciures. Des expériences faites en diverses localités de l'Allemagne produisirent des résultats fort divers, quelquefois favorables et la plupart du temps défavorables au nouveau procédé. En Belgique, tous les essais échouèrent, et la question restait indécise lorsque M. Thürnagel résolut de l'examiner derechef. Les nouvelles études auxquelles il se livra pendant deux ans et demi donnèrent enfin pour solution : que les matières pulvérulentes mélangées avec la poudre n'augmentent pas réellement sa force élastique, et que les économies obtenues dans quelques mines proviennent uniquement de ce que les ouvriers employaient précédemment plus de poudre qu'il ne le fallait pour produire la rupture du rocher.

Un semblable mélange peut être fort utile si le coup de mine doit se donner au milieu de rocs fissurés, caverneux ou de consistance hétérogène, et si l'on veut étendre les effets d'une petite charge à un grand espace, parce que, dans ce cas, il est fort difficile de déterminer le volume de la charge pour chaque coup de mine, et qu'alors, employant de la poudre pure, on sera toujours porté à en prendre une trop forte quantité. En outre, concentrée et massée sur un petit espace, elle ne s'enflamme que successivement; beaucoup de grains n'ont pas le temps de s'embraser; ils sont projetés intacts hors du trou sans produire d'effet, tandis que les sciures de bois, substance légère et élastique, s'interposant entre les grains, facilitent leur inflammation subite et leur donnent plus d'efficacité. Enfin cette méthode prévient les vols, par suite de l'impossibilité où se trouvent les ouvriers de se servir de cette substance fulminante ou de la vendre à l'état de mélange.

Les inconvénients sont les suivants :

Le volume de la poudre étant plus considérable, le trou doit être plus profond, pour que la charge occupe à peu près la même région de l'intérieur de la roche avec ou sans mélange. Les ratées sont d'autant plus fréquentes que les grains sont plus séparés les uns des autres. La sciure de bois peut continuer à brûler longtemps après que la mèche a été consumée et le coup partir lorsque le mineur, ne comptant plus sur l'explosion, s'est rapproché du fourneau. Enfin, la combustion des sciures, du lycopode et autres substances analogues dégage une fumée acre, persistante et fort incommode.

Les désavantages n'étant pas compensés par des avantages suffisants, ce procédé a été généralement abandonné, excepté dans quelques rares localités où l'on a persisté à l'employer. Il en est de même du mélange de poudre et de chaux vive que l'on dit avoir été en usage dans l'Amérique du Nord et dont les effets sont moindres que ceux de la même quantité de poudre employée pure, et par conséquent inférieurs aux mélanges dans lesquels entre la sciure de bois.

128. Coton-poudre.

Ce composé explosif, désigné aussi sous le nom de *pyroxyle* ou *coton azotique*, se transforme complètement en gaz à la température propre à sa combustion, c'est-à-dire à 175° ou 180°, en produisant 600 à 800 litres de gaz par kilogramme de coton embrasé. Les applications faites par MM. Combes et Flandin de cette substance à l'exploitation des mines et des carrières, ont prouvé que sa force explosive était quadruple de celle de la poudre ordinaire. En outre, étant plus légère, le transport en est moins coûteux ; exposée à l'humidité, elle ne se détériore pas,

et l'on peut même la plonger dans l'eau sans qu'elle perde aucune de ses propriétés. Mais ces avantages sont loin de compenser la valeur élevée du pyroxyle comparativement à la poudre de mine. En effet, son prix de revient étant de 9 fr. le kilogramme, au lieu de 1-50 que coûte la seconde, pour des effets explosifs seulement quadruples, son emploi entraîne un excédant de dépense de 50 p. c.

M. Combes, en mélangeant le coton-poudre avec 0.8 d'azotate de potasse ou 0.7 d'azotate de soude, est parvenu, il est vrai, à en réduire le prix des deux tiers environ; la déflagration de ces mélanges, en élevant la température, compense le moindre volume de gaz développé, et les effets explosifs restent sensiblement les mêmes que si l'on avait employé un poids égal de coton azotique pur. Toutefois, ce nouveau mélange, à égalité d'effets, revient encore plus cher que la poudre; et il est encore douteux que, dans l'état actuel des choses, cette substance puisse s'appliquer avantageusement au tirage des rochers dans les mines. Des expériences pratiques ultérieures et une observation plus attentive de l'intensité comparative des effets obtenus par les deux substances fulminantes pourront seules trancher cette intéressante question (1).

129. Bourrage par la méthode ordinaire.

Le but du bourrage est d'opposer à l'expansion des gaz une résistance plus énergique que celle de la roche environnante. La cartouche ayant donc été poussée avec un cylindre en bois jusqu'au fond de la cavité, l'ouvrier

(1) Les expérimentateurs varient, en effet, sur la force comparative de la poudre et du pyroxyle, M. Tamper, chimiste anglais, n'évaluant qu'au double la force de la première substance relativement à celle de la seconde, tandis que, d'après M. Séguier, elle serait six fois plus considérable.

introduit l'épinglette ; il la fait pénétrer jusqu'au milieu
de la hauteur de l'espace occupé par la poudre ; ou bien,
l'ayant attachée à la cartouche, il engage simultanément
les deux objets dans le fourneau. Alors, à l'aide d'un
bourroir muni d'une cannelure livrant passage à l'épinglette appliquée contre les parois, il tasse sur la cartouche
des morceaux de schiste argileux fort tendre que, dans
les mines de houille, il trouve toujours sous sa main, des
morceaux de briques peu cuites ou tout autre matière
exempte de parties quartzeuses ; ou enfin, ce qui évidemment vaut mieux que tout autre substance, des pelottes
ou boudins d'argile préparés à l'avance et désséchés, ainsi
que cela se pratique dans le district de Liége. Les premiers
lits d'argile ne sont pas bourrés, afin de laisser l'espace
nécessaire à l'inflammation spontanée de la poudre, d'en
prévenir la pulvérisation et d'éviter le déchirement de la
cartouche ; les suivants sont tassés et refoulés de plus en
plus à mesure que l'on se rapproche de l'orifice du trou.
Dans tous les cas, on sait par expérience qu'il n'est pas
nécessaire, pour obtenir l'effet maximum, de serrer très-
fortement le bourrage, mais seulement de le tasser fort
régulièrement par un nombre de coups de bourroir proportionné à l'épaisseur de chaque lit. Pendant la charge,
le mineur a le soin de tourner fréquemment l'épinglette
logée dans sa cannelure, car, s'il restait quelque temps
sans le faire, le tassement de l'argile sur une trop grande
longueur donnerait lieu à des frottements et à de grandes
difficultés au moment où il s'agirait de la retirer du trou.
Lorsque la bourre est arrivée à l'orifice, le mineur recouvre le tout d'une légère couche d'argile humectée, afin
de pouvoir enlever l'épinglette sans écorner les angles de
l'orifice du canal ; autrement les débris, tombant sur la
poudre, intercepteraient la communication entre la cartouche

et l'amorce, et le coup raterait. Ce petit outil est, du reste, facile à retirer, si l'on a eu préalablement le soin de l'enduire d'huile et, comme on l'a dit ci-dessus, de le tourner fréquemment sur lui-même pendant le bourrage. On le détache donc, mais en agissant avec lenteur et précaution pour que le frottement ne produise pas d'étincelles.

130. *Bourrage au sable.*

Ce procédé, connu depuis le commencement de ce siècle, consiste à remplacer l'argile par du sable quartzeux, sec, à grains égaux, versé librement sur la cartouche liée à l'amorce dans les trous de mine verticaux ou inclinés de haut en bas. Les premiers essais ayant été avantageux, on a cherché à expliquer cet effet singulier, et l'on a eu recours à l'hypothèse suivante. Lorsque plusieurs sphères élastiques, des billes d'ivoire, par exemple, sont placées en ligne droite et en contact les unes avec les autres, le choc imprimé à l'une des extrémités met en mouvement la bille placée à l'extrémité opposée, sans que les sphères intermédiaires acquièrent immédiatement un mouvement sensible. Le sable, corps élastique, joue le rôle des billes ; le choc, se propageant à l'orifice du fourneau dans un espace de temps plus considérable que le temps nécessaire à l'embrasement de la poudre, se porte sur les parois à ébranler, en sorte que l'expansion des gaz fait éclater la roche avant d'avoir pu chasser la colonne de sable.

Lors de l'établissement de la route du Simplon, où il fallut faire disparaître des rocs de granit, M. Baduel, par l'emploi de cette méthode, a obtenu de bons résultats sur les *rocs isolés ;* mais la réussite n'était pas aussi constante dans la masse de la montagne, où quelquefois le sable était expulsé sans que le rocher fût attaqué.

M. de Candolle a aussi constaté au Mont-Cenis que
cette opération , pratiquée sur des blocs également isolés ,
produisait autant d'effet que si les trous eussent été bourrés
à l'argile. Mais, d'un autre côté, les essais tentés aux mines
de plomb de Pesay, au Hartz, à Rothenbourg et en Saxe,
n'ont amené que des résultats négatifs ou tout au moins
peu satisfaisants. Ainsi à Pesay, où des trous de mines
de 0.30 à 0.40 mètre de profondeur furent bourrés les
uns à l'argile, les autres au sable, on obtint pour résultat
la rupture du rocher dans le premier cas et pas la moindre
fissure dans le second. La bourre au sable n'est donc,
en aucune manière, applicable aux travaux des mines de
houille, dans lesquelles la roche ne se présente dégagée que
sur une ou au plus deux faces, où les trous, généralement
peu profonds, ne reçoivent que de faibles charges de poudre ;
car alors le sable est projeté au-dehors, la mine se décharge
comme une arme à feu et le rocher reste intact. Ce procédé
est actuellement complètement abandonné , malgré sa simplicité , l'économie qu'il apporte et l'absence de toute
cause de danger.

131. *Tirage au tasseau par-dessus et par-dessous.*

Le tasseau est un petit bloc de bois ayant la forme
d'un cône tronqué, d'une bobine ou d'un cylindre can-
nelé. On le place au-dessus ou au-dessous de la cartouche,
dans le but de laisser un espace vide entre la poudre et
la bourre, ou entre la première et la roche. On bourre
sur le tasseau ou sur la cartouche avec de l'argile, comme
à l'ordinaire. Des expérimentateurs ont cru trouver dans
le premier de ces deux procédés une augmentation d'effet
utile et, par conséquent, une économie de poudre ; ils se
sont fondés sur l'analogie qui semble exister entre un coup

de mine et les conditions dans lesquelles se trouve le
canon d'un fusil qui éclate, soit parce que le projectile
n'est pas en contact immédiat avec la charge, soit parce
que l'orifice du canon a été accidentellement bouchée.
Mais il résulte de nombreuses expériences faites récemment à Freyberg que l'espace vide laissé entre la poudre
et la bourre est plutôt une cause de perte d'effet utile
qu'une source d'économie, comme on aurait pu le préjuger
à priori, si l'on avait observé que la longueur du bourrage est diminuée de toute la hauteur du tasseau.

Quant à l'application de celui-ci au-dessous de la cartouche, procédé que M. Hausmann avait vu en usage dans
les mines de cuivre de Roeras, en Norwège, il est également destiné à mettre les gaz dégagés par la combustion en
communication avec un espace vide. On a comparé ce procédé avec l'usage suivi dans les mines militaires, où l'on
obtient des effets beaucoup plus énergiques quand la cavité
qui renferme la poudre a une capacité plus grande que le
volume de cette substance; comme les gaz se répandent dans
la cavité inférieure avant de produire leur effet destructif,
aucun des grains ne peut se soustraire à l'embrasement; la
poudre agit alors non-seulement par sa conversion subite en
gaz, mais aussi par détente; en sorte que la pression, plus
énergique, se fait sentir pendant un laps de temps plus
considérable et sur une surface plus étendue. M. Héron
de Villefosse affirme, d'après des expériences faites dans les
mines du Hartz et dans le pays de Mansfeld, que cette
méthode est fort économique; mais si l'on veut augmenter
réellement l'effet utile, la hauteur de la bourre doit rester
la même avec ou sans tasseau, et le fourneau doit alors
être plus profond de toute la longueur de ce dernier, afin
que la charge occupe le même point dans la masse, d'où
résultera une augmentation dans la dépense de la main-

19

d'œuvre tendant à absorber tout le bénéfice résultant de l'économie de poudre. Si, au contraire, la profondeur du trou reste la même, la hauteur de la bourre diminuant de la longueur du tasseau, cette disposition pourra faire perdre les avantages de l'espace vide inférieur. Il faut que ce procédé ait été jugé plus nuisible qu'utile, puisqu'il ne s'est pas répandu en dehors du Hartz, où actuellement il est complètement tombé en désuétude.

132. *Amorcer le coup de mine.*

L'épinglette, étant retirée, laisse un canal de petite section destiné à transmettre l'inflammation de l'orifice au fond du trou, à l'aide de tubes de différentes espèces, d'étoupilles ou autres objets auxquels on donne les noms génériques de *boute-feu*, *porte-feu*, *fusées*, etc.

Le boute-feu le plus généralement usité est un simple fétu de paille rempli de poudre fine. Le mineur choisit une longue tige, la coupe au-dessous de deux nœuds consécutifs; l'un des bouts reste ouvert et l'autre est fermé par le nœud restant; il racle les parois au-dessus de ce dernier, afin de les rendre très-minces et propres à recevoir ou à communiquer promptement l'embrasement. Ce tuyau, dont la longueur est de 0.10 à 0.12 mètre, se suspend dans le trou au moyen d'une petite pelotte de terre glaise, le bout fermé étant dirigé vers le bas; la mèche soufrée, adaptée à l'extrémité supérieure du fétu, communique l'embrasement à la poudre, et la réaction des gaz contre l'air ambiant repousse le tuyau au fond du fourneau, où il apporte le feu sur la cartouche.

Dans quelques contrées, on renverse le tube, c'est-à-dire qu'on place le nœud vers l'orifice du trou, et comme l'extrémité ouverte est alors placée en dessous, le mineur

empêche la chute de la poudre en portant cette partie
de la paille à sa bouche pour l'imbiber de salive. Si le trou
est profond, il greffe un deuxième fétu sur le premier,
en faisant pénétrer l'extrémité de l'un dans celle de l'autre,
et agissant de tout point comme ci-dessus. L'inflammation a lieu ; la réaction des gaz chasse le tuyau inférieur,
qui reçoit le feu par un bout et le communique à la
charge par l'autre bout.

On fabrique aussi de fort bons boute-feux avec des
baguettes de sureau ou de coudrier, de minces roseaux
ou tout autre espèce de bois creux dont en a remplacé
la moelle par du pulvérin ou par une pâte composée de
poudre et d'eau-de-vie. On les met directement dans le
trou, en même temps que la cartouche à laquelle ils sont
attachés ; le bourrage s'exécute alors sans épinglette, circonstance fort importante ; mais ces baguettes sont fragiles :
elles exigent, de la part de l'ouvrier, beaucoup d'adresse
pendant le bourrage, et donnent lieu à une grande
consommation de poudre fine. On peut aussi loger
l'épinglette dans le creux de la baguette, bourrer et
retirer la première pour y substituer la poudre d'amorce
ou un fétu de paille préparé comme ci-dessus.

Enfin, les *raquettes* sont de petits cornets de papier
plongés dans une pâte de poudre liquide, et séchés.
On les fait pointus et fort minces pour pouvoir les introduire dans une baguette creuse ; on leur donne une longueur de 0.08 à 0.10 mètre. Ces boute-feu sont faciles
à faire ; aussi les a-t-on adoptées dans plusieurs mines
d'Allemagne. Quoique le papier ne soit pas en contact
avec la cartouche, le coup rate rarement, et, si cela arrive,
il est facile d'y substituer une autre raquette. Ce procédé,
fort bon pour les coups de mine dirigés de bas en
haut, remplace avantageusement le fétu de paille.

Dans le tirage sous l'eau , il faut nécessairement modifier la nature de l'amorce ; les boute-feux sont alors des
tubes en bois , en toile , en papier ou en carton goudronnés , insérés jusqu'au milieu d'une cartouche de même
nature. On lie celle-ci avec le tube et on l'étrangle, pour
ainsi dire , afin de ne laisser aucun interstice capable de
livrer passage à l'eau. Les cartouches en fer-blanc exigent
l'emploi d'un boute-feu placé dans un tuyau de même
matière et d'un diamètre de 0.006 à 0.010 mètre. Dans
le Cornwall , les sacs de toile goudronnée sont accompagnés d'un porte-feu à double enveloppe qui se
compose de petites bandelettes en toile également goudronnée et enroulées en spirale , en sens inverse l'une
de l'autre.

Quant à la mèche , elle consiste en un morceau
d'amadou fixé sur le porte-feu, ou plus généralement en
un double fil soufré , dont la longueur (0.05 à 0.06
mètre en moyenne) est proportionnée à la distance que doit
parcourir le mineur pour se mettre à l'abri des éclats.
Le soufre est préférable à l'amadou , parce qu'il est possible de calculer l'époque de l'embrasement. On se sert
aussi d'une mèche de coton huilé , avec laquelle on enveloppe le fétu de paille ; d'un papier enduit de suif dont
la combustion est lente , etc.

133. *Étoupilles de sûreté de Bickford (safety fusees).*

Les fusées ou étoupilles de sûreté, inventées à Tüc-
kingmill , près de Redruth , comté de Cornwall , par
M. William Bickford, se composent d'un filet de poudre fine
enveloppé d'une corde en chanvre ou en coton, recouverte elle-même d'un ruban formé de fils goudronnés ;

ces deux enveloppes, dont la seconde est tordue en sens inverse de la première, forment un cordon flexible, imperméable à l'eau pendant un temps assez long, et offre une dureté assez grande pour que la pression due au bourrage, quelque forte qu'elle soit, ne puisse l'écraser. Pour se servir de ces fusées, le mineur en effile (fig. 52, pl. IX) l'enveloppe extérieure sur une petite longueur; il plonge cette extrémité dans la poudre de la cartouche, où il l'enfonce de quelques centimètres; puis, serrant le papier contre l'étoupille, il lie les deux objets (fig. 53) à l'aide des fils détachés de l'enveloppe; le goudron, ramolli par la main, les colle sur le papier et forme une ligature très-solide. On coupe les étoupilles de longueur avant de les placer dans le trou, ou l'on attend pour cela le moment de les amorcer, c'est-à-dire que le bourrage soit achevé. Dans tous les cas, le mineur dispose les choses de telle façon, que la fusée dépasse l'orifice du fourneau de quelques centimètres, puis il prépare l'amorce, opération pour laquelle il peut procéder de différentes manières. Il commence par effiler le bout de la corde, en appliquant le pouce de la main gauche contre l'extrémité supérieure de la fusée, et, avec l'ongle, il détache tous les fils de l'enveloppe extérieure sans en excepter un seul (fig. 50), car autrement la deuxième enveloppe (fig. 51) ne se déroulerait pas. Les deux systèmes de fils étant détordus sur 0.02 à 0.03 mètre de hauteur, la poudre apparaît et il y met directement le feu s'il juge avoir le temps de se retirer; il calcule facilement cette circonstance lorsqu'il sait que la fusée serrée par la bourre brûle avec une vitesse de 0.60 à 0.90 mètre par minute. Il peut aussi embraser l'extrémité des fils de l'enveloppe, et il s'écoule un espace de temps plus long avant que le feu atteigne la cartouche. Enfin, il peut placer immédiatement sur la poudre une

mèche soufrée ou un morceau d'amadou A (fig. 51 bis),
maintenu en place par la torsion des fils. L'ouvrier, par
l'emploi de l'un de ces trois procédés, peut mettre un
intervalle de temps plus ou moins long, suivant les besoins, entre le moment de la mise à feu et celui de l'explosion, et, par conséquent, se mettre à l'abri des effets de
cette dernière.

On doit éviter avec soin d'introduire dans la bourre des
fragments de rocher durs et anguleux; ils risqueraient de
couper l'étoupille et feraient rater le coup. Les fusées décrites ci-dessus servent aux trous secs ou simplement humides; mais si l'on doit faire éclater des roches aquifères et
si le tirage se fait sous l'eau, on les prépare avec un double
tissu et on les imprègne fortement de goudron. L'enveloppe
de la cartouche est alors formée d'une toile goudronnée
serrée autour de l'étoupille.

134. *Avantages résultant de l'emploi des étoupilles.*

Les fusées remplacent les boute-feux de différentes
espèces; elles n'exigent pas l'emploi dangereux de l'épinglette et peuvent être employées quelle que soit la position
du coup de mine, si difficile à amorcer par les moyens
ordinaires, lorsqu'il est horizontal ou incliné de bas en haut.

On a beaucoup parlé de l'économie apportée par les
étoupilles de Bickford dans le tirage à la poudre. Voici les
résultats des nombreuses expériences faites en Angleterre
et en France.

L'épinglette, qui, dans presque tous les anciens modes
d'amorce, est un instrument indispensable, est cependant
fort nuisible sous le rapport de l'effet utile, puisqu'elle laisse,
après la combustion de la poudre du boute-feu, un canal
très-grand relativement au diamètre du fourneau; or, l'em-

brasement n'ayant pas lieu instantanément dans toute la masse, mais d'autant plus lentement que la poudre est plus faible, une partie des gaz produits se dégagent par la lumière et ne concourent plus à déterminer la pression destinée à fissurer le rocher; on doit donc augmenter la quantité de poudre en raison de la perte, pour produire l'effet voulu; perte d'autant plus grande que le canal est plus court. Les étoupilles de Bickford, au contraire, laissent dans ce dernier, après leur combustion, une matière charbonneuse, dure et compacte, et la cartouche peut être considérée comme s'embrasant dans un espace à peu près hermétiquement fermé. En outre, la fusée portant le feu au milieu de la poudre et non au-dessus, la combustion est beaucoup plus rapide que dans le procédé ordinaire, et un plus grand nombre de grains se trouvent ainsi soustraits aux chances de non combustion. De ces divers chefs, M. Bickfort estime que l'économie doit être d'environ 20 p. c. Les ratées, fort rares, en sont une nouvelle source, que M. Lagrange évalue à 10 ou 16 p. c. Enfin les ouvriers, assez maladroits lorsqu'il s'agit de préparer des objets délicats et de petite dimension, tels que les fétus de paille, et de les disposer sur le trou, perdent un temps considérable que leur épargne l'emploi de la fusée. M. l'ingénieur Lechatelier (1) estime que toutes ces économies réunies s'élèvent à un tiers de la poudre dépensée, outre les bénéfices réalisés sur la main-d'œuvre.

Les avantages résultant de l'emploi des étoupilles sont très-sensibles dans les trous profonds, lorsque le rocher est suffisamment dégagé et que le coup de mine a pour objet la dislocation de la masse à de grandes distances, circonstances normales dans les carrières et dans les travaux

_____

(1) *Annales des mines*, tome IV, p. 20.

de déblaiment au jour. Mais, dans les mines, où l'ouvrier
n'agit la plupart du temps que sur deux faces dégagées;
où l'ébranlement du rocher est limité par les parois des
excavations, auxquelles il importe de conserver toute leur
solidité ; où ces mêmes excavations très-étroites ne permettent pas l'emploi de fortes cartouches; où la profondeur
des trous varie entre 0.30 et 0.60 mètre, l'usage des
étoupilles ne présente pas généralement un avantage aussi
considérable, surtout si la poudre est à bas prix, comme en
Belgique, où on ne la paie que fr. 1-40 à 1-50. En prenant le maximum de 100 grammes comme le terme moyen
de tous les coups de mine, l'économie signalée ci-dessus
serait de cinq centimes ou 1/3 de 15 centimes. Les fusées
du premier échantillon coûtent, en France, 10 centimes le
mètre courant et reviennent à 12 centimes en Belgique.
Si cette charge est placée dans un trou de 0.60 mètre
de profondeur, la fusée de même longueur (1) coûtera
7.2 centimes, d'où résultera une perte de 2.2 centimes.
Dès que le poids de la cartouche diminue, la perte augmente ; ainsi, dans les galeries à travers bancs, la charge
étant d'environ 50 grammes pour les trous de 0.50 mètre ;
la valeur de la poudre étant 7.5 centimes, l'économie
serait de 2.5 centimes ; mais l'étoupille en coûte 6, donc
la perte sera de 3.5 centimes. C'est en grande partie à
cette circonstance que l'on doit attribuer l'emploi si restreint de ce porte-feu dans les mines belges. Cependant
cette perte n'est pas réelle, car elle est largement compen-
sée, d'un côté par la diminution de main-d'œuvre
dont il a été fait mention, de l'autre par cette circonstance

---

(1) La quantité dont l'étoupille dépasse l'orifice du trou étant à
peu près égale à la hauteur dont son extrémité inférieure se trouve
au-dessus du fond, sa longueur peut être considérée comme égale à
la profondeur du fourneau.

que, si l'intensité de pression produite par une quantité de poudre donnée s'accroît en raison des causes énumérées ci-dessus, le rayon d'action de chaque trou de mine sera augmenté, et, par conséquent, le mineur pourra diminuer le nombre de coups pour abattre un rocher d'un volume donné, d'où résultera dans la main-d'œuvre une autre espèce d'économie assez notable, à laquelle il faut ajouter la perte de temps pour les trous devenus inutiles par suite des ratées, plus les frais des amorces ordinaires. Mais en supposant, ce qui est probablement le cas le plus ordinaire dans les mines de houille, qu'il n'y ait ni bénéfice ni perte, ou qu'il y ait même perte dans l'emploi des fusées de sûreté, on devrait toutefois s'en servir à cause de la sécurité qu'elles offrent aux ouvriers. Cet avantage sera exposé plus loin, lorsqu'il sera question des accidents qu'entraîne ordinairement le tirage à la poudre.

Cependant si l'on observe que les fusées dont on s'est servi en Belgique venant de Rouen, les frais de transport, les droits d'entrée et la commission allouée aux déposi-taires de ces objets en augmentent le prix ; que la poudre est un monopole en France, où le gouvernement la fait payer fr. 2-20 le kilog, tandis qu'en Belgique, où le com-merce en est libre, elle ne vaut que fr. 1-40 et quelque-fois moins, on voit combien des étoupilles fabriquées dans le pays diminueraient de valeur.

On a reproché aux mèches de sûreté la flamme fort vive et l'épaisse fumée, produits de la combustion du goudron. Le premier de ces effets est une cause de danger tendant à faire proscrire l'emploi de ces boute-feux dans certains quartiers de mines sujettes au grisou ; le second, n'ayant aucun caractère malfaisant, n'offre d'autre inconvénient que d'augmenter l'obscurité dans les premiers instants qui suc-cèdent à un coup de mine.

135. *Accidents dus aux épinglettes dans le tirage à la poudre.*

Tout accident provient de l'épinglette, du bourrage et de l'imprudence ou de l'inexpérience des mineurs.

Lorsque les parois du trou sont formées de stratifications dures, telles que les grès quartzeux, les poudingues, etc., l'épinglette en fer, par un choc ou un simple frottement, produit des étincelles capables de mettre le feu à la poudre ; il en est de même si la bourre contient des substances analogues contre lesquelles le même instrument vient heurter accidentellement. Ces effets se produisent lors de son introduction dans la cartouche ; pendant le bourrage, lorsque serrée contre les parois du fourneau, le mouvement du bourroir détermine celui de l'épinglette ; lorsque, par suite d'accident elle heurte avec violence le fond du trou ; enfin, quand, adhérente à la bourre, on est obligé, pour la retirer, d'agir par secousses.

On a cherché à éviter ce genre d'accident en la formant d'une matière moins dure que le fer ; on a d'abord essayé l'érable et diverses autres essences de bois séchés au four ; mais elles étaient beaucoup trop fragiles ; on a ensuite employé le cuivre, appliqué soit à tout le corps de l'outil, soit, comme en Prusse, à la tige seulement, en conservant l'anneau en fer, soit, enfin, en réservant ce métal pour la pointe que l'on brase sur le fer conservé à la partie supérieure. Mais les épinglettes en cuivre ont un grand diamètre, vu leur peu de solidité, ce qui produit un canal plus grand et diminue l'intensité de la pression produite par la poudre. En outre, comme elles se tordent et se courbent, et qu'alors il est fort difficile de les extraire du trou sans endommager les parois du canal, obstruer ce dernier et faire rater le coup, les

mineurs mettent beaucoup de résistance à les adopter; cette résistance est encore augmentée s'ils doivent se les fournir à leurs frais, parce que, moins durables et d'un prix plus élevé, elles sont la cause d'une plus forte dépense. Dans le Cornwall, il avait fallu contraindre les ouvriers à s'en servir en décrétant que nul d'entre eux n'aurait droit aux secours de la caisse de prévoyance, si la blessure reçue provenait d'un coup de mine exécuté à l'aide d'une épinglette en fer.

Dans le but de leur donner plus de dureté, on en a aussi fabriqué en bronze, par l'alliage avec le cuivre d'un douzième d'étain, mais sans parvenir à leur donner une rigidité suffisante; enfin, le cuivre ou le bronze, avec tous les inconvénients inhérents à leur nature, ne sont pas exempts de tout danger, car, s'ils ne déterminent pas des étincelles par eux-mêmes, ils en produisent en faisant frotter entre elles des parcelles de rocher. Le plus convenable serait donc de les repousser entièrement dans le tirage des stratifications dures, et de les remplacer par des boute-feux mis en place avant le bourrage, comme les baguettes de bois creux, ou, mieux encore, comme les étoupilles de Bickford. En outre les ratées seront fort rares, car la mèche étant allumée, la combustion devra nécessairement se propager jusqu'à la cartouche, à moins qu'une pierre tranchante ne coupe la fusée, circonstance d'ailleurs fort rare dans les mines de houille. L'explosion ne sera jamais beaucoup en retard des prévisions, et les ouvriers, en se rapprochant d'un coup de mine qui a raté, ne s'exposeront plus aux accidents dont ils sont si fréquemment les victimes.

136. *Accidents provenant de la bourre ou du bourroir.*

Le bourroir, agissant dans un trou percé au milieu de roches dures ou sur une bourre contenant des grains de

quartz, peut déterminer des étincelles par son frottement réitéré contre ces substances, et en les faisant heurter entre elles ou contre les parois de l'excavation. Dans le but d'éviter les accidents de ce genre, l'administration des mines du pays de Mansfeld a prescrit depuis longtemps l'emploi de bourroirs en cuivre, dont la tête est garnie d'un anneau en fer, sur lequel on frappe avec un maillet en bois dur. Comme le cuivre est assez cassant, et qu'il n'est pas nécessaire de bourrer avec force, on ne frappe que des coups modérés, mais très-réguliers.

Dans le Cornwall, le bourroir, renflé à sa partie inférieure, est muni d'un bourrelet en bronze (1), brasé à l'extrémité de la barre de fer. M. Taylor, dans l'enquête parlementaire de 1835, regardait ce changement comme une amélioration capitale. Cependant, sur toute l'étendue de la Prusse, on ne se rappelle pas de mémoire d'homme un seul accident provenant de l'emploi du fer pour cet instrument; aussi regarde-t-on l'emploi coûteux du bourroir en cuivre comme superflu. Il est évident que cette divergence de résultats dérive uniquement de l'usage de la cartouche en Prusse et de son absence dans les mines de Cornwall.

M. Fournet, ancien directeur des mines d'Aniche, proposait de terminer la partie inférieure du bourroir par un disque en bronze et de percer son axe d'un trou destiné à loger l'épinglette dont la pointe serait de même métal; celle-ci, se trouvant au milieu de l'instrument et au centre du trou, ne pourrait déterminer d'étincelles par son frottement contre les parois (2).

Les étincelles produites par le choc du bourroir contre les parois ne peuvent avoir d'influence que dans le cas où

(1) Le bronze est composé de 86 parties de cuivre et de 14 d'étain.
(2) *Annales des mines*, tome XIII, page 319.

quelques grains de poudre y restent attachés ; aussi doit-on proscrire, en toute circonstance, l'introduction de la poudre sans l'intermédiaire de la cartouche. Il a été constaté que la majeure partie des accidents arrivés dans le Cornwall n'ont pas eu d'autre cause.

La mise à feu prématurée d'une mine peut encore être provoquée par l'action de chasser la première pelotte de terre glaise avec trop de vivacité, en se mettant dans les conditions qui déterminent l'embrasement de l'amadou dans un briquet pneumatique. Ce dernier fait, peu connu jusqu'à présent, est l'une des principales causes des accidents de ce genre observés dans les mines de la province de Liége, où l'on a la malheureuse habitude de projeter la poudre à nu dans le fond du fourneau. Comment expliquer autrement les nombreuses explosions qui ont eu lieu pendant le bourrage de trous pour lesquels le mineur se sert d'une épinglette en cuivre, dans un rocher de schistes fort tendres, la bourre étant d'ailleurs composée d'argile sans mélange de substances étrangères? Se garantir des effets de cette nature est une chose bien simple par elle-même ; mais, comme elle dépend entièrement de l'ouvrier, il sera souvent difficile de l'obtenir. Il suffit toutefois d'introduire la première pelotte d'argile lentement et sans choc, et de lui donner un diamètre moindre que celui du fourneau ; elle ne frottera plus contre les parois et ne pourra jouer le rôle du piston dans le briquet pneumatique.

137. Accidents causés par l'inexpérience ou par l'imprudence des ouvriers mineurs.

La troisième espèce d'accidents comprend les imprudences que peuvent commettre les ouvriers au moment où l'explosion doit avoir lieu. Si le coup ne part pas au

moment présumé, le mineur expérimenté ne se presse
pas d'accourir vers la mine : il laisse la mèche se con-
sumer entièrement, et, après un espace de temps cinq
ou six fois aussi considérable que celui qui s'écoule
ordinairement entre la mise à feu et l'explosion, il
se rapproche avec prudence, en examinant attentivement
s'il ne se dégage pas quelque fumée, car le feu reste
quelquefois assez longtemps avant de parvenir à la cartouche, surtout si l'ouvrier a la mauvaise pratique de
recouvrir la poudre projetée à nu par un petit tampon
de papier; souvent celui-ci s'embrase seul et ne communique le feu que fort lentement. En cas de ratée et
quelle qu'en soit la cause, le mineur se garde bien de
plonger l'épinglette dans le trou sans précaution, car
il pourrait produire une étincelle ou faire descendre les
parties encore incandescentes du boute-feu, les mettre
en contact avec la poudre et déterminer l'explosion.
Après avoir retiré la fusée, il en installe une autre
et essaie de nouveau. Si, après plusieurs tentatives, le
coup ne part pas, il ne cherchera jamais à débourrer le
fourneau, mais il le noiera ou l'abandonnera; quelque
dommage que lui fasse éprouver la perte de main-d'œuvre,
il se résignera à ce sacrifice et en creusera un second
dans le voisinage du premier.

Avant la mise à feu, le mineur calculera la longueur
de la mèche et la proportionnera au temps qu'il doit
employer pour atteindre un réduit où il soit à l'abri des
effets destructifs des coups de mine. S'il entaille une galerie,
le réduit sera une autre galerie recoupant la première à
angle droit, ou, à son défaut, une paroi mobile faite de forts
madriers cloués sur des solives; cet abri suivra le point
d'arrachement du rocher à une distance de 50 à 60 mètres.
S'il fait éclater le rocher pour le fonçage d'un puits, il

fait sa retraite dans le vase d'extraction qui, au premier
signal, l'élève rapidement vers l'orifice et le transporte à
une distance suffisante au-dessus du lieu de l'explosion ;
mais les débris du rocher, projetés quelquefois verticalement à de grandes hauteurs, rendent cette méthode assez
dangereuse ; il est plus convenable de pratiquer dans le
puits, et à une certaine hauteur au-dessus du point de creusement, une excavation que le mineur atteint au moyen
d'échelles en fer. A mesure que le puits s'enfonce, on
creuse de nouveaux réduits, peu coûteux si l'on profite des
couches rencontrées antérieurement. Le mineur liégeois
désigne ces retraites par le nom de *caponnières*.

SECTION IVᵉ.

FONÇAGE DES PUITS ET CREUSEMENT DES GALERIES.

138. *Des terrains considérés relativement au genre d'outils propres à les entamer.*

On a vu, dans le chapitre qui précède, combien est variable la nature des roches constituantes du terrain houiller et celles des formations qui le recouvrent. Il en est de même de leur dureté, de leur consistance et de leur solidité. Elles sont quelquefois si dures que les outils du mineur peuvent à peine les entamer; plus tendres, elles s'excavent facilement, quoique se soutenant encore d'elles-mêmes; ébouleuses, on doit étayer les excavations; enfin, les stratifications arénacées sèches ou aquifères sont quelquefois dans un état de mobilité telle, qu'il est fort difficile de les contenir. De ces diverses conditions de dureté et de cohésion résultent les résistances plus ou moins grandes qu'éprouve le mineur lorsqu'il cherche à détacher quelques fragments de roches de la masse environnante.

Un terrain est dur ou tendre selon l'espèce d'outils par lesquels il peut être efficacement attaqué; et cette dureté est mesurée par le degré de difficulté qu'ils éprouvent à y pénétrer. La cohésion ou l'adhérence qui unit les éléments d'une roche est tout-à-fait indépendante de cette propriété; c'est ce qu'exprime le mineur lorsqu'il dit : *La roche se perce bien, mais se casse mal;* c'est-à-dire elle est tendre, mais fortement agglutinée. La présence ou

l'absence des joints naturels perpendiculaires ou parallèles au plan de stratification, se combinant en outre avec la dureté et la cohésion, modifient encore les méthodes employées pour pratiquer l'excavation. De là, sous ce point de vue, le classement des terrains en quatre catégories :

1°. Les substances ébouleuses, qui n'exigent qu'un simple travail de déblai. Telles sont les terres végétales, les schistes décomposés et rendus déliteux par les actions atmosphériques; les sables, les terres sablonneuses, qu'on défonce à la pioche ou à la bêche pour les enlever ensuite à la pelle ;

2°. Les roches tendres, susceptibles d'être arrachées avec le pic, la pointerolle, le coin ou la pince, comme les sables agglutinés, les argiles compactes ou durcies, les dépôts d'alluvion, les argiles sablonneuses et certains schistes argileux tendres, désagrégés, délités, altérés ou naturellement fissurés ;

3°. Les substances dures et compactes que peuvent entamer les pics et les pointerolles, mais pour l'excavation desquelles on emploie ordinairement la poudre ; ce sont les grès, les schistes houillers, les calcaires, les marnes et plusieurs autres stratifications appartenant aux terrains de recouvrement ;

4°. Les poudingues ou conglomérats et certaines espèces de grès sont des substances récalcitrantes fort difficiles à traiter et sur lesquelles la poudre seule exerce quelque action.

139. *Disposition des trous de mine.*

Les circonstances qui influent sur la disposition d'un trou de mine sont fort nombreuses ; les principales sont : le volume de la roche à arracher ; le nombre, la situation

20

et la forme des faces dégagées ; les fissures qui recoupent la masse et les plans de stratification ou de délitement. La disposition des trous ne peut être l'objet d'une théorie, car on ne peut établir qu'un petit nombre de règles générales en dehors desquelles l'opération doit être livrée à l'inspiration et à l'arbitraire des mineurs, choisis, d'ailleurs, parmi les ouvriers les plus intelligents et les plus expérimentés.

On appelle *ligne de moindre résistance* d'un trou de mine l'expression de la plus courte distance de la charge à la face dégagée du rocher sur laquelle l'effet doit se produire. Ainsi la charge (fig. 8, pl. X) se trouvant en *a*, la ligne de moindre résistance sera *ab*. La longueur de cette ligne détermine à peu près le volume du fragment que chaque coup détache de la masse. Si l'axe du trou est parallèle à la face libre la plus rapprochée de la charge, la ligne de moindre résistance sera la même pour toutes les profondeurs. Si le trou est oblique, par rapport à la même face, cette ligne sera *ab* (fig. 13), située entre deux autres lignes extrêmes : *ef* prise au fond du trou et *cd* mesurée à son orifice.

La roche est d'autant plus facile à rompre qu'elle offre un plus grand nombre de faces dégagées ; les effets les plus limités se rencontrent lorsque le mineur n'en a qu'une seule à sa disposition et que le rocher est exempt de fissures et de plans de délitement. Dans ce cas, si la roche est assez tendre, on pratique une entaille préparatoire au moyen du pic, de la pointerolle ou de tout autre outil ; si elle est trop compacte et trop homogène pour qu'il en puisse être ainsi, on cherche à créer des cavités qui suppléent en quelque sorte à l'absence de faces dégagées, en forant dans la paroi une série de petits trous (fig. 4 et 6), dont la ligne de moindre résistance soit très-courte ;

ces trous, que le mineur montois appelle *mines de sca-melage*, peuvent prendre le nom de *trous d'amorce*.

On doit toujours avoir le soin de proportionner la ligne de moindre résistance à la puissance de la charge et aux circonstances propres à faciliter l'arrachement du rocher. La prendre trop grande serait dissiper la force sans résultat, car alors la poudre, enveloppée d'une trop grande masse, éprouverait une résistance invincible ; le coup se dégagerait par la bourre et lancerait seulement quelques éclats. La prendre, au contraire, trop faible, c'est-à-dire laisser trop peu d'intervalle entre la face libre et le fourneau de mine, aurait pour résultat de projeter au loin avec violence la partie du rocher que l'on doit se borner à disloquer et à fissurer afin de donner prise à l'action des outils. Immédiatement après l'explosion, l'ouvrier achève de détacher les divers fragments avec des pinces qu'il insère dans les fentes pour les agrandir, avec des coins qu'il enfonce à coups de marteau ; en un mot, par tous les moyens à sa disposition. Il a le soin de ne placer un second coup qu'après s'être assuré qu'il n'y a plus aucun bloc à enlever et que le roc dans lequel il se propose de forer de nouveau est exempt de fissures produites par le coup de mine précédent.

Lorsque la face est accidentée par des dépressions et des saillies, on cherche à utiliser ces irrégularités en disposant convenablement le coup de mine relativement à la ligne de moindre résistance. Ainsi un trou (fig. 9) peut être placé de manière que la partie antérieure *a* du rocher soit en rapport convenable avec la charge, tandis que, en *b*, la ligne de moindre résistance augmente subitement. Si, comme dans la figure, la charge tombe dans le massif, l'effet du coup sera considérablement réduit, et l'on éprouvera une perte de force que l'on aurait évitée en faisant le trou moins profond et la cartouche plus petite. Cette circonstance, fré-

quemment observée dans les coups de mine pratiqués au-dessus des entailles, se présente aussi lorsque la roche contient une dépression *c* (fig. 10) au-dessus de laquelle le trou a été foré et prolongé jusqu'en *d*. Il est ici facile de voir qu'on lui a donné une trop grande profondeur; car la force, tendant à se dégager par le chemin le plus court, agit contre la cavité et laisse intacte la partie *d*, tandis que, si le trou s'était arrêté en *b*, une faible quantité de poudre aurait suffi pour abattre le fragment *e*. Un trou profond, pour être profitable, doit être placé dans un rocher suffisamment dégagé. Dans les parois, dans les angles des excavations, et, en général, partout où la masse est concentrée ou seulement très-compacte, on ne doit forer que de très-petits fourneaux.

Le mineur doit avoir égard au nombre et à l'étendue des fissures naturelles; à leur degré d'ouverture, et surtout au délitement des bancs du rocher; car ces plans de disjonction, isolant, pour ainsi dire, les blocs les uns des autres, peuvent être considérés comme des faces de dégagement plus ou moins parfaites; la position du trou est, dans ce cas, d'une grande importance, puisqu'il peut en résulter aussi bien la diminution d'effet utile que son augmentation. Il peut tomber parallèlement aux plans de stratification (fig. 14) ou leur être perpendiculaire (fig. 15). Dans le premier cas, la fissure *b*, interposée entre le trou et la face libre, n'a aucune influence nuisible ou avantageuse; mais celles qui, telles que *o*, se trouvent en arrière, tendent à ajouter à l'effet, puisque le choc se propage jusqu'à elles et que la ligne de moindre résistance est augmentée d'autant sans réclamer une force d'expansion plus considérable. Dans le second exemple, les fentes *b* et *c* n'ont aucune importance et le choc se fait sentir jusqu'au plan de délitement *a*, c'est-à-dire plus bas que le fond du trou.

Le rocher peut contenir des fissures entre-croisées sous un angle quelconque et dirigées en sens divers; si elles sont assez écartées les unes des autres, elles recoupent la masse en gros blocs, qui peuvent être isolément l'objet d'un faible coup de mine; mais si elles sont multipliées et par conséquent fort rapprochées, si surtout elles sont bien déterminées, comme elles ne peuvent donner lieu qu'à des mines fort inefficaces, l'arrachement devra s'en effectuer avec des leviers, des coins ou des pics. Dans aucun cas, la poudre ne devra tomber en contact avec une fissure ou un plan de délitement; l'expansibilité des gaz serait considérablement diminuée et quelquefois entièrement anéantie par l'espace qu'ils offriraient à leur développement. Il en sera de même d'un coup dont la cartouche serait placée sur la surface de séparation de deux bancs consécutifs, quoique le délitement fût peu déterminé, parce que les parois s'écartant au premier choc résultant de la formation des gaz, une partie, sinon la totalité des effets de leur détente, se dissiperait dans l'espace. Pour éviter ces inconvénients, le mineur, avant de percer la roche, l'examine attentivement; il l'interroge au marteau; si elle sonne creux, il est averti qu'elle contient des cavernes ou des fissures auxquelles il doit avoir égard. Si, par inadvertance, il a prolongé le trou jusqu'à la rencontre d'une cavité nuisible, il y bourre fortement de l'argile, jusqu'à ce qu'il ait amené la cartouche dans une position convenable.

Quant à la charge, il n'existe aucune règle expérimentale (1) pour en régler le poids ou le volume; à ce sujet,

(1) Le major-général sir J. F. BURGOYNE (*Mining-Review*, vol. IV, p. 96) établit un principe que M. COMBES, dans son *Traité de l'exploitation des mines* (t. 1, p. 243), traduit comme suit: *La charge de poudre en grammes est égale à la moitié du cube de la ligne de*

tout est livré à l'instinct du mineur, qui ordinairement la proportionne à la consistance du rocher et aux lignes de moindre résistance des trous de mine.

140. *Attaque des roches dans le creusement des excavations.*

Les excavations des mines de houille n'ont qu'une faible section transversale et jamais plus d'une face dégagée, savoir : la face engendrée par l'abattage précédent et qu'il s'agit d'arracher à son tour. Quand le mineur la juge insuffisante, il cherche à en créer une seconde, sans laquelle la poudre ne produirait que peu ou point d'effet. Si, parmi les bancs de roche, il s'en trouve un assez tendre pour qu'il puisse l'entamer à l'aide des outils d'arrachement, il y pratique une entaille aussi profonde que possible et lui donne une position horizontale, inclinée ou verticale, suivant le sens des stratifications. L'existence de petites couches de houille (fig. 7) facilite beaucoup le travail, et l'on ne manque jamais de les utiliser pour l'entaille en les poursuivant jusqu'au sol ou au faîte de la galerie.

Si la roche, trop dure, ne peut être arrachée par ce moyen, le mineur isole la masse à l'aide d'une série de petits coups d'amorce (fig. 11) 1.2.3.4, etc., de 25 à 30 centimètres de profondeur, dont les premiers n'ont pour ligne de moindre résistance que 8 à 10 centimètres; cette longueur s'accroît, pour les suivants, à mesure qu'ils s'écartent de la dépression centrale. Six à dix coups suffisent à la

moindre résistance exprimée en décimètres. Mais cette règle se rapportant à des carrières à ciel ouvert, dont la roche homogène est dégagée sur plusieurs faces, ne peut être appliquée sans de grandes modifications à l'arrachement des rocs dans les excavations souterraines à petite section.

préparation d'une entaille convenable dans une galerie de dimensions ordinaires. Ces entailles se placent immédiatement sur le sol (fig. 6) ou un peu au-dessus de celui-ci (fig. 4), suivant la hauteur à laquelle on se propose de porter le couronnement. Dans le premier cas, le roc étant dégagé sur toute la largeur de l'excavation, il peut arriver qu'un seul coup de mine i (fig. 6), de 0.90 à 1 mètre de profondeur, suffise à abattre le massif compris entre le trou et l'entaille; quelquefois il en faut deux et même un plus grand nombre g, h, i. On cherche, toutefois, à en percer le moins possible, et c'est dans le discernement du mineur à juger du nombre de coups nécessaire, de leur direction et de leur profondeur que se trouve la plus grande économie de poudre et de main-d'œuvre. S'il croit pouvoir, d'une seule mine placée au faîte de la galerie, faire éclater tout le massif situé au-dessus, il la dirigera horizontalement; s'il craint que ce massif ne soit un peu trop fort et qu'il regarde comme inutile de percer deux fourneaux, il suffira d'en diriger un en descendant; si, au contraire, la masse n'était pas assez forte, il inclinerait le trou en montant, sans cependant dépasser le faîte de la galerie. L'ouvrier rend accessibles ces parties du rocher, placées hors de sa portée, en formant, par l'accumulation des déblais, une espèce de banquette, au moyen de laquelle il atteint à la hauteur convenable. Dans le second cas (fig. 4), le mineur devant, en outre, arracher la partie du rocher laissée sur le sol, place des coups de mine k, l, à peu près parallèles à la face latérale dégagée, c'est-à-dire verticaux ou légèrement inclinés. L'enlèvement de cette dernière partie du rocher peut aussi précéder l'arrachement du faîte; les circonstances locales décident seules la question de priorité.

Dans l'exécution des galeries à travers bancs des mines

de houille, le mineur, profitant quelquefois de l'irrégularité de la surface dégagée, perce un plus grand nombre
de trous, transforme l'entaille en une véritable galerie,
dont la hauteur est moindre que celle de l'excavation
définitive; il s'avance ainsi 5, 6 et même 10 mètres, puis
revient en arrière donner au couronnement une série de
coups destinés à produire la hauteur voulue. Lorsqu'il
a poursuivi jusqu'au faîte (fig. 7) une couche de houille
ou de schistes tendres dont il s'est servi pour faciliter
l'abattage de la partie supérieure par la combinaison de
trous tels que m, n et n', il détache la roche stratifiée
au-dessous à l'aide de quelques fourneaux semblables aux
coups de mine représentés en o et en p.

Les fissures un peu ouvertes, telles que a, b, (fig. 16),
dont la direction est à peu près parallèle à l'axe des
galeries, quelle que soit d'ailleurs la position de leurs
plans, facilitent singulièrement l'arrachement du rocher.
Elles sont les éléments d'entailles qu'il est possible d'élargir
au moyen d'une ligne de trous inclinés g, h, i et k, l, m,
placés à une certaine distance de la fissure. Si la galerie n'a
qu'une faible largeur, quelques coups accessoires o, p,
suffisent pour achever son creusement. Si la largeur est trop
considérable, on s'avance de quelques mètres en laissant
derrière soi une épaisseur de rocher, objet d'un abattage
ultérieur. Mais ces fissures, peu désirables sous le rapport
des eaux qu'elles peuvent introduire dans les travaux,
ne se rencontrent pas fréquemment dans les mines de
houille.

L'exécution des puits diffère peu de celle des galeries,
puisqu'ils se trouvent à peu près dans les mêmes conditions.
La première opération consiste à pratiquer une dépression
dans laquelle se réunissent les eaux de filtration, qu'on
enlève au fur et à mesure de leur arrivée. Cette dépression,

toujours excavée à l'avance afin d'assécher les autres parties de la section du puits où se tiennent les ouvriers, sert aussi d'entaille et remplace la seconde face dégagée ; elle se creuse au milieu de l'excavation ou près de l'une de ses parois latérales.

La première disposition est en usage dans les stratifications horizontales et dans les roches dures et homogènes, dont les bancs , mal délités , se détachent difficilement les uns des autres. On perce alors (fig. 30) un petit fourneau d'amorce 1 , assez incliné , d'où résulte une cavité autour de laquelle se placent d'autres trous 2.3.4.5, etc. , jusqu'à ce qu'on ait ainsi formé une espèce de rigole ou de puisard. La roche étant dégagée vers le milieu de l'excavation, il suffit de percer d'autres trous plus profonds, tels que c,c,c,c',c',c' (fig. 28), en se retirant vers les parois du puits pour achever l'arrachement d'un ou de plusieurs bancs. Les stratifications inclinées et qui offrent quelque tendance à se déliter engagent le mineur à produire la première dépression A (fig. 1) sur l'un des côtés du puits et à arracher la partie supérieure du rocher au moyen de trous de mine b,b,b, etc. ; le fond de ces derniers ne doit pas atteindre le plan de délitement g,h, car, dans cette circonstance , ce dernier joue le rôle d'une face plus ou moins dégagée.

Les parois des puits, le faîte et les parois des galeries excavées à la poudre ne peuvent rester dans l'état où elles se trouvent après la rupture du rocher , c'est-à-dire hérissées d'aspérités et de fragments faisant saillie et donnant à l'excavation différentes hauteurs et des largeurs inégales. Il convient de faire disparaître ces irrégularités en abattant les saillies à coups de pic ou de pointerolle, c'est-à-dire de *ciseler* ou de *ragréer* les parois.

141. *Exécution d'une galerie souterraine à Soussey.*

On ne saurait trop insister sur l'importance de dégager le massif du rocher dans les percements, et de créer au moins une deuxième face libre, afin d'obtenir d'un coup de mine tout l'effet qu'il peut produire; l'expérience a prouvé que, quand il est permis d'agir de cette manière, on peut réaliser une économie de moitié dans l'emploi de temps et de poudre. Voici un exemple à l'appui de cette assertion (fig. 12); il pourra servir de guide dans des circonstances analogues. Lors de l'exécution du canal de Bourgogne, il s'agissait de percer une galerie souterraine de 2.50 mètres de hauteur sur autant de largeur, à travers un calcaire dur appartenant à la formation jurassique. Les mineurs commencèrent par pratiquer une entaille K, (appelée *ave*) à la naissance de la voûte et sur toute la largeur de la galerie; on lui donna un mètre de profondeur et 0.20 à 0.25 mètre de hauteur à son orifice; elle diminuait de hauteur à mesure qu'on s'enfonçait dans la masse. Trois coups de mine horizontaux c, placés au-dessous du plafond, abattirent toute la partie du rocher située entre l'ave et le faîte.

Deux ouvriers, en douze heures de travail, creusaient l'ave et faisaient partir l'un des trous horizontaux; deux autres mineurs, dans les douze heures suivantes, perçaient les deux trous c du plafond, les faisaient successivement éclater et plaçaient deux ou trois mines presque verticales d, au moyen desquelles ils enlevaient la partie supérieure du massif rectangulaire, sur une profondeur d'environ 80 centimètres. Enfin, deux ouvriers, en huit heures, arrachaient le dernier gradin avec trois fourneaux tels que f; mais cette dernière opération n'avait lieu que quand la partie supérieure de l'excavation était avancée de un mètre, afin que le pied servît

d'échafaudage aux ouvriers et facilitât l'exécution de l'ave et des trous de mine du plafond.

Les ouvriers, travaillant dans un calcaire dur, c'est-à-dire présentant au moins autant de résistance que le commun des schistes houillers, employaient 32 heures pour avancer d'un mètre courant, dans une galerie dont la section était de 6.25 mètres carrés, tandis que la méthode généralement usitée dans les mines exige 36 heures pour le même ouvrage, accompagné des circonstances les plus favorables et avec une section moyenne de 3 mètres seulement. L'auteur de ce traité a fait, dans le terrain houiller, quelques expériences de ce genre; si elles n'ont pas été aussi avantageuses que semblaient l'indiquer les travaux de Soussey, il faut l'attribuer à l'inexpérience des ouvriers dans l'exécution de l'entaille; toutefois l'excavation a marché beaucoup plus rapidement que par l'emploi du mode ordinaire.

142. Procédés usités pour donner aux galeries la direction voulue.

On a déjà vu que le but d'une galerie percée dans les roches stériles étant de mettre en évidence le plus grand nombre de couches possible en parcourant l'espace le plus court, on doit faire en sorte que son axe soit constamment perpendiculaire à la direction des strates. Si ces dernières sont sensiblement parallèles entre elles, la galerie marche en ligne droite; si leur divergence est considérable, on n'obtient le plus souvent qu'une courbe, dont on a le soin d'arrondir les jarrets et les coudes trop brusques pour faciliter le transport futur des produits. Les percements prati-

qués dans un terrain connu, ceux qui ont pour objet de
livrer un passage à l'air et à l'eau ; enfin, toutes les excavations dans lesquelles la position du point d'arrivée est bien
déterminée relativement au point de départ exigent une
marche en ligne droite comme étant le chemin le plus court.
Pour indiquer aux ouvriers la route qu'ils doivent suivre,
on suspend, dès l'origine du percement, deux fils à plomb
au faîte de la galerie ; ceux-ci, tombant dans son axe,
déterminent un plan vertical qui la coupe en deux parties égales. A mesure que le creusement s'avance, le maître
mineur en ajoute d'autres dans l'alignement des deux premiers, d'où résulte un jalonnement, expression de la direction ; le géomètre, à l'aide d'instruments et de calculs, objets
de développements ultérieurs, s'assure de temps à autre
de l'exactitude des fils conducteurs. Supposant la galerie
(fig. 6) arrivée à un certain point d'avancement, a et b
étant les deux derniers fils placés ; on blanchira à la craie
le fil b et l'on disposera une lumière h qui l'éclaire suffisamment. Un ouvrier, adossé à la paroi d'entaille G,
tient une lampe à la main ; il la porte à droite ou à
gauche, suivant les indications du maître mineur, placé
lui-même derrière le fil a, jusqu'à ce qu'elle se trouve
sur le prolongement des deux fils, c'est-à-dire en un point
où le premier recouvre le second et la flamme de la lampe.
Ce point est le milieu de la galerie, suivant la direction
voulue ; il ne reste plus qu'à vérifier si les parois de droite
et de gauche sont distantes de la lampe d'une quantité
exactement égale à la demi-largeur de l'excavation.

Il existe une autre manière d'opérer : elle consiste à
substituer (fig. 4) aux plombs qui terminent les fils a et b
des lampes semblables à celle que représente la figure 5 ;
le maître mineur, adossé à la paroi M, tient à la main un
fil à plomb d qu'il cherche à placer en coïncidence avec

les deux lumières, c'est-à-dire dans une position telle que les trois objets se trouvent dans un même plan vertical. Un homme seul peut faire cette vérification avec assez de promptitude.

143. Percer une galerie suivant une inclinaison donnée.

L'instrument dont les ouvriers excaveurs peuvent tirer le meilleur parti est représenté dans la figure 48, pl. IX. Il est en fer et se compose d'une règle cd de quatre mètres de longueur, réduite souvent à 2 mètres par suite de l'impossibilité que l'on pourrait éprouver à la retourner dans les galeries étroites; de deux pieds ac et bd et d'un appendice ie perpendiculaire sur la règle; fga et fgb sont deux contrefiches destinées à donner de la solidité à l'instrument. En h une plaque de laiton est incrustée dans la règle, et en i une petite broche percée d'un trou est le point de suspension d'un fil à plomb; lorsque ce dernier coïncide avec une ligne de repère tracée sur la plaque, on sait que les deux extrémités de l'instrument, a et b, se trouvent dans un plan horizontal. Pour tracer cette ligne directrice, ou pour vérifier si celle qui s'y trouve déjà occupe une position convenable, on place les deux pieds sur deux clous fichés en terre, de manière que le fil tombe vers l'un des bords extérieurs de la plaque h; on marque ce point, puis, après avoir retourné la règle, on indique un point analogue sur le côté opposé; la distance qui sépare les deux traces est divisée en deux parties égales, et la ligne verticale passe par le point de division.

Pour opérer, le mineur place toujours les pieds de l'instrument sur des clous enfoncés dans le sol ; il se munit, en outre, de quelques disques métalliques dont il connait l'épaisseur et dont l'usage est, ainsi qu'on va le voir, de racheter les différences de niveau du sol. Qu'il s'agisse, par exemple, de prolonger une galerie dont la pente est de 0.01 mètre par mètre avec une règle de 4 mètres de longueur; après avoir creusé l'excavation en déterminant son inclinaison à vue d'œil, il place, entre le pied postérieur et l'un des clous précédemment enfoncés, des disques dont l'épaisseur forme une hauteur de 0.04 mètre; puis au-dessous du pied antérieur il enfonce un second clou dont la tête soit à un niveau tel que le fil à plomb coïncide avec la ligne de foi. La surface supérieure des deux clous est alors tellement placée que la droite qui les réunit offre une pente de 0.01 mètre par mètre.

On peut encore, pour plus de simplicité, supprimer les disques (fig. 49) et rendre mobile l'un des pieds bd, en le faisant glisser dans une coulisse pratiquée à l'une des deux extrémités de la règle horizontale ab; ce pied est divisé en millimètres; les nombres de la division s'accroissent en s'avançant vers le point d et le zéro de la division est en contact avec la règle ab lorsque le sol est horizontal. Il suffirait, dans l'exemple proposé ci-dessus et en supposant une règle de même longueur, de raccourcir le pied mobile de 40 millimètres, c'est-à-dire de l'engager dans la règle horizontale de 40 divisions, pour que le sol ait une inclinaison de 0.01 mètre par mètre au moment où le fil à plomb coïncide avec la ligne de foi. La galerie étant avancée de 15 à 20 mètres, le géomètre relève l'inclinaison avec le demi-cercle et vérifie si elle est conforme aux indications données; cette vérification a lieu simultanément avec celle de la direction.

144. *Direction verticale d'un puits en creusement.*

L'axe d'un puits doit être rigoureusement vertical dans toute son étendue ; la moindre déviation dans sa direction produit un jarret plus ou moins prononcé qui doit être évité ou corrigé dès qu'on s'en aperçoit. Si le puits est formé d'une réunion de faces planes, chacune d'elles, sur toute la hauteur, ne doit former qu'un seul plan vertical ; si c'est une surface courbe, chaque ligne génératrice doit être droite et verticale.

Pour prévenir les graves inconvénients résultant d'une excavation hors plomb, ou dont les parois irrégulières offrent alternativement des dépressions et des saillies, on a le soin de suspendre, pendant le creusement, des fils à plomb tels que r, s aux angles des puits rectangulaires ou polygonaux (fig. 1, pl. X) ; aux quatre extrémités de deux diamètres, disposés à angle droit, pour les puits circulaires, ou aux extrémités du petit et du grand axe lorsqu'ils sont elliptiques ; enfin, si la section est fort grande, on multiplie le nombre des fils et l'on en place autant que les circonstances l'exigent. Le maître mineur s'assure fréquemment de leur non déviation ; il fait concorder le creusement avec la direction qu'ils indiquent ; provoque leur descente à mesure que l'excavation s'approfondit, et en certaines occasions il les fait régner du haut en bas ; c'est-à-dire que, fixés à l'orifice, il les laisse descendre jusqu'au point où s'effectue le fonçage. Il abat soigneusement les parties saillantes du rocher qui écarteraient les fils de leur direction verticale ; il exige le cisèlement des parois et enfin il empêche de donner les coups de mine trop près de ces dernières ; car l'ébranlement du rocher en compromettrait la solidité ou produirait des cavités pernicieuses pour l'avenir, surtout si le puits doit rester sans revêtement.

145. *Surveillance à exercer pendant le creusement des excavations.*

Les percements dans les roches encaissantes sont exécutés par des ouvriers spéciaux payés à prix fait, c'est-à-dire au moyen d'une somme allouée par mètre cube ou plus souvent par mètre courant de puits ou de galerie, dont on stipule ordinairement les dimensions. Comme les ouvriers sont toujours enclins à abréger le travail et à le rendre facile; ils négligent quelquefois d'excaver les angles du sol des galeries ou de donner aux sections de ces dernières les dimensions convenues; souvent dans le but de diminuer l'épaisseur de la roche à ciseler, ils placent les coups de mines dans une position trop rapprochée des parois, ce qui tend à ébranler ces dernières. Enfin, en certaines localités, s'ils rencontrent un banc de schiste tendre ou pourri qui leur permet de dégager une face de plus, sans beaucoup de travail, ils le suivent, dévient de la direction indiquée, donnent à l'excavation une pente ascendante ou descendante trop forte et produisent ainsi des galeries sinueuses, fort désavantageuses et même nuisibles, quant à l'aérage et au transport. On peut, il est vrai, employer des moyens répressifs. Ainsi, lorsqu'une galerie a été creusée en zigzag, l'exploitant paie le travail comme s'il eût été exécuté en ligne droite, ce qui établit une différence notable au détriment des entrepreneurs; d'autres fois on contraint ces derniers à rectifier le travail et à mettre l'excavation dans une direction rectiligne; mais on voit du premier coup d'œil combien ces pénalités sont inefficaces; car dans le premier cas, le transport est toujours défectueux, et dans le second la trop

grande largeur de l'excavation compromet sa solidité. Il
n'y a donc qu'un seul moyen d'obtenir la rectitude désirable, c'est d'exercer une surveillance active et incessante,
et de s'assurer à chaque instant si les conditions du travail
sont fidèlement observées.

146. *Percement des puits sous stot.*

Ce procédé consiste à prolonger un puits ab (fig. 35,
pl. X) d'une quantité indéterminée gh, en laissant au-dessus
de la tête du mineur, pendant le creusement, une certaine
épaisseur de terrain M appelée *stot*, destinée à interrompre
momentanément la communication entre les deux fractions du puits.

b est un puisard au-dessous duquel doit être réservé
le massif proportionné à la solidité de la roche. A partir
du point c, où les eaux peuvent être maintenues à un
niveau constant, on choisit une galerie déjà exécutée cd,
ou, à son défaut, on en perce une nouvelle dont la longueur dépend uniquement des circonstances locales ; à l'extrémité de cette galerie un puits intérieur df conduit à une
galerie inférieure fg, qui ramène le mineur immédiatement
au-dessous du puisard dont il n'est séparé que par le stot.
Il s'assure alors par des procédés géométriques, ultérieurement exposés, de la position exacte du point correspondant
à l'axe du puits ab et il procède à l'enfoncement de son prolongement gh. Arrivé à la profondeur voulue, il abat le
stot ; si l'opération a été bien conduite, les deux excavations
n'en forment qu'une seule, dont les axes se confondent en
une même ligne droite et verticale ; les angles correspondent
entre eux, si la section est rectangulaire, et enfin la partie
inférieure n'est que le prolongement rigoureux de la partie
supérieure. Ce procédé est coûteux sous le rapport de

l'extraction des déblais; en effet : il faut les charger et lès extraire à l'aide d'un treuil dans le prolongement *g h* et dans le puits latéral *df*, les transporter dans les deux galeries *fg* et *cd*, et enfin les charger dans de grands vases d'extraction pour les amener au jour par le puits *a b*, lorsqu'un enfoncement direct n'aurait exigé que cette dernière opération. Mais ce mode doit nécessairement être employé si l'on veut continuer ou reprendre l'enfoncement d'un puits, pendant l'exploitation des couches supérieures ; le stot garantit alors les ouvriers contre la chute des blocs de charbon provenant des vases d'extraction ou de tout autre corps grave, et les préserve des eaux quelquefois fort abondantes accumulées dans le puisard et qui, dès lors, ne peuvent apporter aucune entrave au travail d'excavation.

On remplace quelquefois le stot par un échafaudage composé de sommiers et d'épais madriers, recouverts d'une couche d'argile fortement tassée; mais cette disposition **qui** livre passage aux eaux d'infiltration, n'est pas suffisamment efficace dans le cas où un vase d'extraction se détache du câble, ou même lorsqu'un bloc de charbon, livré à l'accélération de la pesanteur, vient d'une grande hauteur s'abattre sur le stot artificiel. On ne l'emploie que dans certaines circonstances et en prenant des précautions très-minutieuses.

147. *Extraction des déblais dans le creusement simultané de deux puits.*

Souvent un puits d'extraction est accompagné d'un autre puits destiné à l'épuisement, au retour de l'air ou à la descente des ouvriers ; si ces deux excavations ne sont pas situées à une trop grande distance l'une de l'autre, une seule machine à vapeur suffit pour enlever les déblais provenant

du creusement, et on employe l'un des deux procédés suivants :

Le premier (fig. 54, pl. X) est principalement usité dans la province de Liége. La machine d'extraction, placée à demeure pour le service futur du puits principal *a b*, sert à retirer d'une manière directe les déblais provenant de son propre creusement. Quant au puits accessoire *c d*, on se sert d'abord d'un treuil placé à la surface, jusqu'au moment où l'on prévoit que la force des manœuvres appliquées à l'appareil va devenir insuffisante pour vaincre la résistance. Si l'on a rencontré une couche *m* (car il est heureusement fort rare que, dans ce but, on soit obligé de pratiquer une excavation dans les roches stériles), on établit la jonction des deux puits, en perçant une galerie *ef*; le treuil est transporté en *f*; le fonçage continue; les déblais, parvenus à ce dernier point, sont transportés à travers *ef*, jusqu'au puits principal, où on les charge sur les vases d'extraction enlevés au jour par la machine à vapeur. A un étage inférieur est percée une nouvelle galerie; le treuil se déplace de nouveau et ainsi de suite, jusqu'à l'achèvement de l'avaleresse. Le dessin exprime le moment où le treuil, après avoir été déplacé successivement trois fois, amène en *o* les déblais recueillis en *d*, d'où ils sont conduits en *p*, et, là, chargés dans les tonnes du puits principal. Ce procédé est coûteux en ce que les matériaux sont extraits à bras d'hommes, transportés dans les galeries, chargés et déchargés à plusieurs reprises; mais il est indispensable de s'en servir si le puits principal existe déjà lorsqu'on veut y adjoindre un puits accessoire. Toutefois, la méthode suivante est préférable dans la plupart des circonstances. Soit *A* (fig. 5, pl. XIII) le puits principal; *B*, le puits accessoire; si l'espace qui doit les séparer est suffisant, la machine sera placée en *C*, entre les deux excavations; s'il en est autrement, on la construira en dehors

sur le prolongement du point C^1, de telle façon que chacune des deux cordes m et n puisse à volonté plonger dans le puits principal, ou être appliquée, ainsi que l'indique la figure, au service spécial d'un seul puits. Cette dernière disposition étant adoptée pendant le cours des travaux d'aprofondissement, l'enlèvement des déblais par les deux avaleresses ne sera jamais interrompu, car un seul vase d'extraction est toujours plus que suffisant pour contenir ceux que produit l'un des percements.

On emploie quelquefois dans le Statfordshire, le même moyen pour creuser simultanément trois puits; la machine fait alors mouvoir trois cordes, dont chacune est affectée au service d'une excavation.

148. *Outils inventés par M. Kindt pour le forage des puits d'un grand diamètre.*

Déjà en 1844, M. Combes (1) indiquait les avantages qui pourraient dériver de la substitution du forage à l'emploi de la poudre dans le percement des puits. Mais cette idée fut généralement regardée comme inadmissible, quoique quelques années auparavant M. Kindermann, sondeur westphalien, fut parvenu, au moyen de ce procédé, à atteindre le terrain houiller à travers les puissantes stratifications crétacées de la partie septentrionale du bassin de la Ruhr. Le diamètre des puits qu'il forait n'excédait pas 0.94 mètre, et malheureusement, il mourut le jour même où la réussite de son entreprise fut mise hors de doute.

Les choses étaient dans cette situation, lorsque M. Kindt, si connu dans les annales du sondage, reprit cette idée,

_____

(1) *Traité d'exploitation*, tome Iᵉʳ., page 285.

la développa et l'appliqua à un puits de grande section, qu'il fora dans la concession de Schoenecken, à Stiring, près de Forbach, département de la Moselle.

Les outils de cet habile sondeur sont : un grand et quelquefois un petit trépan (*Schacht bohrer*), destinés à broyer la roche par percussion ; une cuillère (*Lœffel*) et une drague (*Kratzer*), pour l'extraction des déblais. Les cuvelages en bois ou en fer, adoptés par M. Kindt, sont appropriés à ce mode de fonçage et se construisent sans qu'il soit nécessaire de retirer les eaux du puits.

Le *grand trépan* (fig. 1, 2, 3 et 4, pl. XI) est composé, outre les dents, de onze pièces, assujetties et liées entre elles par des clavettes ou des boulons, la grandeur de l'outil ne permettant pas de le construire d'un seul bloc. Cette division offre, en outre, l'avantage de rendre l'instrument d'un transport facile et de permettre aux divers organes de se prêter aux réparations partielles et aux remplacements. On a mis d'ailleurs assez d'exactitude dans les ajustements pour qu'ils forment un ensemble solide et résistant.

La pièce principale du trépan est une forte traverse *A, A,* désignée sous le nom de *porte-dents* (1). A sa face inférieure sont forés des trous coniques *b* (fig. 5), dans lesquels pénètrent les tenons *c*, superposés aux dents ou ciseaux *a, a, a,* etc. ; des broches introduites dans les trous *d* réunissent ces objets d'une manière solide et sans trop affaiblir la traverse. On a moins à craindre, dans l'emploi de ce mode d'assemblage, le bris des tenons, occasionné par une frappe oblique, que celui des vis et des écrous employés fréquemment dans des circonstances ana-

(1) La figure 4 donne une vue de la surface inférieure du porte-dents.

logues. Comme les dents a, a, a (fig. 1 et 2), placées sous
l'un des côtés de la traverse, correspondent exactement aux
espaces vides laissés par les ciseaux fixés sur l'autre côté,
aucune partie du terrain n'échappe aux atteintes des outils,
et ceux-ci ne creusent pas des sillons au fond du puits, ce qui
empêcherait de le nettoyer et diminuerait considérablement
l'effet utile. En outre, chaque ciseau décrivant une circonférence d'autant plus grande qu'il se trouve plus écarté du
milieu de l'instrument, et produisant en conséquence un
effet d'autant plus faible, on les rapproche les uns des
autres, à mesure que l'on s'avance vers les extrémités de la
traverse. Lorsque le fonçage est précédé d'un trou de sonde
de moindre diamètre, les ciseaux du milieu sont supprimés
et laissent un espace vide de 0.60 à 0.80 mètres, suivant
les circonstances. Les deux extrémités du porte-dents sont
munis d'appendices en arc de cercle E, E, dont la longueur
développée est de 0.50 mètre. Ils portent quatre trépans
a', a', a' de mêmes dimensions que les précédents, ajustés
de la même manière et faisant saillie de 0.04 mètre au-
dehors du secteur circulaire. Cette saillie a pour but
d'assurer la frappe, de s'opposer à la position inclinée que
ne manquerait pas de prendre l'instrument si l'un des ciseaux venait à s'engager dans une fissure du terrain et
d'empêcher la traverse d'être serrée entre les parois du puits.

Des bras de suspension C, C, C, embrassent, par leurs
extrémités forgées à enfourchement, d'un côté le porte-
dents, de l'autre la tête de l'outil, formée d'un disque en
fer G. Celui-ci se termine par une tige cylindrique H
d'une longueur de 3.60 mètres et d'un diamètre suffisant
pour rendre la frappe efficace. L'outil est libre, c'est-à-dire
que la partie supérieure de cette dernière tige joue dans
une coulisse (fig. 6), avec ou sans mécanisme de battage,
ajustements déjà décrits dans les paragraphes 89 et 91.

Les trois bras sont embrassés par deux barres de fer méplat, B, B, qui augmentent la solidité de l'appareil, lui donnent de la rigidité et diminuent l'intensité des vibrations; ces barres, serrées par des boulons et des écrous, comprennent, entre leurs extrémités, les queues des segments circulaires J, J, munis chacun de trois ciseaux k, k, dont les tranchants, faisant saillie de 0.02 mètres, abattent les aspérités laissées par les dents sur la roche, alèsent les parois de l'excavation et lui assurent un diamètre constant. Enfin, D D est une traverse conductrice formée d'une solive en bois de chêne fixée sur la tige H; elle représente exactement le diamètre du puits et contribue à maintenir ce dernier dans une direction rigoureusement verticale. Le poids de l'appareil est de 3,825 kilogrammes.

Petit trépan. Quelques roches désagrégées par le trépan se tassent au fond de l'excavation et durcissent à tel point qu'il est souvent fort difficile de les extraire à l'aide de la cloche à soupape. Tel est le cas du grès des Vosges, pour lequel M. Kindt a inventé une drague d'une espèce particulière, qui les retire facilement. Pour se servir de cet outil, il faut que le fonçage du puits soit précédé d'un trou de sonde de 0.65 mètre environ de diamètre, percé au moyen d'un petit trépan (fig. 7 et 8) construit comme le grand, et dont les diverses pièces sont disposées de la même manière: *a a* ciseaux; B B traverse conductrice, etc.

Le trou de sonde, précurseur du grand puits, sert non-seulement à ramasser les détritus recueillis par la drague, mais encore à diriger le percement en indiquant à l'avance la nature des stratifications à traverser. On l'emploie accessoirement par le fonçage des puits de 0.40 à 1.50 mètre destinés aux reconnaissances, à la sortie de l'air qui a parcouru les travaux, etc.

La cuillère est un cylindre creux de 5 à 6 mètres de longueur, formé de tôles de 0.003 mètre d'épaisseur; son diamètre est un peu moindre que celui du trou de sonde, dans lequel elle doit librement se mouvoir. Au-dessous de son orifice inférieur (fig. 15) viennent se croiser deux étriers en fer *d d, d'*, fixés par des boulons sur les parois du cylindre; ils servent à faciliter l'introduction de l'instrument dans le forage. Le même orifice est obstrué par deux clapets (fig. 15 bis) tournant à l'aide de charnières autour d'un axe commun *ff*; les verrous *g g* dont ils sont pourvus reposent sur un anneau circulaire et ne leur permettent pas de s'ouvrir spontanément. L'extrémité supérieure de cet appareil est représentée en coupe (dans la fig. 9) par les lettres **M N**. Au-dessous de l'orifice, quatre lames de fer *a, a*, vissées sur la paroi intérieure du cylindre, soutiennent deux barres de même métal *b, b*, disposées en croix; celles-ci sont embrassées par la fourchette à quatre branches d'une tige verticale *c*, terminée à sa partie supérieure par un bouton hémisphérique *g*, dont le sommet se trouve à 0.10 mètre au-dessus de l'orifice. Un coin et une clavette *h, c* lient irrévocablement cette tige et les traverses. Quatre pièces méplates *i, i*, rivées dans l'espace compris entre les premières lames, se terminent par des parties rondes *k k*, portant sur un anneau cylindrique; elles reposent sur l'arête *m' m'* du forage précurseur et maintiennent la cuillère suspendue sans qu'il soit nécessaire d'avoir recours à la colonne des tiges. Enfin, autour de l'anneau supérieur du cylindre, est ajustée une garniture en cuir qui, s'appliquant contre les parois du puits, empêche les détritus de passer entre ces dernières et le cylindre.

La descente de la cuillère au fond de la cavité s'effectue à l'aide d'une espèce de fourche (fig. 9 bis **A** et **B**),

munie de deux crochets recourbés en sens contraire l'un de l'autre. Cet instrument étant attaché à la tige du sondage, les ouvriers engagent les crochets au-dessous de l'une des traverses *b , b* ; laissent descendre la cuillère jusqu'à ce qu'elle repose sur l'orifice *m' m'* du petit puits, et prolongent le mouvement de descente pour dégager les crochets de la croisure ; puis faisant décrire à ceux-ci un petit arc de cercle, ils soulèvent la tige, et la cuillère reste suspendue dans l'excavation.

La drague (fig. 9 et 10) se compose d'une longue coulisse A, A, ou fourchette à deux branches rattachée à la grande tige travaillante; de deux tringles coudées B C D, B C D portant à leur extrémité inférieure les râteaux E, E, destinés à balayer les détritus ; de deux bras de levier B G, B G et de deux pistons F F, serrés entre des blocs de bois.

La fourchette se termine vers le bas par une queue sphérique sur laquelle pivotent, autour de leur axe, quatre crochets *x, x*, dont les extrémités inférieures sont constamment sollicitées à se rapprocher par suite de la compression exercée par les ressorts *y, y*. Une tige *l, l* se meut librement dans la fourchette A A, mais seulement d'un mouvement de va-et-vient vertical; celui-ci est limité, d'un côté, par l'extrémité inférieure de la coulisse, de l'autre par le contact du taquet *m* fixé sur la tige, avec l'embase *v* que porte l'enfourchement; quand le premier s'appuie sur le second et que le mouvement d'ascension continue, les deux parties de l'appareil s'élèvent simultanément dans le puits.

Les deux tringles dragueuses B C D, pliées à peu près d'équerre, se bifurquent pour saisir le râteau E, composé de deux tôles mobiles sur un axe; les deux leviers coudés sont réunis sur une traverse C C, et les char-

nières *o o* permettent à ces organes de se mouvoir dans un plan vertical. En *p* se trouve un axe portant, d'une part, les bras de levier B G, munis d'articulations à charnières; d'autre part, les tringles J, J des pistons F, F, qui rendent solidaires l'un de l'autre, la traverse G G et l'enfourchement A A placé au-dessous. Chaque piston est embrassé par quatre blocs en chêne réunis par des plateaux en fonte *q q q*, dont la compression résulte de l'action d'une vis *r* sur deux ressorts *s, s* par l'intermédiaire d'un cadre en fer *tt*. Lorsque l'outil descend librement suspendu dans le puits, la tige est au maximum de sa course, le taquet *m* porte sur l'embase *v* et les leviers dragueurs B C D sont disposés ainsi que l'indiquent les lignes ponctuées *n', p', r'* et *o', q', s'*. Arrivé au terme extrême de la descente, l'accrocheur à ressorts (*fangscheere*) vient coiffer le bouton hémisphérique *g*; les ressorts *y, y* ploient sous le poids de l'instrument; les crochets sont écartés; les talons *z, z*, saisissent le bouton, et l'enfourchement se trouve irrévocablement lié avec la cuillère; celle-ci peut alors rester immobile malgré le mouvement giratoire imprimé à la drague; mais la tige, continuant à descendre, entraine avec elle la traverse C, C, tandis que l'autre traverse G G, maintenue par les pistons, reste stationnaire, ou ne dévie que légèrement de sa position; c'est cette double tendance qui sollicite les deux râteaux à se porter à la circonférence de l'excavation. A ce mouvement de descente succède un mouvement ascensionnel, pendant lequel les leviers dragueurs, agissant par leur propre poids, appliquent les râteaux sur le sol et les ramènent vers le centre du puits en balayant devant eux les débris du rocher; de ces actions alternatives, suffisamment répétées pendant que l'instrument tourne sur lui-même, résulte la réunion dans le tube de tous les détritus

produits par le trépan. Quand le fond de l'excavation est
entièrement nettoyé, la dragueuse et la cuillère sont retirées simultanément au jour.

149. *Dispositions accessoires et manœuvre des appareils.*

Avant d'indiquer la marche de l'opération, il importe
de connaitre les dispositions toutes spéciales employées au
jour pour la manœuvre de ces divers appareils de forage,
dont le poids est considérable. Sur l'un des côtés du puits
est installée une machine à vapeur rotative munie de bo-
bines, sur lesquelles s'enroulent les cordes dont on se
sert pour retirer le trépan ; elles passent sur des poulies
établies au sommet d'une tour, à 15 mètres au-dessus de
la margelle du puits. La force du moteur préparé pour
l'extraction ultérieure des produits est de 20 chevaux ;
mais il a été constaté que 15 chevaux suffisaient ample-
ment pour la manœuvre du trépan. De l'autre côté du
puits, se trouve le levier de frappe dont les supports reposent sur un train de voiture formé de poutrelles en chêne ;
ce train, muni de roues, se meut sur un bout de chemin
de fer. Des ouvriers armés de leviers le font avancer vers
le centre de l'excavation ou l'en retirent à volonté ; ils l'assu-
jettissent, lors de la frappe, au moyen de crochets en fer
qu'ils introduisent dans des agrafes fixées aux colonnes
de support de la barraque de sondage. Le levier de battage est mis en mouvement à l'aide d'un cylindre à vapeur
vertical analogue à ceux que l'on emploie dans les forges
sous le nom de cylindre à marteau-pilon ; la tige du
piston, conduite dans sa course par des rouleaux, se relie au
levier au moyen d'une chaine à la Vaucanson. La vapeur qui
alimente le cylindre provient des générateurs de la ma-

chine rotative et son introduction, opérée à la main, a presque toujours exigé la présence d'un ouvrier. A une hauteur de 8.70 mètres au-dessus de la margelle du puits et perpendiculairement au levier de frappe, est installé un plancher de poutrelles sur lequel on a construit un chemin de fer ; celui-ci reçoit deux trains de voiture destinés, l'un à suspendre la cuillère, l'autre à porter un petit appareil (fig. 16) propre à saisir le trépan pour le retirer de dessus l'orifice du puits. C'est une espèce de tenaille (*scheere*) composée de deux barres forgées en fer fort ; l'une *a* reste immobile, tandis que l'autre *b* tourne autour d'un axe ; elles saisissent entre elles la partie de la tige située au-dessous du renflement de l'assemblage.

Enfin, la partie supérieure du puits est de forme rectangulaire boisée serré, afin de résister aux chocs des tiges. Au point où la section devient circulaire, c'est-à-dire à quelques mètres au-dessous de la surface du sol, deux portes battantes horizontales tournent sur leurs gonds ; elles se joignent au milieu de l'excavation, qu'elles obstruent entièrement ; elles servent d'estrade pour le chef sondeur et pour les ouvriers occupés à imprimer aux outils un mouvement giratoire. L'ouverture demi-circulaire dont chacune d'elles est munie sert à la suspension de la cuillère, ainsi qu'on va le voir tout à l'heure.

Voici actuellement la série des opérations pratiquées par les sondeurs.

Après s'être servi du double crochet (fig. 9 bis) pour introduire la cuillère dans le puits précurseur et l'y avoir laissée suspendue à son orifice, la tige revient au jour ; on y fixe le trépan, qui, à son tour, descend au fond de l'excavation, où il triture et brise le rocher. La descente et la remonte de l'outil s'opèrent à l'aide de la corde plate qui s'enroule sur la bobine de la machine à vapeur installée

sur l'un des côtés du puits. On doit nécessairement supprimer les dents du milieu du trépan, afin de préserver de leur atteinte la partie supérieure de la cuillère, qui doit rester dans le sondage pendant la frappe. On ne s'occupe en aucune manière de l'arête du sondage précurseur sur laquelle repose l'instrument ; cette partie disparaît sous la pression des eaux et par suite de la dislocation du terrain, en sorte que le tube s'affaisse de lui-même. Peu de déblais sont entraînés dans la cuillère ; ils sont en majeure partie retenus sur le sol du puits par le poids de la colonne liquide.

Lorsqu'on s'aperçoit que l'accumulation des détritus arrête les effets mécaniques des dents du trépan, on retire cet instrument au jour ; puis on le suspend à la pince (fig. 16) installée sur le premier train de voitures ; celui-ci roule sur le chemin de fer, s'écarte du puits et laisse la place libre. La drague qui lui succède est manœuvrée au moyen d'un treuil spécialement destiné à cet objet. Elle descend et atteint le fond de l'excavation ; les râteaux se portent à la circonférence du puits et le mouvement de va-et-vient vertical imprimé à la tige tend à ramener les déblais vers le centre où ils sont projetés dans la cuillère.

Lorsqu'après avoir fait manœuvrer le trépan et la drague, on juge que la cuillère est remplie des débris du rocher, on la ramène au jour ; elle arrive au-dessus des portes, que l'on ferme ; elle redescend à travers le trou ménagé dans ces dernières jusqu'à ce que son orifice se trouve à 0.60 mètre au-dessus de leur plan ; un manœuvre glisse de chaque côté du cylindre des poutres et des barres de fer qui le maintiennent suspendu ; il dégage le bouton g de l'accrocheur à ressort, et la drague, séparée de la cuillère, est attachée à un étrier fixé dans la tour de sondage. La

cuillère, saisie par le double crochet, s'élève au-dessus
de l'orifice du puits ; alors, suspendue au second train de
voiture, elle est conduite au-dessus d'un wagon à bas-
cule installé sur un chemin de fer ; on ouvre les verrous de fermeture des clapets du fond (fig. 15 bis),
les déblais tombent dans le wagon et sont ensuite déversés
sur la halde.

Les tiges sont en sapin ; leur équarrissage est de 0.10
mètre ; elles se démontent par les procédés ordinaires et
s'accrochent aux colonnes de la barraque auxquelles elles
sont solidement attachées avec des cordes.

Si la marche de l'opération est simple lorsqu'elle s'effectue
au milieu de roches solides, il n'en est pas de même s'il
s'agit d'attaquer des terrains sans consistance, dans lesquels les difficultés augmentent en raison de leur état de désagrégation. Quoi qu'il en soit, les éboulements sont moins
dangereux que dans les trous de sonde ordinaires, dont
la section est comparativement beaucoup plus petite, et
M. Kindt se fonde, dans ces circonstances, sur l'efficacité
de la pression opérée par la colonne d'eau pour prévenir ces
accidents. Jusqu'à quel point peut-on compter sur cet auxiliaire ? c'est ce qu'il est impossible de préciser, puisque,
jusqu'à présent, aucun percement de cette espèce n'a eu
lieu, si ce n'est dans le grès bigarré des Vosges. Ce sondeur se propose, lorsqu'il rencontrera des stratifications
qui, par leur état de désagrégation, mettront obstacle au
forage, de descendre des cylindres partiels et provisoires
pour contenir les roches ébouleuses en attendant le revêtement définitif. C'est par ce procédé que M. Kindt a foncé
le puits de Schœnecken à travers 111 mètres de grès et
de conglomérats rouges et a pénétré dans la formation
houillère d'environ 30 mètres pour y prendre la base de
son cuvelage. Celui-ci a d'ailleurs été construit d'une ma-

nière toute particulière, ainsi qu'on le verra dans une des
sections suivantes.

L'exécution du forage a exigé :

1°. Un maître sondeur ; 2°. deux manœuvres appliqués
au treuil ; 3°. un ouvrier dont les fonctions étaient d'ouvrir et de fermer le robinet à vapeur du cylindre de
frappe ; 4°. un machiniste occupé à diriger la machine
d'extraction. Ce personnel a permis d'approfondir le puits
de 8 à 10 mètres mensuellement. Un puits d'appel, creusé
ultérieurement, a avancé de plus d'un mètre par jour.

150. *Des percements livrés à eux-mêmes sans revêtement.*

Les excavations, quelles que soient d'ailleurs la solidité et la
consistance des roches encaissantes, exigent presque toujours
un revêtement qui les garantisse contre les éboulements ;
en effet, après un certain laps de temps, les parois, formées
de schistes argileux, se corrodent par l'action dissolvante
des eaux d'infiltration et par le contact prolongé de l'air
atmosphérique ; ces deux principes décomposants s'insinuent
dans les fissures souvent imperceptibles et les élargissent ;
la roche, pénétrée d'humidité, se renfle et se dilate ; des blocs
plus ou moins volumineux sont ébranlés et finissent par
se détacher de la masse ; les plus voisins de ceux-ci,
dégagés sur une nouvelle face, tombent à leur tour,
obstruent les galeries ou produisent dans les puits des
cavités qui s'agrandissent sans cesse.

L'expérience démontre que les premières de ces excavations, placées dans des conditions favorables, se soutiennent mieux sans revêtement que les dernières ; leur
section est moins grande ; leur forme est plus convenable,

surtout lorsque le faîte est entaillé en voûte ; les
infiltrations sont plus rares et souvent nulles, car les
galeries sont fréquemment percées dans des terrains
entièrement privés d'eau, circonstance fort rare dans les
puits dont la partie inférieure est sans cesse arrosée par
les infiltrations des terrains supérieurs; enfin, le choc
des vases d'extraction ébranle les parois des puits, tandis
que cet inconvénient ne se présente jamais dans les
galeries. Aussi voit-on quelquefois des excavations de ce
genre, dépourvues de revêtements, se conserver en parfait
état quoique l'époque de leur creusement date de la fin
du siècle dernier, et des puits foncés très-récemment, à
peu de distance de celles-ci, réclamer des moyens de
soutenement fort énergiques.

Celui qui écrit ces lignes a pu apprécier, au moins en ce
qui concerne la province de Liége, combien est coûteux
l'entretien d'un puits sans revêtement. Chaque nuit des ouvriers de choix, dangereusement balancés sur un vase d'extraction, passaient en revue les parois, abattant les blocs
qui menaçaient de tomber, afin que, dans leur chute spontanée, ils ne vinssent pas écraser à l'improviste les ouvriers
occupés à l'accrochage. Si le fragment était trop considérable,
ils pratiquaient à son centre un trou de fleuret prolongé de
quelques décimètres au-delà de sa face postérieure ; ils y
introduisaient à grands coups de masse un fort barreau
de fer et clouaient pour ainsi dire le fragment dans son
alvéole ; mais ce moyen, fort délicat, réussissait rarement ; alors on devait soutenir la pierre à l'aide d'une
poutre en chêne dont les deux bouts étaient encastrés
dans les parois opposées. Certes, de pareils travaux incessamment répétés atteignaient un chiffre de dépenses bien
plus élevé que le coût d'un revêtement exécuté dès
l'origine du puits.

Quelquefois cependant le terrain est assez dur et consistant pour que les excavations se maintiennent intactes pendant une assez longue suite d'années ; ainsi les puits du district de St.-Étienne sont entièrement dépourvus de revêtement, excepté vers la surface du sol, où se rencontrent des terrains ébouleux. La plupart des puits de retour de l'air dans la province de Liége sont livrés à eux-mêmes sans graves inconvénients. Il en est de même dans le district de Charleroi, où ils ne sont soutenus que dans quelques parties de leur hauteur, au moyen de tronçons de maçonnerie destinés à maintenir en place des stratifications accidentellement ébouleuses.

151. *Des revêtements en général.*

Dans le cas exceptionnel d'une forte cohésion entre les parties constituantes d'une roche, on peut se permettre d'abandonner à elle-même une excavation quelconque. Mais, dès que les bancs tendent à se désunir et qu'ils poussent au vide, on doit avoir recours à l'un des moyens d'étaiement connus. On ne doit pas attendre que le mal soit devenu trop grave pour empêcher les roches des parois d'un puits de se désunir, ou pour s'opposer à l'obstruction d'une galerie, par la chute de son faîte, la poussée latérale ou le renflement du rocher ; car la dislocation, une fois commencée, s'en va toujours croissant, et il est plus difficile et plus coûteux de traverser des éboulements que d'entreprendre des percements entièrement neufs.

Le but des revêtements n'est pas de soutenir tous les bancs de terrain gisant au-dessus de l'excavation ; aucune des forces dont l'homme peut disposer n'est capable d'une pareille résistance, mais seulement d'empêcher la

22

désunion des strates qui en forment le couronnement et d'en prévenir ainsi la chute, ce qui suffit pour maintenir les bancs supérieurs à la place où les a mis la nature et rendre la masse immobile.

Les revêtements en bois portent le nom de *boisages* ou de *blindages* ; les revêtements en maçonnerie sont des *muraillements* en briques, en pierres de taille et quelquefois en pierres brutes ou grossièrement taillées.

Le mineur doit être fixé sur le genre de revêtement à employer, dès l'époque où il entreprend le percement, afin de pouvoir déterminer à l'avance toutes les dimensions de ce dernier. Il sera guidé dans son choix par la nature des strates et la durée probable des excavations. Ainsi, dans les terrains déliteux divisés par bancs qui se détachent facilement les uns des autres et occasionnent une poussée toujours très-forte, le muraillement est bien préférable au boisage ; mais celui-ci suffit aux stratifications de moyenne solidité et aux galeries d'une durée limitée, tandis que les excavations qui, telles que les galeries d'écoulement, doivent être utilisées pendant un long espace de temps, exigent l'emploi de fortes maçonneries. Ce choix, d'ailleurs, déterminé par les circonstances locales, ne peut être l'objet d'aucune règle générale.

SECTION Vᵉ.

DES BLINDAGES OU BOISAGES.

152. *Diverses essences de bois.*

Les essences les plus fréquemment employées dans les travaux des mines sont :

Le chêne, qui unit au plus haut degré toutes les qualités nécessaires à la solidité et à la durée ; il se conserve aussi bien dans l'humidité que dans une atmosphère sèche ; mais son prix est fort élevé, et, dans beaucoup de localités, il n'est pas possible de s'en procurer des quantités assez considérables pour l'employer au soutenement des excavations. L'aubier durcit lorsqu'on a le soin de dépouiller le chêne de son écorce.

Le hêtre peut remplacer le chêne ; c'est un bois plein et dur qui se conserve fort bien dans l'eau ; mais il est cassant à sec et présente l'inconvénient de se fendre et de ne pas souffrir les alternatives d'humidité et de sécheresse.

Le sapin, le pin et le pinastre ont une texture moins dense et moins uniforme que les deux essences qui précèdent ; mais la grande quantité de résine dont ils sont pénétrés (1) leur donne une grande durée. Ils se conservent fort bien dans l'eau, car on retrouve de ces bois intacts dans des travaux inondés depuis plus d'un demi siècle, et même, dans quelques mines du Hartz, on les humecte pour en prévenir la détérioration. Le sapin est fort em-

(1) Surtout le sapin rouge.

ployé en Allemagne, et, depuis quelques années, les mines de la province de Liége en font une grande consommation : l'expérience prouve que ce bois, chargé verticalement, offre, comparativement au chêne, une résistance plus grande d'un cinquième environ.

L'acacia, l'aulne, le peuplier, l'orme, le frêne et le charme sont également en usage, quoique moins estimés. Toutefois, le mineur a rarement le choix, et doit se servir des essences les moins coûteuses et les plus abondantes.

153. *Conditions relatives à l'emploi des bois.*

On devrait toujours avoir le soin d'écorcer les arbres sur pied avant de les abattre, afin de rendre l'aubier plus compacte et plus dur ; mais on se contente ordinairement de leur faire subir cette préparation après les avoir abattus, ce qui, du reste, est indispensable, car les bois non écorcés, absorbant l'humidité et les miasmes, se détériorent promptement et n'ont qu'une faible durée. On emploie autant que possible les bois *en grume*, c'est-à-dire ronds et dans toute leur intégrité ; si, cependant, les dimensions de ceux dont on peut disposer sont trop fortes relativement à la pression du terrain, on peut les refendre, mais non les scier de long ; cette dernière opération les affaiblit en coupant les fibres du bois. On préfère toujours les jeunes arbres, plus compactes que les vieux, dont la qualité spongieuse accélère la destruction. Les bois fraîchement coupés sont, pour les mêmes motifs, plus avantageux que les bois abattus depuis deux ou trois ans. Ces dernières réflexions se rapportent aux pièces d'un faible équarrissage.

Dans le but de conserver aux étais toute leur force de résistance, et pour éviter une dépense inutile de main-

d'œuvre, en s'abstient de les équarrir ; on proscrit, autant que possible, les entailles, les tenons et les échancrures, afin de les soustraire aux effets des infiltrations ; aussi le trait de scie n'est-il pas le fait du mineur : il ne sait se servir que de la hache.

Quant aux dimensions, il ne s'agit pas seulement de prévenir la rupture des pièces, mais encore leur flexion, qui a lieu lorsque, chargées verticalement, la longueur est égale à dix fois le diamètre. Cette considération, jointe à ce que plusieurs d'entre elles s'altèrent et se pourrissent nécessairement, engage le mineur à en exagérer la solidité. On pourrait, il est vrai, calculer, au moyen des tables et des formules connues, le maximum de résistance des étais ; mais, comme il n'est pas possible d'évaluer en chiffres la poussée du terrain, les théories sur la résistance des bois ne peuvent s'appliquer dans les mines ; l'expérience, l'analogie, le tâtonnement et les connaissances locales en déterminent seules les dimensions et la direction. Un boiseur intelligent et expérimenté est un homme aussi rare qu'utile ; il juge d'un coup d'œil d'où vient la poussée, la direction que doivent affecter les axes des étais pour soutenir efficacement les fragments du rocher et résister à leur propre rupture, etc.

Le mineur doit, autant que possible, répartir la charge sur plusieurs pièces et sur toute leur longueur ; soutenir par leur milieu les bois d'une trop grande portée ; il doit chercher les moyens d'en diminuer le nombre sans nuire à leur force de résistance ; enfin, il les dispose et les dirige suivant l'état et la nature de la roche, et, autant que possible, normalement aux plans de stratification ; car la plus grande résistance que puisse offrir une pièce de bois correspond à la position d'une charge dirigée parallèlement à ses fibres.

154. *Boisage des galeries.*

Si les parois latérales d'une galerie sont solides et que le couronnement seul soit formé d'une stratification déliteuse faisant pressentir des éboulements, on soutient ce dernier par des *chapeaux* ou *solives* (fig. 17, pl. X), pièces horizontales encastrées dans la roche par leurs extrémités, comme une poutre dans une maçonnerie. Cette disposition constitue un *boisage simple*, dont les étais se placent à une distance plus ou moins grande les uns des autres, selon la nature de la roche et la pression qu'elle exerce. Pour empêcher les petits fragments de schistes de se détacher d'un faîte déliteux et de s'échapper entre deux chapeaux consécutifs, on engage de force entre ces derniers et le rocher des bois dits de *garnissage* ou de *reliement*, qui, suivant les localités, consistent en fragments de planches ; en *croûtes* ou *dosses* provenant de la partie extérieure des arbres débités à la scie ; en menus bois ronds, branches d'arbres ou fascinages ; en éclats de pièces plus grosses refendues à la hache et dont la surface plane est appliquée contre la roche, etc. La plus petite longueur des bois de garnissage doit être égale à la distance comprise entre deux solives mesurée d'axe en axe ; mais il est préférable qu'ils portent simultanément sur trois bois.

La figure 29, projection horizontale de la galerie à revêtir d'un boisage simple, représente le procédé généralement usité pour engager le chapeau dans la roche. A est une entaille un peu plus grande que ne l'exige l'équarrissage du bois qui doit y être inséré, afin que celui-ci ait suffisamment de jeu dans le mouvement qu'il fera pour se mettre en place. B est une autre échancrure pratiquée sur la paroi opposée ; elle se prolonge en biais de *m* en *n*, afin de per-

mettre à la pièce e, c de s'engager, dans la roche et de prendre la position définitive e, d. Avant d'engager le bois dans la roche, on place en n un coin de *serrage*, puis on frappe à grands coups de masse au point d, jusqu'à ce que la solive ait acquis toute la tension désirable. La première de ces entailles porte, à Liége, le nom de *potet*, et la seconde celui de *nass*; dans les autres parties de la Belgique, l'une ou l'autre échancrure est une *empotelure*. Afin que la charge se répartisse sur toute la longueur du bois, il faut que ce dernier soit partout en contact avec la roche; on atteint ce but en garnissant avec des coins et des pierres plates tous les vides notables qui se trouvent entre le chapeau et le faîte.

Si, outre le couronnement, l'une des parois est ébouleuse, on exécute un *demi-boisage*, en encastrant (fig. 18) dans la roche solide l'extrémité d'un chapeau reposant par son autre bout sur un *pilier*, *poteau* ou *montant*. Après avoir disposé le poteau dans une position inclinée, en faisant porter son pied dans un trou pratiqué sur le sol, on le force, à coups de masse, à prendre la position voulue, d'où résulte un frottement dur, nécessaire à la liaison des deux étais. Si ce frottement est insuffisant, soit que le sol ait cédé, soit que les dimensions n'aient pas été bien prises, on obtient une tension convenable en insérant des coins à la tête ou au pied du poteau. On établit, en outre, des bois de garnissage si l'état de la roche l'exige.

Lorsque les deux parois et le faîte sont ébouleux, on maintient le terrain à l'aide d'un boisage appelé *porte* (fig. 20), assemblage de deux piliers et d'un chapeau entaillé ou non, suivant les circonstances. Dans ce cas, il est d'usage que l'un des piliers, ou même tous les deux, soient légèrement inclinés vers l'axe de l'excavation; les étais cessent ainsi d'être normaux aux plans de stratification,

mais on réserve ainsi un espace suffisant pour le roulage
sur le sol de la galerie, tout en diminuant la longueur du
chapeau, qui offre alors plus de résistance à la pression
verticale.

Si le pourtour d'une galerie est ébouleux, on lui oppose
un *boisage complet*, appelé aussi *cadre* ou *châssis*. Ce boisage n'est autre qu'une porte à laquelle on ajoute (fig. 21)
une *semelle* ou *sole*, destinée à recevoir les pieds des deux
montants et à prévenir leur enfoncement dans le sol ébouleux des galeries. Cette disposition a aussi quelquefois pour
but de s'opposer au soulèvement du terrain, circonstance
assez fréquente dans les percements effectués au milieu
des schistes houillers. On ajoute même quelquefois des
bois de garnissage au-dessous des soles; et, enfin, ces
dernières sont souvent entaillées pour recevoir le pied des
montants, afin que la pression latérale ne les fasse pas
glisser sur leur base.

La distance laissée entre deux boisages consécutifs dépend
de la poussée des stratifications contre le revêtement; elle
peut être de 1.50 mètre, 1 mètre, 0.80 et 0.50 mètre
d'axe en axe; dans les grandes pressions, les cadres se
rapprochent encore davantage et deviennent même tout-à-
fait contigus; alors les parois d'une galerie ont l'apparence
d'un jeu d'orgue.

En général, le boisage d'une galerie exige que les pièces
soient toujours de longueur convenable quand elles arrivent
dans la mine; si, par cas fortuit, l'une d'elles est trop
longue, le boiseur la recoupe à la hache, seul outil tranchant dont il sache se servir. Il fait dans le sol des entailles
pour loger les semelles; celles-ci étant en place, il maintient le chapeau contre le faîte pendant qu'il dresse les montants et les serre à coups de masse. Quelques cadres étant
ainsi placés et maintenus en état de stabilité à l'aide de

coins serrés entre les pièces et le terrain; il introduit
les bois de reliement, qu'il rapproche plus ou moins,
suivant l'état des parois; enfin il évite soigneusement de
laisser des vides entre les cadres et la roche, et, s'il n'y
met pas de bois de garnissage, il y introduit avec force
des coins ou des pierres plates.

155. *Assemblages et dispositions usitées pour renforcer les boisages.*

Le mode d'assemblage du chapeau et des montants, de ces
derniers et de la semelle varie suivant les localités et
l'intensité de la poussée. Ces ajustements sont de la plus
grande simplicité.

Si la pression des bancs du faîte est considérable
et la poussée latérale faible, on emploie le procédé représenté dans la fig. 31. Le chapeau, entaillé à ses deux bouts
sur une petite profondeur, conserve sa force, et le montant,
s'appuyant par une petite surface sur l'épaulement du chapeau, résiste, de même que ce dernier, aux charges dirigées
de haut en bas. Si la pression latérale est plus énergique que celle des terrains supérieurs, toutes les pièces
(fig. 33) sont entaillées à une profondeur faible,
quoique suffisante pour empêcher la poussée de les rejeter
dans le vide de la galerie. On cloue aussi des tasseaux
triangulaires ou *goussets* dans les angles formés par les
piliers et le chapeau; mais leur résistance est parfois
insuffisante, de même que celle de l'entaille; alors on a
recours, pour empêcher les bois d'éclater, à un double
chapeau (fig. 22), qui, appliqué au-dessous du premier,
prévient le rapprochement des montants. Le plus souvent, enfin, les bois sont assemblés par simple frottement, et la tête des piliers (fig. 32), entaillée suivant

une surface cylindrique, reçoit la convexité du chapeau.
Celui-ci, lorsque l'activité du transport par galerie réclame
des excavations fort larges, est soutenu (fig. 19) par un
étai vertical ajusté vers le milieu de sa portée.

156. *Division des galeries en compartiments.*

Les besoins de l'aérage engagent souvent à diviser une
galerie en deux compartiments. Si la cloison dirigée parallèlement à l'axe est verticale, on la compose de solives
également verticales, contre lesquelles on cloue des planches
jointives que l'on assemble quelquefois à rainures et à languettes; tous les vides engendrés par les aspérités du rocher
sont bouchés avec des débris de vieilles cordes goudronnées,
des étoupes, de la mousse, etc. ; enfin, on calfate les joints
de la paroi qui laisseraient à désirer, ou bien on revêt
celle-ci tout entière d'un torchis composé de terre argileuse
et de foin haché fort menu.

Si les cloisons de séparation sont horizontales (fig. 23)
et placées vers le faîte de la galerie, les bois de division sont maintenus en place par des échancrures, ou
mieux par des goussets cloués sur les montants; cette dernière disposition est préférable en ce qu'elle ne compromet
pas, comme l'échancrure, la solidité des bois verticaux ; au-
dessus des solives de division sont clouées des planches
jointives, rendues, comme ci-dessus, imperméables à l'air.
Le compartiment d'aérage étant placé vers le faîte de la galerie, celle-ci doit être creusée sur une plus grande hauteur.

Quelquefois elles sont divisées, de manière à isoler l'espace où s'écoulent les eaux de celui où s'exécute le transport des produits. On voit, dans la figure 24, le sol d'une
galerie entaillé en aqueduc sur le milieu de sa largeur ;

les parties horizontales qui restent intactes vers les parois
reçoivent les solives sur lesquelles s'établit le plancher de
division. La figure 25 offre une disposition différente ; le sol
est entaillé carrément sur toute la largeur de l'excavation, et
les poutrelles sont supportées par des goussets.

Dans le cas où ces compartiments sont employés, en outre,
à porter l'air au fond de la mine, le plancher est rendu
imperméable à l'air, qui entre ordinairement par la voie
de roulage et sort par celle de démergement.

157. *Réparations qu'exige le blindage des galeries.*

Ce n'est qu'au bout d'un certain laps de temps que l'on
s'aperçoit comment se fait la poussée d'une galerie revêtue
d'un blindage. Si le chapeau est serré sur le montant, la
pression vient du faîte, et l'on peut prévoir que le premier
finira par éclater à l'entaille, ou, s'il n'existe pas d'entaille,
qu'il se brisera dans la partie qui offre le moins de résistance. Si la pression est latérale, les montants se courbent,
font ventre et rompent par leur milieu.

Il ne faut pas laisser s'écouler un laps de temps trop
considérable après le moment où l'on s'est aperçu de l'influence de la pression du terrain sur quelques parties du
blindage et où l'on voit les pièces fléchir ou se détériorer ; il importe, au contraire, d'y porter remède le plus
promptement possible, afin d'éviter des dégradations plus
considérables ; car celles-ci, s'accroissant sans cesse, ont
pour résultat final des éboulements d'abord partiels, puis
de plus en plus graves, jusqu'à l'obstruction complète de
la galerie, dont le rétablissement est quelquefois plus coûteux qu'un nouveau percement.

Les chapeaux brisés et les montants qui fléchissent sont
donc remplacés ; des pièces plus solides sont substituées

à celles que l'on retire; on renforce par des boisages intermédiaires tous les points où la résistance n'est pas assez
efficace; on ajuste un cadre neuf à côté d'un cadre com-
promis, et ce dernier n'est enlevé qu'au moment où il
est entièrement hors d'usage. Ces travaux de réparation,
simples et faciles, sont à la portée de tous les boiseurs;
mais dans les terrains fortement disloqués, si les
rocs des parois étant délités il s'agit de rétablir l'excavation dans l'état où elle était primitivement, le travail
devient considérable et d'autant plus difficile que le terrain
est plus ébouleux; on doit alors employer les précautions
les plus minutieuses, car l'ouvrier est exposé à de nombreux accidents.

158. *Boisage des puits en général.*

Le boisage des puits a pour objet, non-seulement de
prévenir les éboulements des roches qui en forment les
parois, mais quelquefois encore de contenir les eaux des
stratifications avoisinantes et de les empêcher de pénétrer
dans l'intérieur des excavations. Lorsque cette dernière
circonstance se présente, les blindages portent le nom de
cuvelages, qui sont d'une assez grande importance pour
mériter une mention spéciale; on ne s'occupera donc actuellement que des boisages considérés dans leurs rapports avec
le soutenement des puits. Or, ceux-ci peuvent être *défi-*
nitifs ou *provisoires :* définitifs, ils constituent le seul revêtement que devra recevoir l'excavation; provisoires, ils
sont destinés à soutenir les roches en attendant un muraillement ultérieur, ou d'autres revêtements imperméables
aux eaux. La différence entre ces deux modes se trouve
dans la forme, dans la plus ou moins grande solidité des

pièces et dans la perfection plus ou moins grande des ajustements.

Le boisage des puits exige plus d'art que celui des galeries, et l'on ne saurait apporter trop de soin dans ce travail : en effet, toutes les parties du blindage étant liées entre elles, il n'en existe aucune qui soit indépendante des autres; le défaut de solidité de l'une d'elles compromet la stabilité de toutes celles qui l'avoisinent; aussi, dans les coûteuses réparations qu'entraine une dislocation partielle, doit-on rétablir non-seulement la pièce défectueuse, mais encore celles qu'elle a entrainées dans son mouvement. Qu'importe, dans une galerie, la saillie plus ou moins forte d'un bois sur les autres, si elle n'empêche pas la circulation? En est-il de même dans les puits où le moindre bois qui fait saillie peut accrocher le vase d'extraction et causer de graves accidents?

159. *Boisage des puits dans la province de Liége.*

L'usage de cette localité étant de réunir fréquemment dans la même excavation les deux vases d'extraction, les appareils propres à l'épuisement et même les échelles, il en résulte que les puits ont ordinairement de grandes dimensions, surtout dans leur longueur, qui atteint quelquefois 6 mètres et même 6.50 mètres. Les mineurs liégeois, en présence de la grande section rectangulaire des puits, se sont aperçus de l'inégale répartition de la poussée d'un terrain à stratifications inclinées sur les diverses parois de l'excavation; ils ont vu qu'elle est très-forte du côté de l'affleurement, peu sensible sur la face opposée, tandis que, sur les faces perpendiculaires à la

direction, elle est une moyenne entre les deux premières ; c'est pourquoi ils ont établi, pour règle invariable, que *les longs côtés du rectangle doivent toujours être perpendiculaires à la direction des bancs du terrain*, afin que la paroi, douée de la plus forte tendance à pousser au vide, exerce son action sur l'un des côtés les plus courts, et éprouve, par conséquent, le maximum de résistance.

L'exemple choisi (fig. 1 et 2, pl. X) se rapporte à un puits divisé en deux compartiments, destinés tous les deux à l'extraction. Le petit côté *a b*, placé vers les affleurements, porte le nom de *máhire d'a thiers* (paroi d'amont pendage); le côté opposé *c d*, *máhire d'a vallée* (paroi d'aval pendage); les deux grands côtés, *longues máhires*.

Quatre *membres*, ou pièces de bois de chêne grossièrement équarries et réunies d'équerre de manière à former un parallélogramme, constituent un *cadre*. Les extrémités des longues pièces *c a*, *d b*, dépassant le pourtour extérieur du cadre de 0.30 à 0.40 mètre, forment des oreilles destinées à être encastrées dans la roche. Les assemblages consistent en tenons rectangulaires O (fig. 3), découpés à l'extrémité des courts côtés et insérés dans des mortaises ou entailles C, pratiquées sur les longs; ces entailles, dont la profondeur n'est que de 0.025 à 0.030 mètre, n'affaiblissent pas les pièces et suffisent cependant pour prévenir leur glissement. Les bois de division (de *parti bure*) s'ajustent de la même manière.

Pour mettre un cadre en place (fig. 1 et 2), le mineur insère l'extrémité des deux longs côtés *a b*, *c d*, dans des entailles (*nass* et *potets*) qu'il a eu le soin de préparer sur les petites parois, en agissant comme on l'a vu dans le paragraphe 154. Il insère dans les mortaises les tenons

des courts côtés et des bois de division, les force à
prendre leur place à coups de marteau, met le tout
de niveau en relevant, à l'aide de cales, les parties trop
basses, examine, par comparaison avec les fils à plomb
placés aux quatre angles du puits, si les faces intérieures
correspondent à celles des cadres supérieurs ; enfin, il
consolide le tout par l'insertion de coins qu'il chasse de
force entre les parois et les faces extérieures des pièces,
et dans les vides qui peuvent rester entre la roche et
les oreilles.

Le boisage s'exécute dès le commencement de l'avaleresse et descend au fur et à mesure de l'approfondissement
par l'adjonction d'un nouveau cadre au-dessous de ceux
qui précèdent. Dès qu'un de ces derniers a été mis en
place, on établit, aux quatre angles de chaque compartiment, des pièces verticales *e,e,* ou *porteurs*, dont l'objet
est de lier les membres les uns aux autres et de les préserver
de tout mouvement de haut en bas. Ces pièces (fig. 3)
sont entaillées carrément à leurs deux bouts, de manière
à embrasser l'angle solide de deux cadres consécutifs,
la partie antérieure faisant saillie sur les pièces auxquelles
elle est attachée à l'aide de trois ou quatre clous.

Si l'infiltration des eaux ou les efflorescences ont rendu
les roches ébouleuses, on prévient la chute des menus
fragments de schiste en tapissant les parois du puits de
tiges fort minces (*veloutes*), semblables à celles qu'on
emploie pour faire les balais grossiers. On les maintient en
place en appliquant au-dessus des branchages (*wates*) insérés
à frottement entre les pièces et la roche. Enfin, dans le
but de lier plus intimement toutes les parties du boisage,
et aussi pour empêcher les vases d'extraction d'accrocher
en passant les membres ou les bois de division, on recouvre toutes les surfaces des compartiments de planches

i,i,i, longues et étroites (12 à 15 centimètres de largeur), appelées *filières* à Liége et *coulans* en France. On les fixe avec des clous en laissant entre elles un espace vide égal à peu près à la largeur de la planche elle-même ; elles embrassent plusieurs cadres à la fois , afin de donner plus de stabilité à l'ensemble. Les premières filières mises en place sont inégales , afin qu'elles ne viennent pas toutes se clouer par leurs extrémités sur un même membre , ce qui tendrait à détruire la liaison. Le charpentier prend tous les soins pour qu'aucune pièce ne fasse saillie sur ses voisines et n'accroche les tonnes d'extraction.

On a vu que l'usage était de faire porter dans les entailles l'extrémité des longs bois seulement ; en sorte que si les cadres sont fort rapprochés , ce qui fait présumer un terrain peu solide , celui-ci , continuellement excavé sur la même ligne verticale , peut s'ébouler ou perdre beaucoup de sa consistance. Le remède à cet inconvénient est d'encastrer alternativement les longs et les courts bois ; la distance qui sépare deux nass et deux potets étant alors doublée , le terrain conserve suffisamment de solidité.

Si, pour des motifs d'aérage , l'un des compartiments doit être isolé des autres, la paroi, qui alors, à Liége, prend le nom de *bachère* , se fait avec de larges planches jointives et soigneusement calfatées.

La division d'un puits en compartiments , dont le lecteur appréciera toute l'utilité lorsqu'il sera question du transport, est d'ailleurs un objet de grande importance , en ce que les bois de division ajoutent considérablement à la résistance des cadres contre la poussée latérale , et permettent d'attribuer à ces derniers un équarrissage moins grand qu'il ne le faudrait sans cela.

160. *Boisage des puits en Silésie.*

Après avoir enlevé la terre végétale du point où devra se trouver la future excavation , on enveloppe celle-ci de quatre fortes semelles (*Rüst baeume*) en chène , solidement assemblées, afin d'empêcher tout mouvement vers l'intérieur , puis on entasse de la terre au-dessus des extrémités des pièces, qui débordent l'encadrement d'environ un mètre , et contre les côtés extérieurs de ce dernier, pour prévenir toute disjonction des diverses parties.

Cette base étant solidement établie à la surface du sol , on procède successivement au creusement du rocher et à la pose des cadres (*geviere*). Ceux-ci sont composés de quatre pièces de bois rond g, h, i, k (fig. 26 et 27) de pin, de sapin ou de pinastre, assemblées à mi-épaisseur , et dont les deux plus courtes reposent, par leurs extrémités, sur les plus longues. Aucun d'eux ne porte de saillie, puisqu'ils ne doivent pas s'encastrer dans le rocher ; mais on les maintient provisoirement en place au moyen de coins et de bois de garnissage fortement serrés entre eux et les parois du puits. Tant que l'on se trouve dans la partie supérieure du terrain houiller , presque toujours recouvert de sables et de terres coulantes , on emploie un boisage complet J, K (*Ganze schrot zimmerung*), dont les pièces sont immédiatement superposées les unes sur les autres ; mais dès qu'on atteint des roches douées de quelque dureté , on se sert du boisage avec porteurs l, l (*Bolzen schrot zimmerung*). Immédiatement après la pose d'un cadre, dont le charpentier assure la stabilité par l'interposition de coins entre sa surface extérieure et le rocher , il place, aux quatre angles de chaque compartiment

23

des porteurs (*Bolzen*) reliés aux pièces à l'aide de crampons. Après avoir ainsi placé quatre ou cinq cadres, ou, dans
les terrains ébouleux, dès que l'on rencontre une stratification
assez solide (fig. 27), on creuse, dans la roche des grandes
parois, quatre mortaises (*Bühnlœcher*) destinées à recevoir
deux fortes pièces de bois transversales ou *pontals* (***Trage
stempel***), sur lesquels repose le revêtement supérieur, qui
n'a été maintenu jusqu'alors que par l'effet du frottement
produit par les coins et par les bois de garnissage.
Comme la nature fort ébouleuse des stratifications de la surface ne permet pas l'interposition de semblables pièces,
on descend jusqu'à ce que l'on atteigne une stratification
consistante, en reliant les cadres au moyen de planches
qui en embrassent au moins trois successifs, et en les
suspendant provisoirement aux semelles établies sur la margelle du puits, jusqu'au moment où il sera possible
d'établir un pontal.

Après la pose d'un certain nombre de cadres, on insère à coups de marteau les bois de division *m,m* (*Einstriche*),
échancrés à leurs extrémités, en ayant le soin de les serrer
fortement et de les placer perpendiculairement aux longues
pièces (*Jœcher*). Enfin on cloue, dans chaque angle des
compartiments qui doivent servir à l'extraction, deux planches
fort étroites (*Wandruthen*), qui non-seulement lient et
consolident le boisage, mais servent, en outre, à conduire les vases d'extraction et à les empêcher de s'accrocher
aux parois.

Les figures 26 et 27 représentent un puits à section rectangulaire divisé en trois compartiments, dont
deux à section carrée, de 1.25 à 1.30 mètre de côté,
sont destinés à l'extraction, et un, de 0.60 mètre de largeur, contient les échelles et sert à l'entrée ou à la sortie
des ouvriers. Ce dernier compartiment est ordinairement

séparé des autres par une paroi pleine formée de planches jointives.

Ce procédé de revêtement, dans lequel sont supprimées les oreilles, qui donnent une si grande stabilité aux cadres, ne semble pas, au premier abord, aussi parfait que le boisage liégeois ; cependant une longue expérience, en divers points de l'Allemagne et surtout en Silésie, a prouvé qu'il est aussi solide que facile à exécuter.

161. *Entretien des boisages des puits.*

Les bois sont promptement détruits lorsqu'ils sont exposés aux alternatives d'humidité et de sécheresse, ou à une atmosphère chaude et viciée ; ils rompent alors sous la charge, et l'on doit y porter un remède prompt et efficace sous peine de voir le puits devenir inaccessible dans un temps donné. Les filières ou coulants, en raison de leur faible épaisseur, sont les pièces les plus promptement compromises ; mais leur remplacement par d'autres en bon état ne présente aucune difficulté. Les porteurs sont également faciles à rétablir ; mais le renouvellement d'un cadre qui a cédé sous l'effort de la pression est une opération fort délicate, surtout quand il ne porte pas d'oreilles encastrées dans les parois. On commence d'abord par affermir celui qui se trouve immédiatement au-dessus, soit en introduisant des coins entre sa face postérieure et la paroi du rocher ; soit en le suspendant à un autre, solidement établi à l'aide de planches clouées sur les deux objets ; alors, après avoir détaché les filières et les solives destinées à conduire les vases d'extraction, on enlève la pièce rompue et on lui en substitue une neuve. Dans tous les cas, comme il existe toujours des cadres qui soutiennent les autres, on doit chercher à les reconnaître avant de rien

enlever, afin de pouvoir se garantir des accidents. Lorsqu'ils sont, en majorité, pourris ou défectueux, on les renouvelle les uns après les autres par le procédé ci-dessus indiqué, si le terrain le permet ; sinon, on en place deux : l'un au-dessus, l'autre au-dessous de celui qu'il s'agit de remplacer ; on leur donne une forte tension, et, après avoir enlevé l'ancien, on se hâte d'y ajouter les porteurs.

162. *Blindages provisoires.*

Quelle que soit la forme définitive d'un puits, on emploie, pour le boiser provisoirement, des cadres carrés ou rectangulaires semblables à ceux qui ont été décrits ci-dessus ; mais dont ils diffèrent en ce que l'équarrissage des pièces en est un peu moins fort et proportionné d'ailleurs au temps pendant lequel ils sont destinés à rester en place, en attendant le revêtement définitif.

Les boisages provisoires employés dans le bassin du Centre (Hainaut) sont composés de cadres rectangulaires ab (fig. 1, pl. XII), avec porteurs en bois de hêtre c, c. L'équarrissage de ces pièces est assez fort, parce qu'après avoir servi une première fois on les utilise à diverses reprises, et on ne cesse de les employer que quand les bois, fréquemment retaillés, deviennent trop courts ; ils sont souvent mis en place successivement huit ou dix fois. Les filières seules i, i ont une durée moins grande. La figure 6 exprime le détail de l'assemblage des cadres, dont la résistance est en rapport avec la pression du terrain.

On fait aussi des boisages polygonaux, semblables à celui (fig. 3 et 4, pl. XII) dont on s'est servi pour le fonçage d'un puits de la concession de Péronnes (charbonnages du Centre). Dix pièces, telles que $s, s, s, s,$

assemblées ainsi que l'indique la figure 7, et dont les extrémités portent dans les entailles du rocher, forment des cadres fortement serrés par des coins ou des pierres et retenus entre eux par vingt porteurs *e*, *e*, *e*. La longueur des filières n'excède pas la distance comprise entre les axes de deux cadres consécutifs, parce qu'il importe de relier le dernier placé avec les précédents sans attendre la pose des suivants. Ces blindages n'ont que de faibles dimensions ; ils sont peu coûteux, mais leur pose exige des boiseurs fort adroits.

Les boisages circulaires (*cribbing*) sont en usage en diverses parties de l'Angleterre pour soutenir provisoirement les bancs de sable mouvant ou tout autre roche fort ébouleuse. On attache peu d'importance à la qualité des bois, et on utilise en grande partie les pièces de rebut, si le revêtement provisoire doit rester en place entre les parois du puits et la maçonnerie ; mais si la nature du terrain permet de les retirer et de les employer ultérieurement, on choisit des bois de bonne qualité, capables de se conserver intacts malgré la pression. Les cadres sont remplacés par des roues ou couronnes (*crib*), composées de segments *f*, *g*, *h*, *i* (fig. 22 et 23) de chêne, d'orme ou de frêne, simplement appliqués bout à bout et réunis par des membrures en bois (*spars*), clouées au-dessus de chaque joint. Le puits est d'abord creusé aussi profondément que possible sans en soutenir les parois ; on établit solidement une couronne à son orifice, de telle façon qu'il reste un intervalle entre la tranche extérieure du rouage et le terrain ; enfonçant alors dans les vides des madriers de sapin *k*, *k* (*Backing deals*) d'environ 0.03 mètre d'épaisseur, on les force à pénétrer jusqu'au fond de l'espace excavé ; on place une seconde couronne au-dessous de la pre-

mière ; on reprend le fonçage du puits ; on le poursuit
tant que les parois ne menacent pas de s'ébouler ; puis
on enfonce de nouveau les madriers, et ainsi de suite
jusqu'à ce que ces derniers soient entièrement logés dans
l'excavation. Enfin, on dispose la couronne inférieure de
telle façon qu'elle déborde leur extrémité de sa demi-
épaisseur, afin qu'au-dessous se trouve un espace prêt
à recevoir l'extrémité supérieure de ceux de la reprise suivante. Si le boisage doit résister pendant un assez
long espace de temps, on ajoute des porteurs et des
filières, et les diverses couronnes se lient et se soutiennent
mutuellement. La première reprise étant bien assurée,
on en creuse une seconde de la même manière, en ayant
le soin d'engager l'extrémité supérieure de la deuxième
série de madriers derrière le dernier crib de la première
reprise. Les couronnes ayant une tendance à s'infléchir
du haut en bas, on les retient dans leur position horizontale par des tasseaux ou goussets, ou par quelques
pièces verticales faisant fonction de porteurs.

On doit s'attacher à ce que la section de l'excavation ne
soit pas plus grande que celle des cadres, plus les madriers,
afin que ceux-ci s'appuient sur le terrain dans toute leur
étendue ; s'il s'y trouve quelque vide, on le remplit de
blocailles serrées avec force. Les madriers sont placés
jointifs ou laissent entre eux des intervalles plus ou moins
grands, suivant la consistance du rocher.

SECTION VI⁰.

DES REVÊTEMENTS EN MAÇONNERIE.

165. *Comparaison entre le boisage et le muraillement.*

Dans la plupart des localités, les muraillements sont primitivement plus coûteux que les blindages ; mais si les excavations doivent subsister pendant une longue suite d'années, ils sont, en réalité, plus économiques. En effet, une maçonnerie placée dans des circonstances favorables et bien exécutée dure presque autant que la mine elle-même ; tandis que les bois d'une charpente, se pourrissant ou se rompant, exigent des réparations d'autant plus importantes qu'ils sont en place depuis un laps de temps plus considérable. La fréquence de ces réparations augmente avec le temps ; après un certain nombre d'années, les bois serrés les uns contre les autres ne suffisent plus à retenir la poussée des rocs environnants, et, enfin, la somme des renouvellements devient infiniment plus onéreuse que ne l'eût été un muraillement primitif, dont la durée est indéfinie et qui dédommage toujours l'exploitant de ses premières avances. Il se soustrait d'ailleurs au chômage d'une partie des travaux et à l'interruption de l'extraction nécessitées par les réparations. Dans les terrains ébouleux, les revêtements en maçonnerie sont indispensables; car, pouvant supporter une charge plus forte que le boisage, les premiers résistent encore efficacement lorsque le second est déjà complètement anéanti.

164. *Matériaux propres à construire les murail-lements dans les mines de houille.*

En général , les matériaux provenant des excavations elles-mêmes conviennent peu pour les revêtements ; les grès sont fort difficiles à tailler et se lient mal avec le mortier , et les schistes argileux se délitent au contact de l'air atmosphérique ; les pierres calcaires extraites des carrières les plus rapprochées des mines de houille , quoique simplement dégrossies, sont la plupart du temps fort coûteuses; il ne reste que les briques, pour la confection desquelles la terre se trouve presque partout. Celles dont on se sert pour le muraillement des excavations sont rectangulaires ou trapézoïdales. Les dimensions des premières sont, en Belgique, de 0.24 mètre de longueur , 0.12 de largeur et 0.06 d'épaisseur. Les briques trapézoïdales en forme de coins ou de voussoirs sont très-convenables pour le revêtement des puits circulaires et elliptiques ; elles ne présentent pas les inconvénients des briques rectangulaires et n'exigent pas, comme celles-ci, que l'on place , à la partie postérieure des joints, un garnissage de petits fragments qui se brisent quand la poussée est forte et compromettent la résistance dérivant de la forme circulaire. On moule ces briques de telle façon que les deux lignes obliques du trapèze soient normales à la moyenne courbure du puits. Leurs dimensions sont variables ; aux mines du Centre, on leur donne 0.20 mètre de longueur, une largeur moyenne de 0.10 mètre , et même épaisseur que les précédentes.

Les briques confectionnées avec de la terre trop maigre sont fragiles; fort grasse, elles se déjettent, se fendent et offrent des surfaces trop lisses pour se lier avec

le mortier. Les briques mal cuites sont tendres ; les
chocs des vases d'extraction les dégradent et les arrachent
facilement ; trop cuites, elles perdent leur calibre et leur
forme primitive , et produisent des lits irréguliers et
inégaux.

Le mortier est composé de chaux maigre , plus ou
moins hydraulique (suivant la position des mines relativement aux carrières et la nature aquifère des terrains
à revêtir), mélangée ordinairement avec parties égales de
sable et de cendres de machines à vapeur tamisées, que
l'on remplace quelquefois par des tuiles et des briques
pilées. Enfin , dans les travaux destinés à contenir les
eaux, on emploie le ciment anglais (1), et les ciments
artificiels (2), le trass dit de Cologne , et les autres
pouzzolanes naturelles ou artificielles.

La confection et l'emploi du mortier sont des objets
d'une grande importance ; les maçons des mines de houille
en mettent des quantités beaucoup trop considérables, ce
qui est fort nuisible dans les terrains aquifères ; car
les eaux, l'entraînant avec elles , déterminent des vides ,
et la maçonnerie devient fort défectueuse sous le rapport
de la solidité et de l'imperméabilité. En général , un mor-

(1) La pierre à ciment d'Angleterre est un calcaire d'un gris
bleu, à grains fins, très-dur, et dont la pesanteur spécifique (2.59)
est considérable. Elle renferme 65.7 pour cent de carbonate de chaux,
6.6 d'alumine, 18 de silice , et le reste consiste en carbonates de
fer , de magnésie, etc. Cette pierre, calcinée et réduite en poudre,
produit un ciment qui fait prise en 15 à 20 minutes, et acquiert
une grande dureté, surtout lorsqu'il est dans l'eau ; il n'éprouve
aucun retrait et n'offre ni fentes ni gerçures.
(2) M. Léchevin Lepez, de Tournai, fabrique un ciment artificiel dont
le prix n'est que la moitié du ciment anglais. (Ce fait a été communiqué à l'auteur par M. DEVAUX, inspecteur-général des mines
en Belgique.)

tier ferme, liant et fin, également répandu sur les faces
de jonction, forme la meilleure maçonnerie.

165. *Circonstances relatives au muraillement*
des excavations.

On ne peut déterminer l'épaisseur d'un muraillement
que par suite d'expériences ou de la connaissance des
roches au milieu desquelles on emploie ce mode de soutenement. Si le terrain est disloqué et désagrégé sur un
grand espace, on peut en conclure que la pression, venant
de loin, est considérable ; s'il n'y a que quelques mètres de
rocher en mauvais état, tandis qu'il est sain dans ses
autres parties, la pression sera peu énergique, et un
léger muraillement pourra suffire. En général, l'expérience
prouve qu'un revêtement de 0.50 à 0.60 mètre suffit,
quelle que soit la poussée ; que, dans la plupart des cas,
on peut se borner à construire une muraille d'une brique,
c'est-à-dire de 0.20 à 0.24 mètre d'épaisseur, et descendre même à une demi brique.

Les mineurs pensent généralement, et avec raison,
qu'un puits doit être muraillé immédiatement après son
foncement, pour ne pas laisser aux stratifications le temps
de se disloquer. Quant aux galeries, on croit, dans le Hainaut, qu'il est convenable de laisser s'écouler un certain laps de temps entre leur percement et leur revêtement, afin, dit-on, de permettre aux roches de faire
leur mouvement, considéré, par les mineurs de cette localité,
comme irrésistible et comme pouvant entraîner la destruction de la maçonnerie. Cependant les schistes du terrain
houiller s'altèrent et se délitent lorsqu'ils sont en contact
avec l'air atmosphérique et avec l'humidité ; la désagrégation des bancs engendre la pression, et celle-ci est

d'autant moindre que la cohésion reste plus intacte ; permettre alors aux bancs les plus rapprochés de l'excavation de se disjoindre avant le muraillement, c'est non-seulement consentir à recevoir la pression de tout ce qui est désagrégé au moment du percement, mais encore donner le temps aux stratifications supérieures de se déliter et d'ajouter leur poids à celui qui, nécessairement, comprime la maçonnerie ; d'où il semble résulter que cette opinion, tout-à-fait locale, n'est pas suffisamment établie sur des faits pour pouvoir constituer une règle quelque peu générale. La nécessité de se servir d'une galerie immédiatement après son percement peut seule engager à retarder le moment où devra s'exécuter son revêtement. Ceci ne se rapporte pas évidemment aux sables aquifères, qui se raffermissent et dont la poussée diminue lorsque, après un certain temps, les parties voisines des excavations sont privées des eaux qu'elles contenaient primitivement.

166. *Diverses dispositions des maçonneries dans les galeries.*

Les revêtements muraillés des galeries se composent, quant à leur forme, de surfaces planes, raccordées avec des portions de cylindres à base circulaire ou elliptique ; quelquefois, ce sont des parties de ces dernières courbes qui seules se combinent entre elles.

Le sol et les deux parois d'une galerie étant solides, on s'opposera aux éboulements du faîte par la construction d'un arceau en briques reposant sur deux entailles pratiquées dans les parois de la galerie, à la hauteur de la naissance de la voûte.

Le faîte et l'une des parois étant disloqués, on établit, sous le nom de *pied-droit* ou *culée*, un mur vertical

contre la paroi ébouleuse ; au-dessus s'élève l'arceau qui repose de l'autre côté sur une entaille creusée dans la roche.

Les deux parois et le faite étant formés d'une roche défectueuse (fig. 11 , pl. XII) , on élève deux pieds-droits surmontés d'un arceau. Si, dans ces circonstances, on craint le gonflement ultérieur du sol , il suffit , pour prévenir cet effet , d'appliquer sur ce dernier des madriers jointifs de 0.08 à 0.10 mètre d'épaisseur ; mais il ne faut pas que l'action menace d'être trop énergique ; il ne faut pas non plus que la poussée latérale soit trop forte , car les pieds-droits seraient exposés à glisser sur le revètement du sol.

Si le terrain ne présente aucune solidité sur tout le pourtour de l'excavation , comme cela se présente fréquemment dans le creusement des galeries d'écoulement ou des autres excavations rapprochées de la surface, le revètement consiste en une maçonnerie dont la section est une courbe elliptique ou à anse de panier ; toutes les parties faisant voûte se soutiennent mutuellement et opposent à la pression une résistance énergique. La figure 12 est un exemple de cette forme de revètement d'une galerie devant servir simultanément à l'écoulement des eaux et à l'évacuation des produits de la mine ; l'excavation est alors divisée en deux compartiments par une petite voûte, sur laquelle , après avoir entassé quelques déblais , on construit une voie de roulage.

Si les roches , solides d'ailleurs (fig. 14) , étaient fissurées et perméables aux eaux, les parois resteraient dépourvues de revètement ; on construirait sur le sol une voûte renversée ou *radier* avec interposition d'une couche d'argile entre l'extrados et le sol , et le roulage s'effectuerait sur un plancher formé de solives horizontales encastrées dans le rocher et recouvertes de madriers.

Enfin, on emploie des revêtements mixtes, c'est-à-dire mi-partie maçonnerie et boisage (fig. 13). Les pieds-droits sont en briques, recouverts de chapeaux en bois ronds et revêtus, s'il y a lieu, de bois de relicment. Les avantages de ce mode consistent à éviter l'entaillement du faîte dans les terrains ébouleux et la construction coûteuse de la voûte; mais lorsque la poussée latérale est forte, elle tend à renverser dans le vide de la galerie les pieds-droits livrés à eux-mêmes.

167. *Procédé employé pour maçonner une galerie.*

Dans les terrains assez consistants pour se soutenir d'eux-mêmes pendant un certain laps de temps, on peut percer la galerie sur une assez grande longueur avant de procéder à l'exécution du muraillement. Si la roche est ébouleuse, il faut, ou faire précéder ce muraillement d'un boisage provisoire, dans toutes les parties où la roche ne peut se soutenir d'elle-même, ou que le revêtement maçonné suive pas à pas le chantier de creusement. Dans ce dernier cas, les deux opérations doivent se succéder alternativement, car il est impossible de les exécuter simultanément, les galeries à petite section usitées dans les mines de houille étant rarement assez élevées pour permettre aux remblais de passer sous les cintres.

On peut supposer une galerie (fig. 15 et 16, pl. XII) revêtue d'un boisage provisoire auquel il s'agisse de substituer une maçonnerie destinée à maintenir les parois et le faîte. Après avoir pratiqué dans le sol deux cavités rectangulaires et parallèles *a*, *a*, on y construit les fondations de la maçonnerie, sur lesquelles on élève les pieds-droits de la première reprise. Dans ce travail, dirigé avec un fil à plomb, on a le soin de laisser des harpes ou briques en saillie *b*, *b*, pour établir la liaison de cette partie

du muraillement avec la suivante. Une règle , appliquée
horizontalement , donne la direction à suivre dans le sens
de la longueur, excepté lorsque la galerie tourne et décrit
une courbe. Lorsqu'on a élevé jusqu'à la naissance de la
voûte une certaine longueur de maçonnerie latérale , longueur qui dépend de la solidité des parois , le maçon
prend un ceintre A, ou demi-cylindre creux de 60 à 75
centimètres de longueur, formé de planches , dont l'objet
est non-seulement de déterminer la courbe , mais encore
de soutenir les briques jusqu'au moment où l'arceau complet peut se maintenir de lui-même ; il le met à la hauteur
convenable , le fixe en place à l'aide de quelques étais
obliques ou verticaux , tels que *k*, et maçonne alternativement des deux côtés, jusqu'à ce qu'il atteigne le point
culminant de la voûte ; là, il place la clef , brique taillée
en coin , qu'il engage avec force en l'introduisant d'avant
en arrière , le rocher du faîte ne permettant pas de la
poser du haut en bas. Souvent aussi la clef est une brique
non taillée dont on augmente l'épaisseur vers l'extrados
de la voûte , par l'interposition de quelques tuileaux
entre les joints. Cette opération étant faite pour un arceau,
on passe au suivant, jusqu'à ce que le cintre soit
complètement recouvert sur toute sa longueur ; alors il
le fait glisser en avant d'une quantité assez grande pour
que ce déplacement ne se répète pas trop fréquemment, mais assez petite pour qu'il puisse , sans trop
grande gêne, ajuster les briques dans le fond de l'espace
compris entre le faîte et le cylindre.

Le muraillement des galeries n'offre d'autre difficulté
que la position pénible des maçons travaillant dans un
espace ordinairement fort resserré. Si le revêtement est
une courbe fermée , l'ouvrier commence par former
le sol de l'excavation , en construisant le radier , dont

il détermine la courbe à la simple vue, mais il est préférable d'employer un calibre appliqué perpendiculairement aux génératrices. Il donne la pente nécessaire à l'écoulement des eaux au moyen d'un faux niveau installé dans le fond du radier et parallèlement à l'axe de la galerie. Pour élever la maçonnerie latérale, il substitue au fil à plomb un autre calibre tracé suivant la courbe choisie.

Dans la division des galeries en deux compartiments, la cloison verticale consiste en un mur d'une brique, c'est-à-dire de 24 centimètres d'épaisseur. Elle se compose aussi de solives verticales ajustées à frottement ou introduites dans les entailles du rocher; ces pièces, reliées par d'autres pièces horizontales, forment des rectangles dans lesquels on construit une maçonnerie d'une demi brique d'épaisseur.

168. *Du danger de laisser des vides entre les surfaces extérieures du revêtement et les parois de l'excavation.*

On doit remblayer avec soin les cavités qui restent entre les parois et les surfaces extérieures des maçonneries, afin que la pression se répartisse uniformément sur toute cette surface; un seul vide un peu considérable déterminerait une pression inégale et pourrait entraîner la destruction du revêtement. En effet, on peut supposer nulle ou très-faible la pression des bancs supérieurs, tandis que la poussée latérale agit très-énergiquement; dans l'état de stabilité, les pieds-droits a, b (fig. 18) seront maintenus à leur place par la résistance de la voûte; mais si cette dernière, marchant dans le sens de la flèche g, peut se retirer dans l'espace imprudemment laissé au-dessus de son extrados,

elle se rompra en diverses parties ; et les pieds-droits, cessant d'être soutenus, tomberont dans la galerie. Le mouvement sera analogue à celui que représente la figure.

L'effet inverse se produira par suite de la négligence que l'on apportera à boucher les vides qui peuvent se trouver derrière les pieds-droits. La pression verticale sur la voûte exprimée par la flèche h (fig. 19) se transformera en une pression horizontale v, w, tendant à écarter les murs verticaux l'un de l'autre ; les arceaux r, r, n'étant plus contenus par la résistance que ces murs devraient opposer, s'écrouleront à défaut de base sur laquelle ils puissent s'appuyer.

Tout ce qui précède s'applique également aux revêtements des puits dont la solidité est compromise par les cavités laissées derrière les maçonneries.

169. *Du déboisement pendant le muraillement.*

Les galeries, ainsi qu'on vient de le voir, se maçonnent par reprises dont la longueur dépend de la nature des roches. Si, jusqu'au moment de l'exécution du revêtement, celles-ci peuvent se maintenir d'elles-mêmes, ou si leur état de cohésion permet d'enlever successivement les diverses pièces du boisage provisoire, sans amener d'éboulements, cette opération n'entraîne aucune difficulté. Le maçon construit la voûte sur les pieds-droits, ceux-ci précédant la première de quelques mètres ; mais si le terrain n'offre pas de solidité, il doit agir avec plus de précaution : il ne déboise pas entièrement (fig. 15) ; il enlève les diverses pièces les unes après les autres, en étayant celles qui restent, de même que la roche mise à nu, par tous les moyens de soutenement partiels qu'il a en sa possession ; ainsi, il substitue à l'un des

montants des planches c, c appliquées contre la roche au
moyen d'étrésillons horizontaux d ou inclinés e; il soutient
le chapeau avec des étais g placés vers le milieu de sa
longueur; enfin, il enlève ce dernier et maintient le faîte
à l'aide de solives horizontales, de bois verticaux reposant
sur le cintre, et par l'un de ces mille petits moyens que les
circonstances lui suggèrent pour se garantir des éboulements et qu'il serait oiseux d'énumérer ici. Les reprises,
si le terrain est très-disloqué, sont de petite longueur,
afin de ne le dénuder que sur une petite surface.

Quelquefois le maçon laisse dans la muraille les bois
que le mineur n'ose enlever. Cette pratique est peu convenable; car ceux-ci, en pourrissant, engendrent des vides
avec tous leurs dangers; il est donc préférable de les
hacher en morceaux à mesure que la maçonnerie s'exécute.

170. Puits revêtus de maçonnerie.

Le muraillement des puits offre également des surfaces
planes ou des surfaces courbes, à génératrices circulaires
ou elliptiques, toujours fermées.

Lorsque le terrain, laissé à nu ou boisé provisoirement,
ne peut faire craindre aucun éboulement pendant tout
le temps du fonçage, c'est-à-dire jusqu'à l'époque où
l'excavation atteindra la profondeur déterminée par les
besoins de l'exploitation, le muraillement s'exécute entièrement de *bas en haut*. Si une pression trop forte inspire
des craintes, on a recours au muraillement par reprises
de *haut en bas*, reprises d'autant plus courtes que le
rocher est moins consistant.

La première méthode est celle que l'on emploie le plus
volontiers, quelle que soit d'ailleurs la forme de la section
du puits.

24

171. *Muraillement de bas en haut.*

L'attention du mineur est d'abord préoccupée de la recherche d'une stratification offrant une fondation solide ; lorsqu'il est assez heureux pour rencontrer une roche compacte et régulièrement stratifiée, suivant un plan à peu près horizontal, il ne s'agit que de la ciseler, de la mettre de niveau et de monter la maçonnerie tout d'un trait jusqu'à la surface. Si la stratification est fortement inclinée, il l'entaille en gradins, et les fondements s'établissent à différents niveaux. Enfin, si l'une des parois est fissurée et l'autre saine, il établit des arceaux contre les parois ébouleuses, en faisant porter leur naissance sur un roc solide et résistant ; ces arceaux sont surbaissés, afin que la pression soit supportée par les parois du puits, dont la résistance à la poussée est infinie. Comme une trop grande hauteur de maçonnerie pourrait déterminer une pression trop forte et ferait craindre l'écrasement des matériaux placés à la base, on a le soin de diviser la charge sur divers points de la hauteur du puits et de décharger la muraille au moyen de voûtes qui rejettent le fardeau latéralement.

Dès que la maçonnerie atteint l'un des cadres du boisage provisoire, on étaie ce dernier au moyen de bois horizontaux ou verticaux, suivant la circonstance, afin de pouvoir en enlever successivement les diverses pièces sans endommager la partie supérieure du revêtement. Si la pression est forte, il ne faut enlever que peu de bois à la fois, maintenir en place ce qu'on en laisse et prendre toutes les précautions de sûreté nécessaires. Enfin, les circonstances décident si l'on doit élever promptement la maçonnerie sur l'un des côtés du puits d'abord, pour en

opérer ensuite le raccordement avec les muraillements qui seront montés sur les autres parois, ou bien si elle doit être bâtie graduellement et de niveau sur tout le pourtour de l'excavation.

Ce qui précède se rapporte à la construction des maçonneries dans les puits circulaires ou elliptiques, qui, par leur forme, résistent en tous sens à la pression du terrain. Quant aux puits carrés ou rectangulaires usités dans quelques districts de l'Allemagne, et surtout en Silésie, le revêtement étant formé de surfaces planes, la résistance ne peut dériver que du poids des matériaux ; elle serait alors évidemment insuffisante dans la plupart des cas, si l'on n'avait trouvé le moyen de la rendre efficace. Les deux coupes contenues dans la figure 21 indiquent un procédé qui consiste dans l'emploi de quatre arceaux, tels que *A C*, s'arc-boutant les uns les autres, et prenant naissance dans la roche solide des quatre angles du puits ; au-dessus s'élève une hauteur de maçonnerie verticale *M N* comprise entre deux et six mètres, suivant la pression plus ou moins grande du terrain ; puis, s'exécutent de nouveau quatre voûtes, surmontées d'une certaine hauteur de murs verticaux, et ainsi de suite. Les compartiments du puits sont formés par un mur de refend *O O* bâti de la même manière, c'est-à-dire alternativement avec des arceaux *B* et des murs droits. On voit facilement le rôle que jouent les voûtes. La pression à laquelle elles sont soumises se divisent à leur naissance en deux forces, dirigées l'une verticalement de haut en bas et l'autre horizontalement ; cette dernière, opposée à la pression des parois, les maintient à distance et produit les conditions de stabilité.

Les puits de la province de Liége affectent une forme constamment rectangulaire ; quelques-uns d'entre eux sont

muraillés à leur partie supérieure au passage des terrains
ébouleux. Ils se soutiennent sans employer les arceaux,
mais la maçonnerie ne règne que sur une faible hauteur,
et les angles sont arrondis, ce qui ajoute quelque chose
à la résistance du revêtement.

172. *Muraillement par reprises de haut en bas.*

Le foncement par reprises a lieu lorsque la solidité des
roches ne permet pas de creuser le puits dans toute sa
profondeur avant de le revêtir d'une maçonnerie. Ce procédé consiste à porter l'excavation à une profondeur dépendante de la nature de la roche dénudée; à la revêtir
d'un boisage provisoire; à prendre une fondation sur une
stratification solide ou à s'en créer une au moyen d'un
fort cadre; à élever la maçonnerie de la première reprise;
à approfondir de nouveau; puis à maçonner ensuite, et
cela alternativement, jusqu'à ce qu'on soit parvenu au terme
du foncement, en ayant égard aux considérations de solidité et d'économie qui engagent à faire les reprises aussi
grandes que possible. Ce mode de muraillement peut avoir
un cadre pour base ou s'établir directement sur une banquette entaillée dans la roche.

173. *Procédé de muraillement usité dans les mines du Centre (Hainaut).*

Les figures 1 et 2, planche XII, qui ont déjà servi à
faire connaître les boisages provisoires employés dans cette
localité, expriment aussi le commencement d'une reprise
construite dans un puits de forme elliptique. L'assise, ou
cadre rectangulaire en chêne $a'a'$, $b'b'$, est composée de
bois d'un assez fort équarrissage, assemblés (fig. 6) de

telle façon qu'ils ne puissent glisser les uns sur les autres, sans toutefois diminuer trop sensiblement leur épaisseur. Lorsque le cadre est encastré par ses extrémités dans la roche, on cheville fortement quatre segments de cercles *c c*, *c' c'* sur les quatre angles du châssis. Comme les pièces les plus courtes sont plus élevées que les longues, sur lesquelles elles reposent, on interpose, entre ces dernières et l'une des extrémités des segments, des tasseaux *e , e*, dont l'épaisseur rachète la différence de niveau. Alors on monte la maçonnerie *M M*, qui n'a d'autre soutien que le cadre, jusqu'au moment où ce dernier est en partie déchargé du poids qu'il supporte par le muraillement de la reprise inférieure. Les briques moulées en forme de coins offrent une résistance telle que les revêtemens ont rarement une épaisseur excédant 0.24 mètre ; elles se posent de plat, leur longueur dirigée parallèlement aux rayons du puits, et les joints d'une assise correspondant aux pleins des deux assises contiguës.

Dans le but de recueillir les eaux qui s'écoulent le long des parois et détériorent le revêtement, on intercale dans la maçonnerie, partout où le besoin l'exige, une couronne *h* ou *gargouille* (fig. 1 et 17), composée de segments assemblés à demi-bois, et munie d'une rigole ou gouttière demi-circulaire. La première assise de briques *o* se pose en retraite, de manière à démasquer la rigole ; puis chaque rang, tel que *o'*, *o''*, s'avance sur celui qui le précède de quelques millimètres vers l'intérieur du puits, de telle sorte que le revêtement étant parvenu à une hauteur de 0.60 à 0.70 mètre, l'assise supérieure *o''* se trouve à l'aplomb de la face antérieure de la couronne. La gouttière doit avoir une légère pente dirigée vers l'un des angles du puits ; les eaux coulent alors vers ce point, traversent un tuyau de fonte encastré dans la maçonnerie

et s'engagent dans un canal en planches *g* placé verticalement, entre la paroi du rocher et le revêtement, pour de
là être conduites et déversées dans des réservoirs spéciaux.

Dans l'angle opposé, on place un second canal en
planches (*carnet*), à section triangulaire, destiné à déterminer l'aérage pendant le foncement du puits.

Lorsque dans les mines du Couchant de Mons, le
terrain n'est pas assez consistant pour permettre l'emploi
d'un procédé exposé plus loin, on supporte chaque
reprise au moyen d'un cadre polygonal facile à raccorder avec la section circulaire des puits de cette localité.
La figure 20 se rapporte à une assise de ce genre appliquée récemment au muraillement de l'un des puits du
Levant du Flénu.

174. *Inconvénients des bois intercalés dans la maçonnerie.*

Les bois fractionnant et interrompant les maçonneries
en divers points de leur hauteur doivent, autant que
possible, être supprimés. La chaux mise en contact avec
eux les corrode et facilite leur détérioration ; quelle que
soit leur essence, quelque soin que l'on ait mis à les
choisir très-sains, ils se pourrissent, perdent leur consistance, surtout lorsqu'ils se trouvent dans un lieu exposé
aux alternatives de sécheresse et d'humidité, ou qu'ils
sont plongés dans une atmosphère chaude. Le seul moyen
d'éviter cet inconvénient consiste à enlever, pendant l'exécution du muraillement, les cadres qui soutiennent la
couronne, soit en arrachant les membres les uns après
les autres, soit même en les hachant, si cela devient
nécessaire. Cette opération est facile et sans danger,

quoique délicate, si l'on rend les cadres indépendants des segments circulaires, au lieu de lier ces deux objets.

Les gargouilles destinées à la conduite des eaux, toujours en contact avec ces dernières, se détériorent promptement. On les renouvelle en totalité ou en partie; mais c'est une opération difficile qui tend à compromettre l'existence des puits; il est préférable de substituer la fonte de fer au bois, ainsi qu'on l'a fait aux mines de Mariemont. Dans cette nouvelle application du fer, les couronnes (fig. 8, 9, 10) sont formées de segments a, a de même largeur que ci-dessus, mais d'une épaisseur moindre, vu la plus grande résistance de la matière; ces segments sont assemblés à mi-épaisseur, boulonnés et munis, à leur surface supérieure, de deux bourrelets bb, cc, déterminant une rigole; enfin, vers l'un des angles du puits se trouve un bout de tuyau i courbé en S, qui traverse la maçonnerie et déverse l'eau dans le carnet. Une gargouille en fonte, destinée à un puits elliptique dont les axes ont respectivement 2.80 et 2.30 mètres, pèse 600 kil.; elle est plus coûteuse qu'un objet de même espèce construit en bois, mais elle dure aussi longtemps que le puits et n'exige aucune réparation.

Les canaux encastrés dans les angles des excavations pour la conduite des eaux et le retour de l'air constituent une fort mauvaise disposition; formés de simples planches, ils pourrissent promptement, et la pression se répartit inégalement sur les divers points de la circonférence. Ceux qui sont destinés à l'écoulement des eaux, n'ayant qu'une faible section (un carré de 0.15 à 0.20 mètre de côté) et ne devant pas régner sur toute la hauteur du puits, offrent moins d'inconvénient que les carnets servant au retour de l'air, dont la section triangulaire est fort grande; il serait bon, cependant, de remplacer les premiers par

des tuyaux de fonte, et de supprimer entièrement les
seconds, auxquels on substituerait d'autres dispositions
propres à déterminer l'aérage pendant l'avaleresse.

175. *Suppression des cadres dans le muraillement*
des puits.

Les figures 3 et 4 se rapportent à une opération de
cette espèce, exécutée dans la concession de Peronnes
(près de Binche), où les bancs du terrain furent jugés
assez consistants pour permettre de supprimer les cadres
porteurs. Ce procédé est généralement employé dans les
mines du Couchant de Mons et dans celles du département du Nord.

Supposant une reprise excavée au-dessous d'une autre
reprise déjà muraillée et reposant sur une corniche : pendant que le mineur entaille la roche en forme de banquette
horizontale a, b (fig. 3 et 4), qu'il la rend plane et de
niveau, le charpentier prépare une couronne en chêne,
elliptique ou circulaire, dans les dimensions prescrites.
Cette *couronne*, *rouage* ou *rouet*, est formée de segments
circulaires c, c, c, c, semblables à des jantes de roues,
assemblés, comme elles, à tenons et mortaises (fig. 5)
et attachés les uns aux autres par des clous ou des chevilles. Leur longueur est aussi grande que possible, la
courbe offrant une solidité d'autant plus grande que les
joints y sont en moins grand nombre. Lorsque la banquette est achevée, on descend la couronne en deux ou
trois pièces, on l'ajuste avec soin et on la place de niveau.
Les maçons construisent le muraillement au-dessus ; ils
remplissent soigneusement les vides compris entre ce
dernier et les parois de l'excavation avec des briques
fortement tassées, afin de consolider ainsi la bâtisse et

d'éviter les dépressions ultérieures des parements résultant de la retraite des murs qui cèdent sous le choc des vases d'extraction. La maçonnerie se monte ainsi en enlevant successivement les bois du blindage provisoire ; lorsque le mineur atteint la corniche de rocher laissée au-dessous de la couronne immédiatement supérieure, il l'arrache par parties, auxquelles il substitue de la maçonnerie, en procédant de la manière suivante. Il creuse d'abord une entaille verticale au-dessous du milieu de l'un des segments circulaires, en lui donnant quelques décimètres de largeur et une profondeur horizontale telle qu'elle puisse recevoir une brique dans toute sa longueur ; il remplit cette entaille jusqu'au-dessous du rouet, contre lequel il ajuste la dernière brique à frottement ; il passe au segment suivant, au-dessous duquel il répète la même opération ; le rouet étant ainsi soutenu par le milieu de ses segments, il abat la roche comprise entre deux piliers successifs et y substitue de la maçonnerie qu'il relie avec ces derniers au moyen des briques saillantes ou harpes. Lorsque le muraillement est fortement serré contre la couronne supérieure ; qu'il n'y existe aucun vide et qu'aucun mouvement n'est à craindre, le mineur reprend le creusement du puits, en ayant soin de laisser au-dessous de la couronne récemment placée une corniche suffisante pour supporter la bâtisse, et dont l'inclinaison du talus dépend de la consistance du terrain.

Dans les mines d'Anzin, les rouets sont formés de secteurs sans assemblage, les faces latérales étant simplement appliquées les unes contre les autres ; mais ils sont *colletés*, c'est-à-dire fixés sur la banquette et rendus immobiles par l'introduction de coins dans un intervalle (de 0.02 à 0.03 mètre) réservé entre la tranche extérieure de la couronne et le rocher. Les segments ont 0.18 mètre de hauteur et 0.55 de largeur.

Les gargouilles en bois sont les mêmes que ci-dessus,
mais, comme elles font saillie sur la surface du muraillement, elles sont mieux disposées que les précédentes pour
recueillir les eaux des parois. On cloue sur leur face antérieure des lames de fer destinées à conduire les vases
d'extraction et à les empêcher de s'accrocher aux rouets. Un
canal de planches de chêne formé de coffres s'emboîtant les
uns dans les autres règne à l'intérieur du puits, dans
toute sa hauteur et dans un lieu où il soit à l'abri du choc
des tonnes. L'eau passe de la gargouille dans le canal à
l'aide de petits entonnoirs de fer-blanc. Cette conduite est
divisée en tronçons égaux à la distance comprise entre deux
gargouilles ; la partie supérieure de chaque tronçon est
munie d'une grille, et les eaux sont ainsi conduites au
puisard ou dans un réservoir spécial.

176. *Muraillement des puits en Angleterre.*

Les figures 22 et 23, dont on s'est déjà servi pour faire
connaître la nature des boisages provisoires usités dans les
districts du nord de l'Angleterre, contiennent aussi une muraille en moellons piqués de *milstone grit*, grès de la partie
inférieure de la formation carbonifère, dont on fait un fréquent usage dans les mines des environs de Newcastle.

La couronne m, n construite comme ci-dessus repose
sur une banquette et reçoit la maçonnerie. A mesure que
celle-ci s'élève, on soutient les cadres provisoires au moyen
d'étais verticaux, et on a le soin de n'enlever aucune pièce
sans avoir la certitude que le revêtement lui sera immédiatement substitué. Mais comme les bois sont fort coûteux
en Angleterre, on cherche à réduire leur emploi en muraillant, autant que possible, sans revêtir l'excavation de

boisages provisoires. On cherche même à s'en dispenser dans les stratifications assez ébouleuses, pour que les parois excavées ne puissent se soutenir d'elles-mêmes que sur une faible hauteur. Dans ce but, le mineur excave les reprises au maximum de profondeur que comporte le terrain (quelque-fois moins d'un mètre); il place, au fond de la cavité, une couronne en bois ou en fer, dont les segments sont assemblés à mi-épaisseur; puis il se hâte d'élever la ma-çonnerie pour soutenir la paroi. Il creuse de nouveau en ménageant une corniche ou console ; alors un nouveau rouet sert de base à un nouveau tronçon, qu'il relie avec le précédent, et ainsi de suite.

Lorsque le terrain est trop ébouleux pour pouvoir se prêter à cette opération, on creuse, vers l'une des parois seulement, une excavation de 0.60 à 0.80 mètre de profon-deur ; on pose un fragment de la couronne, sur lequel on construit un pilier de maçonnerie prolongé jusqu'à la couronne supérieure ; on installe un second secteur après excavation préalable; on maçonne de même, et, conti-nuant ainsi, on bâtit par parties la totalité du tronçon.

Il existe encore un autre procédé, employé dans les mêmes circonstances : il consiste à creuser le puits suivant une section égale à celle de l'espace compris entre la maçon-nerie supérieure, c'est-à-dire en conduisant les parois de l'excavation à l'aplomb de son parement intérieur, de sorte que la reprise déjà exécutée est soutenue par une partie annulaire de terrain de même épaisseur. On élargit le puits vers sa base; on place le rouet dans cette cavité, et l'on monte le muraillement en abattant partiellement de petites quantités de terrain, auxquelles on substitue des moellons ou des briques au fur et à mesure de l'arrachement. Les reprises, alors, sont nécessairement fort courtes et ne dé-passent jamais deux ou trois mètres.

Une autre méthode très-remarquable, également usitée en Angleterre, est représentée par les figures 24, 25 et 26 (planche XII). Elle a pour but de s'opposer, dans les rochers sans consistance, à l'éboulement de la corniche.

On couche à la surface du sol six ou huit poutres horizontales a, a, a, a, rayonnant vers le centre du puits; elles forment saillie sur les parois d'environ 0.15 à 0,20 mètre et servent à suspendre la maçonnerie en cas de besoin. On les empêche de basculer en leur donnant une assez grande longueur, et en entassant par-dessus les déblais M M provenant des premiers mètres du creusement. Des tringles en fer carré b, b, b, composées de pièces de 0.025 mètre d'épaisseur, assemblées par desanneaux f, f, sont placées contre les parois du puits; leur extrémité supérieure, taraudée, passe dans un trou percé à la partie saillante des poutres et y est maintenue par un écrou. Les extrémités inférieures e, e, aplaties et courbées en forme de crochet, saisissent le rouet c au-dessous de sa surface inférieure et l'empêchent de glisser. Ayant ainsi suspendu la couronne d'une reprise, telle que A B, par exemple, on peut supposer un terrain encore plus difficile pour la suivante. On place alors sur la banquette un rouet d de même diamètre intérieur que les précédents, mais dont les segments sont deux fois plus larges; il sert de base à une bâtisse en forme de cône tronqué d'une hauteur de 1.50 mètre à 2 mètres, dont la largeur, répartissant la charge sur un plus grand nombre de points, offre une plus grande résistance. Le cône achevé, la maçonnerie continue à l'ordinaire; arrivée à la corniche supérieure, celle-ci est abattue et remplacée par des briques, dont on doit faire pénétrer la dernière assise à frottement dur après avoir enlevé successivement tous les crochets. Quelquefois l'entaille conique suffit à la stabilité de la corniche et l'on peut supprimer les tringles de support.

Les murailles de la dernière reprise E F sont plus épaisses que les précédentes, afin de résister plus énergiquement à une forte pression des parois.

Si la partie suspendue est située beaucoup au-dessous de la surface du sol, on évite l'emploi incommode de trop longues tiges en pratiquant des entailles dans un lieu plus rapproché du point de fonçage ; on choisit pour cela un roc solide, ou l'on perce des trous dans une partie déjà maçonnée, pourvu qu'elle repose sur une base conique, et l'on y insère des traverses horizontales sur lesquelles les têtes taraudées des tiges sont fixées au moyen d'écrous. Les tiges sont alors plus courtes de toute la distance comprise entre le jour et le nouveau point de suspension.

Les segments des rouets c, c (fig. 26), sont assemblés à mi-bois et chevillés.

SECTION VIIe.

DES CUVELAGES.

177. *Des cuvelages en général.*

Lorsqu'un puits doit traverser les terrains aquifères , qui recouvrent quelquefois les formations houillères, c'est-à-dire lorsqu'on doit *passer un niveau*, comme on s'exprime à Mons et à Valenciennes ; lorsque le terrain carbonifère, fissuré, se laisse pénétrer par les eaux ; ou si les stratifications compactes comprennent entre elles une ou plusieurs couches perméables, dont l'affleurement à la surface soit en contact avec des sources ou des ruisseaux ; lorsqu'enfin on est forcé de porter un enfoncement à travers d'anciens travaux , où l'on peut redouter une grande abondance d'eau qui, se renouvelant sans cesse, ne peut être définitivement épuisée, on recouvre alors les parois du puits, sur toute la hauteur nécessaire , d'un revêtement imperméable en bois, en maçonnerie ou en fer , disposé de manière à empêcher les sources de pénétrer dans l'intérieur de l'excavation et à s'en débarrasser sans avoir recours à aucun moyen d'épuisement.

Ces revêtements qui peuvent être comparés à une cuve sans fond , portent le nom de *cuvelages*. Leur section par un plan horizontal est carrée, rectangulaire, circulaire ou polygonale, à 6, 8, 10, 12, 15 et 20 côtés. Leur but étant de substituer aux parois naturelles, mais perméables d'un puits, d'autres parois artificielles propres à endiguer les sources affluentes et à les empêcher de pénétrer à l'intérieur, on établira la base ou assise fondamentale du revêtement sur une stratification solide et imperméable placée au-dessous des bancs aquifères ou des orifices qu'il s'agit

d'obstruer. Quelle que soit la forme ou la substance de cette base, on la rendra tellement adhérente au roc que les surfaces de jonction soient complètement étanches et ne se laissent pas traverser par le moindre filet d'eau ; c'est là le point essentiel. Au-dessus s'élèveront les parois artificielles également imperméables, construites de façon à intercepter le passage aux eaux; celles-ci, ne pouvant alors traverser ni la base, ni les parois du cuvelage, ni le banc sur lequel ce dernier repose, envelopperont la cuve à l'extérieur, remonteront à leur niveau hydrostatique, c'est-à-dire au point où elles ont leur écoulement naturel, et le trop-plein se déversera comme il le faisait avant le fonçage.

Un cuvelage est quelquefois désigné, d'après la position qu'il occupe dans un puits, par les qualifications de *total* et de *partiel*. On dit qu'il est total (fig. 7, pl. XIII), lorsque sa base repose sur une stratification imperméable située au-dessous des roches aquifères et qu'il s'élève sans interruption jusqu'au sol ou au niveau de l'écoulement naturel des eaux. Il est partiel (fig. 6), lorsqu'il se compose de plusieurs tronçons *a a*, *b b* isolés les uns des autres et aboutissant, par chacune de leurs extrémités, à des rocs étanches, tels que *o p* et *o' p'*, avec lesquels ils se lient par des moyens énergiques. Un seul tronçon peut constituer un cuvelage partiel, pourvu que sa partie supérieure soit située au-dessous du niveau hydrostatique du terrain. Tels sont les revêtements employés pour repousser les eaux provenant de fissures isolées, d'anciens travaux inondés, etc.

178. *Cuvelages de la mine de houille du Couchant du Flénu.*

Les trois puits de cette mine sont représentés par une coupe verticale (fig. 7, pl. XIII) et un plan horizontal

(fig. 8). Ils ont été creusés simultanément ; la hauteur de leurs cuvelages varie entre 107 et 114 mètres ; c'est la plus grande qui ait été donnée à des revêtements de cette espèce ; leur forme , quant aux puits n°s. 4 et 5 , destinés à l'extraction , est un dodécagone dont le cercle inscrit a 2.92 mètres de diamètre , et un décagone de 2.62 mètres de diamètre pour le puits n°. 6 , destiné aux pompes. Comme les bancs aquifères du mort terrain sont répartis sur presque toute la hauteur de la formation de recouvrement , on ne peut employer, dans ces circonstances, qu'un cuvelage total ou complet , c'est-à-dire régnant sans interruption depuis le niveau où les eaux trouvent leur écoulement naturel , jusqu'aux stratifications imperméables qui recouvrent immédiatement le terrain houiller.

Le passage des stratifications *a b* les plus rapprochées de la surface, telles que les argiles , les graviers et les sables, n'a présenté aucune difficulté , parce que , placées au-dessus de la tête des niveaux , elles sont complètement asséchées. Une simple maçonnerie a suffi comme moyen de soutenement : circonstance assez fréquente , soit par suite de la configuration du terrain qui détermine un écoulement naturel jusqu'à une certaine profondeur, soit par l'existence de galeries d'exhaure , etc. Mais les marnes ou craies *c d*, les grès et les rabots *e f* étant des roches aquifères, il a fallu y construire une enveloppe imperméable dont les bases reposent sur les stratifications argileuses *g h*, appelées *fortes toises* et *dièves*.

Le creusement ne peut s'effectuer d'un seul jet jusqu'à ce point extrême ; l'abondance des eaux affluentes en diverses hauteurs ne permettrait pas une semblable opération, et il arriverait un moment où les pompes, quelque énergiques qu'elles soient, deviendraient insuffisantes pour les dominer. L'approfondissement se fait

plutôt par reprises dont la hauteur est déterminée, soit par le nombre des sources qui se manifestent pendant le creusement, soit par les points où l'on rencontre des bancs imperméables et assez solides pour recevoir un cadre appelé *siége* ou *trousse à picoter*, destiné à supporter le tronçon de cuvelage et à s'opposer à toute infiltration. Les eaux, emprisonnées par le revêtement, sont refoulées, et l'on ne doit épuiser que les venues provenant des stratifications non encore revêtues. Chacune de ces reprises *p q*, *r s*, ou tronçons de cuvelage compris entre deux siéges, prend le nom de *passe*.

Les trois puits de la mine du Couchant du Flénu sont fort rapprochés les uns des autres, et il est très-probable qu'ils ont rencontré à peu près les mêmes fissures aquifères, en sorte que, si l'on n'en eût creusé qu'un seul, l'on aurait dû épuiser la même quantité d'eau et employer les mêmes moyens concentrés dans une seule excavation, ce qui aurait été fort embarrassant et peut-être même impossible ; aussi regarde-t-on généralement comme fort avantageux d'en foncer simultanément plusieurs dans lesquels on répartit les appareils d'épuisement.

Quatre jeux de pompe ont travaillé constamment pendant l'avaleresse ; deux de ces jeux avaient des corps de pompe de 0.53 mètre de diamètre et les deux autres de 0.36 mètre ; l'effet utile total était d'environ 85 hectolitres par minute.

179. *Pose d'un siége et picotage.*

La figure 9 est une coupe verticale de la deuxième et de la troisième passe du cuvelage dodécagone construit dans le puits n°. 5.

La figure 10 est le plan horizontal du troisième siége, auquel se rapporte la description actuelle.

Quelle que soit la forme d'un cuvelage, cette construction, ayant pour but d'établir un contact parfait entre la trousse et les parois du rocher, de manière que les eaux ne puissent s'infiltrer entre elles, est toujours la même, sauf quelques modifications locales. Les moyens d'établir une jonction parfaite n'ayant d'efficacité qu'autant qu'ils ont pour objet une stratification absolument imperméable, le mineur n'entreprendra ce travail délicat et important qu'après avoir atteint un banc solide, compacte et sans fissures. Il entaille alors les parois du puits de manière à former sur tout son pourtour une banquette b, b, rigoureusement horizontale et bien plane. Mais si l'abondance des eaux est telle que cette opération ne puisse s'effectuer qu'imparfaitement, il y supplée en plaçant sur le rocher un cadre dodécagone c, ou *plate trousse*, qu'il ajuste de niveau avec des cales et de la mousse, et fixe en place en insérant avec force des coins entre ce cadre et le rocher.

Le *siége d*, qui se place immédiatement au-dessus de la plate trousse, se compose de douze pièces coupées à onglet et assemblées à tenons et mortaises rectangulaires ; elles sont débitées dans du bois de chêne fort sain, car il ne faut quelquefois qu'un nœud pour déterminer la rupture d'une pièce ; l'aubier en est enlevé, les surfaces sont bien planes et les arêtes dressées. Les *lambourdes n n* (fig. 32 et 33), planches de sapin, de peuplier ou de bois blanc (dont l'épaisseur est de 3 centimètres et la largeur égale à la hauteur de la trousse), se placent dans un espace ménagé derrière le siége et auquel on ne doit jamais donner plus de 0.08 à 0.10 mètre de largeur. Les lambourdes, en nombre égal à celui des pièces du siége, étant en place, le mineur chasse quelques coins entre elles et les parois, et remplit tout l'espace de mousse, qu'il comprime avec un battoir en bois, jusqu'à ce que

la cavité n'en puisse plus contenir et qu'elle résonne sous le coup, comme le ferait une pièce de bois.

Les coins employés ensuite (fig. 25) ont la forme d'un prisme rectangulaire tronqué, dont les dimensions sont : hauteur, 0.26 mètre; largeur, 0.04; épaisseur à la base, 0.025 et au sommet 0.01 mètre; ils sont en saule desséché. Les picots a, b, c (fig. 26) forment trois catégories; les deux premières sont en saule ou en bois blanc, et la dernière en chêne; ils ont tous la forme d'une pyramide quadrangulaire dont les dimensions sont les suivantes :

1re. espèce.	Côté de la base,	0.02 m.	Hauteur,	0.21 m.
2e. »	»	0.015 »	»	0.175 »
3e. »	»	0.015 »	»	0.13 »

Les ouvriers insèrent les coins, la tête en haut, sur tout le pourtour extérieur de la trousse; la mousse, refoulée contre les parois, pénètre dans toutes les cavités; un espace vide se forme entre le siége et les lambourdes, où quelques coins deviennent libres; ils les retournent, la tête en bas, et les serrent à l'aide d'un deuxième, placé la tête en haut; un coin fortement serré sert à dégager son voisin, et, de proche en proche, ils parviennent à les retourner tous successivement; puis ils en insèrent de nouveaux jusqu'à ce que la mousse, fortement comprimée contre la paroi, n'occupe qu'un faible espace. Dans cette opération, représentée en o (fig. 32 et 33), les ouvriers, armés de masses, marchent dans le même sens, frappent et enfoncent les coins, en faisant constamment le tour de la trousse, sans la faire dévier de sa position primitive; et comme le vide compris entre le siége et la lambourde n'est pas sur tous les points de même grandeur, ils n'enfoncent pas partout le même nombre de coins, mais ils en insèrent autant qu'il est possible de le faire, et surtout d'une manière très-uniforme. Lorsque ces derniers ne

peuvent plus pénétrer, on recèpe avec un ciseau ceux qui dépassent la surface supérieure de la trousse, et l'on procède à l'enfoncement des picots, c'est-à-dire au *picotage* proprement dit.

Les ouvriers, pour préparer la place du picot, se servent d'un marteau (fig. 20) et d'une broche en fer (fig. 21), appelée *picoteur* ou *agrafe à picoter*; au moyen de cet outil, emmanché ou non, suivant les usages locaux, ils font un trou dans lequel ils engagent un picot; ils agissent de même pour un second, un troisième, et poursuivent de la sorte en faisant le tour de la trousse. Ils enfoncent ainsi successivement les trois espèces de picots bien secs, en les faisant succéder les uns aux autres, jusqu'à ce que le picoteur refuse d'entrer; alors la mousse est tellement comprimée qu'on ne l'aperçoit presque plus; elle remplit toutes les cavités et les fissures, et l'on obtient une liaison parfaite entre le siége et les parois du rocher.

L'ouvrier se hâte, dès que le picoteur est retiré, d'introduire le picot, car la pression est telle, surtout vers la fin de l'opération, que le trou se ferme dans un instant très-court. Il prend garde de n'en enfoncer aucun dans la mousse, de n'y laisser ni tiges ni substances étrangères : ces objets pourraient ne se comprimer qu'imparfaitement et l'eau filtrerait par-dessous le siége; il en serait de même si le mineur perçait la lambourde avec l'agrafe à picoter; le picot ne remplirait qu'imparfaitement le trou, et les mêmes effets se produiraient.

180. *Exécution complète d'une passe de cuvelage.*

L'exactitude des joints et des assemblages, étant un objet d'une grande importance, se vérifie à l'avance dans les

ateliers établis au jour, en traçant une épure sur un plancher et en montant au-dessus la trousse et les diverses pièces
du cuvelage ; le niveau et le fil à plomb indiquent les défauts,
que l'on corrige immédiatement, et les pièces, régulièrement numérotées, attendent le moment où elles seront
descendues dans le puits.

Les sièges ont un équarrissage proportionné à la charge
qu'ils doivent supporter. L'épaisseur des pièces de cuvelage
varie en raison du poids de la colonne d'eau qui les presse,
en sorte que celles des passes supérieures sont moins fortes
que celles des passes inférieures ; leur hauteur est arbitraire
et ne dépend que de la dimension des bois employés ; les
assises sont formées de pièces inégales, afin que les joints
horizontaux ne correspondent pas entre eux, mais toujours
aux pleins des pièces adjacentes ; cette disposition accroît
la solidité du revêtement et réalise d'ailleurs une assez forte
économie de bois. Les pièces de cuvelage, coupées à onglet
comme les sièges, ne s'assemblent pas entre elles, mais
sont simplement juxtaposées.

Les ouvriers, ayant atteint le banc sur lequel on a décidé
de picoter une trousse, excavent le centre du puits et y
forment une dépression servant de puisard, dans lequel
plonge l'extrémité des tuyaux aspirants ; puis ils établissent
des échafaudages à une hauteur convenable, afin de n'avoir
pas les jambes dans l'eau pendant le travail. La banquette
étant préparée suivant une surface horizontale, ils posent la
trousse en coïncidence avec les fils à plomb suspendus aux
angles des passes supérieures, et procèdent au picotage de la
manière décrite ci-dessus. Comme il peut arriver que la
tension exercée par les picots fasse déverser quelques pièces
du cadre, qui dès lors s'inclinent vers le centre du puits,
on se sert du rabot pour rétablir leur surface supérieure dans
un plan horizontal. Au-dessus du siège se placent successive-

ment les diverses assises e, e (fig. 9) des cadres de cuvelage, en ayant soin de consulter attentivement les numéros inscrits pour les mettre dans la position déterminée par l'assemblage préalable qu'on en a fait au jour. La pose en est dirigée par deux goujons ou broches en bois que chaque pièce porte vers les extrémités de sa surface inférieure ; l'ouvrier les introduit dans deux trous correspondants, percés à la face supérieure de la pièce placée immédiatement au-dessous. Souvent il se contente d'un seul goujon fixé à l'une des extrémités.

Lorsque le cuvelage s'est élevé d'une certaine hauteur, il remplit l'espace o, p, resté vide entre les cadres et la roche, d'un béton composé par parties égales de cendrées, ou résidu recueilli dans les fours à chaux, et de scories de houille pilées ou de briques pulvérisées. Ces substances, humectées et bien battues, se préparent au jour, peu avant le moment de les employer ; elles forment une pâte qui, mise en place, se liquéfie, s'insinue dans les fentes et dans toutes les cavités ; puis elle durcit et acquiert à la longue une dureté telle, qu'après quelques années on peut difficilement l'attaquer au pic. La pose du cuvelage précède toujours l'entassement du béton d'environ 0.50 mètre, afin que les eaux affluentes, en délayant ce dernier, ne l'entrainent pas avec elles dans le puits, car, aspiré par les pompes, il les engorgerait. Après avoir superposé un certain nombre de cadres, les mineurs arrivent au-dessous de la corniche, destinée à soutenir la passe supérieure ; ils en sapent successivement les diverses parties et les remplacent par des pièces de cuvelage, jusqu'à ce qu'ils viennent en contact avec le siége. Comme la dernière assise doit remplir exactement l'espace restant, ils prennent les mesures sur place, transportent les pièces au jour, où les menuisiers leur font subir toutes les modifications nécessaires. La dernière d'entre elles est la *clef*

de la passe ; elle est munie de deux poignées, attachées par des vis à bois et destinées à la manœuvrer. On la fait pénétrer obliquement jusqu'au fond de la cavité, en appliquant l'une de ses faces latérales contre la face correspondante de la pièce adjacente ; puis, la faisant pivoter suivant un plan horizontal, on la rappelle à sa place à l'aide des poignées. Si les eaux sont peu abondantes, on donne à la clef assez de jeu pour en faciliter la pose ; mais si le niveau est fort, il suffit de la diriger, puisque la pression de la colonne d'eau la repousse naturellement vers le centre du puits.

Le calfatage consiste à faire pénétrer dans les joints des étoupes ou de la filasse goudronnée provenant de câbles hors de service. L'ouvrier, armé d'un ciseau (fig. 22) appelé *brandissoir*, commence ordinairement par le haut ; mais si les joints sont inégalement ouverts, il convient de débuter par les plus serrés, afin de les agrandir et de répartir ainsi les vides sur tous les joints également. Les brins d'étoupes trop épais sont peu convenables, parce que les eaux ayant sur eux une prise plus forte que sur les fils minces, il peut arriver qu'ils soient chassés au-dehors du joint ; dans tous les cas, si une trop forte pression faisait craindre l'expulsion du calfatage, on s'opposerait à cet effet en clouant de petites planchettes ou lattes sur les joints. Cette circonstance se présente assez rarement.

Lorsqu'on reprend le foncement du puits, on laisse au-dessous de la trousse une corniche g, g de deux à trois mètres de hauteur, et, arrivé sur un banc propre à recevoir un nouveau siége, on procède comme ci-dessus. L'opération continue de la sorte, tantôt en cuvelant, tantôt en creusant, et l'on soutient les parois de l'excavation par les méthodes ci-dessus indiquées, si toutefois la nature du terrain l'exige. On augmente la résistance des passes inférieures qui doivent résister à un

grand poids, en superposant deux trousses picotées isolément
avec le plus grand soin.

Quant à la passe la plus rapprochée de la surface du
sol, son sommet étant situé à une hauteur plus grande
que le point de l'écoulement naturel des eaux, il est inutile de fermer l'espace compris entre la roche et l'assise
supérieure; on se contente d'en serrer tous les cadres en
enfonçant dans les vides des coins de différentes grosseurs,
et l'on raccorde le cuvelage avec la maçonnerie destinée
à protéger les stratifications voisines de la surface.

Les fortes toises, presque toujours imperméables,
reçoivent l'assise fondamentale, composée de deux trousses
au moins et quelquefois de trois ou quatre. Lorsque cette
passe est reliée avec les précédentes, les eaux du mort
terrain enveloppent le revêtement sans trouver d'issue
pour le traverser, et ainsi se trouve établie, entre le jour
et les travaux d'exploitation, une communication facile à
travers les stratifications aquifères, au moyen d'un tube
de grande dimension très-solide et complètement étanche.

181. *Puissance des stratifications traversées par le
puits n°. 6 du Couchant du Flénu, et dimensions
des diverses parties du cuvelage.*

Puits n°. 6.	Hauteur des passes.	Épaisseur des pièces de cuvelage.
p 1ᵉ. passe.	19.50 m.	. . . 0.18 m.
q 2ᵉ. »	19.50 »	. . . 0.20 »
r 3ᵉ. »	24.80 »	. . . 0.25 »
s 4ᵉ. »	24.80 »	. . . 0.30 »
t 5ᵉ. »	23.45 »	. . . 0.33 »
Faux cuvelage	2.95 »	. . . 0.40 »
Hauteur totale du cuvelage.	115.00 m.	

Par mesure de sûreté et pour donner au revêtement
une base plus solide, on a établi à la partie inférieure
des fortes toises, un peu au-dessus des dièves, une sixième

trousse fortement picotée et liée avec la passe immédiatement supérieure par des pièces fort épaisses, ce qui
constitue le *faux cuvelage.*

Siéges.	Largeurs.	Hauteurs.
1er. et 2e.	0.44 m.	0.26 m.
3e., 4e., 5e. et 6e.	0.58 »	0.26 »

La cinquième passe repose sur un double siége. Le
premier est le seul qui ne soit pas établi sur des plates
trousses provisoirement serrées avec des coins ; la dernière
seule a été picotée à ferme.

Hauteurs des stratifications.

a b	Argiles	3.92 m.	
	Graviers	0.38 »	
	Sable	5.00 »	
	Sable noir	8.10 »	
		17.60 m. Tête du niveau.	

c d	*Marnes* ou craie blanche.	107.10 m.	Terrains aqui-fères.
e f	*Gris*, craie chloritée	1.20 »	
	Rabot ou rognons de silex noir empâtés dans la marne.	4.70 »	
g h	*Fortes toises*, argiles glauco-niennes.	2.00 »	
		115.00 m. Dernier siége.	
	Fortes toises.	7.00 m. Faux cuvelage.	
	Dièves.	1.00 »	
	Schiste du terrain houiller	7.60 »	
	Couche dite *Grande-Veine*	0.88 »	
		16.48 m.	

182. *Fonçage à travers le mort terrain.*

Le foncement des puits se fait de la manière ordinaire
et avec les mêmes outils dont on se sert pour l'attaque
des autres roches ; ainsi le mineur emploie les pics et les
leviers lorsque le terrain est assez tendre (1) ; si le rocher

---

(1) Dans les mines du Couchant de Mons, où le fond du puits
est souvent rempli d'eau que les pompes ne peuvent complètement
extraire, on emploie des pics, appelés *picquets d'avaleurs* (fig. 10
et 11, pl. IX), dont le fer, d'une assez grande longueur, permet
au mineur d'atteindre le rocher sans plonger le bras dans l'eau.

est tendre et ébouleux, il faut boiser provisoirement et
même quelquefois suspendre les trousses, opérations qui
compliquent le travail et diminuent l'espace dont le mineur peut disposer. Si le roc est dur et solide, l'emploi
de la poudre devient indispensable, mais les difficultés
s'accroissent par le tirage sous l'eau, et par la nécessité de
garantir les tuyaux des pompes contre les éclats du coup
de mine. L'extrémité des aspirantes doit toujours plonger
dans une espèce de puisard pratiqué au-dessous du point
où s'effectue le creusement.

183. *Renvoi des niveaux ou communications établies entre les diverses passes d'un cuvelage.*

On pensait autrefois, dans les mines du Couchant de
Mons, et encore actuellement beaucoup de praticiens sont
persuadés que les passes doivent être mises en communication directe les unes avec les autres, dans la
crainte que l'air accumulé derrière le cuvelage et soumis
à la pression de la colonne d'eau ne s'infiltre dans les
joints du revêtement, dont il détruit ainsi l'imperméabilité. On trouva facilement le moyen de porter remède
à cet inconvénient; mais comme, plus tard, l'expérience
et le raisonnement firent apercevoir que les craintes conçues
étaient chimériques, on voulut justifier la nécessité des
moyens employés, ce que l'on fit en argumentant comme
suit (fig. 37). A B étant supposé le niveau hydrostatique des eaux, toutes les stratifications situées au-dessus
du plan horizontal passant par cette ligne sont asséchées.
c d est une couche imperméable et *e f* une stratification
aquifère ayant son affleurement sur les flancs d'une colline fort élevée au-dessus de l'orifice du puits *s* et dont les
sources sont contenues par le revêtement *a b*. Si les

eaux peuvent circuler librement derrière le cuvelage et s'élever dans la passe $a\,c$, elles arriveront à son sommet et s'épancheront au niveau de leur écoulement naturel; le cuvelage ne sera jamais soumis à une pression plus grande que la pression dérivant de la hauteur verticale $a\,c$, quelle que soit celle de leur point de départ. Si, au contraire, la passe étant fermée en o, les eaux ne peuvent s'écouler suivant $A\,B$, elles s'élèveront dans les fissures de la stratification perméable, et la pression que supportera la passe pourra résulter de la hauteur $a\,o$ comprise entre le plan $N\,M$ passant par l'affleurement de la stratification aquifère et celui de la trousse picotée, ce qui établit dans les deux cas une différence $c\,o$ d'autant plus considérable que le point de départ des sources e est plus élevé au-dessus de l'orifice du puits. Or, les pièces de cuvelage étant calculées pour résister à une pression engendrée par la hauteur $a\,c$, si l'accroissement $c\,o$ est assez considérable, il en pourra résulter la rupture de quelques-unes d'entre elles.

Pour que ce raisonnement fût admissible, il faudrait que la hauteur $c\,o$ fût de quelque importance, et que, par conséquent, le banc submergé eût son affleurement à de grandes distances, vu la conformation extérieure peu accidentée des terrains houillers; il faudrait, en outre, que, dans tout son parcours au-dessus du plan $A\,B$, la stratification $c\,d$ fût imperméable; mais ces circonstances, possibles, sont cependant trop rares pour permettre d'en déduire une règle générale. Les cuvelages des mines du département du Nord sont entièrement dépourvus de ces artifices destinés à établir des communications directes entre les diverses passes, et cependant ils résistent à la pression des eaux, quoique les pièces qui les composent aient un équarrissage beaucoup plus faible que les bois employés dans les cuve-

lages belges. Il est donc permis de penser que les divers
ajustements imaginés pour remédier à cet inconvénient
illusoire sont, sinon nuisibles, quoiqu'ils tendent à diminuer la résistance des siéges, au moins inutiles, puisque
leur exécution absorbe un temps précieux.

Voici toutefois les moyens usités pour mettre en communication les diverses passes d'un cuvelage, ou, comme
on s'exprime dans les mines du Couchant de Mons, pour
établir le *renvoi des niveaux.*

Chaque siége (fig. 9, 31 et 34) est percé à sa partie
postérieure d'un trou vertical a, a, et les trous de deux
siéges consécutifs sont réunis par un *nocher de renvoi* h, h,
tuyau en bois à section carrée d'environ 0.10 mètre de
côté. Il règne ainsi derrière le revêtement une colonne
verticale qui permet aux eaux de se mouvoir sur toute
la hauteur du cuvelage. Mais ces communications peuvent
être momentanément interceptées sur l'une quelconque des
trousses au moyen de broches en bois enfoncées dans des
trous horizontaux i, i (fig. 9 et 34), forés perpendiculairement
aux trous verticaux. Ces dispositions étant prises, une pièce
vient-elle à se rompre ou doit-on la changer pour un motif
quelconque, comme les eaux des niveaux supérieurs, se
précipitant par l'ouverture, incommoderaient les ouvriers
occupés à la réparation et peut-être la rendraient impossible par leur grande affluence, on enfonce une broche
dans le trou du siége situé immédiatement au-dessus
du point en réparation, et l'on n'a plus à combattre
que les eaux de la passe où l'accident s'est déclaré.
Le même moyen sert à se préserver des eaux venant
de dessous.

Ailleurs on a jugé plus convenable de substituer à la
broche un robinet (fig. 35) terminé du côté du puits par
une tête hexagonale ; celle-ci reçoit une clef (fig. 36), au

moyen de laquelle on l'ouvre et on le ferme à volonté. Le robinet, mis en place, se voit dans la figure 31.

Dans les mines du Grand-Hornu (Couchant de Mons), les trous verticaux des sièges sont garnis d'un tube en cuivre surmonté d'un clapet s'ouvrant du bas en haut et disposé de telle façon qu'il ne puisse s'obstruer. Une pièce vient-elle à se rompre, le poids de l'eau ferme la soupape du siége situé immédiatement au-dessus de la rupture, et la communication est interrompue. M. Boty a employé, dans le dernier cuvelage exécuté à Hornu et à Wasmes, des soupapes sphériques représentées par les figures 32 et 33. Ces deux dernières dispositions semblent préférables aux robinets en ce que le trou se ferme de lui-même et instantanément lorsque l'accident a lieu ; mais elles n'empêchent pas, comme lui, les eaux des passes inférieures de remonter et de se déverser dans le puits par le point de rupture.

184. Exécution des cuvelages dans le département du Nord.

Les cuvelages des mines du département du Nord sont établis sur les mêmes principes qui président à la construction de ces revêtements en Belgique ; les détails seuls offrent quelques différences qu'il importe de signaler.

Le diamètre d'un cuvelage mesuré d'angle en angle, c'est-à-dire du cercle circonscrit à la paroi intérieure, est de 2.90 à 3 mètres. Les formes les plus usitées sont l'octogone, le décagone et le dodécagone.

Pour l'équarrissage des trousses picotées et des pièces, on adopte assez généralement les dimensions suivantes :

		Profondeur au-dessous du sol.	Épaisseur des pièces.
Trousses.	{	De 0 à 30 mètres.	0.22 mètre.
		De 30 à 45 »	0.24 »
		De 45 à 60 »	0.26 »
Pièces de cuvelage.	{	De 0 à 15 mètres.	0.11 mètre.
		De 15 à 30 »	0.12 »
		De 30 à 40 »	0.13 »
		De 40 à 50 »	0.14 »
		De 50 à 55 »	0.15 »
		De 55 à 60 »	0.16 »

On doit observer que, pour des hauteurs correspondantes, les épaisseurs des pièces sont moindres qu'en Belgique. En outre, si l'on compare leur épaisseur à la pression des colonnes d'eau, on trouvera les pièces supérieures trop fortes relativement aux pièces inférieures; mais on doit avoir égard à la poussée des stratifications éboulteuses voisines de la surface et à la nécessité d'enfoncer des clous pour fixer les bois destinés à supporter les pompes.

Les pièces de cuvelage sont munies, à leur surface inférieure, de deux trous coniques d'environ 0.03 mètre de profondeur, forés à 0.15 mètre de leurs extrémités; à la face supérieure se trouvent deux broches correspondant aux trous et de même dimension qu'eux. Les broches d'une pièce s'engagent dans les trous de la pièce en contact, et sont des repères qui donnent au mineur le moyen de les superposer exactement comme elles l'étaient au jour, lorsqu'elles occupaient leur place sur l'épure. Cet ajustement offre en outre l'avantage de prévenir le mouvement des éléments du cuvelage pendant la pose. La trousse n'a ni broches, ni trous, parce que le moindre déversement qu'elle éprouverait tendrait à troubler la position des pièces du cuvelage.

On appelle *colleter* un cadre, l'action de le fixer d'une manière solide au moyen de coins serrés à refus entre lui et la roche. Les cadres colletés ne sont pas imperméables, mais ils rendent le travail plus solide; ils se placent au-dessous de la trousse à picoter et remplissent les fonctions de la plate trousse usitée en Belgique; on les place aussi quelquefois entre deux trousses picotées. Lorsque, dans les passes fort élevées, on peut craindre qu'une charge trop considérable fasse céder le siége, on introduit une *trousse porteuse*, cadre fortement serré contre les parois et quelquefois encastré dans la roche par ses extrémités.

Les coins de bois blanc ont 0.22 mètre de hauteur et une base rectangulaire de 0.08 sur 0.02 mètre.

Les picots en chêne et en bois blanc ont les mêmes dimensions : hauteur, 0.20 mètre; côté du carré de la base, 0.16.

Le béton employé pour remblayer derrière le cuvelage se compose, par parties égales, de cendres de houille provenant des grilles de machines à vapeur passées au crible dont les barreaux sont écartés de 3 à 4 millimètres; de chaux hydraulique et de briques pilées et tamisées. Pendant la construction du cuvelage, on a le soin de donner un libre écoulement aux eaux de la passe, dans la crainte que, venant à remonter derrière le cuvelage, elles ne délaient la chaux. On les laisse s'accumuler dans le puits, en attendant le calfatage, afin de diminuer l'énergie de la pression extérieure qui tend à expulser le béton.

Enfin on compte à Anzin, parmi les auxiliaires inconnus en Belgique, les vis dont on se sert pour serrer les joints des cuvelages avant la pose de l'*assise clef*. Ces vis, à filets carrés, sont terminées par une tête carrée et sont accompagnées d'un écrou et d'un manchon cylindrique. L'écrou étant engagé dans la vis, et le manchon placé au-dessus, on introduit l'appareil entre la dernière assise et la trousse picotée

supérieure, le manchon étant appliqué contre cette dernière ;
l'ouvrier tourne l'écrou, celui-ci fait monter le manchon, et
la pression, réagissant sur les pièces du cuvelage, diminue
l'ouverture des joints horizontaux. C'est après ce serrage
que l'on prend les dimensions de l'assise clef.

Les détails suivants donneront une idée sommaire de
la disposition d'un cuvelage dans le district d'Anzin. Les
premières stratifications sont des sables mouvants, traversés à l'aide d'un boisage provisoire composé de cadres,
derrière lesquels on insère des planches jointives ; dès que
l'on rencontre un banc de quelque consistance, on superpose deux trousses, l'une colletée, l'autre picotée, et l'on
monte le cuvelage jusqu'au jour, afin d'arrêter les eaux
d'infiltration provenant des affleurements des terrains supérieurs. Les bancs d'argile bleue gisant quelquefois près de
la surface sont d'une nature fort ébouleuse ; ils exigent
l'établissement d'une trousse colletée à peu près tous les
deux mètres et la pose du cuvelage par tronçons de petite
hauteur. Les trousses, quoique fortement serrées contre
le terrain, ne suffisent pas pour soutenir le poids du revêtement ; on les lie avec l'une des trousses supérieures établie
dans un banc solide, à l'aide de madriers (*lambourdes*)
et de pièces plates en fer ; les premières se clouent à chaque
extrémité des pièces, et les secondes à leur milieu. Le
cuvelage reste ainsi à peu près suspendu jusqu'au moment
où une assise solide, prise dans les marnes, forme une
base capable de soutenir les passes supérieures. On ajoute
à la solidité par la superposition de quatre trousses dont
deux sont colletées et intercalées entre deux siéges picotés.

Les marnes de diverses espèces, dans lesquelles circulent
les niveaux les plus importants, ne sont pas l'objet d'excavations profondes ; on craint d'en faire jaillir un volume d'eau
hors de toute proportion avec les moyens d'exhaure dont

on dispose; aussi les passes n'ont-elles ordinairement que
5 à 6 mètres de hauteur, et quelquefois moins si la quantité d'eau affluente est trop considérable. Dans tous les
cas, les hauteurs des passes sont fort variables et ne dépendent que de la position des sources; car dès qu'on rencontre une *coupe* ou fissure, on place immédiatement
au-dessous une trousse picotée, on monte le tronçon de
cuvelage, au moyen duquel on se débarrasse des eaux.
Dans les mines du Couchant de Mons, où l'on emploie
ordinairement des moyens d'épuisement fort énergiques,
les passes sont portées à une plus grande profondeur.

Les venues d'eau cessent ordinairement avec les marnes ;
le mineur, alors, perce le premier banc d'argile bleue,
excave les marnes grises, dans lesquelles il établit définitivement la base du cuvelage appelée *assiette de niveau*. Si ce
premier banc est aquifère, il traverse la seconde stratification d'argile bleue, et s'établit au-dessous, soit dans les
marnes grises, soit dans les dièves et même sur la tête
solide du terrain houiller. Dans tous les cas, l'assiette de
niveau se compose de cinq trousses alternativement colletées
et picotées. Ce grand degré de tension est considéré comme
nécessaire, afin que, si l'un des sièges vient à se desserrer,
les autres puissent supporter l'excès de pression.

On a le soin de commencer les travaux à une époque
de l'année qui permette d'atteindre les bancs les plus aquifères pendant l'automne, c'est-à-dire au moment des
basses eaux. Le fonçage du puits se continue sans difficulté à travers les argiles et les dièves non aquifères ;
puis on arrive au terrain houiller en traversant le tourtia.
Lorsque ce dernier est remplacé par le torrent, on construit un cuvelage descendant, dont il sera fait mention
à l'occasion du passage des sables mouvants et aquifères.

26

185. *Division en deux compartiments des puits cuvelés.*

Le passage des niveaux étant une opération fort coûteuse, on cherche autant que possible à diminuer le nombre des puits cuvelés. En conséquence, il est de règle de n'en jamais creuser de spéciaux pour l'entrée et la sortie des ouvriers, mais de diviser la partie cuvelée des puits d'extraction en deux compartiments, dont le plus petit reçoit les échelles et sert au dégagement de la colonne d'air qui a circulé dans les travaux. Ce compartiment, qui, dans le Hainaut, s'appelle *rayon*, prend à Anzin le nom de *goyau*. Il règne sur toute l'étendue du cuvelage et quelques mètres au-dessus et au-dessous de ses deux points extrêmes. Si le sommet du revêtement se trouve au-dessous de la surface du sol, on réunit le rayon, au moyen d'une galerie horizontale, avec un petit puits percé à quelque distance du puits principal. Sa partie inférieure est mise en communication avec une série d'autres petits puits intérieurs, désignés sous le nom de *tourets*, destinés à conduire les mineurs jusqu'à la couche en exploitation.

Le compartiment du puits n°. 5 du Couchant du Flénu (fig. 8, pl. XIII) a été construit de la manière suivante. Ayant pris pour assise le mur de la couche Gouguelleresse, on y a encastré une forte poutre destinée à supporter la cloison ; on a fait dévier de sa direction verticale la maçonnerie immédiatement inférieure, en lui donnant un talus dirigé vers le centre du puits, afin de le raccorder avec le sommier de fondation et d'éviter les angles saillants, qui accrocheraient les vases d'extraction. La cloison placée au-

dessus se compose (fig. 10) de solives de 0.20 mètre
d'équarrissage fixés, de six mètres en six mètres, contre les
cadres du cuvelage au moyen de fortes vis à bois et de madriers *k* de 0.09 mètre d'épaisseur, posés de champ les
uns sur les autres et simplement cloués au fur et à mesure
de leur pose. L'ensemble est consolidé par l'adjonction de
deux pièces verticales à section triangulaire *p, p*, assujetties
dans les angles formés par le cuvelage et la cloison et
propres à faciliter le glissement des vases d'extraction le
long des parois. Ce compartiment a 0.85 mètre dans sa plus
grande largeur mesurée perpendiculairement au plan de
la paroi de séparation.

Dans les mines d'Anzin, le compartiment des échelles
a une largeur de 0.90 à 1 mètre ; il s'étend de l'orifice du
puits jusqu'au-dessous du cuvelage ; en ce point, la cloison,
s'écartant de la verticale, s'incline vers les parois de la
maçonnerie, avec laquelle elle se raccorde après un parcours
de 5 mètres de hauteur. Les bois de division, de 0.12 mètre
d'équarrissage, sont d'abord encastrés dans la maçonnerie,
puis, lorsqu'on arrive dans le cuvelage, ils reposent par
leurs extrémités sur des patins ou tasseaux fixés à l'aide
de vis à bois ; d'autres patins fixés latéralement préviennent
les mouvements horizontaux. La distance qui sépare ces
bois de division est égale à la longueur des madriers qui
doivent les recouvrir ; ceux-ci, de 0.05 mètre d'épaisseur,
assemblés à rainures et languettes, se clouent sur les bois
de division, dont ils occupent la moitié de l'épaisseur. Lorsque la cloison doit être imperméable, on applique sur tous
les joints des lattes de 0.01 mètre d'épaisseur et 0.07 à
0.08 mètre de largeur, et l'on calfate tous les interstices
qui pourraient livrer passage à l'air. La paroi doit pouvoir
s'enlever facilement, afin de réparer le cuvelage s'il y
arrive quelque accident.

186. *Remplacement des pièces défectueuses d'un cuvelage.*

Les réparations qu'exigent quelquefois les cuvelages sont des opérations difficiles; elles interrompent l'extraction et provoquent quelquefois l'inondation partielle de la mine. Les bois ne périssent jamais de vieillesse; le chêne, constamment submergé, loin de pourrir, se conserve en bon état; mais il arrive que les joints, par défaut d'ajustement, laissent filtrer les eaux, que les pièces fléchissent ou se rompent.

Si la voie d'eau se dénote à la partie supérieure du cuvelage, on se contente de clouer, sur la pièce qui donne lieu aux infiltrations, des plaques de plomb enduites de suif. Si cet accident a lieu à une assez grande profondeur, on remplace la pièce défectueuse. Il en est de même si elle fléchit, par suite de défauts intérieurs et cachés; car alors, pénétrée par l'eau, qui agit sous une pression considérable et à la manière des coins, les pores et les fentes s'élargissent, les fibres perdent de leur force et la flexion augmente jusqu'à la rupture; mais on ne doit pas attendre ce moment pour appliquer le remède; tout bois qui commence à fléchir doit être immédiatement remplacé. Pour cela, si le cuvelage est muni de robinets ou de trous verticaux que l'on puisse fermer avec des broches, on se hâte d'intercepter le passage des niveaux supérieurs dans la passe où la réparation doit avoir lieu; mais on lui ouvre, au contraire, toutes les issues de la trousse inférieure, afin qu'elle puisse s'écouler dans le puits; et si, comme à Anzin, les passes ne sont pas en communication, on fait évacuer les eaux en forant des trous près de l'une des extrémités de la pièce défectueuse. Les mineurs hachent celle-ci après avoir fixé d'une

manière stable, à l'aide de forts madriers et de bandes en fer, les deux pièces adjacentes de la même assise et celles qui se trouvent immédiatement au-dessus et au-dessous; alors la nouvelle pièce, dont la face extérieure est un peu raccourcie, s'engage et se met en place à la manière des clefs. Quelquefois, pour la serrer, on exécute un picotage horizontal entre la dernière assise et la trousse immédiatement supérieure. C'est pendant une semblable réparation que l'on peut apprécier l'importance d'un béton qui a pris de la consistance et s'est solidifié.

La rupture, heureusement fort rare, d'un siége est un accident bien plus grave, puisqu'il faut rétablir la trousse entière, et, par conséquent, enlever plusieurs des cadres superposés; pendant le travail, le reste de la passe est suspendue à la trousse supérieure, si elle est assez solide; dans le cas contraire, on se rattache à la suivante, plus rapprochée de la surface du sol.

La rupture des cuvelages semble plus fréquente dans le département du Nord que dans le Hainaut : circonstance que l'on peut attribuer aux épaisseurs beaucoup plus considérables qu'on leur donne en Belgique qu'en France, relativement à la hauteur des niveaux. M. Evrard (1), dans le but de diminuer encore cette épaisseur et pour renforcer les pièces présumées trop faibles, propose l'emploi d'armatures en fer, formées d'un cercle inscrit adapté à chaque assise. Cette construction, exécutée à Vicoigne (département du Nord), a parfaitement réussi; mais on peut douter qu'elle puisse suppléer avantageusement à une épaisseur insuffisante des bois de revètement.

Les variations de niveau dépendantes des saisons sont une cause de flexion et de rupture. Ces accidents

(1) *Annales des mines*, 4e série, tome VI, page 701.

arrivent au printemps, époque des plus hauts niveaux; l'automne n'en est pas exempte, quoique, en cette saison, la hauteur des eaux soit à son minimum, parce que, pendant l'été, les cuvelages, soumis à une moindre tension qu'à toute autre époque de l'année, se desserrent momentanément pour être pressés ensuite par une charge considérable.

187. *Cuvelages carrés employés autrefois à Mons et à Valenciennes.*

Les anciens cuvelages de ces deux localités étaient à section carrée; les siéges et les cadres de cuvelage n'avaient pour assemblage qu'une entaille pratiquée sur les longs côtés (*billes*), dans laquelle venait se loger l'extrémité des pièces les plus courtes (*baux*). Cette espèce de feuillure était suffisante pour empêcher les baux d'être rejetés à l'intérieur du puits par la pression du picotage. Dans le but de lier les pièces entre elles et de diminuer leur portée, on plaçait des goussets dans les angles, en sorte que la section était un octogone dont la moitié des pans étaient plus courts que les quatre autres.

Comme on craignait que la chaux délayée par les eaux ne s'échappât par les joints des pièces, on avait le soin, avant de descendre ces dernières dans les puits, de clouer sur leurs faces postérieures une bande de toile grise de 0.10 à 0.15 mètre de largeur; celle-ci, retombant en arrière, recouvrait les joints et retenait le béton. Cette précaution est regardée depuis longtemps comme superflue. L'opération, du reste, s'exécutait comme ci-dessus.

C'est en 1820 qu'ont été construits les premiers cuvelages polygonaux; ils ont été regardés dès l'origine comme

tellement supérieurs aux cuvelages carrés que, dans toutes les mines du Couchant de Mons et du département du Nord, non-seulement il ne s'en fait plus d'autres, mais qu'on a déjà remplacé ceux-ci par les premiers. Les motifs de cette substitution sont les suivants.

Les pièces d'un cuvelage polygonal, étant plus courtes que celles d'un cuvelage carré, sont moins sujettes à fléchir sous la pression des niveaux qui les enveloppent. Le picotage des angles se fait sans aucune difficulté, tandis que, dans les trousses rectangulaires, cette partie si délicate du travail est toujours imparfaite, quoiqu'elle soit confiée exclusivement aux ouvriers les plus habiles. Les pièces étant d'une grande longueur, il arrive souvent que le picotage les fait déverser vers le centre du puits; accident facile à prévenir lorsqu'on emploie des trousses polygonales. Il est difficile et coûteux de se procurer des pièces de grandes dimensions entièrement saines et sans défaut; tandis que pour les cuvelages polygonaux, dont les côtés peuvent être aussi multipliés qu'on le désire et qui n'exigent par conséquent que des bois de faible longueur, il sera toujours facile au charpentier de trouver les dimensions voulues, en laissant de côté les nœuds et les autres défauts que l'arbre peut contenir. Enfin, l'inégalité dans la hauteur des pièces d'une même assise, permettant de tirer parti de tout le volume des bois dont on peut disposer, est une nouvelle source d'économie.

188. *Difficultés inhérentes aux passages des niveaux.*

L'exécution d'un cuvelage sera d'autant plus difficile que les eaux seront plus abondantes. Le volume de celles-ci sera, d'ailleurs, en raison du nombre des fissures rencontrées, de l'écartement de leurs parois, de la facilité

plus ou moins grande qu'elles auront de communiquer avec
l'origine des sources ; enfin, leur abondance croîtra avec
la hauteur de l'excavation en voie d'exécution et non cuvelée.
Leur affluence pourra même être telle, qu'il sera impossible de les dominer, quels que soient les moyens
d'épuisement employés.

Pendant la pose d'un cuvelage complet, jusqu'au moment où la dernière passe repose sur la stratification qui
lui sert de base définitive, les pompes sont en activité
pour assécher le puits. Souvent il suffit d'une pompe d'un
petit diamètre, quelquefois on doit en faire fonctionner
deux ; souvent aussi les sources sont si abondantes que
trois appareils ont de la peine à les épuiser. A la mine
du Grand-Hornu (Couchant de Mons), on a dû en employer dont le diamètre était de 0.63 mètre. Le niveau
du puits dit Bleuze-Borne, à Anzin, a exigé, lors de son
asséchement, l'emploi d'une force de 160 chevaux.

Si l'on considère l'espace déjà fort restreint que présente
le fond d'un puits pour le travail ordinaire des ouvriers,
espace encore en partie absorbé par le tonneau d'extraction,
par les déblais, par les matériaux nécessaires à la bâtisse, et
par deux ou trois pompes de différents diamètres, on
comprendra combien sont difficiles les opérations simul-
tanées relatives au creusement des puits, au montage des
pompes et à la manœuvre des pièces de cuvelage. Si l'on
ajoute que la nature du travail exige une grande précision dans la pose et dans l'ajustement des diverses parties,
l'obstruction complète de tous les joints et de toutes les
fissures ; si l'on considère que ce travail d'exactitude exige
que l'on s'entoure des plus minutieuses précautions ; qu'il
réclame une exécution prompte et rapide, afin de se
soustraire, autant que possible, à l'affluence sans cesse
croissante des eaux, qui, élargissant les fissures, se créent

un passage de plus en plus facile; qu'il doit être exécuté dans un milieu obscur, à la pâle clarté de quelques lampes, imparfaitement garanties de l'atteinte des filets d'eau qui se croisent en tous sens par un simple chapeau en fer-blanc; si l'on pense aux interruptions causées par la rencontre d'un fort niveau, dont l'affluence oblige quelquefois les ouvriers à se retirer subitement, on se convaincra que ces travaux peuvent être comptés parmi les plus délicats et les plus difficiles de l'art du mineur.

Si, en outre, on examine la position des ouvriers, la plupart du temps les pieds dans l'eau, tandis que le haut du corps est exposé à la chute des sources supérieures, dont leurs vêtements de cuir et leurs larges chapeaux ne les préservent que partiellement; auxquels il est impossible, malgré tous les moyens employés, d'éviter la transition trop brusque d'une atmosphère chaude à une froide, on ne sera plus étonné de voir des hommes, jeunes encore, accablés de rhumatismes, après avoir *passé*, comme on le dit au Couchant de Mons, *trois ou quatre niveaux*.

189. *Cuvelage rectangulaire de la mine de Guley.*

D'après ce qui a été dit ci-dessus, il semblerait que les cuvelages à section rectangulaire dussent être entièrement proscrits; mais il n'en est pas ainsi, et l'on est encore obligé d'y avoir recours lorsque, comme en Allemagne et à Liége, les puits doivent offrir une section rectangulaire fort allongée. L'exemple choisi (fig. 15 et 16) appartient à l'exploitation de Guley, district de la Wurm, près d'Aix-la-Chapelle.

Lors de l'enfoncement du puits Elise, les mineurs, arrivés sur le mur de la couche *Meister*, exploitée par les anciens dans le voisinage de l'avaleresse, aperçurent

de nombreuses fissures à travers lesquelles affluaient des
sources abondantes ; ces fentes provenaient évidemment de
l'éboulement du toit des anciennes excavations, et, par
conséquent, de la rupture des stratifications voisines. Le
volume des eaux était tel qu'on jugea impossible de
continuer l'approfondissement et d'exploiter ultérieurement
les couches inférieures sans le secours d'une machine
d'épuisement affectée spécialement à ce siége d'exploitation.
Mais comme on savait que, peu au-dessous du point où
l'on était parvenu, se trouvait un banc de schistes compacte et imperméable, on prit la résolution d'établir un
cuvelage sur cette stratification, prise comme point de
départ, et de le porter jusqu'au niveau de la galerie
d'écoulement.

La trousse à picoter *a*, *b*, *c*, *d* (*Keil gevier* ou *Haupt joch*),
en bois de chêne, était formée de deux longs et de deux
courts côtés (*Jœcher und Kappen*), assemblés à onglet,
sans tenons ni mortaises; elle fut placée sur la banquette
avec interposition d'un lit de mousse. Le picotage (*Ver-
keilung*) se fit de la manière ordinaire. Les pièces de cuvelage en bois de hêtre, également assemblées à onglet,
dont l'épaisseur diminuait à mesure que l'on se rapprochait
de la partie supérieure, furent placées successivement les
unes au-dessus des autres; on les fixa avec des coins *e*, *e*
introduits entre les cadres et les parois, aux extrémités
des pièces et vers leur milieu. L'espace restant fut
rempli de béton, et le revêtement, ne formant qu'une
seule passe de 19.40 mètres, fut raccordé par son sommet
avec la roche des parois. On boucha les joints horizontaux en y chassant des coins. de hêtre fort sec ; chacun
d'eux pénétra de un ou deux centimètres dans celui qui
l'avait précédé et dont la tête avait été préalablement
fendue suivant son épaisseur (fig. 19). Mais comme la

cloison formée de madriers r, r et de pièces verticales s, s, avait été placée en même temps que le cuvelage ; qu'il était impossible d'obstruer les fissures qui, en cet endroit, livraient passage aux eaux, sans enlever momentanément la paroi de division du puits, on imagina, pour se dispenser d'un semblable travail, de percer, dans les angles formés par les cadres et les pièces verticales de cette paroi et dans chaque joint, deux trous obliques o, o qui se rencontrent par derrière, et d'y enfoncer des chevilles coniques en saule fort sec, enveloppées de mousse. Cette opération, exécutée avec adresse et prudence, fut couronnée d'un plein succès.

190. *Cuvelages rectangulaires de la province de Liége.*

Dans la province de Liége, où le terrain houiller se présente à la surface du sol, ou tout au moins sans autre superposition que quelques mètres de marne ou quelques couches de gravier, les cuvelages n'ont ordinairement d'autre but que l'endiguement des eaux provenant de couches anciennement exploitées (1). Les puits qui les traversent, soit accidentellement, soit par suite de l'impossibilité de trouver un autre emplacement, donnent lieu à l'exécution de cuvelages partiels. Ceux-ci ne peuvent être polygonaux, car ils ne pourraient se raccorder avec la section des puits de ce district, dont la forme est un rectangle fort allongé. Le travail s'exécute d'ailleurs comme ci-dessus, sauf quelques détails qui vont être exposés, en prenant pour

(1) On trouve quelques exceptions au fond de la vallée de la Meuse, où la superposition des graviers et la désorganisation de la tête du terrain carbonifère nécessitent l'emploi de cuvelages complets.

exemple le cuvelage de la mine de Horloz, dont la section
a 6.20 mètres de longueur et 3.25 de largeur.

L'assemblage des siéges et des pièces de cuvelage est à
double entaille, les longs côtés portant à leur extrémité
une feuillure de 0.09 mètre de longueur et les petits une
de 0.03 mètre (fig. 30), s'emboîtant l'une dans l'autre.
L'entaille des petits côtés est coupée en biais, afin que les
joints verticaux s'évasent légèrement vers l'intérieur du
puits. Les arêtes des cadres sont délardées, en sorte que
les joints horizontaux s'ouvrent, en formant un angle aigu,
sur une profondeur de 0.025 mètre; mais les pièces s'appliquent entièrement l'une sur l'autre à leur partie postérieure. En montant le cuvelage, on interpose un lit de
mousse entre deux cadres consécutifs. Lorsque toutes les
pièces sont placées, que le revêtement a atteint sa hauteur,
on remplace le dernier cadre par une trousse à picoter
surmontée d'une lambourde horizontale; on introduit de
la mousse entre celle-ci et la roche, et l'on fait un *picotage
à face* ou *horizontal*. Celui-ci est entièrement semblable
aux picotages ordinaires, à l'exception des lambourdes et des
picots, dont la position n'est plus verticale, mais horizontale.
Par ce moyen, le sommet du cuvelage est adhérent à la
roche supérieure, et les eaux, quoique s'élevant à un niveau
beaucoup plus élevé que le revêtement, ne peuvent se
déverser dans le puits.

Le calfatage des joints horizontaux et verticaux se fait
avec de la mousse, qu'un ouvrier entasse à l'aide d'un marteau (fig. 23) offrant une partie tranchante à l'une de ses
extrémités. On l'empêche d'être expulsée par la pression de
la colonne d'eau, en fixant immédiatement sur chaque
joint de petites plaques en tôle de fer, représentées par les
figures 28 et 29. Les premières servent pour les joints
horizontaux; les oreillettes *m*, *n*, étant sur le même plan

que la plaque, sont courbées par l'ouvrier à angle droit
sur cette dernière et enfoncées simultanément dans deux
cadres superposés. Dans les secondes, la plaque est courbée
à son milieu de manière à former un angle droit; elle se
place dans les angles des puits, afin de couvrir les joints
verticaux ; les oreillettes, disposées perpendiculairement aux
faces des cadres, s'enfoncent à coups de crochet. Ces
crochets, dont on se sert également pour recourber les
plaques et les enfoncer dans le bois, sont représentés
dans la figure 24.

Le calfatage serait probablement plus efficace si l'on
employait des étoupes goudronnées. Mais la disposition des
joints semble très-convenable, en ce que l'élargissement
de leur partie antérieure facilite singulièrement l'introduction du calfateur et permet d'entasser la mousse plus énergiquement qu'il n'eût été permis de le faire si, les pièces
n'ayant pas été délardées, les joints fussent restés fermés.

Les picots sont en saule et en hêtre ; les siéges et les
cadres sont exclusivement formés de cette dernière essence,
non parce que son prix est inférieur à celui du chêne,
mais parce que les mineurs liégeois regardent ce bois
comme doué de qualités qui le rendent éminemment propre
à remplir le but que l'on se propose. Ce fait est un
exemple de ces nombreuses différences dans les usages
locaux, sur lesquelles il est si difficile de se prononcer.

191. Cuvelage exécuté dans le district de Mannsfeld, près de Eisleben.

La manière dont on a procédé dans une mine de cuivre
du district de Mannsfeld mérite d'être citée à cause de
sa singularité et parce que ce genre de travail semble
entièrement inusité jusqu'à présent. La figure 13 est une

coupe verticale d'une partie de ce revêtement ; la figure 14,
une coupe horizontale, et la figure 17 présente les
détails d'un angle de la trousse.

Le siége et les lambourdes étant en place, il reste entre
cette dernière et les parois du rocher un espace libre
d'environ 0.30 mètre ; on y entasse de la mousse net-
toyée avec le plus grand soin. Les lambourdes des deux
grands côtés sont d'abord écartées de la trousse par l'insertion de coins provisoires, enfoncés simultanément, jusqu'à ce que la mousse n'occupe qu'un espace de 4 à 5
centimètres et qu'elle soit dans un état de compression
tel qu'un clou puisse à peine la pénétrer. Comme ces
coins ont été disposés à une certaine distance les uns des
autres, on peut y intercaler, en les faisant entrer de force,
les billots de picotage (*Picotage-Klœze*) (fig. 18), coupés
dans des pièces de peuplier fort dur ; ceux-ci, ajustés les
uns sur les autres, rendent libres les coins provisoires
sans que la mousse cesse d'être comprimée. C'est alors
que les ouvriers cherchent à rendre imperméables les joints
formés par les blocs, soit entre eux, soit avec la lambourde
ou la trousse ; pour cela ils plantent quatre rangées de
picots en bois de pinastre, auxquels ils en substituent
d'autres en chêne lorsque les premiers refusent de pénétrer (1). Ce travail étant bien exécuté, les billots deviennent
méconnaissables et forment une liaison parfaite entre le
siége et la roche. On opère de même sur les petits côtés,
puis on termine en enfonçant à grands coups de marteau
une ligne de coins en fer *kk* au milieu des billots,
et la mousse n'occupe plus alors qu'un espace d'environ 0.03 mètre.

(1) Ces rangées de picots sont faciles à reconnaître dans la
figure 18, et sont indiquées dans la figure 17 par des lignes parallèles.

On avait observé que les blocs A (fig. 18), destinés à occuper toute la hauteur de la trousse, faisaient déverser celle-ci vers l'intérieur du puits, et l'on avait cherché à éviter cet inconvénient en faisant le picotage en deux assises successives, B ; mais comme la liaison entre le siége et la roche semblait ne plus offrir autant de garantie qu'auparavant, on a dû revenir au premier système.

La trousse à picoter d, d (fig. 13, 14 et 17), assemblée à double entaille, à tenons et mortaises, porte deux rainures ab, ab (*Spundfegen*) sur sa face supérieure. Les cadres de cuvelage (*Aufsatz-jœcher*) de 0.20 mètre d'épaisseur, dont l'assemblage est le même, ont également sur leurs faces supérieures et inférieures une rainure creusée au milieu de leur épaisseur et une autre à l'arète postérieure de chaque pièce. Le siége étant mis en place et picoté, le mineur couvre sa surface d'une bande de toile goudronnée ; il place des liteaux (*Deckleiste*) de bois de pinastre dans les rainures et les force à y pénétrer à coups de marteau ; puis il étend une seconde bande de toile et pose par-dessus le cadre de cuvelage, qu'il comprime avec force. Il en est de même pour chaque joint des autres cadres, à l'exception du liteau de recouvrement placé à l'arète postérieure, qui doit être cloué. Enfin, on obtient l'imperméabilité des joints verticaux en recouvrant les angles extérieurs d'une bande de toile goudronnée, sur laquelle on cloue des madriers (*Deckwinkel*) de 0.05 mètre d'épaisseur. Ce revêtement a une hauteur de 8.45 mètres ; sa section est divisée en trois compartiments par deux bois de division c, c (1).

(1) *Archiv von* KARSTEN, 2ᵉ. série, tome XIV, page 5.

192. *Cuvelages à section circulaire usités dans quel-*
ques districts houillers de l'Angleterre (Tubbings).

Les revêtements de cette espèce sont de véritables cuves
à douves verticales. Destinés à refouler les eaux qui
pénètrent dans les excavations par les fissures du terrain
houiller, ils appartiennent la plupart du temps à la catégorie des cuvelages partiels. Si, par exemple, le mineur
anglais, fonçant un puits, rencontre près du jour une stratification disloquée (fig. 11 et 12) ou très-fissurée *m, m*, il re-
foule les eaux en agissant comme suit : la banquette entaillée
dans un banc imperméable étant suffisamment dressée,
il la recouvre d'un lit d'étoupes ou d'une assise de petites
planches dont les fibres viennent se profiler à la surface
intérieure du puits ; la couronne *d* (*wedging crib*), de
0.25 mètre de largeur sur 0.15 de hauteur, se place
au-dessus. Il intercale, entre les joints formés par deux
segments consécutifs, des planchettes (*sheeting deal*, toile
de sapin) de 0.01 mètre d'épaisseur dont les fibres sont
dirigées suivant les rayons du puits. L'espace libre entre
la roche et la trousse, qui ne dépasse jamais 0.06 mètre,
est rempli de petites planches de sapin sec, rabotées,
serrées les unes contre les autres et disposées de champ
perpendiculairement au rayon de courbure. Les fibres étant
placées dans une position verticale, on picote à la manière
ordinaire jusqu'à ce que le ciseau dont on se sert pour
préparer le trou refuse de pénétrer ; on ne s'avance pas
en suivant des lignes concentriques, puisqu'il en résulterait
une pression inégale, mais diagonalement, c'est-à-dire en
employant autant de mineurs que le crib a de segments,
ayant le soin de ne jamais insérer un coin sans en introduire simultanément un autre dans le point diamétrale-

ment opposé de sa trousse. Les premiers coins dont on se sert ont la hauteur du crib, leur épaisseur à la base est de 0.01 mètre, leur largeur de 0.05; les suivants sont de plus en plus minces.

La *couronne* dite à *clouer* (*spiking crib*) f f se place au-dessus de la précédente à une hauteur déterminée par la longueur des madriers g, g; elle a de 0.12 à 0.15 mètre d'équarrissage, et sert à recevoir, sur la moitié de sa hauteur, l'extrémité supérieure de ces mêmes bois de garnissage g, g, g; ceux-ci, dont la longueur est de 3 à 4 mètres, la largeur de 0.15 mètre et l'épaisseur de 0.05 à 0.06, sont serrés comme les douves d'un tonneau, leurs tranches étant coupées suivant les rayons du puits et dressées au rabot. Les trois derniers sont entaillés de telle façon (fig. 11 bis) que la clef, dont la section est rectangulaire, puisse se placer de dedans en dehors. On en frotte les tranches latérales avec du savon mou, et on l'introduit de force à coups de maillet. Les douves, par leurs extrémités inférieures, reposent sur le siège avec interposition de planchettes, et leur partie supérieure se cloue sur la couronne f f avec des broches en fer; si la qualité corrosive des eaux détruit celles-ci avec trop de promptitude, on y substitue des chevilles en bois.

L'opération continue en plaçant une nouvelle couronne h, h, puis un nouveau tubage au-dessus du premier, en intercalant, entre les deux séries de douves et à leur ligne de jonction, une assise de planchettes disposées comme ci-dessus. On picote avec soin tous les joints verticaux et horizon-taux des rouets avec des coins, dont on prépare la voie à l'aide d'un ciseau. Enfin, pour lier et consolider le revêtement, on ajoute des couronnes intermédiaires (*main crib*) k, k, séparées entre elles par des invervalles dépendant de la pression des eaux; elles sont, par conséquent, plus rap-

prochées vers la base du cuvelage qu'à sa partie inférieure ;
la première s'assied sur la trousse picotée. Lorsque la
passe est située à une profondeur considérable, ces couronnes intermédiaires ont une largeur de 0.20 mètre sur une
hauteur de 0.17 à 0.18, et sont très-rapprochées les unes
des autres. C'est ainsi qu'on arrive jusqu'à une couche
imperméable ou au-dessus du niveau naturel des eaux ;
alors, comme il s'agit d'empêcher celles-ci de se déverser dans le puits par-dessus le sommet du revêtement, on y place une trousse à picoter qui remplit les
mêmes fonctions que la couronne inférieure ; on la rend
étanche par l'emploi des mêmes procédés et on l'arc-boute
contre le rocher. On peut aussi opérer une pression à
l'aide des maçonneries qui maintiennent les stratifications
supérieures, ce muraillement étant d'ailleurs supporté par
un cadre dont les extrémités *a, a* (fig. 12) sont encastrées
dans le rocher. L'intérieur du puits est garni de lattes *l, l*
disposées à claire-voie, afin d'ajouter à la solidité par la liaison
des diverses parties du revêtement et de faciliter, par des
parois unies, l'extraction ultérieure des vases de transport.

Pendant tout le travail, l'eau s'est écoulée librement à
travers des trous *o, o* horizontaux forés dans la couronne picotée, trous que l'on bouche avec des broches lorsque le
cuvelage est achevé. Peu après, l'eau remonte à son
niveau, et l'on s'aperçoit du moment où la pression commence par le craquement des pièces et par de nombreux
filets qui s'échappent des joints. On n'y porte aucun
remède ; on ne calfate même pas ; mais on attend
que l'humidité fasse gonfler les bois, et les infiltrations
cessent peu à peu.

Ces cuvelages, appelés *plank tubbing*, ont été fréquemment exécutés dans le commencement de ce siècle ; quelques-uns d'entre eux, supportant une colonne d'eau de plus

de 72 mètres de hauteur, étaient soumis à une pression
de sept atmosphères. En 1850, on appliquait encore ce
mode avec succès dans le foncement d'un puits à Castle-
Comer, comté de Kilkenny, en Irlande. S'ils suffisent
pour contenir les eaux provenant des stratifications supérieures, depuis longtemps on les a jugés trop faibles lorsqu'il s'agit de résister à une pression dérivant d'une grande
hauteur, et on leur a substitué les cuvelages désignés sous
le nom de *solid cribing*.

Ce sont des segments circulaires de chêne ou d'orme de
0.20 à 0.25 mètre d'équarrissage superposés les uns aux
autres, de manière que le joint de deux pièces contiguës
corresponde au milieu de la longueur de la pièce sur laquelle
il repose et de celle qui le recouvre. Le premier crib est
picoté de la manière indiquée dans le paragraphe précédent.
Au-dessus s'établissent les diverses assises avec interposition de planchettes en sapin dans les joints horizontaux
et verticaux. Des blocs de bois provenant de la recoupe
des segments sont entassés entre les cribs et la roche,
afin que les planchettes, lors du picotage, ne se retirent
pas dans le vide postérieur sous le choc des coups de
marteau et se laissent pénétrer par les coins. Enfin, lorsque
le dernier crib a été placé, picoté et solidement arc-bouté
contre la roche supérieure, on procède au picotage de
tous les joints, tant horizontaux que verticaux, avec des
coins enfoncés à refus ; puis on bouche les trous pratiqués à la partie inférieure par lesquels les eaux se sont
écoulées pendant le travail.

A la mine de Wall's-End, on a refoulé des eaux formant
un volume de 7,720 litres par minute avec un cuvelage
dont les cribs, de 0.20 mètre d'équarrissage, étaient
séparés par des planchettes de 0.012 mètre d'épaisseur.

Ce mode de revêtement fut considéré comme une im-

portante amélioration sur les précédents , parce qu'on
n'avait plus besoin d'employer des clous sujets à être cor-
rodés et oxidés , et que ces cuvelages présentaient une plus
grande solidité ; mais l'emploi de la fonte de fer les fit
promptement abandonner dans certains districts houillers,
vu le bas prix de ce métal comparé au prix exorbitant
des bois en Angleterre.

SECTION VIIIᵉ.

CUVELAGES EN MAÇONNERIE.

193. *Exécution de ces revêtements dans les mines de Rive-de-Gier (département de la Loire).*

On muraille la partie supérieure des puits pour s'opposer aux petites filtrations des terrains déliteux voisins de la surface. Le foncement a lieu suivant une section assez grande, jusqu'à ce qu'on atteigne le roc solide, dans lequel on entaille la banquette. Le revêtement est formé de grès piqués ou de pierres de taille, auxquels on donne une épaisseur de 0.40 mètre; ils proviennent des carrières les plus rapprochées des travaux, où on se les procure à bas prix. Les pierres de la base fondamentale s'établissent immédiatement sur la banquette avec interposition d'un mortier plus ou moins hydraulique, dont on garnit également les joints horizontaux et verticaux de toutes les assises. Lorsque la muraille s'est élevée de 0.80 à 1 mètre, on entasse par derrière un corroi d'argile bien battue; d'autres fois on emploie un béton formé d'un tiers de chaux mélangée, immédiatement après son extinction, avec deux tiers de gravier grossier ou de petits fragments de grès. Ce garnissage a une épaisseur de 0.50 à 0.40 mètre; on interpose en différents points du revêtement des rouets ou couronnes en bois, afin d'établir une certaine liaison si la hauteur du muraillement l'exige.

194. *Cuvelages muraillés usités en Angleterre.*

Ce genre de travail, auquel on a donné le nom de
quaffering, se fait par reprises, en descendant, suivant la
méthode ordinaire. Chaque tronçon a pour base une couronne en bois de chêne reposant sur une banquette; cette
couronne est picotée ou simplement revêtue, à sa partie
postérieure, d'une couche de terre glaise. Le cylindre en
maçonnerie construit au-dessus a trois briques d'épaisseur; l'espace réservé derrière le revêtement se remplit
d'un corroi d'argile fortement tassée à mesure que la
bâtisse s'élève.

On doit observer que, dans ces circonstances, les
Anglais n'établissent pas leurs maçonneries par assises horizontales formant des anneaux fermés et superposés les
uns aux autres, mais les disposent en lignes héliçoïdales
prolongées sur toute la hauteur de la reprise, en sorte
qu'on doit augmenter insensiblement l'épaisseur des briques
de la première assise; mais on préfère, pour éviter les
pertes de temps, clouer sur le rouet des planchettes de
chêne dont l'épaisseur, presque nulle à l'origine, égale
celle d'une brique après un tour complet. L'assise du
milieu est toujours plus élevée que les deux autres de la
moitié de son épaisseur, afin que les joints horizontaux
soient interrompus et que les pleins correspondent aux vides.

Comme les eaux affluentes pourraient troubler les travaux, délayer le mortier, se frayer un passage entre les
joints, ou opérer une pression fâcheuse contre la bâtisse,
fraîche encore, on facilite leur écoulement naturel jusqu'au
moment où les matériaux, faisant corps, puissent résister
à ces causes de destruction. Pour cela, la couronne est

percée de deux trous : l'un horizontal, l'autre vertical ;
celui-ci est surmonté d'un tube en fer-blanc ou d'un coffre
en bois, percé sur sa hauteur d'une multitude de trous
et appliqué contre les parois de la roche. Chaque fois
que l'on entasse de la terre glaise, on commence par le
côté opposé à celui où se trouve le coffre, en dirigeant
la pente vers lui ; en sorte que l'eau, de quelque côté
qu'elle jaillisse, s'écoule vers ce tuyau, y entre par les
petits trous et se rend dans le puisard, que les pompes
maintiennent constamment à sec. Une reprise étant achevée,
on reprend l'approfondissement du puits ; mais comme
l'eau qui coule par le trou incommoderait les ouvriers,
on fixe au-devant de la couronne une gargouille (*garland
curb*), ou cercle en bois creusé en rigole, dont
un trou, foré en un point quelconque, reçoit les
eaux et les transmet au fond du puits à l'aide d'un
tuyau de cuir.

Enfin, lorsque la maçonnerie s'est consolidée en séchant,
on bouche avec un tampon le trou horizontal de la couronne ; les eaux, ne pouvant traverser la muraille qui a
pris corps, entourent le revêtement, pressent avec tout
le poids dû à leur hauteur, mais sont retenues par des
matériaux, dont le poids spécifique est toujours plus grand
que le leur. Ce genre de travail est analogue à celui
que représente la figure 25 (planche XII). Souvent on a
recours, pour son exécution, à l'élargissement des couronnes et au mode de suspension des maçonneries exprimé
dans la susdite figure.

Dans le district de Newcastle, les cuvelages muraillés
sont composés d'un cylindre en maçonnerie, liée avec du
mortier hydraulique ou du ciment romain, et reposant
sur un rouet picoté ; on coule par derrière une chemise
de béton également hydraulique.

195. *Cuvelage de la mine de houille de St.-Roch-sur-Auvelois, district de Namur* (1).

Il s'agissait d'enfoncer deux puits séparés par une distance d'environ 12 mètres ; l'un elliptique, dont les axes sont respectivement de 2.03 mètres sur 2.90, destiné à l'extraction ; l'autre à section circulaire, de 1.76 de diamètre, devant servir au retour du courant d'air. Ces puits devaient traverser le terrain d'alluvion pénétré par les eaux de la Sambre et composé comme suit :

1°. Argile jaunâtre, homogène.	6.96 m.
2°. Sable gris, jaunâtre, dont les grains, très-fins à la partie supérieure, se transforment en gravier	5.22 »
3°. Gravier composé de cailloux de 1 à 10 centimètres, agglutinés entre eux	2.62 »
4°. Grès schisteux noirâtre	0.29 »
5°. Schiste houiller compacte	7.79 »
	22.88 m.

C'est sur la tête de la formation carbonifère que fut établie la base du cuvelage.

Le foncement commença par le puits circulaire, dans lequel le banc d'argile n'offrit aucune difficulté. Avant d'arriver à la tête des sables, on avait préparé un cadre ou trousse octogonale dont le diamètre intérieur, mesuré d'angle en angle, était égal à celui de l'excavation ; les huit pièces, de 0.35 mètre de largeur sur 0.20 de hauteur, dont il est composé, se reliaient entre elles au moyen de feuillets de recouvrement placés sur les joints et boulonnés sur le cadre. Cette trousse, dont le poids est de 1,250 ki-

---

(1) *De la houille et de son exploitation en Belgique*, par Eugène BIDAUT, ingénieur des mines.

logrammes, pénétrait dans les sables, les refoulait vers le centre du puits, d'où ils étaient enlevés. A mesure qu'elle s'enfonçait de quelques centimètres, on plaçait une nouvelle assise de briques, en sorte que la charge augmentait avec la pression du terrain. Le revêtement mobile descendit ainsi d'une hauteur de 7.84 mètres en traversant les stratifications (indiquées ci-dessus par les numéros 2°. et 5°.) de sable et de gravier, sans s'écarter de plus de 0.075 mètre de la ligne verticale. Lorsqu'on fut arrivé à la tète du terrain houiller, c'est-à-dire à une profondeur de 15.09 mètres au-dessous du sol, le cuvelage fut arrêté, reçut une assise provisoire, et le creusement fut continué dans les schistes jusqu'à la couche imperméable, dans laquelle on s'enfonça de quelques mètres. Pendant la descente du revêtement mobile, les eaux affluaient dans le puits, entrainant avec elles les sables et les graviers, et produisaient derrière la maçonnerie des excavations capables d'en causer la ruine. Pour remédier à cet inconvénient, on recherchait les points défectueux, et partout où le son que produisait la paroi indiquait un vide, on battait en brèche; on remplissait l'excavation avec de la paille, des fragments de briques et du béton, puis on réparait promptement la muraille elle-même.

Le puits d'aérage, restant dans cet état, servit à l'épuisement des eaux pendant qu'on procédait à l'avaleresse du puits d'extraction, qui se fit d'un seul jet jusqu'au banc imperméable. Parvenu à ce point, on plaça un siège en bois, et l'on construisit la maçonnerie en montant ; on coula entre elle et la roche un béton d'environ 0.18 mètre d'épaisseur. Après avoir pratiqué un trou de communication entre les deux excavations et à leur base, pour que les eaux pussent s'écouler du puits d'appel dans le puits d'extraction, on transporta l'appareil d'épuisement sur ce dernier, et l'on

maintint le puits circulaire constamment à sec pendant que l'on revêtait sa partie inférieure, au-dessous de la maçonnerie descendante. On laissa les eaux s'élever à leur niveau hydrostatique dans les deux excavations, afin de permettre au mortier hydraulique de se durcir et de se consolider entièrement. Au bout de huit jours, l'épuisement fut repris, le trou de communication fut bouché et le fonçage continué à travers le terrain houiller. Depuis cette époque, le cuvelage a résisté à toutes les causes de dégradation.

Pendant la traversée des sables, le volume d'eau à épuiser par heure fut de 12,584 litres ; il augmenta dans le gravier, où on le trouva de 13,128 litres.

Le mortier et le béton étaient composés de 6/17 de chaux hydraulique, de 6/17 de sable et 5/17 de cendrées ou scories provenant des grilles de machines à vapeur.

196. Cuvelages en maçonnerie (*Wasserdichte maurungen*) des districts de la Ruhr.

Les terrains de recouvrement du bassin de la Ruhr, quoique généralement plus puissants que ceux du Couchant de Mons, offrent cependant, en raison de leur nature peu aquifère (1), des difficultés moins grandes dans le fonçage des excavations.

Le puits dit de la Nouvelle-Cologne, choisi pour exemple de ce genre de travail (fig. 1 et 2, pl. XIV), est de tous ceux de ce district celui qui a dû traverser la plus grande épaisseur de terrains stériles. Les stratifications les plus rapprochées de la surface du sol (2),

(1) L'exemple du volume d'eau maximum rencontré jusqu'à présent dans cette localité se rapporte au puits de la Nouvelle-Cologne. où, pendant le fonçage, il n'a jamais excédé 4 mètres cubes par minute.

(2) Voir la coupe contenue dans le paragraphe 67.

composées de sables mouvants sur une hauteur de 8.62 mètres, ont donné lieu à l'exécution d'une maçonnerie descendante C, D, genre de travail dont la description se trouvera dans la section consacrée à cet objet. Lorsque cette première construction, reposant par sa base sur la tête des marnes, a pris une assiette solide, on s'enfonce dans ces dernières, en laissant au-dessous du muraillement déjà exécuté une banquette qui la soutient; puis on accroît insensiblement la section rectangulaire du fonçage, jusqu'à ce qu'elle devienne suffisante pour contenir l'excavation et son revêtement. Certaines stratifications assez tendres sont attaquées au pic, d'autres, plus dures, exigent l'emploi de la poudre. Pendant ce travail, on procède à l'épuisement des eaux à mesure qu'elles affluent, et l'on maintient les parois du puits au moyen de cadres provisoires en sapin h, h; ceux-ci sont espacés de 0.80 mètre d'axe en axe; les pièces qui les composent ont 0.18 sur 0.21 mètre d'équarrissage et sont réunies par des assemblages à mi-bois (fig. 3).

Dans le fonçage de la Nouvelle-Cologne, lorsqu'on eut atteint le terrain houiller à une profondeur de 122.50 mètres, on s'y enfonça de quelques mètres, afin de préparer au cuvelage une base solide; mais on s'aperçut bientôt que les stratifications, recoupées par un rejettement (*verwerfung*) incliné de 75 degrés, étaient dans un état complet de dislocation; il fallut descendre plus bas qu'on ne l'avait pensé pour atteindre un banc solide, base future du revêtement. Ce fut à environ 15 mètres au-dessous du terrain crétacé que les schistes se trouvèrent dans des conditions convenables; mais dès que le percement eut atteint ce point, il se produisit à sa paroi orientale et sur toute la hauteur du roc houiller traversé un éboulement d'une profondeur de plus de deux mètres. Comme le remède

à cet accident devait résulter de la construction du revêtement en maçonnerie, on se borna, pour le moment, à
enlever les déblais, à étayer solidement les parois du
puits et celles de la cavité produite par l'éboulement; puis
on procéda à la construction de l'assise inférieure à la profondeur de 139.24 mètres.

Celle-ci est composée de neuf cadres superposés K, K ;
les pièces de chêne dont ils sont formés ont un équarrissage de 0.20 sur 0.25 mètre, et les vides compris entre
leurs surfaces extérieures et le rocher sont remplis de
mousse fortement tassée. Le muraillement G J construit
au-dessus repose en partie sur le dernier cadre, en partie
sur une banquette entaillée dans le rocher; il forme un
empâtement conique dont la base occupe une surface telle
que la solidité de la construction soit assurée. Cette assise
reçoit le cuvelage en briques L L, formé de quatre arcs de
cercle horizontaux s'arc-boutant mutuellement et laissant
entre eux une section telle, que les cadres intérieurs étant
placés, il reste dans œuvre un vide rectangulaire de 3.87 sur
3.13 mètres. Les flèches de ces arcs sont respectivement
de 0.31 et 0.41 mètre. L'épaisseur normale de la maçonnerie est de 2 1/2 briques (0.65 mètre); mais les
irrégularités des parois, formant des cavités qu'il faut
nécessairement remplir, donnent lieu à la construction
d'une chemise a, a, a, a, (*Fütter mauer*). Ces deux parties du muraillement sont séparées par un gros joint
d'environ deux centimètres de largeur, rempli de trass
fortement comprimé.

Le cuvelage s'étant ainsi élevé à une hauteur de 14.90
mètres, c'est-à-dire jusqu'à la tête du terrain houiller, il
restait dans la paroi de l'est l'excavation, produit de l'éboulement. Pour la combler, on y projeta de vieux bois et des
fascinages que l'on recouvrit de planches, puis on y versa

un mortier composé de trass, de chaux, de briques pilées et de cendres de houille, jusqu'à ce que les eaux qui s'y étaient accumulées, en fussent totalement expulsées. Plus de 1300 hectolitres de cette composition furent absorbés dans cette opération.

La deuxième assise *E F*, moins large que la précédente, est établie à la limite des marnes et du terrain houiller; elle reçoit le prolongement du muraillement, qui s'élève jusqu'en *C D*, au-dessous de la maçonnerie descendante, contre laquelle elle vient serrer. En ce point elle renforce la dernière en formant à son intérieur une chemise *b, b* d'une brique et demie, soit 0,40 mètre d'épaisseur.

L'éboulement survenu au fond du puits ayant eu pour résultat la dislocation des stratifications inférieures du terrain crétacé, on dut abandonner les premiers cadres provisoires *h, h* sur une hauteur de 20 mètres et les enfermer dans la muraille. Mais, à partir de ce point, ils purent s'enlever au fur et à mesure qu'on leur substituait le revêtement définitif en maçonnerie. Pendant que celui-ci s'élevait, on y encastrait, de mètre en mètre et par leurs angles, des cadres **P P** en bois de sapin munis de bois de division formant, dans la section du puits, quatre compartiments destinés (M) à l'appareil d'exhaure (N), aux échelles, et (O, O') à l'extraction.

L'assemblage des cadres est conforme au tracé de la figure 4, celle des bois de division a lieu par l'un ou l'autre des procédés indiqués en **C** et en **D** (fig. 3); le second, reliant les pièces d'une manière plus solide, est le plus usité; l'entaille se fait à mi-bois. On consolide l'ensemble au moyen de porteurs, et les parois des compartiments sont revêtues de filières.

Vingt-cinq tuyères en fonte, telles que *c, c*, sont engagées

dans la maçonnerie à différentes hauteurs, principalement
dans le voisinage des bancs les plus aquifères ; elles
établissent une communication entre l'extérieur et l'intérieur du puits, livrent pendant la construction un libre
passage aux eaux, et préviennent ainsi les funestes conséquences dues au lavage du mortier et à la pression de la
colonne liquide sur une maçonnerie fraîche et sans consistance. Pendant la construction, les eaux s'écoulent par
les tuyères et montent avec le travail, mais jamais au-
dessus de l'échafaudage des maçons, les pompes d'épuisement ne leur permettant pas d'atteindre ce point.
Lorsque la bâtisse est finie, les eaux s'élèvent à leur
niveau hydrostatique, et se trouvent en avant et en arrière du revêtement, qu'elles enveloppent de toutes parts
et, par conséquent, sans opérer aucune pression.

Les choses restent dans cet état environ trois mois ;
après quoi, le mortier hydraulique ayant acquis une consistance et une dureté suffisantes, on assèche le puits, et
l'on bouche les tuyères, à mesure qu'elles se découvrent,
avec des disques en fonte boulonnés sur leurs rebords.

Les dimensions des briques employées sont :

Longueur, 0.26 mètre; largeur, 0.13 ; épaisseur, 0.065.

Elles sont disposées par assises horizontales, composées
de deux briques et une demie ; celle-ci se plaçant alternativement sur le parement intérieur et sur la face
extérieure, il en résulte que les joints d'un tas correspondent aux pleins des suivants.

Le mortier hydraulique contient en volumes :

2 de trass frais (1) en grains, de la grosseur d'un pois.

(1) Le trass, employé dans la composition des ciments hydrau-
liques, se trouve dans quelques localités voisines du Rhin, et
principalement à Kreutznach. Cette substance est un produit volcanique fortement empreint d'argile.

2   id. en poudre.

2   de chaux.

1   de briques pilées.

Cette opération, commencée le 10 avril 1850, a été terminée le 15 décembre de la même année.

On a épuisé, pendant le creusement, 9.88 hectolitres d'eau par minute; après le cuvelage, le volume en a été réduit à 2.3 hectolitres.

Cette disposition des cadres, encastrés en grand nombre dans la maçonnerie ou installés à la base du cuvelage, est évidemment peu rationnelle. En effet, la chaux altère les fibres du bois; lorsque celui-ci a perdu sa consistance, qu'il est pour ainsi dire consommé, on doit immédiatement remplacer les pièces attaquées, sous peine de voir les cadres se disjoindre, et la maçonnerie, privée de soutiens, se fissurer et se disloquer; le mal, arrivé à ce point, peut être considéré le plus souvent comme irréparable.

197. *Cuvelages en maçonnerie exécutés à la mine de la Société Cockerill, à Seraing (près de Liége).*

La mine de houille dépendante de la fabrique de Seraing est recouverte, sur une partie de sa surface, de terrains d'alluvion en communication directe avec les eaux de la Meuse. Ces graviers, dont la puissance est de 3 à 4 mètres, quoique submergés à l'époque des hauts niveaux de la rivière, ne seraient pas un obstacle très-sérieux au percement des puits, si les eaux qu'ils recèlent habituellement, après avoir désagrégé et fissuré la tête de la formation houillère, ne s'infiltraient, à de notables profondeurs, entre les plans des stratifications, qui, dans cette localité, se rapprochent beaucoup de la verticale (85 degrés).

L'ingénieur chargé de combiner les moyens convenables au passage des ces formations aquifères (1), n'osant se fier au bois pour résister aux alternatives d'humidité et de sécheresse produites par les variations de niveau de la Meuse, se décida à employer exclusivement la maçonnerie et à remplacer les trousses ordinaires par des pierres de taille, provenant de certaines roches calcaires désignées à Liége sous le nom de *petit granit*. Ces matériaux excluaient nécessairement toute interposition de cadres en bois; ils permettaient l'exécution d'un picotage très-solide, et la liaison énergique des assises et des briques employées à la construction du corps du cuvelage. On espérait, en outre, rendre les joints étanches en y introduisant du mortier hydraulique, cette substance, aussi compressible qu'imperméable, promettant de se soustraire aux effets de la pression énorme qu'exercent les picotages.

Le siége Caroline, de Seraing, consiste, suivant l'usage liégeois, en deux puits : l'un (de 3.25 de diamètre) est destiné à l'extraction de la houille et à la descente des ouvriers; l'autre (de 2.56), au retour de l'air dans l'atmosphère.

Les premières stratifications de la surface, jusqu'à une profondeur de 4.25 mètres, étant asséchées, furent revêtues de cadres et de bois de reliement. Les graviers donnèrent lieu à un ouvrage par palplanches, exécuté de la manière ordinaire. Mais l'une des extrémités de ces palplanches, taillée en biseau et enveloppée d'une plaque en tôle, forma un sabot tranchant destiné à faciliter la pénétration

---

(1) Cet ingénieur est M. TRASENSTER, professeur d'exploitation à l'École des mines de Liége, auquel l'auteur est redevable des renseignements contenus dans ce paragraphe. L'exécution de ce travail délicat a été confié à M. KAMP, directeur de la mine.

de cette partie du revêtement dans le terrain ; l'autre extrémité fut munie d'une lame en fer qui lui permit de résister aux coups redoublés du marteau. On se servit de ciseaux pour bourrer de la mousse dans les joints des palplanches.

C'est à peu près vers la région des graviers que le puits, primitivement carré, subit une transformation ; les quatre angles furent d'abord supprimés, et le nombre des côtés alla sans cesse en augmentant jusqu'à ce que la section fut un polygone régulier, d'une forme très-rapprochée du cercle. On traversa ainsi le gravier sur une hauteur de 5.25 mètres, on s'enfonça dans le terrain houiller, et, dès qu'on rencontra une roche assez résistante, on y établit la première trousse à picoter, au-dessus de laquelle on établit le corps du cuvelage.

La première passe était achevée, lorsque de nouvelles filtrations survenues pendant le fonçage ultérieur, forcèrent à construire, successivement au-dessous de la première reprise de maçonnerie, d'autres tronçons disposés comme suit :

Puits d'extraction.	Diamètre, 3.25 mètres.	Puits d'appel, 2.40 mètres.
1re. trousse,	16.00 mètres de hauteur.	15.30 mètres.
2e. »	7.10 »	6.65 »
5e. »	17.80 »	6.57 »
4e. »		17.60 »
Hauteur totale,	40.90 mètres.	46.12 mètres.

Les trousses (fig. 27, 28, 29 et 50, pl. XII), circulaires à l'intérieur et polygonales à l'extrados, comprennent douze pièces d'assise a, a dans le puits d'extraction, et huit dans celui d'appel. Leur hauteur est de 0.50 mètre ; leur largeur, mesurée suivant le rayon de l'excavation, est de 0.60 mètre pour les deux passes supérieures, et de 0.72 mètre pour celles de la partie inférieure du cuvelage ; ces trousses ne sont picotées que sur les deux tiers de leur hauteur, afin de reporter à leur base les effets de la pression résultant de

28

cette opération, et de prévenir ainsi leur déversement à l'intérieur du puits. Le tiers supérieur *b* (fig. 29 et 30) forme un retrait de 0.10 mètre, destiné à faciliter l'enfoncement des coins ; on le remplit ultérieurement de béton hydraulique. Le siége étant mis en place avec interposition de mortier dans les joints, on en établit la liaison avec le rocher. Entre les pierres d'assise et les parois du puits sont disposées deux séries de lambourdes *c c*, derrière lesquelles on entasse de la mousse *f f;* on écarte la première série de la seconde à l'aide de coins en bois disposés la tête en bas, auxquels on fait succéder d'autres coins intercalés la tête en haut ; puis on picote à la manière ordinaire.

Les trousses ainsi construites ont complètement réussi ; le mortier des joints a pris toute la consistance désirable, et, malgré un picotage très-serré, pas une pierre d'assise n'est sortie de sa position normale. La maçonnerie N (fig. 27 et 28), en briques trapézoïdales, a été superposée aux trousses ; on lui a donné l'épaisseur indiquée par les conditions requises de stabilité, savoir : deux briques de largeur, ou environ 0.50 mètre, pour les passes les plus rapprochées du sol, et deux briques et demie, ou 0.60 mètre, pour les passes inférieures. Mais ces matériaux étant essentiellement poreux, le mortier seul pouvait leur communiquer l'imperméabilité désirable ; c'est pourquoi le revètement a été formé de rouleaux concentriques *e*, *e* séparés l'un de l'autre par une épaisseur moyenne de 0.015 mètre à 0.020 mètre d'un ciment composé d'une partie de chaux moyennement hydraulique et de deux parties de trass de Cologne. Enfin, derrière la muraille située au-dessous du gravier, où l'affluence des eaux n'était pas trop grande, on a fait couler un béton de chaux, de cendres de houille, de sable et de gravier. Dans l'origine,

des filtrations assez abondantes se prononcèrent à travers la bâtisse ; mais elles disparurent ultérieurement par l'obturation des pores.

Le raccord des divers tronçons entre eux et leur liaison parfaite offre une difficulté qui probablement ne s'est pas encore présentée dans les cuvelages de cette nature ; mais elle a été facilement surmontée par ce système de siéges en pierres de taille. On avait ménagé, pendant le creusement de chaque reprise, une console destinée à soutenir la trousse qui venait d'être achevée ; lorsqu'on fut arrivé à environ 0.80 mètre de cette trousse avec la maçonnerie du tronçon inférieur, on recouvrit celle-ci d'une couronne *d d* en pierres de taille de même épaisseur qu'elle et dont la hauteur était de 0.25 mètre ; puis, au-dessus, on établit deux autres assises *g g* et *h h* également en pierres de taille, dont la dernière constituait la clef de la construction. L'épaisseur des pierres employées dans cette dernière opération n'est que d'environ 0.24 mètre, c'est-à-dire beaucoup moindre que celles de la trousse, qui, dès lors, reposant sur le terrain par sa partie postérieure, conserve une assiette solide.

Dans l'exécution des maçonneries, on a placé, vers les parties les plus aquifères du terrain, des tuyaux en fonte munis de rebords, dont le but était de permettre aux eaux de s'écouler librement dans le puits et de soustraire le revêtement à la pression qu'elles auraient exercé. Ces tuyaux sont ultérieurement bouchés avec des tampons en bois que l'on fait pénétrer de force, et leur orifice est recouvert d'une plaque de tôle.

Sur toute la hauteur de la maçonnerie sont encastrées des pierres de taille, munies de trous destinés à recevoir les extrémités des bois de division du puits ; ceux-ci, placés à 1.20 mètre d'axe en axe, peuvent, en cas de

besoin, être changés facilement, sans que le cuvelage en souffre aucun dommage.

Cet essai, dans lequel on a supprimé toute intercalation de bois, semble bien préférable aux cuvelages mixtes de la Ruhr; il a convaincu son auteur (1) de la possibilité d'appliquer la maçonnerie aux revêtements destinés à repousser de grandes affluences d'eau, pourvu que les matériaux soient cimentés par un bon mortier hydraulique et que les siéges soient formés de pierres de taille. Il pense aussi que ces dernières pourraient être substituées avantageusement aux briques pour l'intégrité du revêtement.

198. Observations sur l'application des muraillements aux cuvelages.

Les cuvelages en maçonnerie sont moins coûteux que les cuvelages en bois : c'est un fait généralement admis. Mais quelques mineurs attribuent aux premiers certaines conditions d'infériorité qu'il convient de passer en revue et de discuter. Ils sont loin, disent-ils, d'être aussi efficaces et d'offrir une imperméabilité aussi complète que les revêtements en bois. Pour de petites hauteurs et dans des parties voisines de la surface, ils sont d'un bon emploi; mais les fortes pressions les altèrent facilement, et on ne peut s'en servir pour refouler les sources très-abondantes. Lorsqu'il se prononce des fuites, il est presque impossible de les boucher, la liaison entre une vieille et une nouvelle maçonnerie laissant presque toujours quelque chose à désirer. Enfin les rouets ou couronnes se lient difficilement avec le muraillement; les fibres en sont promptement détruites par l'action corrosive de la chaux humide.

(1) M. Trasenster.

Ces objections sont en partie fondées lorsqu'elles s'appliquent à des constructions mixtes exécutées avec peu de soin, ainsi que l'ont prouvé les tentatives infructueuses faites à diverses reprises dans les mines du Couchant de Mons pour substituer les briques aux bois. Mais si l'on considère qu'il est possible de supprimer ces derniers pour les remplacer par des pierres de taille ; qu'en outre, les cuvelages de la Ruhr opposent des résistances très-efficaces à des pressions dérivant de colonnes d'eau considérables, malgré leur construction défectueuse sous le rapport de l'emploi des bois, on se convaincra aisément que l'arrêt de proscription a été porté d'une manière trop péremptoire.

En effet, ce n'est pas de l'abondance des sources que dérive la pression, mais de la hauteur de la colonne hydrostatique ; or, quelque minime que soit l'affluence des eaux, celles-ci s'accumulent derrière le revêtement et finissent toujours par remonter jusqu'au niveau de leur écoulement naturel. D'où il résulte que les cuvelages de la Ruhr, portés à une plus grande profondeur que ceux du Couchant de Mons, sont soumis à une pression plus considérable que ceux-ci, pression à laquelle ils résistent néanmoins. La stabilité de la bâtisse dérivera aussi d'une bonne exécution et des soins apportés à la fabrication du mortier hydraulique, dont les éléments devront être combinés de telle façon qu'il durcisse sous l'eau lorsque celle-ci remplit l'excavation. Enfin, le mortier délayé et entraîné par les courants, et une pression trop forte appliquée contre une maçonnerie sans consistance sont des obstacles faciles à supprimer ; il suffit d'écarter les eaux des murs en construction à l'aide d'argile, de planches et de canaux, de placer des tuyaux de déversement partout où les sources jaillissent, et d'exercer sur ces divers objets une surveillance incessante.

Quant aux fuites, l'expérience acquise à Seraing montre qu'elles sont peu à craindre, si la partie postérieure du revêtement est bien garnie de béton, car elles se bouchent d'elles-mêmes.

Ainsi le choix à faire entre les deux espèces de matériaux ne doit pas être déterminé par des considérations de pression ou d'abondance des eaux, mais par la nature plus ou moins ébouleuse du terrain, par la forme de la section des puits, leur usage, la rareté ou le bas prix des bois, et par les autres circonstances locales. Dans tous les cas, on doit proscrire les constructions mixtes comme fort défectueuses.

SECTION IXe.

CUVELAGES EN FONTE DE FER.

199. *Historique de ces cuvelages en Angleterre.*

Le premier revêtement en fonte de fer fut construit
en 1795, par M. Barnes, à King-Pit, mine de Walker;
mais alors, et encore plusieurs années après, on se servit
de cylindres d'une seule pièce. Ce système, applicable
seulement aux excavations d'un faible diamètre, était impraticable à une certaine profondeur, surtout lorsqu'on devait
manœuvrer des pompes et autres appareils encombrants.

En 1796, M. Buddle (1), devant cuveler un puits de
la mine de Percy-Main, imagina de diviser la circonférence des cylindres en segments et de les réunir par des
boulons serrés sur des brides ménagées à l'intérieur. Pour
que les vases d'extraction ne pussent s'accrocher à ces dernières, il faisait ajuster des cadres en bois au-dedans du
tubage et les recouvrait de planches, disposition coûteuse
dans un pays où les bois ont une grande valeur. Ce
fut seulement en 1804 et 1805, et pour un puits dit
Howden-Pit, que, pour la première fois, on employa
un revêtement composé de segments en fonte, assemblés
sans boulons, par superposition et simple juxtaposition,
avec brides et collets placés à l'extérieur. Telle est encore
la méthode actuellement en usage.

_____

(1) Il s'agit ici du père du célèbre John BUDDLE, décédé vers la
fin de 1843.

Le bois est trop abondant sur le continent, son prix diffère trop encore de celui du fer, pour que jusqu'à ce jour on ait eu recours à ce procédé. Et peut-être le cuvelage de Mouchy-le-Prieur (Pas-de-Calais) est-il le seul de quelque importance qui, jusqu'à présent, ait été construit à la méthode anglaise.

200. *Pièces d'un cuvelage en fonte.*

L'assise, ou cadre principal (*cribb*), est composée de segments en chêne ou en fonte de fer. Formés de ce métal, ils sont massifs ou évidés à leur intérieur ; dans ce dernier cas, on ménage de petites chambres *a a a* (fig. 9, 10, 14 et 15, pl. XIV), dont la profondeur ne doit être que les deux tiers de la hauteur du cadre, et on les sépare entre elles par des cloisons de 20 à 40 millimètres d'épaisseur.

La figure 9 est une coupe verticale et la figure 10 une coupe horizontale d'une trousse à picoter dans laquelle le vide de la chambre correspond avec la surface inférieure. Les figures 14 et 15 offrent, au contraire, une disposition telle que le vide se trouve placé latéralement vers la paroi du rocher. Ces chambres sont remplies de blocs de sapin de Memel, exempts de nœuds, introduits à frottement et picotés ; mais l'économie résultant de la diminution du poids des cribs ne peut entrer en compensation avec la sûreté plus grande qu'offrent les trousses massives.

La longueur des pièces de cuvelage (fig. 6 et 12) est comprise entre 1.20 mètre et 1.60 ; elle résulte d'ailleurs de la division de la circonférence du revêtement en un nombre de segments proportionné à son

développement. Leur hauteur varie entre 0.60 mètre et
0.65 ; l'épaisseur est en raison de la hauteur de la colonne d'eau qu'elles ont à supporter : elle est de 9, 12,
16, 20, 25 et 38 millimètres.

Les segments sont munis sur tout leur pourtour de
brides ou collets horizontaux et verticaux de même épaisseur
que le corps de la pièce elle-même ; ils sont assez larges pour
ne donner lieu à aucun glissement. La figure 6 est une vue
par derrière et les fig. 7 et 8 sont des coupes, l'une verticale,
l'autre horizontale, d'une espèce de segment dont la partie
extérieure est renforcée par deux nervures ab, ab, croisées
au centre de la pièce ; e est un renflement de 0.05 mètre de
hauteur à travers lequel on a eu le soin de ménager un
trou cylindrique de 38 millimètres de diamètre servant à
l'écoulement des eaux pendant la pose et à la suspension de
la pièce lors de sa descente dans le puits.

Les segments (fig. 11, 12 et 13) diffèrent des précédents
par quelques détails ; les nervures sont au nombre de trois :
deux verticales d, d, et une horizontale e e ; les brides sont
soutenues par des consoles ou goussets f, f. Chaque segment
porte, sur l'une de ses brides latérales et sur son collet supérieur, une saillie o, de 12 à 15 millimètres, dont on verra
l'usage ci-dessous.

Les planchettes que l'on introduit dans tous les joints
horizontaux et verticaux sont des feuillets de sapin de
Memel, sans nœuds, provenant de blocs refendus ou coupés
parallèlement aux fibres du bois ; on les place de telle façon
que ces fibres soient constamment parallèles au rayon du
puits. Leur largeur est de 0.08 à 0.10 mètre, leur épaisseur
de 12 à 15 millimètres, et leur longueur égale à celle du
joint qu'il s'agit de fermer. Les coins ont 0.05 mètre de largeur ; leurs arêtes sont légèrement arrondies, afin de faciliter
leur introduction dans les planchettes.

201. *Exécution et pose des revêtements en fer.*

Le cuvelage de la figure 16 est composé des pièces représentées par les figures 6 à 10. Le percement d'une partie du puits ayant eu lieu à travers des roches ébouleuses, on a dû le revêtir d'un boisage provisoire $p\ q$, destiné à rester renfermé derrière l'enceinte en fonte. Ce boisage est d'ailleurs conforme au revêtement décrit dans le paragraphe 162.

La figure 17 représente un autre cuvelage établi avec les pièces des figures 11 à 15; il est monté sur trois siéges picotés et superposés.

Quelle que soit la forme des pièces, voici comment on procède à leur pose. Lorsqu'on a rencontré un banc solide et imperméable, on entaille le roc et on place l'assise; si la banquette ne peut être établie suffisamment de niveau, on interpose entre elle et le crib de petites planchettes de sapin qui, après la pose des segments, sont l'objet d'un picotage horizontal; on en introduit également dans les joints verticaux. Les lambourdes et la mousse employés dans les cuvelages en bois sont inconnues en Angleterre; mais l'espace compris entre le crib et le rocher (0.02 à 0,04 mètre au plus) est fortement picoté, d'abord avec des blocs assez forts, puis avec des coins de plus en plus minces, jusqu'à ce qu'il ne soit plus possible d'en introduire aucun. Pour picoter les planchettes des joints verticaux profilées à sa face intérieure, on ouvre ces derniers avec un ciseau en fer, et l'on introduit de force des coins de sapin bien sec.

Les tronçons de cuvelage sont ensuite montés segment par segment avec interposition de planchettes de même espèce entre les joints horizontaux et verticaux; on veille à ce que deux joints consécutifs ne soient jamais super-

posés verticalement, et l'on bourre avec force, dans le
vide compris entre la roche et la fonte, du bois, des
blocailles et autres remblais (1). L'introduction des planchettes dans les joints verticaux exige plus d'adresse et
d'expérience que la même opération effectuée dans les
joints horizontaux; mais c'est la clef de chaque assise qui
offre le maximum de difficulté.

La descente des segments se fait à l'aide d'un appareil
(fig. 5) composé d'une fourchette r et d'un boulon s;
il est destiné à supporter, pendant la descente, la pièce de
cuvelage, dont il traverse l'ouverture c (fig. 6), ménagée à
son centre. Ces ouvertures facilitent, ainsi qu'on l'a vu,
l'achèvement de la passe, par la libre sortie de l'eau, pendant la pose du revêtement. Cet avantage n'existe pas
dans les cuvelages en bois des districts de Mons et de
Valenciennes. Des ouvriers habiles peuvent monter deux
à trois yards de tubages par heure. Poser seulement, car
ensuite vient le picotage des divers joints et la fermeture des
trous demeurés libres au centre de chaque segment.

Lorsque tous les tronçons sont mis en place, que la tête
du cuvelage, parvenue à des stratifications imperméables,
dépasse le niveau des eaux, on termine ordinairement par
l'installation de deux ou trois cribs superposés et construits
comme les cribs inférieurs. Le picotage des joints (flange) se
fait de bas en haut, en s'occupant d'abord des joints horizontaux, puis des joints verticaux. Si les segments n'ont pas de
saillies, les planchettes sont maintenues en place par les
blocages interposés entre le revêtement et le rocher, mais
elles cèdent toujours un peu sous la pression du marteau;

(1) Ce travail est analogue à celui qui a été décrit à l'occasion
des cribs en bois (192).

aussi peut-on regarder comme un perfectionnement qui
n'est pas sans importance les saillies *o* (fig. 11) ménagées
sur les brides, dans le but de prévenir toute retraite des
planchettes. Le picotage des pièces étant achevé, on perfec-
tionne celui des cribs encore incomplet; enfin, on bouche
les ouvertures par lesquelles les eaux s'écoulent, en commençant par le bas et en employant des broches coniques picotées au moyen de deux coins placés en croix.
(Voir *c*, (fig. 6).

La pression resserre les cuvelages circulaires sans jamais
tendre à les soulever; en sorte qu'il n'est jamais nécessaire
d'arc-bouter leur partie supérieure ou de la charger d'une
maçonnerie, comme on doit le faire pour les revêtements
en bois. On attache, avec raison, une grande importance
à la qualité de la fonte des segments; ceux-ci, à leur
réception, sont soigneusement examinés quant à la forme
et à la nature du métal; on les vérifie avec des calibres
et on les attaque à la lime et au burin.

Les passes ne sont jamais mises en communication les
unes avec les autres, mais on ajuste quelquefois, à la partie
supérieure de chacune d'elles, un petit tuyau en fonte,
qui, placé dans un coin du puits, remonte jusqu'au jour;
on a ainsi autant de tuyaux que de passes, et l'on évite
les inconvénients résultant de la mise en communication.
Les ingénieurs du nord de l'Angleterre expliquent l'utilité
de ces conduits par la nécessité de dégager l'air, dans la
crainte que celui-ci, pressant sur un fluide incompressible,
ne détermine la rupture du cuvelage.

Le revêtement en fer de Hetton-Colliery est destiné à
retenir une venue d'eau de 77 hectolitres par minute, et
sa hauteur est de 145.60 mètres; on n'a jamais vu ses
joints laisser échapper une goutte d'eau; jamais ils ne
manquent et n'exigent aucun entretien. Il n'est arrivé

d'autre accident que la rupture de deux ou trois segments, et encore a-t-elle été attribuée à des défauts dans la fonte. Dans ces circonstances, il a suffi d'enlever les tampons qui bouchent les ouvertures centrales des segments de l'assise où se trouve la pièce brisée, de même que ceux des assises inférieures, afin de détendre ainsi le cuvelage et de remplacer le segment rompu par un autre, auquel on a donné, pour faciliter la pose, 12 à 13 millimètres de moins qu'à l'ancien. Mais ces cas sont extrêmement rares, et l'on était surpris que les bouchons n'eussent pas cédé avant le revêtement lui-même.

202. *Exemple d'un tubage en fonte, construit de 1829 à 1830, à la mine de Preston-Grange, près d'Edimbourg, par M. Mathias Dunn* (1).

On connaissait le terrain anciennement exploité ; on savait qu'il était composé en majeure partie de bancs de grès, coupés par de nombreuses et larges fissures (*troubles*), donnant un libre passage à l'eau, qu'on résolut de repousser chaque fois qu'elle se présenterait à l'aide de cuvelages partiels en fonte. Le puits, de 3.04 mètre de diamètre, est séparé par une cloison en deux compartiments inégaux ; le plus petit (1.37 mètre) est destiné à l'épuisement, et l'autre (1.67 mètre) sert à l'extraction. Pendant le creusement, une machine à vapeur d'une puissance de 70 chevaux faisait fonctionner des pompes de 0.30 à 0.33 mètre, et les déblais s'extrayaient au moyen d'une machine de la force de 20 chevaux.

(1) *Transactions of the natural history society of Northumberland. Durham and Newcastle.* Vol. II, page 226.

Le tableau suivant indique les dimensions des pièces,
leur poids, les volumes d'eau extraite, etc.

Numéros des passes.	Poids des segments.	Poids par mètre courant contenant 26 segments.	Hauteur des passes.	Épaisseur des segments.	Volume d'eau arrêtée par minute.	Distance des siéges à l'orifice du puits.
	k.	k.	ʳm.	m.	hectol.	m.
1	101.5	1331	14.64	0.0095	9	16.47
2	127.»	1664	11.90	0.0127	13.5	51.24
3	139.»	1850	7.32	0.0127	13.5	65.88
4	177.»	2220	8.23 { 0.016 / 0.019	15.75	80.52

Les siéges à picoter o' consistent en pièces de bois de
chêne (fig. 19) de 0.23 mètre d'épaisseur et de 0.205 de
hauteur. Les segments en fonte ont une longueur de 1.22
mètre, une hauteur de 0.62 mètre et des brides de 0.075
mètre de largeur.

La première passe a été construite pour refouler une
source qui se déclarait à 12.80 mètres de profondeur et
donnait 9 hectolitres d'eau par minute. Immédiatement
après cette construction, on vit les eaux, qui avaient abandonné les sources voisines, couler de nouveau à la surface
du sol. Cette partie du cuvelage fut surmontée d'une muraille de 2.45 mètres de hauteur.

A une profondeur de 40.26 mètres, une fente donna
accès à une nouvelle source et ce ne fut qu'à 51.24 mètres
que les mineurs purent trouver un banc assez solide pour
y établir un siége. Ils placèrent alors deux cadres picotés
l'un sur l'autre, montèrent les segments de cuvelage et
couronnèrent leur sommet de deux cribs rendus étanches

par un picotage exécuté conformément à celui des rouets inférieurs. Ils furent maintenus à leur place à l'aide d'arcs-boutants inclinés, interposés entre le rocher et la surface supérieure du dernier cadre.

La colonne des pompes, qui jusqu'alors avait été volante, c'est-à-dire suspendue par des cordes enroulées sur des mouffles, fut fixée à demeure à la profondeur de 56.73 mètres. La colonne supérieure fut transformée en pompes foulantes et l'inférieure en soulevantes ; la maîtresse tige à enfourchement t, t dut embrasser le corps de pompe du premier jeu, pour que les deux appareils fussent disposés dans le même axe vertical. Comme le tampon de la chapelle ne pouvait être manœuvré facilement, vu la trop grande proximité de la paroi du cuvelage, on adapta à ce dernier une pièce x d'une forme sémi-ovoïde en remplacement de quatre segments ; celle-ci détermina une ouverture de 2.44 mètres de longueur sur 1.24 de hauteur, destinée à recevoir l'ouvrier chargé des réparations à effectuer aux clapets des pompes, etc. La pression qui se manifesta sur les arêtes d'intersection de deux surfaces courbes fut considérable ; c'est-à-dire, de 6 kilog. par centimètre carré, ou 66 tonneaux métriques pour la partie ovoïde, pression concentrée entièrement sur l'arête de contact des deux surfaces. Aussi l'opération était à peine terminée que les eaux, agissant de tout leur poids, produisirent une déchirure de 0.30 mètre, à laquelle il fut porté remède en plaçant quatre renforts de fonte autour de l'orifice, qui, dès lors, résista à la pression.

La troisième passe, de 7.32 mètres de hauteur, a ses siéges situés à 65.80 mètres au-dessous du sol.

Ceux de la quatrième sont situés à 80.52 mètres. Les rebords des segments sont plus larges ; les segments eux-mêmes sont plus épais à la partie inférieure qu'au-dessus. M. Dunn a

calculé la pression que supporte cette dernière passe, en
admettant que toutes les eaux proviennent du jour, et l'a
trouvée, pour toute la surface extérieure, de 6,413 tonnes.
Le 1er. décembre 1831, après deux ans de travaux effectués sans relâche, on atteignit la première couche de
houille à 128 mètres de profondeur; le volume des eaux
à épuiser n'a jamais excédé 225 litres par minute.

203. *Dispositions accessoires et accidentelles relatives aux tubages* (1).

Les segments destinés à recevoir les principales pièces
de bois servant de support aux colonnes des pompes ont
une forme toute spéciale. Les figures 22 et 23 expriment
les dispositions adoptées pour un puits de la mine de Harton
et Whitburne (Sunderland). Les deux poutres *A B*, *C D*,
placées à une certaine distance l'une au-dessus de l'autre,
sont liées entre elles par des jambes de force *E, E*; dont
les extrémités s'encastrent dans des cavités *a*, *b*, *c*, *d*. Pour
faciliter leur introduction, on donne à *a* et à *c* une profondeur double de celle qu'on a ménagée en *b* et en *d*. Les
segments sont renforcés par des nervures plus solides que
celles des autres pièces du cuvelage, et sont supportés par
des cribs en nombre suffisant pour résister à la pression des
appareils. Les poutres sont, d'ailleurs, solidement calées
par des coins insérés entre elles et les parois des cavités.
Le même puits est divisé en deux compartiments par une
cloison composée de deux lignes de solives verticales, qui

(1) Les détails que contient ce paragraphe sont empruntés au
rapport adressé à la Société de Commerce de Bruxelles et à
M. E. Rainbeaux, par MM. Boty, Guibal et Glépin, sous le titre
de: *Voyage en Angleterre.*

règnent du haut en bas du tubage; dans chaque solive
se trouve une rainure servant à loger les extrémités de deux
séries de madriers séparés par un intervalle d'environ
25 millimètres; cet intervalle est destiné, d'après l'opinion des auteurs du rapport, à recevoir un filet d'eau continu propre à refroidir la cloison échauffée par un foyer
d'aérage. Enfin, les madriers sont assemblés à rainure et
languette, afin de rendre la paroi imperméable à l'air.

Le tubage de l'un des puits de la mine d'Epleton (fig. 20
et 21) s'était tellement détérioré dans le compartiment
de retour de l'air, par l'action corrosive des eaux favo-
risée par une haute température, qu'après 15 ans de
service on dut procéder à son renouvellement, ou plutôt
à la construction d'une nouvelle chemise en fer. Le diamètre de l'ancien revêtement étant de 4.26 mètres,
l'épaisseur du nouveau de 63 millimètres, il reste encore
un vide de 4.14 mètres, et le rétrécissement résultant de
l'opération ne peut, en aucune manière, entraver le service.

Pour exécuter ce travail, on disposa, un peu au-dessus
de la base de l'ancien tubage, deux cribs A, A', dont les
faces biaises forment talus; leur partie inférieure se raccorde à la maçonnerie M du prolongement du puits, et
leur partie supérieure aux cribs C, C du nouveau tubage,
avec lesquels ils se lient par deux assises de segments B.
Les cribs C, C ont 0.177 mètre de hauteur, 62 millimètres
d'épaisseur à leur base et 50 seulement à leur sommet;
ils laissent, par conséquent, entre eux et l'ancien revêtement, et sur les deux tiers de leur hauteur, un espace libre
destiné à recevoir le nouveau picotage. La base étant
ainsi disposée, on monte au-dessus les segments du cuvelage, divisés en deux catégories, quant à leur épaisseur, savoir : 31 millimètres pour ceux de la partie
inférieure, et, pour les autres, seulement 25 milli-

mètres.. Les saillies ménagées sur les brides deviennent inutiles, puisque l'ancien tubage retient les planchettes. Les solives horizontales de la cloison, qui divise le puits en deux compartiments, sont encastrées dans des segments auxquels on a dû donner une forme particulière, indiquée par la figure 21.

204. *Cuvelage des puits par le procédé de M. Kindt.*

Les puits forés de la manière indiquée ci-dessus (148 et 149) étant parvenus à la profondeur où doit s'asseoir la base du cuvelage, M. Kindt installe ce dernier au milieu des eaux et sans se préoccuper de leur épuisement. Cet ingénieur se sert indifféremment du bois ou du fer pour l'exécution de ces revêtements, qu'il fait descendre par des procédés spéciaux dérivant de la nature même du travail.

Lorsqu'il emploie la fonte (fig. 11, pl. XI), ce sont des cylindres *A B* de 0,05 mètre d'épaisseur, de 2 mètres de hauteur et d'un diamètre tel qu'il reste 0.20 à 0.25 mètre de vide entre leur courbure extérieure et les parois du rocher. Le cylindre inférieur *E F* est muni d'un rebord boulonné sur une couronne circulaire en chêne *G H*. On garnit son pourtour d'une enveloppe de béton hydraulique, maintenu en place par un fourreau en planches minces *m n*, et quelques morceaux de toile cloués sur les joints. Le second cylindre *C D*, d'une plus grande hauteur que les autres, s'évase à sa partie inférieure de manière à pouvoir envelopper le précédent *G H*; il porte un double plancher *g g*, *h h*, formé de poutres croisées; l'une de ces poutres est percée d'un trou *i* que recouvre une boîte cylindrique *K K*, attachée au moyen de quatre boulons. Celle-ci est représentée en coupe par la figure 14;

elle renferme un piston métallique aa lié à la tige b de l'appareil de sondage; elle est percée de deux ouvertures verticales que l'on peut fermer au moyen de deux clapets c, c correspondant à deux trous dd percés dans le couvercle.

Lorsque le puits est arrivé au-dessous du terrain aquifère de recouvrement, dans des stratifications solides et imperméables, on place la base cylindrique EF sur un échafaudage de madriers établi à l'orifice du puits; on l'enveloppe de béton; on amène le second cylindre CD au-dessus de la base en le suspendant à la corde du moteur, puis on réunit les deux objets au moyen de tringles ab, ab, dont les crochets s'engagent au-dessus et au-dessous des colliers. Des cercles concentriques servent à protéger les tringles contre tout dérangement occasionné par les chocs. Les deux cylindres, ainsi liés, sont soulevés au-dessus de l'orifice du puits, et descendus de quelques mètres dans l'excavation. Lorsque le collier supérieur se trouve au niveau de la margelle, on installe au-dessus un nouveau cylindre AB; celui-ci descend également et occupe la place du précédent; on en ajoute un troisième, et l'on continue de la sorte jusqu'à ce que la base soit en contact avec le terrain houiller. Mais on n'interrompt pas encore le mouvement de descente de la colonne; il faut auparavant que la partie évasée CD du deuxième cylindre se soit logée dans le béton, qui, rompant alors l'enveloppe de planches, s'applique contre les parois du rocher.

La descente du tubage s'effectue lentement, vu la résistance que lui opposent les eaux contenues dans le puits. Lorsque celles-ci, trop fortement comprimées, ne cèdent plus, le cuvelage reste suspendu; mais il suffit de relâcher la tige travaillante de quelques centimètres pour que le piston aa qu'elle porte à son extrémité descende et que les clapets cc se soulèvent; l'eau, passant alors au-dessus

du plancher, augmente le poids de l'attirail, jusqu'à ce que son volume suffise à vaincre la résistance et à déterminer la continuation du mouvement de descente.

Pour achever l'opération, on remplit de béton hydraulique l'espace annulaire compris entre la surface extérieure de la colonne et les parois de l'excavation. On emploie dans ce but des caisses (fig. 13) qui, en raison de leur forme cintrée, s'introduisent facilement dans les vides ménagés à la circonférence du cuvelage ; elles sont en tôle : leurs faces supérieures et inférieures sont ouvertes et munies de rebords ; celui de dessus o, o retient un plateau en fonte s ; à celui de dessous p, p est attaché un filet destiné à empêcher le béton de tomber dans l'excavation. La caisse étant parvenue au point où elle doit déposer son contenu, les ouvriers opèrent une forte pression sur la tige travaillante ; le plateau s, comprimant le béton, détermine la rupture du filet, et quelques coups imprimés de haut en bas suffisent au tassement de la matière.

Les tronçons de cuvelages en bois (fig. 12), qui s'installent de la même manière dans l'excavation, se composent de douves en chêne L, M, de 0.23 mètre d'épaisseur, reliées par des cercles s, s', de 0.10 mètre de largeur sur 0.01 mètre d'épaisseur, espacés de mètre en mètre ; les joints de réunion des tronçons sont rendus étanches par la superposition immédiate de leurs surfaces rigoureusement planes et par des anneaux en tôle o, p, de 0.30 mètre de hauteur. L'évasement de l'avant-dernier cylindre et la retraite où doivent se loger les planchers gg hh dérivent de la diminution de l'épaisseur des douves, réduite à 0.18 mètre. Le cylindre G H servant de base est, comme ci-dessus, en fonte de fer ; il est d'ailleurs semblablement disposé.

Le revêtement de Schœnecken (département de la Mo-

selle) a été exécuté en bois; il est composé de 44 tronçons d'une hauteur variant entre 2 et 3 mètres. Son diamètre intérieur est de 3.50 mètres.

Ce mode de cuvelage exige des parois régulières et dépourvues de parties saillantes, ce qu'on ne peut obtenir que par le forage des puits. Il offre cette singularité fort avantageuse que la pose du revêtement, l'isolement des eaux à l'aide du béton hydraulique et la solidification de ce dernier précèdent l'épuisement qui, dès lors, n'a plus pour objet que les eaux contenues dans l'excavation. Les avantages résultant de ce procédé sont incontestables. Les ouvriers sont soustraits à un travail souvent dangereux, exécuté dans une atmosphère presque toujours viciée et difficilement renouvelée. Comme il devient inutile d'épuiser les eaux, si ce n'est après la construction du revêtement, et lorsqu'elles ne se renouvellent plus, ce mode donne la possibilité de s'enfoncer à de grandes profondeurs à travers des terrains dont la qualité, plus ou moins aquifère, est désormais indifférente. Enfin, substituant aux effets de la poudre la force des chevaux ou celle de la vapeur, on diminue le personnel et l'exécution est plus rapide, puisque le fonçage et le cuvelage n'exigent pas la moitié du temps employé lors de l'application des moyens ordinaires. On peut réaliser pour ces motifs des économies très-notables.

SECTION Xᵉ.

PASSAGE DES SABLES MOUVANTS ET AQUIFÈRES.

205. *Des terrains mouvants et aquifères.*

Les stratifications de recouvrement du terrain houiller composées de sables fins ou à gros grains, de certains bancs d'argile arénacée ou de graviers aquifères, réunissent toutes les difficultés inhérentes aux autres formations, puisqu'il faut se garantir simultanément des éboulements et des inondations. Leur passage, par puits ou galeries, exige l'emploi de moyens fort délicats ; la gravité et le nombre des obstacles s'accroissent en raison de l'abondance des eaux et des profondeurs auxquelles on rencontre de semblables terrains ; quelquefois ils sont tels qu'aucune ressource de l'art du mineur ne parvient à en triompher. C'est ce que l'on a vu lors du fonçage de l'un des puits de la mine de Peronnes (district du Centre du Hainaut), qui, parvenu à une certaine profondeur, à travers des terrains solides, rencontra une couche de sable aquifère de la consistance d'une bouillie liquide ; l'irruption fut instantanée, et le niveau s'éleva si promptement dans l'excavation, que les ouvriers mineurs eurent à peine le temps de se retirer. Cette circonstance détermina l'abandon des travaux, qui furent portés sur un autre point de la concession.

206. *Exécution des galeries par tranchées.*

Les premiers mètres de percement à travers les sables
mouvants d'une galerie débouchant au jour, sur le flanc
d'une colline, ne présentent aucune difficulté, parce qu'on
la commence à ciel ouvert. Pour cela, on ouvre une
tranchée dans laquelle on construit les pieds-droits et la
voûte du revêtement, puis on rejette au-dessus des maçonneries les déblais que fournit le creusement ultérieur ;
l'excavation se poursuit ainsi quelquefois à de grandes
distances, tant que les bancs de sable n'atteignent pas une
hauteur trop considérable au-dessus du sol de la galerie.
Dans le but d'éviter le maniement d'un grand volume de
remblais, résultat nécessaire d'une coupure exécutée à
terres coulantes, on dispose à pic les parois de la tranchée
et on les soutient au moyen d'un boisage composé de
couchis, planches horizontales disposées contre le terrain ;
de *couches*, autres planches verticales appliquées sur
les premières et dont on maintient l'écartement à
l'aide d'*étrésillons* horizontaux, introduits avec frottement.
   Si le terrain n'exerce pas une grande pression, le
revêtement définitif consiste en un simple muraillement
en pierres sèches, dont les joints sont garnis de mousse
et auquel on donne une épaisseur de 0.50 à 0.70 mètre ;
les eaux traversent ces murs sans les dégrader. Si, très-
aquifère, il pousse fortement, la maçonnerie se construit
en mortier hydraulique, et, afin que les eaux supérieures ne viennent pas ajouter leur pression à celle des
sables, on donne issue à leur écoulement naturel en perçant, à la base du muraillement, des trous à travers lesquels elles s'échappent.

Lorsque le mineur, s'enfonçant dans la colline, a sur sa tête une épaisseur trop grande de sables pour continuer à en faire le déblai, ou lorsque la galerie a son origine au fond d'un puits, alors surgissent des difficultés de toute espèce, que le mineur s'efforce de vaincre par l'emploi de divers moyens.

207. *Percement des galeries par palplanches.*

Le procédé usité en Allemagne, principalement dans les mines de calamine de Tarnowitz, en Silésie, peut être désigné sous le nom de méthode *par palplanches (getriebe* ou *abtreib arbeit); il a le mérite de pouvoir s'appliquer aux puits et aux galeries, quelle que soit leur longueur, et d'être sanctionné par l'expérience d'un grand nombre d'années (1).

La figure 24 est une coupe transversale d'une galerie en creusement; les figures 25 et 26, des coupes longitudinales, et la figure 27, le plan horizontal de la même galerie.

Dans cette méthode, qui consiste à faire précéder le déblai par des planches ou madriers enfoncés dans le sable mouvant, on emploie :

1°. Des cadres complets (*Thürstocke*), composés d'une semelle (*Grundsohle*), de deux montants ou poteaux (*Stempeln*), et d'un chapeau (*Kappe*). On les distingue en cadres principaux *g,g* (*Austecke Thürstocke*), servant à diriger les palplanches pendant leur enfoncement, et,

(1) *Bergmaennisches Taschenbuch.* 1847, page 43. *Archiv Von* KARSTEN ; *Die Arbeiten in schwimmenden gebierge von Herrn* THÜRNAGEL ZU TARNOWITZ , tomes II, IV, V et IX.

en cadres intermédiaires *ff* (*Mittelholz*), introduits dans
le but de prévenir le fléchissement de ces mêmes palplanches. Les semelles sont formées de bois ronds, dont
on prévient l'enfoncement en plaçant au-dessous un plancher
jointif : les terrains moins difficiles permettent l'emploi de
demi-cylindres provenant de pièces de bois d'un diamètre de
0.35 à 0.40 mètre, dont la partie sciée repose sur le sol
et oppose une large surface à la mobilité du terrain. Les montants sont des bois ronds de 0.20 à 0.25 mètre de diamètre,
et quelquefois, dans les terrains difficiles, de 0.40 à 0.45.
Pour que leurs extrémités portent sur une surface plane et
qu'ils rencontrent un arrêt qui les empêche d'être repoussés
dans le vide de la galerie, la semelle et le chapeau sont
entaillés à une profondeur de 30 à 35 millimètres. Le
chapeau, du côté du terrain, ne doit pas faire saillie sur
le montant, mais former avec lui une ligne droite ; sans
cela les planches ne pourraient être mises en place.

2°. Des coins ou cales *i* (*Keile*) et des bois de serrage *o*, *o*
(*Pfaendungen*). Les premiers ne méritent aucune description ; les seconds sont, suivant l'importance du travail, des
bois ronds, refendus ou des planches d'une petite largeur.

3°. Des bois de garnissage ou palplanches *h*, *h*, *h*
(*Pfaehle*), madriers de pin dont la longueur, en raison
inverse de la poussée du terrain, est comprise entre
1.20 et 1.50 mètre ; leur largeur est de 0.50 mètre, sur
une épaisseur de 0.03 à 0.04 mètre. Dans les stratifications dont la pression est considérable, on emploie des
madriers de 5 et même de 7 centimètres. L'une des extrémités des palplanches est coupée en sifflet, et présente
un tranchant qui en facilite l'introduction dans les sables.
Les palplanches des angles de la galerie sont en forme de
trapèze, la partie tranchante ayant une largeur double
de l'extrémité opposée, afin qu'elles se maintiennent en

contact sur toute leur longueur, malgré la forme pyramidale que leur ensemble doit affecter lorsqu'elles sont en
place. Les terrains très-difficiles exigent que les tranches
en soient rabotées, ce qui leur permet de se joindre
entre elles aussi exactement que possible.

208. *Exécution du travail dans les sables d'une difficulté moyenne.*

L'opération est arrivée au point indiqué par les figures
24, 25 et 27 (1). Le dernier cadre principal A B vient
d'être mis en place; les extrémités des palplanches reposent
sur le chapeau ou s'appuient contre les piliers. Le front
de taille de la galerie est revêtu d'un *masque* ou *bouclier*
composé de planches horizontales *k, k*, maintenues en
contact avec le terrain à l'aide d'arcs-boutants *l, l* (*spreize*),
interposés entre les montants et les extrémités des planches.
En arrière du cadre *A B*, se trouve le cadre intermédiaire *C D*, destiné à supporter les palplanches sur la
moitié de leur longueur et à prévenir leur flexion. Enfin
l'ouvrier vient d'insérer les bois de serrage *o*, sur le
pourtour extérieur du cadre directeur *A B*, et il a placé les
coins (2) destinés à maintenir la divergence des palplanches
de la dernière reprise et à produire un espace vide pour le
passage de celles qu'il va enfoncer. La grandeur de cet
espace varie d'après la longueur de la reprise, déterminée
elle-même par celle des palplanches; il est large, si la

(1) Ces figures, se rapportant à des terrains de la nature la plus
mouvante, contiennent quelques dispositions qui appartiennent au
travail décrit dans le paragraphe suivant. Le lecteur devra en faire
abstraction pour le moment.

(2) Le graveur, par inadvertance, a tracé les coins dans une
position inverse de celle qu'ils doivent occuper; le lecteur est prié
de les retourner mentalement.

reprise doit être courte; étroit, si elle doit être longue;
car les palplanches d'une série, quelle que soit d'ailleurs
leur longueur, devant, pour former une pyramide tronquée, s'écarter des parois d'une quantité constante, seront
enfoncées d'autant plus obliquement qu'elles seront plus
courtes, et réclameront par conséquent un espace d'autant
plus large entre le cadre et les bois de serrage.

Les ouvriers commencent par engager les palplanches
des angles m, m' (fig. 26) en dirigeant en avant leur
partie la plus large et appuyant l'une contre l'autre les
deux tranches biaises; ils les enfoncent simultanément à
coups de marteau donnés alternativement sur les deux
pièces, en cherchant à maintenir fermé l'angle qu'elles
forment entre elles. Si elles se disjoignent, ils les forcent
à se réunir au moyen de quelques coups de marteau
appliqués de côté, ou en se servant d'une pince (fig. 32),
qui prend son point d'appui sur un crampon fixé au
chapeau ou à l'un des montants, suivant la circonstance.
Après les palplanches des angles, ils font pénétrer à la
profondeur voulue, c'est-à-dire de 0.40 à 0.60 mètre,
celle du faîte, puis celles des côtés, ainsi que l'indique
la figure 26, représentant le travail en voie d'exécution.
Dès qu'un certain nombre d'entre elles ont été engagées
de chaque côté de la galerie, les mineurs poussent en
avant le front de cette dernière, en commençant par la
planche du masque la plus rapprochée du faîte; ils en
écartent alternativement les deux extrémités et enlèvent
par derrière autant de sable que possible, sans cependant
permettre à l'excavation de se prolonger au-delà de l'extrémité des palplanches récemment enfoncées. Si l'alluvion
arénacée est fort aquifère, le sable se dégage de lui-même,
mais il ne faut le souffrir que jusqu'à un certain point;
car une fois en train de s'écouler, il est bien difficile

d'y mettre obstacle et de refermer le trou. Un semblable
accident pourrait provoquer l'encombrement de la galerie,
et créer, derrière le revêtement, des vides qui en compro-
mettraient la stabilité. Aussi, dès que l'excavation paraît
suffisante à l'ouvrier, il arrête l'écoulement avec des bouchons de paille; pousse la planche contre le front de la
galerie, en la soulevant un peu vers le faîte, afin qu'elle
joigne les palplanches de cette partie; et l'empêche de
revenir en arrière en plaçant un arc-boutant *n*, serré à
coups de masse entre le masque et les montants du cadre.
Alors il se trouve entre la première et la seconde planche
un espace libre, à travers lequel le terrain aquifère peut
s'échapper; il s'oppose encore à sa sortie avec de la paille
ou de petites palplanches, et réussit toujours s'il opère
avec adresse et promptitude. Il continue la même manœuvre
jusqu'à ce qu'il arrive au sol de la galerie; il enfonce
de nouveau les palplanches, puis repousse le masque, et
continue ainsi en acquérant peu à peu l'espace nécessaire
pour placer un cadre intermédiaire, si toutefois la poussée
du terrain l'exige. Le nombre de ces derniers à placer dans
une reprise dépend d'ailleurs de l'intensité de la pression.
Lorsqu'on juge que les palplanches ne doivent plus avancer,
on place un cadre principal avec les bois de serrage; puis
les coins déterminent des vides, dans lesquels on insère,
comme ci-devant, un nouveau cours de palplanches.
Enfin, dans le but de prévenir la rupture des chapeaux,
lorsque les galeries sont larges, et, dans tous les cas, pour
consolider l'ensemble et lier les cadres entre eux, on place
dans les quatre angles des boisages, des longrines p, p,
p', p', maintenues dans un état de tension suffisant par des
étais verticaux q, q introduits à frottement très-rude; on y
ajoute des étais horizontaux si la pression l'exige. Ces
dernières dispositions sont de rigueur dans le cas où

la galerie ne devra pas être ultérieurement revêtue d'un muraillement.

209. Opérations effectuées dans les terrains plus difficiles.

A Tarnowitz, en Silésie, il n'est aucun sable, quelle que soit sa mobilité, qui soit considéré comme présentant des obstacles insurmontables au creusement des galeries, si l'on ajoute aux moyens ci-dessus décrits quelques précautions indispensables pour assurer le succès de l'opération. Voici en peu de mots en quoi consistent ces dernières.

Comme la pression supportée par le revêtement s'accroît avec la nature aquifère des stratifications, on a le soin d'augmenter dans le même rapport le diamètre des montants, celui des chapeaux et l'épaisseur des palplanches, pour lesquelles on emploie de forts madriers. On doit redoubler d'attention et de soins pour empêcher les vides de se former derrière le revêtement; par conséquent, modérer la vitesse de sortie des sables et s'opposer en temps utile à leur évacuation trop abondante. C'est pourquoi chaque planche du masque qui, dans les terrains moins difficiles, peut s'étendre sans inconvénient sur toute la largeur de la galerie, est remplacée par deux planches plus courtes, dont les extrémités se recouvrent de 0.06 à 0.08 mètre vers le milieu de l'excavation; celle-ci, découverte seulement sur la moitié de sa largeur, n'offre plus à l'écoulement du terrain mis à nu qu'une surface fort restreinte. Ces planches sont d'ailleurs maintenues à leur surface de jonction par des étrésillons t, t, dont les extrémités postérieures portent sur un poteau r (*Bremsstempel*), arcbouté lui-même par des moises s, s. Si la pression atteint le maximum d'intensité, on interpose entre les étrésillons et les planches du bouclier des couches verticales u, qui dispersent la force de résistance sur toute la hauteur. Dans ce cas

exceptionnel, les deux ouvriers excaveurs coupent au ciseau, dans la partie supérieure de la planche la plus rapprochée du faîte et à l'un des angles de la galerie, un rectangle suffisant pour engager la première palplanche ; ils agissent de même à l'autre angle et se rapprochent peu à peu du milieu de la galerie, en coupant toujours le masque et en enfonçant les palplanches. Ayant ainsi placé les nouveaux bois de garnissage du plafond, ils portent en avant la planche supérieure du bouclier, la soulèvent avec des pinces pour l'appliquer contre le faîte, et déterminent ainsi à sa partie inférieure une ouverture longue et étroite, par laquelle s'écoulent les sables, dont on provoque du reste la sortie à l'aide de spatules en bois et de pointes en fer, mais dont, en cas de besoin, on modère l'affluence par l'emploi de bouchons de paille ou de foin, de picots et de planchettes. Pour livrer passage aux palplanches latérales, on écarte successivement de la paroi chaque planche du masque en la faisant glisser dans le sens de sa longueur et en la repoussant, à l'aide de la pince, vers son extrémité en recouvrement. Lorsqu'une palplanche a été engagée sur un côté de la galerie, on fait avancer la demi planche correspondante ; on la maintient provisoirement en place, en serrant un fort coin entre elle et la couche verticale. On enfonce une autre palplanche sur le côté opposé de la galerie ; on fait avancer l'autre demi planche, et ainsi de suite jusqu'à ce que le bouclier ait été porté en avant, à une distance de 10 à 12 centimètres au maximum. Il est bien entendu que toutes les fuites sont interceptées avec des bouchons de paille, et que souvent on est obligé de sacrifier des planches ou des couches en les hachant partiellement, vu l'impossibilité où l'on se trouve de les enlever dans leur intégrité.

Si le sol de la galerie est fort mauvais, et que, malgré la large surface des semelles, on ait à craindre l'enfon-

cement du boisage, on forme au-dessous de ces dernières
un plancher de madriers w de 0.05 à 0.10 mètre d'épaisseur. On peut aussi, pour faciliter le creusement, établir
au-dessus de la semelle du dernier cadre une traverse
horizontale destinée à guider les palplanches x; on fait
pénétrer celles-ci en leur donnant une direction inclinée,
au-dessous de l'espace que viendra occuper le cadre suivant. Lorsque la pression fait fléchir les palplanches du
faîte, et qu'il n'est plus possible de placer un cadre
intermédiaire, on établit au-dessous des étais verticaux qui
préviennent un affaissement plus complet, immanquable-
ment suivi d'une rupture. On leur prépare une assiette
solide sur le sol, en couchant sur les semelles des solives
horizontales, destinées à leur servir de point d'appui.

Le passage des sables très-mouvants est compté au
nombre des opérations les plus délicates et les plus difficiles
qui puissent se présenter dans les travaux des mines.

Les outils spécialement destinés aux travaux de cette
espèce sont les suivants :

Le *marteau* (*Treibefaeustel*, fig. 30), dont les longues
faces sont rectangulaires et planes, pour servir à l'enfoncement des palplanches. Les arêtes du fer sont abattues,
l'outil, dans l'ajustement des cadres, ne devant mordre
que faiblement dans le bois. Les petits marteaux pèsent
7 kilogrammes et les grands de 9 à 10 kilogrammes.

Les *rables* ou *rasettes* (*Krazen*), employés à recueillir
le sable répandu sur les bois et sur le sol, se composent
d'une feuille de tôle découpée conformément à la figure 31
et liée à un manche. Les angles saillants permettent de
fouiller dans les plus petites cavités.

Les *pointes* (*Spiess*, fig. 32) sont formées d'une lame
de fer et d'un manche. On s'en sert pour introduire de
la paille dans les joints du revêtement, et, en guise de
pince, pour serrer les palplanches.

210. *Muraillement des galeries revêtues de palplanches.*

Le creusement de la galerie étant achevé, si l'on se décide à la revêtir d'une maçonnerie, on choisit, pour commencer cette opération, un point rapproché du front d'entaillement où le boisage ait peu souffert de la poussée du terrain. Le muraillement marche en arrière vers l'orifice de la galerie, direction fort importante, en ce que la bâtisse, se portant d'abord sous l'extrémité antérieure des palplanches, décharge successivement chacun des chapeaux et facilite leur enlèvement.

Dans les terrains fort aquifères, on préserve des eaux la partie de la maçonnerie en construction au moyen de deux digues en terre glaise, écartées l'une de l'autre de 8 à 10 mètres ; celle d'amont est un peu plus haute que celle d'aval, située du côté de l'orifice. Un canal formé de trois planches conduit au-delà de l'espace réservé les eaux venant du fond de l'excavation ; en sorte qu'il suffit, pour assécher le chantier, d'épuiser les infiltrations provenant des parois comprises entre les deux bâtardeaux. Ceux-ci, d'ailleurs, changent de place à mesure que la maçonnerie avance.

Les ouvriers, après avoir lié les cadres en engageant entre eux des étrésillons à une hauteur de 0.50 à 0.60 mètre au-dessus du sol, arrachent la semelle de l'un d'eux, la remplacent par un radier, dont ils prolongent la construction jusqu'à la rencontre des montants ; ils hachent ceux-ci à leur base et achèvent la voûte renversée par une assise horizontale destinée à recevoir les pieds-droits. Ces derniers, dont l'épaisseur est de 0.50 à 0.55 mètre, remplacent, à leur tour, le reste des montants, qui sont coupés et enlevés

par parties à mesure que les murs verticaux s'élèvent ; il en est de même pour tout ce qu'il est possible d'arracher des palplanches sans produire d'éboulements. Enfin, les maçons, pour bâtir la voûte du faîte, agissent conformément aux principes exposés précédemment, en ayant soin de ne pas laisser de vides derrière le muraillement.

Celui-ci, construit sur une longueur dépendant de l'espace compris entre deux cadres consécutifs, est suivi d'une seconde et d'une troisième reprises, et ainsi de suite en marchant vers l'orifice de la galerie. Chaque reprise est munie de harpes ou briques d'attente destinées à la relier avec la suivante. Lorsque tout l'espace compris entre les deux digues est revêtu, on porte ces obstacles plus loin, et on répète la même opération. On doit observer que la voûte renversée s'exécute en pierres plates soigneusement choisies, mais placées sans interposition de mortier, dans la crainte que les eaux, jaillissant du fond, n'enlèvent ce dernier en détrempant la maçonnerie. La flèche est de 18 à 20 centimètres, en sorte que le diamètre du radier est un peu moins grand que la distance comprise entre les deux pieds-droits ; ceux-ci acquièrent ainsi une assiette plus solide, et il en résulte, en outre, une retraite sur laquelle s'établit le plancher de roulage.

211. *Palplanches en fer* (1).

Ce procédé, mis à exécution par M. Schmidt, bergmeister à Rüdersdorf, aux mines d'alun de Freienwald, n'exige pour tout appareil que trois cadres en fer et quarante palplanches de même matière, pour soutenir le terrain excavé

---

(1) *Archiv von* KARSTEN, 2e. partie, tome IX.

en avant de la maçonnerie, qui s'exécute au fur et à mesure de l'avancement de la galerie.

Les cadres (fig. 28 et 29, pl. XIV) ont 2.14 mètres de hauteur sur 2.72 mètres de largeur ; chacun d'eux se compose de trois pièces principales : la semelle *a* (1), barre de fer méplate de 0.08 mètre de largeur et 0.015 mètre d'épaisseur, dont les deux extrémités sont munies d'une mortaise, et les deux arcs latéraux *b,b*, de 0.09 mètre de largeur et 0.026 mètre d'épaisseur, renforcés à l'extérieur par une nervure *cc* ; les extrémités supérieures sont jointes à recouvrement au sommet de l'axe, et sont liées par deux boulons *d*, tandis qu'à leur partie inférieure elles forment des tenons *e,e* qui s'engagent dans les mortaises de la base. A une hauteur d'environ 0.60 mètre au-dessus de la semelle, les montants sont percés d'un trou dans lequel passe une tige en fer *f*, destinée à relier les trois cadres. Pour que les semelles ne s'enfoncent pas dans le terrain, on place au-dessous de chacune d'elles une bille, ou support en bois, *g,g,g*, qui, divisée en deux pièces, se démonte facilement. Les cadres se placent à une distance de 0.52 mètre l'un de l'autre ; ils sont garnis, sur leur pourtour extérieur, de palplanches *h,h* en fer forgé. Comme leur longueur est de 2.20 mètres, l'appareil soutient le terrain pendant un avancement d'environ 2 mètres. Les palplanches ont un décimètre de largeur ; celles du faîte sont plus épaisses que celles des côtés ; les premières ont 0.015 mètre et les secondes seulement la moitié de cette épaisseur. Elles sont tranchantes à leur extrémité antérieure, où l'on a pratiqué deux trous de 25 millimètres de diamètre, tandis que leur queue en porte sept percés à 0.08 mètre de distance les uns des autres.

(1) Le graveur a oublié de tracer cette semelle dans l'une des deux figures ; le lecteur est prié de vouloir bien suppléer à cette omission.

Le masque est formé de planches en fer battu i ; un poteau vertical k, fixé en arrière du front d'attaque, sert d'appui aux étrésillons inclinés m qui maintiennent ces planches en contact avec le terrain. Enfin, le revêtement en maçonnerie A, A' s'exécute au fur et à mesure du creusement de la galerie ; il est formé d'une voûte et de pieds-droits d'une brique, ou de 0.26 mètre d'épaisseur.

La figure représente le travail en pleine exécution. Dans cet état de choses, les parois de l'excavation sont soutenues par les palplanches en fer jointives, placées sur le contour extérieur des cadres et dont la queue est maintenue par l'extrémité antérieure de la maçonnerie. Pour avancer le travail, les deux ouvriers excaveurs introduisent successivement un levier dans les divers trous de la palplanche appliquée au sommet des arcs, la poussent en avant, en la faisant glisser contre les sables, et passent aux suivantes en descendant vers le sol de la galerie. Ils enlèvent ensuite la planchette du bouclier la plus rapprochée du faîte, excavent sur une profondeur de 0.25 mètre à 0.30 mètre, portent la planchette en avant, la maintiennent par des étrésillons ; puis, opérant de même sur la suivante, ils continuent ainsi jusqu'à la partie inférieure du masque. Lorsqu'après un certain nombre de reprises, il se trouve entre ce dernier et le cadre le plus rapproché une distance de 0.52 mètre, l'ouvrier démonte le premier arc, le porte en avant contre le front de la galerie, réunit de nouveau les trois pièces par des tiges horizontales, et construit en arrière un arceau de briques qu'il a le soin de lier avec la maçonnerie déjà existante. Tout le travail s'exécute à l'aide de quatre cadres en fer, dont un de rechange, et quarante-cinq palplanches. L'appareil complet pèse 1115 kil.

Ce mode est plus avantageux que le précédent, en ce qu'on est dispensé d'exécuter un boisage fort coûteux et de

donner à l'excavation des dimensions plus grandes que cela
n'est rigoureusement nécessaire. Toutefois, on doit observer
que le sol des galeries de la mine de Freienwald, composé
de sable non entièrement submergé, est assez résistant, et
que la pression du terrain n'est pas très-forte.

212. *Emploi des picots dans les galeries en terrains mouvants.*

La partie méridionale du bassin houiller du Centre
(Hainaut) est recouverte, ainsi qu'on l'a vu (35), d'une
formation crétacée, au-dessous de laquelle on rencontre des
bancs arénacés puissants et aquifères. Lorsque les galeries de démergement, désignées dans ces districts sous le
nom de *conduits*, viennent à rencontrer ces stratifications,
leur passage ne s'effectue qu'avec les plus extrèmes difficultés, et leur faible inclinaison force le mineur à s'y maintenir
pendant des longueurs considérables. La mine de la Louvière, dont la galerie s'est longtemps avancée à travers
les sables mouvants, offre un exemple remarquable de
ces opérations difficiles et délicates. Cette excavation, percée
à l'aide de palplanches, n'était parvenue en 1843, c'est-
à-dire après un siècle de travail, qu'à 1150 mètres environ
de son orifice, quoique les premiers bancs, appartenant au terrain crétacé, n'eussent pas présenté d'obstacles
comparables à ceux qui, ultérieurement, entravèrent la
marche du mineur. On creusa dans les sables jusqu'en 1844 ;
mais ceux-ci devinrent tellement fluides, qu'on jugea
impossible de continuer les travaux avec les moyens
employés jusqu'alors.

Après d'innombrables tentatives infructueuses, on se rap-
pela que, lors du percement souterrain du canal de

Bruxelles à Charleroi, on avait employé des picots pour traverser quelques stratifications mouvantes. Cette ingénieuse idée fut immédiatement appliquée et suivie d'un plein succès, car elle permit de prolonger les deux branches de la galerie d'écoulement, l'une de 550 mètres, l'autre, de 210, en un espace de temps d'environ trente mois.

Voici le procédé tel qu'il fut mis à exécution :

Le faîte et les parois de l'excavation (fig. 2, 3, 4 et 5, pl. XV) sont garantis contre les éboulements par un revêtement en palplanches g,g,g,g, disposé comme ci-dessus (208); mais on substitue au masque, si difficile et si dangereux à faire avancer, une armure h,h composée de picots horizontaux enfoncés dans le front de la galerie; le sol est aussi pavé de pièces semblables, disposées verticalement.

Supposant l'opération parvenue au point indiqué dans la figure 2, le creusement d'une reprise s'effectue comme suit. Après avoir chassé les palplanches en avant et les avoir enfoncées à une certaine profondeur, les ouvriers, armés de masses, font avancer la ligne de picots en contact avec le faîte de 0.08 à 0.10 mètre; ils attaquent successivement les autres rangées (le front d'entaillement en cours d'exécution formant une espèce de gradin, fig. 5), et continuent cette opération jusqu'à ce qu'ils atteignent celle qui est immédiatement en contact avec le sol. A mesure que ce dernier se découvre, ils y introduisent des picots verticaux i,i (fig. 4 et 5), dans le but d'empêcher le sable de jaillir sous les pieds du mineur; alors, reprenant de nouveau et du haut en bas l'enfoncement du bouclier, ils continuent cette manœuvre jusqu'à ce que le sol, pour ainsi dire pavé de picots, soit suffisamment dégagé pour pouvoir y placer une semelle de hêtre k,k de 0.15 à 0.20 mètre d'épaisseur; puis ils dressent au-dessus deux

montants *m*, *m* de 0.12 à 0.15 mètre de diamètre, qu'ils couronnent par un chapeau.

Lorsque, à l'aide de ce blindage provisoire, on s'est avancé de 5 à 6 mètres dans la masse des sables, on y substitue un boisage plus solide, composé de cadres jointifs dont les semelles *k*, *k* forment partie intégrante et qui remplit les fonctions d'un cuvelage horizontal. Chaque cadre a dans œuvre 1.25 de hauteur et 1 mètre de largeur; il est formé de madriers en bois de hêtre de 0.25 à 0.30 mètre de largeur et de 0.12 d'épaisseur, disposés de champ ou de plat, suivant l'intensité de la poussée du terrain. Les montants *k'*, *k'* portent à leurs extrémités des feuillures *n*, *n* (fig. 3) dans lesquelles s'engagent les extrémités des chapeaux et des semelles; ces feuillures offrent ainsi des épaulements qui empêchent les pièces d'être repoussées dans le vide de la galerie. Enfin, on ajoute à la solidité du revêtement par l'application dans les angles de longuerines *v*, *v* à section triangulaire, formant gousset.

La figure 2 est une coupe longitudinale passant par l'axe de la galerie; elle indique le moment où l'on va placer un nouveau cours de palplanches. La figure 5 représente la période pendant laquelle les picots de la face sont enfoncés dans les sables. Il en est de même de la figure 4, où l'on voit le sol pavé de picots à mesure que le terrain est mis à nu. Enfin, la figure 3 est une coupe transversale, offrant un cadre du second blindage et la tête des picots qui revêtent le front d'entaillement.

Les picots employés à la Louvière (fig. 3, B) ont une forme conique; leur surface est unie, lisse et régulière, afin de favoriser leur pénétration dans les sables. Ils proviennent de bouts de perches et de baliveaux en hêtre ou en chêne, coupés autant que possible dans les parties exemptes de nœuds. La longueur de ceux que l'on destine

à former le masque varie, suivant la fluidité du terrain,
de 0.50 à 0.60 mètre. Plus courts, leur résistance aux
coups de marteau est moindre, il est vrai; mais on est
astreint à les remplacer fréquemment; le bouclier perd de
sa solidité, et ils sont repoussés dans le vide de l'excavation, d'où résultent la destruction du revêtement et l'obstruction de la galerie. Plus longs, le développement de leur
surface frottante engendre des résistances défavorables à
l'enfoncement; ils réclament une dépense de force plus
considérable, et, comme le nombre des coups de masse
appliqués sur leur tête augmente, celle-ci s'épate, et l'on
doit les chasser dans le sable ou les retirer, pour en retrancher la partie défectueuse, opération qui engendre des accidents, des pertes de temps et une grande consommation
de bois. En outre, les sables fluides étant doués d'un
mouvement de haut en bas qui sollicite les picots à
descendre du faîte au sol de la galerie, c'est presque toujours dans le premier de ces deux points que le terrain
se découvre et qu'on est appelé à en chasser de nouveaux.
S'ils sont trop longs, ils offrent trop de prise à l'action qui les entraîne dans son mouvement de haut en
bas, et il est impossible que, pendant leur voyage,
ils puissent conserver leur position horizontale. Comme,
au contraire, ils s'inclinent presque toujours ou se disposent
verticalement la pointe en bas, ce changement de direction entraîne de graves inconvénients; car, arrivés au sol de
la galerie, comme il est rare qu'on puisse les en retirer,
on les enfonce dans le sable, où ils apportent toujours de
grands obstacles à l'introduction des picots du pavage.
Ceux qui ont perdu leur horizontalité laissent entre eux
des espaces vides assez considérables à travers lesquels les
sables s'écoulent et se répandent dans l'excavation. Enfin,
ne pouvant être suffisamment serrés les uns contre les

autres, la solidité et l'imperméabilité du masque se trouvent
très-compromises.

Quant aux picots implantés dans le sol, comme ils ne
doivent recevoir qu'un nombre très-limité de coups
de marteau pour leur enfoncement et que leur tête n'est
plus exposée à se briser, une longueur de 0.15 à
0.25 mètre suffit dans la plupart des cas. On emploie
pour cet usage ceux du masque qui sont devenus
trop courts.

Ceux que l'on enfonce dans les terrains moyennement
fluides ont un diamètre de 0.08 à 0.15 mètre à leur tête;
mais les intervalles que des picots de cette épaisseur laissent
entre eux livrant passage aux sables très-mouvants, il importe, dans ce cas, de réduire leur diamètre et de ne plus
leur donner que 0.06 à 0.10 mètre; ils peuvent ainsi
être serrés avec plus d'énergie et, par conséquent, offrir
une plus grande résistance à la pression du terrain.

Il est facile de comprendre que les picots du bouclier se
perpétuent tant qu'ils conservent une longueur suffisante,
ou qu'ils ne se noient pas dans les sables en s'écartant de
la direction voulue; mais ceux du pavement sont perdus,
de même que ceux des parois latérales, enfoncés quelquefois dans les passages très-difficiles en remplacement
de quelques palplanches. L'enfoncement de ces pièces du
revêtement n'a pas lieu à coups de masse appliqués immédiatement sur leur tête, mais par l'interposition d'un
cylindre en bois muni d'une frette ajustée vers la face où
doit frapper le marteau. L'emploi de ce petit outil tend
à ménager les picots et à prolonger leur durée.

L'imperméabilité du bouclier étant une condition essentielle de réussite, on a le soin de boucher les intervalles
compris entre les picots avec du foin fortement tassé et
de petites broches; on peut aussi envelopper leur extrémité

d'un bouchon de foin, qui, comprimé par l'enfoncement des picots, ferme les intervalles. Lorsque les palplanches, s'écartant les unes des autres, laissent une partie du terrain à nu, on se hâte d'y introduire des picots de petite longueur, afin de s'opposer à la sortie des sables.

La substitution d'une maçonnerie définitive au blindage provisoire n'a lieu que plus tard, lorsqu'après le fonçage de puits débouchant au jour, il est permis de faire parvenir les matériaux sans de trop grandes difficultés aux points où le travail doit s'effectuer. Cette maçonnerie, qui a une épaisseur d'une demi-brique, se compose de deux pieds-droits, construits sur les semelles, et d'une voûte en plein cintre. Comme les sables avoisinant la galerie s'assèchent pendant le temps qui s'écoule entre le creusement et l'exécution du revêtement définitif, il est possible d'enlever toutes les parties du blindage au fur et à mesure de l'avancement du muraillement ; les palplanches laissées en place suffisent pour maintenir le terrain. Pour prévenir l'accumulation des eaux derrière les maçonneries, on ménage, en divers points et à la base des pieds-droits, des ouvertures destinées à leur écoulement. Si ces dernières affluent avec abondance, les deux ou trois premières rangées de briques à partir du sol sont placées sans mortier sur une longueur de 2 à 2.50 mètres, ce qui facilite mieux encore l'évacuation des eaux.

C'est ainsi que M. Durieux, directeur des travaux de la Louvière, est parvenu à percer, à travers des sables coulants très-fins et doués de la plus grande fluidité, les deux branches d'une galerie que l'on pensait généralement devoir être abandonnée. Outre la possibilité d'entreprendre les creusements dans les terrains les plus difficiles, ce procédé offre une grande rapidité d'exécution, puisque l'avancement moyen a été, vers la fin du travail,

d'un mètre par jour, tandis que, avec l'emploi des palplanches, il se réduisait à 0.75 mètre par semaine. Il restreignit aussi le volume des sables qui s'écoulaient dans l'excavation, car leur évacuation qui, dans le premier mode, était de 30 à 40 mètres cubes par mètre courant de galerie, ne fut plus, à l'aide du nouveau, que de 2 1/2 mètres cubes pour le même avancement. Cette circonstance est non-seulement avantageuse quant au transport, mais elle tend encore à prévenir les cavités nuisibles et les éboulements destructeurs.

Ce procédé, imité aux mines d'Engis dans le courant de l'année 1848, pour le percement d'un banc de sable de 15 mètres de puissance, est actuellement sanctionné par une double expérience.

Dans cette dernière localité, ni les difficultés d'un terrain fort mouvant, ni la grande section de la galerie (1), ne donnèrent lieu à aucune modification dans les détails de l'opération ci-dessus décrite. Cependant, au cylindre en bois que le directeur de la Louvière faisait interposer entre la tête des picots et le marteau pendant l'enfoncement des premiers, on substitua l'outil en fer représenté par la figure 3 A. Les picots (fig. 3 C) étaient cylindriques sur la moitié de leur longueur et coniques sur l'autre moitié ; en sorte qu'ils étaient en contact sur une grande partie de leur surface. Leur longueur variait de 1 mètre à 1.25 mètre, et leur diamètre, à la tête, de 0.10 à 0.12 mètre (2).

---

(1) La galerie devait avoir une hauteur de 2.60 mètres et une largeur de 2.20, après la construction d'un revêtement de deux briques d'épaisseur, composé d'un radier, de deux pieds-droits et d'une voûte.

(2) La majeure partie des détails qui précèdent ont été com-

213. *Des tranchées appliquées au creusement de la partie supérieure des puits.*

Le percement des terrains de recouvrement dont la nature est inconnue exige préalablement un reconnaissance par sondages. En Angleterre, si le sable mouvant ou le gravier n'a qu'une puissance de 5 à 6 mètres; si, affleurant à la surface, il repose sur un banc d'argile solide ou sur le roc houiller, on met en usage le procédé désigné par l'expression de *Casting-out* (fig. 1, pl. XV).

Cette opération consiste : à creuser dans le sable mouvant une excavation formant un tronc de cône renversé a, b, c, d, dont la petite base bc soit égale au diamètre du puits, plus la double épaisseur du revêtement ; à construire sur le banc solide mn une tour cylindrique e, e en pierres de taille ou en briques ; à la garnir extérieurement d'une chemise d'argile, si l'on craint les infiltrations, et à achever de combler l'excavation avec les remblais f, f primitivement enlevés. Comme il importe de mener cette opération avec la plus grande promptitude, on emploie 50 et quelquefois 100 ouvriers. Le sable est d'abord enlevé à l'aide de tombereaux et conduit à d'assez grandes distances ; lorsque les talus de l'excavation prennent une trop forte inclinaison, on emploie des chemins de fer et des treuils ; enfin, on projette aussi les déblais sur une série de tréteaux. Dès que les eaux affluent, des pompes sont mises en mouvement par des chevaux attelés à un manège placé à une certaine distance de l'excavation ; on fait aussi fonctionner

muniqués à l'auteur par M. CHAUDRON ; cet officier des mines, chargé de la surveillance des houillères dites du Centre, a eu l'occasion de suivre le percement exécuté à la Louvière pendant toute sa durée. D'autres faits ont été empruntés au Mémoire de M. BOUNY, inséré dans les *Annales des travaux publics de Belgique*, tome VIII, page 257.

une petite machine à vapeur supportée par des chevalets ou suspendue par des cordes à des mâts, etc. Si les eaux tendent à dégrader les talus, on se hâte de revêtir ces derniers d'un gazonnage, seul remède efficace. Il est essentiel d'agir avec promptitude, car, lorsque le mal se déclare, les progrès en sont tellement rapides qu'en peu d'heures le travail de déblai est complètement détruit.

Si, au-dessous du banc de sable, il se trouve une stratification argileuse *mn* assez compacte, on ne construit le muraillement qu'après l'avoir entaillée d'environ 0.30 mètre; si elle ne présente pas une solidité suffisante, on interpose un crib entre le terrain et la maçonnerie; si le sable repose sur le roc et que celui-ci soit imperméable, on agit comme dans le premier cas; enfin, si le roc est fissuré, on excave jusqu'à ce qu'on atteigne une stratification étanche, sur laquelle on s'établit. Dans tous les cas, on revêt la muraille à sa partie extérieure d'un corroi d'argile bien battue d'une épaisseur de 0.50 à 0.45 mètre.

On comprend facilement que ce procédé ne peut être employé que pour pratiquer des percements à de faibles profondeurs.

214. *Fonçage des puits par palplanches, exemple tiré des mines de Tarnowitz, en Silésie* (1).

La figure 7 (pl. XV) est une section du puits par un plan horizontal. Les figures 6 et 8 sont des coupes verticales et parallèles aux grandes parois. La première est une représentation du travail au moment où le dernier cours de palplanches est entièrement enfoncé; dans la seconde, les palplanches n'ont pénétré que de la moitié de leur

(1) *Archiv von* KARSTEN, tomes II, IV, V, IX.

longueur. La figure 9 est une section par un plan parallèle aux courtes parois.

Les premiers mètres d'enfoncement, ayant ordinairement lieu à travers des bancs non aquifères, s'excavent facilement. En supposant le puits arrivé à une certaine profondeur et en un point où les parois, suffisamment humides, produisent une poussée très-forte, et un degré d'avancement des travaux conforme à celui que représente la figure 8 (excepté pour ce qui concerne les palplanches p, p du dernier cours, qui ne sont pas encore enfoncées, ni même mises en place) (1), les ouvriers commencent par introduire des bois de serrage, tels que v, sur le contour extérieur du cadre *A B*; puis, entre ces deux objets, ils chassent des coins (visibles dans la figure 7), qui forcent le revêtement à se porter du côté des parois et préparent des intervalles de 0.06 à 0.08 mètre, dans lesquels seront insérées les palplanches. L'enfoncement de celles-ci se fait d'abord sur les quatre angles en employant, comme on l'a déjà vu pour les galeries, des pièces de forme trapézoïdale, dont on place le côté le plus large en avant; puis les pièces rectangulaires, en s'avançant vers le milieu de la paroi et en enlevant les coins à mesure qu'ils deviennent inutiles. Les cavernes, ou vides qui se formeraient sur les parois, sont remplies soigneusement, afin d'éviter les pressions inégales sur les diverses parties du revêtement.

Les ouvriers procèdent alors au fonçage du puisard, qui doit toujours précéder le creusement du puits lui-même, pour recueillir les eaux de filtration et les épuiser au fur et à mesure de leur arrivée. Ce puisard F est un coffre, de 0.80 à 1.00 mètre de côté, formé de palplanches

(1) Le lecteur doit supposer pour le moment que le cadre *A B* repose immédiatement sur le sol ou sur les madriers g, g, sans l'interposition des porteurs h, h.

jointives clouées sur un cadre; on le place au centre du
puits, et l'on dispose derrière ses parois et vers le fond une
couche de paille, afin d'empêcher les eaux d'entraîner du
sable avec elles et d'obstruer la cavité, ce qui forcerait à
la nettoyer sans relâche. Après cette opération préliminaire,
les mineurs déblaient le terrain sur l'un des petits côtés
du puits, déterminent la descente successive des deux madriers, étayent le cadre à l'aide de porteurs h, h, et répètent
la même opération sur la paroi opposée. On tient à leur
disposition des étais ou porteurs de toute dimension, afin
qu'ils ne perdent pas de temps à les recouper à la longueur
voulue, et, lorsqu'ils sont un peu trop courts, ils intercalent
un coin qui, par son épaisseur, compense la différence
de hauteur.

Le fonçage est alors arrivé à la phase indiquée par la
figure 8; p, p est le bout des palplanches du dernier cours;
A, B le dernier cadre principal; il repose sur le sol, ou,
s'il menace de s'enfoncer par son propre poids, on le fait
porter sur quatre semelles g, g, placées transversalement;
la longueur de celles-ci est telle qu'elles ne puissent empêcher l'introduction ultérieure des palplanches. C D est un
cadre intermédiaire encore à l'état provisoire (*verlohrene
Geviere*), formé de bois refendus. Tous les cadres sont
assemblés à demi-bois, les longues pièces installées les
premières et l'entaille placée à la face supérieure.

Le creusement continue (fig. 6); aux porteurs mis en
place, on en substitue d'autres plus longs, et l'on fait descendre les madriers d'appui. L'extrémité des palplanches
étant parvenue à la moitié de la hauteur de la reprise,
on établit un cadre provisoire C¹ D¹, qui les empêche
de céder à la pression et de revenir dans le vide du
puits. Ces cadres, dont la surface plane est appliquée
contre les bois de garnissage, sont formés de pièces

refendues, c'est-à-dire réduites à la moitié de leur épaisseur, pour permettre aux palplanches de s'enfoncer sans
diverger d'une manière trop considérable. Ils se maintiennent en place par la pression du terrain ; si cette action
ne suffit pas, on les suspend par des cordes ou des chaines
à des crampons fixés aux cadres supérieurs.

. On achève l'enfoncement des palplanches et le creusement continue alternativement sur les deux courtes parois ;
on ajuste des porteurs, tels que *c*, entre les madriers du
sol et le cadre *A B* ; d'autres, plus courts *d*, *d*, entre les
mêmes madriers et le cadre provisoire ; enfin on lie les deux
cadres par des étais *e*, *e*. Un nouveau cadre principal est
établi au fond du puits, mais c'est une opération délicate
et souvent entravée par les porteurs *c*, *d*, *e* disposés pour le
support du cadre supérieur et du cadre provisoire. On les
enlève, et on les remplace successivement par d'autres, en
agissant avec la plus grande prudence ; le moindre accident
pourrait causer la destruction de la dernière reprise et, par
suite, la chute de toutes les autres. Après avoir bouché
soigneusement toutes les petites fissures et les joints des
palplanches avec du bois, de la paille, de la mousse, etc.,
on remplace le cadre provisoire de la reprise précédente
par un cadre définitif intermédiaire (*Einwechselsjoch*) ; on
introduit des porteurs aux angles et au milieu des grandes
pièces, et, en outre, des bois de division, dont l'extrémité
est entaillée en forme de croissant, afin de s'appliquer
sur la circonférence des bois ronds.

Dans la crainte que les palplanches soumises à une
très-forte pression ne soient soulevées de bas en haut,
on achève de les enfoncer ou on recèpe celles d'entre elles
qui font saillie au-dessus des autres ; on dispose leurs têtes
sur un même plan horizontal de niveau avec la surface
supérieure des cadres horizontaux, et l'on établit sur ces

derniers et sur la tète des palplanches quatre madriers
destinés à recevoir le pied des porteurs; d'où résulte une
pression tendant à prévenir tout mouvement.

Lorsque les sables sont traversés, que l'on a atteint
une stratification de nature consistante, on donne au boisage une assiette solide, en encastrant dans le rocher et
parallèlement aux courtes parois deux forts sommiers horizontaux dd (fig. 9), sur lesquels on établit deux autres
pièces e, e et un cadre rectangulaire f; cet assemblage
est destiné à supporter tout le revêtement par l'intermédiaire des porteurs.

En cas de pression très-forte, on augmente la solidarité
des cadres entre eux, en fixant aux quatre angles du puits
des longuerines verticales l, l (*Wandruthen*) appuyées
par leur base sur une semelle; elles sont fortement serrées, contre les grands côtés des cadres du revêtement,
par des étrésillons horizontaux e et inclinés h, et s'y
rattachent avec des crampons. Les longuerines de grandes
dimensions sont coupées à une longueur telle que, mises
en place, leur extrémité supérieure corresponde avec l'un
des cadres principaux; on leur superpose une nouvelle
semelle destinée à supporter le pied des longuerines
immédiatement supérieures, et les extrémités de deux
de ces pièces consécutives sont liées l'une à l'autre par
une bande de fer.

On peut toujours juger à l'avance si une reprise sera
longue ou courte, ce qu'il importe de savoir pour choisir les
palplanches. Celles-ci, dans les cas les plus ordinaires, ont
de 1.80 à 2 mètres de longueur, la distance entre deux
cadres principaux ne dépassant pas 1.50 mètre; elles sont
à recouvrement sur 0.50 mètre. Si le terrain travaille avec
force, si le sable jaillit avec violence de bas en haut,
la reprise devient plus courte : on ne lui donne que

1 mètre, 0.75 ou même 0.50 mètre de hauteur; dans ce dernier cas, les palplanches se recouvrent sur plus de la moitié de leur longueur. Si les mouvements du terrain sont fort énergiques ; si le boisage est soulevé ; ou si le fond du puits se remplit de sable sur plusieurs mètres de hauteur, on ne doit faire que de très-petites reprises, en conservant toutefois de grandes longueurs aux palplanches; ces dernières, se recouvrant alors deux et même trois fois, s'opposent énergiquement à la poussée latérale.

On change les cadres qui deviennent défectueux ; mais, quant aux palplanches, il n'y faut pas songer, quel que soit leur état ; on se contente de venir à leur secours par l'interposition de nouveaux cadres intermédiaires ; aussi, après quelques années, ces derniers sont-ils entièrement jointifs.

Le muraillement ultérieur d'un puits revêtu de palplanches exige beaucoup de précautions ; il se fait de bas en haut, en sorte que les bois de garnissage sont toujours maintenus, lors de l'enlèvement des cadres, d'un côté par la maçonnerie, et de l'autre par le cadre situé immédiatement au-dessus. Dès que le muraillement atteint un de ces derniers, on en arrache successivement les diverses parties, après avoir étayé solidement les cadres voisins, afin d'éviter de compromettre la stabilité du boisage supérieur ; on hache toutes les pièces que l'on ne peut enlever, excepté les palplanches, qui, nécessairement, restent en place.

Les bancs les plus puissants que l'on ait traversés par l'emploi de ce moyen avaient 42 mètres de hauteur.

215. Comparaison entre la méthode par palplanches et les revêtements descendants.

Les difficultés que l'on rencontre dans l'usage des palplanches croissent en raison de la nature ébouleuse

31

du terrain à traverser. Ce mode, exigeant de grandes quantités de bois, est fort coûteux, et dans les pays, comme l'Angleterre, où ces matériaux sont rares, ce système peut être considéré comme impraticable. En outre, la substitution du muraillement au boisage déterminant toujours des déversements de sable dans le puits, il en résulte, derrière les bois de garnissage, des cavités qui causent des pressions inégales et l'ébranlement du terrain. Ces considérations font que l'on regarde souvent comme plus avantageux d'employer des cylindres en maçonnerie, en bois, en tôle ou en fonte de fer, qui s'enfoncent dans le terrain en vertu de leur propre poids, par l'effet de poids auxiliaires ou à l'aide de vis de pression. Ces revêtements, que l'on peut qualifier de *descendants*, et qui sont l'objet des paragraphes suivants, ont, en outre, l'avantage de ne compromettre en rien la sécurité des ouvriers, d'exiger moins d'expérience et d'habileté que les palplanches, et enfin d'intercepter les infiltrations de la partie supérieure, tandis que le travail est facilité par l'épuisement des eaux qui affluent au fond de l'excavation.

216. *Trousse coupante et tour en maçonnerie usitées en Allemagne et dans les mines de houille du Centre (Levant de Mons).*

Après avoir pratiqué, au moyen de palplanches, une excavation carrée a, b, c, d (fig. 10 et 11) d'une profondeur de deux à trois mètres, dans le but de fournir aux ouvriers un espace suffisant pour le travail qu'ils ont à exécuter, on creuse circulairement le terrain sur environ 2 mètres de profondeur, avec un diamètre de 0.60 à 0.80 mètre plus grand que ne l'exigent le puits et son muraillement. Cette dernière excavation b, e, f, c sert à

faciliter la descente verticale de la maçonnerie; elle n'exige aucun moyen de soutenement, les éboulements n'étant pas beaucoup à redouter vers la surface du sol, et les parois ne restant que peu d'heures livrées à elles-mêmes.

On a préparé à l'avance un cylindre creux en bois A B, dont la base B B' est une plate-forme, ou trousse circulaire formée de trois *rouets*; ceux-ci, composés de madriers de chêne de 0.06 à 0.08 mètre d'épaisseur, sont superposés les uns aux autres et assemblés avec des chevilles. Le rouet de dessus a un diamètre extérieur égal à celui de la maçonnerie et une largeur égale à l'épaisseur de cette dernière, c'est-à-dire 0.50 mètre. Celui du milieu déborde le premier d'environ 0.05 mètre, afin de laisser à découvert un rebord extérieur dans lequel on creuse une feuillure annulaire, de 0.05 mètre de profondeur et 0.05 mètre de largeur, destinée à recevoir l'extrémité des planches qui enveloppent la tour en maçonnerie. La couronne inférieure forme une retraite d'environ 20 millimètres, dans laquelle on fixe avec des clous un sabot aciéré de 0.02 mètre d'épaisseur et 0.10 à 0.12 mètre de hauteur, tranchant par le bas et évasé en dehors, de manière que son arête inférieure forme une saillie d'environ 15 millimètres, l'expérience ayant appris que cette forme est la plus convenable pour faire pénétrer le cylindre dans le terrain.

Cette plate-forme, que la figure représente comme étant déjà descendue à une certaine profondeur, s'installe d'abord au fond de l'excavation *e f*. Des planches verticales *g i*, *h k* de 4 à 6 mètres de longueur, de 0.20 à 0.25 mètre de largeur et de 0.04 mètre d'épaisseur, sont placées jointivement et insérées, par leur extrémité inférieure, dans la feuillure annulaire de la couronne intermédiaire. Pour achever le cylindre, on introduit deux couronnes formées

d'un double madrier : l'une A A', placée à la partie supérieure ; l'autre C, C', au milieu de l'espace. Puis on pose
au-dessus de chacune d'elles deux traverses horizontales m, m de 0.15 mètre d'équarrissage, destinées à relier
les cylindres superposés. Un tel cylindre creux est propre
à contenir la bâtisse, à lui servir de moule pour ainsi
dire et à favoriser la descente du muraillement en pré-
venant les frottements trop rudes qu'il exercerait sur le
terrain, s'il était en contact avec lui.

La maçonnerie étant montée, on remplit l'espace
circulaire b, e, f, c des déblais précédemment extraits, on
les tasse soigneusement, afin de guider le cylindre dès
le commencement de l'opération et de provoquer sa descente suivant une ligne verticale. Ces dispositions préli-
minaires achevées, on force l'appareil à pénétrer dans les
sables, en creusant au centre du puits une cavité N
formant un cône tronqué et renversé. Il peut alors arriver
que le terrain gisant sous la plate-forme, soumis à la pression
de la maçonnerie, se déverse dans l'intérieur du puits, et
que le cylindre s'affaisse et descende avec lenteur ; c'est le
cas le plus favorable. S'il reste immobile, on agrandit
le puisard et l'on transforme le cône en cylindre ; le
terrain offre alors moins de résistance à la pression de
la maçonnerie. Si ce moyen ne réussit pas, deux ouvriers,
placés dos à dos, pratiquent des entailles au-dessous de la
plate-forme, sur deux côtés opposés. Enfin, on en vient à
dégager complètement le siége jusqu'au sabot tranchant,
mais seulement sur une hauteur d'environ 0.50 mètre,
en faisant attention de ne pas déchausser d'un côté plus
que de l'autre, ce qui déterminerait une descente oblique.
Dans ce cas, on doit préalablement lier entre elles toutes
les couronnes, afin de forcer la maçonnerie à s'enfoncer
d'une seule masse et d'éviter qu'elle ne se divise en deux

parties, dont l'une descendrait seule, tandis que la partie supérieure, retenue par la pression du terrain et les frottements, resterait suspendue. C'est dans ce but qu'on a eu le soin de placer des traverses m,m, reliées entre elles par des tringles en fer n,n, dont l'extrémité supérieure est taraudée et fixée par un écrou, pendant que les extrémités inférieures, recourbées à angle droit et aplaties, s'engagent au-dessous des couronnes. Enfin, si le poids de la maçonnerie est insuffisant, on a la ressource de la charger de pierres, de fonte de fer ou autres matériaux pesants, disposés sur un plancher dont on recouvre l'orifice du cylindre. Celui-ci finit toujours par s'enfoncer dans le terrain.

Lorsque la partie supérieure du revêtement se trouve au niveau du fond de l'excavation rectangulaire, on procède à son prolongement. L'extrémité supérieure des planches gi et hk ayant été coupée en sifflet et clouée sur le cercle inférieur de la couronne, de nouvelles planches gp, hq, entaillées de la même manière, s'ajustent sur les premières et se clouent sur le cercle AA'; on ajoute deux couronnes placées comme précédemment, l'une à la partie supérieure, l'autre à la moitié de la hauteur; on place des traverses; on monte la maçonnerie, et de nouveau on provoque la descente du revêtement. L'opération continue ainsi en enfonçant des tronçons de maçonnerie liés les uns aux autres par des barres de fer, jusqu'à ce qu'on atteigne le roc ou tout autre couche solide et imperméable.

Pendant l'opération, le mineur, toujours attentif à la direction des fils à plomb, s'aperçoit de suite si le cylindre cesse de descendre suivant une ligne verticale, et comme le mal, s'il se prononce, croît très-rapidement, il s'empresse d'y porter un remède immédiat.

Les causes de la descente oblique des cylindres sont quelquefois un léger éboulement ou la chute du terrain un peu plus prompte et plus facile d'un côté que de l'autre; quelquefois elle peut être attribuée à une pression inégale provenant d'une stratification inclinée, à la rencontre d'un galet quartzeux, etc. C'est dans les premiers mètres de l'approfondissement que ces accidents se déclarent avec le plus de fréquence. Dans ces circonstances, le mineur arrache vivement le terrain du côté opposé à l'éboulement; il étaie le côté de la muraille qui tend à s'affaisser avec trop de promptitude; il la suspend avec des tiges en fer dont l'extrémité inférieure, munie d'une large palette, saisit la plate-forme par dessous, tandis que l'extrémité supérieure, terminée par une longue vis, passe à travers les poutres placées à l'orifice du puits. Les écrous, qu'il serre ou desserre à volonté, lui permettent de faire avancer la maçonnerie ou de la maintenir immobile. Il se sert aussi de cordes ou de chaines, dont l'un des bouts est attaché à des piquets fortement plantés dans le sol, tandis qu'à l'autre bout, suspendu dans le puits, est attaché le cylindre. Ces dispositions servent aussi à prévenir une descente trop rapide, quoique cependant verticale.

Il est toujours prudent de sonder fréquemment au-dessous de la plate-forme, afin de s'assurer à l'avance s'il ne s'y rencontre pas quelque gros galet **G** (fig. 12), qui émousserait le tranchant du sabot ou ferait dévier le cylindre. Lorsque cette circonstance se présente, le mineur doit soutenir le revêtement; pour cela, il place des madriers transversaux **n**, au-dessous desquels il établit des étais **o, o**, dont il prévient l'enfoncement en faisant porter leurs pieds sur un cadre **v** gisant sur le sol. Alors il excave tout autour et au-dessous de la pierre

qui forme l'obstacle, et l'arrache. On agirait d'une manière analogue si l'on rencontrait une couche d'argile interposée dans les alluvions sableuses.

M. Brunel, dans l'exécution du tunnel sous la Tamise, a enfoncé par des moyens analogues une tour en maçonnerie de 12.80 mètres de hauteur, 15.25 mètres de diamètre intérieur et 0.90 mètre d'épaisseur, au milieu de laquelle sont interposées des couronnes horizontales, liées par des boulons verticaux.

Les stratifications arénacées du bassin de la Ruhr (67) donnent également lieu à l'exécution de maçonneries descendantes. Les opérations effectuées sont les mêmes que ci-dessus; la construction de la tour maçonnée offre seule quelque différence relativement aux objets de détail. Le procédé suivant, employé à la mine de la Nouvelle-Cologne, est le plus généralement suivi dans ces districts.

On excave les sables sur une hauteur de 2 à 3 mètres pendant que l'on s'occupe à préparer le squelette de la tour descendante, dont la section est plus grande que celle du puits à creuser, afin que le prolongement de la maçonnerie montante construite ultérieurement vienne en renforcer les parois; mais elle est de même forme (fig. 1 et 2, pl. XIV), c'est-à-dire rectangulaire et composée de quatre arcs de cercle opposés par leurs cavités. La trousse coupante est composée de cadres a, b, c (fig. 13, pl. XV), superposés et simplement assemblés à mi-bois; leur section, par un plan vertical, est un triangle de 0.40 mètre de hauteur, au sommet inférieur duquel est attaché un sabot tranchant m.

C'est sur cette base que se construit un muraillement de deux briques d'épaisseur (0.52 mètre); celui-ci est enveloppé extérieurement d'une chemise en planches de sapin n n destinée à adoucir les frottements trop durs des

briques contre le terrain. Ces planches, disposées à la
manière des douves d'une tonne, sont maintenues par des
cercles en fer h, h, h de 0.15 mètre de largeur. Les
divers éléments de la tour sont reliés entre eux à l'aide
de tringles, ou tirants en fer gg de 1.20 mètre de longueur, placées aux quatre angles. Des talons b les fixent
à la trousse, et leur extrémité supérieure se visse sur une
plaque de fer horizontale intercalée dans la maçonnerie ;
cette même plaque reçoit également les bouts d'autres
tirants superposés aux premiers, qui viennent se fixer
dans une seconde barre disposée au-dessus, et ainsi de
suite jusqu'au haut de la tour maçonnée.

C'est au moyen d'une construction de cette espèce, dont
la base est venue reposer sur la tête des marnes grises, que
le puits de la Nouvelle-Cologne a traversé les 8.71 mètres
de remblais, d'argile et de sables mouvants stratifiés à
la surface du sol.

217. *Boisage descendant usité en Angleterre* (*Tubbing*).

Ce procédé consiste à enfoncer dans le terrain mouvant
une ou plusieurs séries de cylindres creux (*Tubs*), en
bois, d'une hauteur de 2.70 à 5.30 mètres, et d'un diamètre
égal à celui du puits. Ces cylindres, formés de madriers
de 0.05 à 0.08 mètre d'épaisseur, coupés et réunis
comme les douves d'un tonneau, sont cloués sur trois ou
quatre couronnes de chêne. Celles-ci, composées de pièces
de même essence dont la largeur est de 0.20 à 0.25
mètre et l'épaisseur de 0.12 à 0.15 mètre, sont sciées
suivant le fil du bois et assemblées à tenons et à mortaises. L'extrémité inférieure des madriers du premier
cylindre est coupée en biseau et armée d'un sabot de
fer, pour trancher le terrain et faciliter l'enfoncement.

Le creusement dans les stratifications supérieures asséchées s'effectue par les procédés ordinaires. Dès qu'on atteint le premier banc aquifère, on descend un *tub* avec des cordes, et on le force à pénétrer dans le sable en chargeant sa partie supérieure de corps pesants et en enlevant le sable du fond de l'excavation. Lorsqu'il est presque entièrement enfoncé, on en dispose un second au-dessus du premier, et on les lie ensemble, en clouant sur la même couronne les deux extrémités en contact. On en superpose ainsi autant qu'il est nécessaire pour traverser toute la hauteur de la stratification ébouleuse.

Si le sable est d'une grande fluidité, si l'emploi des pompes est indispensable, on se garde de faire porter le tuyau aspirateur sur le fond du puits ; car non-seulement il pourrait s'engorger ; mais aussi l'aspiration pourrait produire des excavations derrière le tubage et provoquer la descente oblique du revêtement. Pour les mêmes motifs, le cylindre doit toujours précéder le fond du puits, c'est-à-dire qu'il ne faut jamais enlever les sables jusqu'aux bords inférieurs du tubage ; mais les maintenir à une hauteur de 0.60 à 0.80 mètre. Au-dessus de ce point, on établit quelques planches formant un échafaudage, sur lequel se tiennent les ouvriers excaveurs. Lorsque le tubage a atteint le terrain houiller, on revêt de planches l'intérieur des cylindres, afin de masquer la saillie des couronnes et de former une surface plane et unie. Ce procédé, actuellement peu usité en Angleterre, a été remplacé par le suivant.

218. *Tubages en fer* (*iron tubbings*).

Le premier tubage en fonte fut exécuté, comme on l'a déjà vu, en 1795 par M. Barnes, à la mine de Walker,

pour le passage des sables mouvants rencontrés à la surface dans le fonçage du puits dit *King pit*, près de Newcastle. Le tronçon inférieur était muni d'un sabot tranchant ; on forçait le tubage à descendre avec des vis de pression ou en le chargeant d'un poids considérable.

Dans une mine des environs de Glascow, on dut traverser, avant d'atteindre le roc :

1°. Une couche de sable sec . . . . Mètres 5.50
2°. Une stratification aquifère 6.40
5°. Une couche d'argile superposée immédiatement au terrain
    houiller 1.20

Mètres , 15.10

On s'enfonça d'abord de 5.10 mètres au moyen d'une tranchée *A*, *B* en forme d'entonnoir (fig. 18 et 19). Restaient 10 mètres de sables, à travers lesquels furent descendues, indépendamment l'une de l'autre, quoique simultanément, deux séries de tubes *C* et *D*, séparées par un espace de 0.05 à 0.06 mètre et formant un puits à deux compartiments. Dans le terrain solide, l'excavation prit une forme elliptique, et les deux puits n'en formèrent plus qu'un seul, divisé par les méthodes ordinaires. Le passage du terrain mouvant, pour lequel on employa continuellement seize ouvriers, fut exécuté dans l'espace de sept semaines.

Voici le détail de ces opérations fort simples, telles qu'elles sont encore usitées en Angleterre.

Les tubs, d'une épaisseur de 22 à 25 millimètres, sont terminés à leurs extrémités par deux brides placées du côté de la partie concave et formant une saillie d'environ 0.76 millimètres. Ces brides ou colliers servent à assembler les cylindres les uns avec les autres, au moyen de boulons à vis et d'écrous. Le rebord inférieur du premier cylindre ne porte pas de collier, qui s'opposerait à sa descente, mais il est tranchant et dentelé pour mieux pénétrer dans

les sables. Des planchettes, interposées entre deux brides
consécutives et coupées, comme ces dernières, en forme de
couronne, facilitent le serrage et donnent aux joints toute
l'imperméabilité nécessaire. Pour déterminer la descente
du tubage, on lui superpose un échafaudage sur lequel
on entasse des saumons de fonte; on enlève le sable du
milieu du puits, mais jamais au-dessous du sabot, pour
les motifs exposés ci-dessus. Lorsque le premier tube est
enfoncé, on ajuste le second, puis les suivants, en chargeant toujours la partie supérieure de la colonne d'un poids
suffisant, ou en faisant agir des vis de pression.

Lorsque le diamètre des puits ne dépasse pas 1.60 à
1.80 mètre, les cylindres sont formés d'une seule pièce ;
au-delà de cette dimension, ils sont composés de deux, ou
d'un plus grand nombre de segments assemblés par des brides
verticales, c'est-à-dire parallèles aux lignes génératrices de
la surface cylindrique. Pour rendre les joints imperméables,
on y engage des tresses d'une étoffe de laine ou de chanvre
imprégnées d'un mastic d'huile et de céruse, ou simplement goudronnées. Comme il est rare que les frottements
des parois extérieures contre le terrain permettent à une
seule colonne de descendre à une profondeur de plus de
9 à 10 mètres, on emploie, pour les bancs arénacés d'une
grande puissance, deux et même trois séries de cylindres,
disposés d'une manière analogue aux tubes d'un télescope,
c'est-à-dire dont les diamètres décroissants permettent à
l'une des séries de passer dans celle qui la précède. C'est
ainsi qu'à Newcastle on est parvenu à une profondeur
de 25 mètres, en employant trois colonnes de tubes.
Lorsqu'on atteint une stratification solide, on fait, avec
des coins, une espèce de picotage (dans l'espace annulaire
resté vide à la jonction de deux séries) entre les parois
intérieures du grand cylindre et les parois extérieures du

petit ; on consolide ainsi le revêtement, et l'on empêche
surtout l'accès des sables à l'intérieur du puits.

Afin de ne pas conserver des parties saillantes qui
accrocheraient les vases d'extraction, on introduit à frottement des madriers verticaux entre deux colliers consécutifs ;
on les place à une certaine distance les uns des autres,
en sorte qu'il en résulte une espèce de grillage qui rend
les mêmes services qu'une surface entièrement unie.

On s'est aussi servi de tubes en tôle dont les cylindres
sont composés de plaques rectangulaires assemblées et rivées
à la manière des chaudières de machines à vapeur ; on
les met en place au fur et à mesure que le tubage
descend, et on les garnit à l'intérieur de guides en bois
pour les empêcher de se déformer et de céder à la
pression du terrain.

219. *Foncement des puits à travers la couche de sable fluide du district de Mühlheim (Westphalie).*

On a déjà vu (67), lors de la description du bassin
westphalien, l'importance de la couche de terre glaise
imperméable, stratifiée au-dessous des sables mouvants,
pour l'enfoncement des puits à travers les formations
arénacées supérieures. Ce n'est que sur elle qu'il est
possible d'appuyer la base du revêtement destiné à retenir
les eaux du banc aquifère ; si elle vient à manquer dans
la série des stratifications, il est inutile de chercher à
contenir les sources, et, par conséquent, de continuer
l'enfoncement.

L'opération suivante se rapporte à l'un des puits de la
mine de Sellerbeck, près de Mühlheim (1).

_____

(1) *Archiv von* KARSTEN, tome VII, p. 174. *Mémoire de* M. BAUER.

On traverse les sables secs de la partie supérieure, situés
à 16.45 mètres de la surface du sol, en soutenant l'excavation avec des cadres ordinaires G (fig. 15 et 16), et l'on
arrive sur la tête des graviers aquifères. Pendant ce temps,
on a préparé des caisses carrées de 2.30 mètres de
côté et de 0.46 mètre de hauteur, construites avec des
madriers en hêtre de 0.10 mètre d'épaisseur. La première
de ces caisses *a b*, coupée en biseau à sa partie inférieure,
est descendue sur le sable et enfoncée par le procédé suivant (1). On place deux traverses en chêne *a*, *a* de 0.18
mètre d'équarrissage; puis on ajuste au-dessus quatre pièces
de mêmes dimensions *g h*, *i k*, *l m*, *n o*, de telle façon
qu'elles s'engagent par l'une de leurs extrémités *g*, *k*, *m*, *o*
au-dessous des bois du cadre le plus voisin, contre lequel
elles s'appuient; l'autre extrémité *h*, *i*, *l*, *n* de la pièce
inclinée reçoit le pied d'un cric *p*, dont le point d'appui
se trouve au-dessous de l'avant-dernier cadre du revêtement supérieur. Quatre de ces crics, agissant
simultanément, provoquent la descente régulière de
la caisse, descente facilitée d'ailleurs par l'enlèvement des
sables, des graviers et surtout des galets dispersés dans
la masse. Lorsque sa surface supérieure est en coïncidence avec le niveau des eaux, on lui superpose une
nouvelle caisse *c d* de même dimension; on la lie avec la
première à l'aide de broches carrées en fer, qui pénètrent
dans chacune d'elles de la moitié de leur longueur; celle-ci
est enfoncée de la même manière; on passe à une troisième,

(1) Le lecteur doit observer que le dessin, dans le but d'éviter
la confusion, renferme seulement la moitié des pièces employées
pour provoquer la descente des cuvelages; qu'en outre, il s'applique
à l'enfoncement des caisses intérieures et non aux caisses extérieures,
mais que le procédé est identique dans les deux circonstances.

et ainsi de suite jusqu'à ce que l'une des parois de la caisse inférieure vienne en contact avec l'argile.

Dans l'exemple choisi, l'angle *a* et les deux côtés adjacents du cuvelage atteignirent l'argile et pénétrèrent de 0.10 à 0.13 mètre, tandis que les côtés opposés étaient encore dans le sable à 0.26 mètre au-dessus du banc argileux, ainsi que cela fut constaté par un trou de sonde. Cette circonstance résultait évidemment de ce que la stratification n'offrait pas une surface plane, mais, au contraire, fort ondulée. Il y aurait eu de l'imprudence à faire pénétrer tout le contour inférieur de la caisse dans l'argile, parce que si ce banc, comme cela arrive fréquemment, n'avait eu qu'une faible puissance et qu'il fût traversé entièrement par l'angle du revêtement, les eaux de la surface se seraient déversées dans les sables verts. On laissa donc la caisse dans sa position, et l'on boucha l'espace compris entre elle et l'argile avec des planches *f, f* qui, enfoncées verticalement, pénétrèrent dans la couche de 0.10 à 0.13 mètre.

C'est alors que d'autres caisses quadrangulaires *e, e'* de 1.76 mètre dans œuvre furent construites avec des madriers de chêne de 0.08 mètre d'épaisseur, avec intercalation de carton dans les joints horizontaux ; on en assembla quatre au moyen de boulons verticaux placés dans les angles ; on augmenta l'imperméabilité et la solidité de cette construction en clouant des goussets *w, w* à section triangulaire, et enfin on fixa, à la caisse inférieure, quatre crochets *v, v* destinés à la suspendre par des chaînes pour en opérer la descente. D'après les dimensions ci-dessus indiquées, on voit qu'il reste un espace de 0.17 mètre entre le précédent cuvelage et celui-ci. Son contour inférieur, également coupé en biseau, est, en outre, armé d'un sabot tranchant formé de bandes de tôle de 0.13 mètre de largeur, 4 millimètres d'épaisseur et qui fait saillie au-dessous du bois de 0.05 mètre.

Le cuvelage étant descendu au niveau de l'eau, on le fait plonger dans les sables à l'aide des crics et l'on dirige sa marche de telle façon que la distance de son pourtour extérieur à l'autre cuvelage soit partout la même : opération facile si l'on dispose dans les angles quatre pièces verticales qui le guident dans son mouvement et l'empêchent de dévier. Il pénètre dans le banc argileux, on épuise les eaux, et on remplit l'intervalle compris entre les deux revêtements d'argile pétrie avec des débris de lin, tassée fortement, de manière à former liaison avec la stratification.

L'enfoncement ultérieur dans ce dernier se fait par les procédés ordinaires ; seulement, le premier cadre établi, tout en conservant sa hauteur, est considérablement diminué dans son épaisseur, afin qu'on ne soit pas obligé d'excaver le terrain au-dessous de la caisse, pour procéder à sa pose. Il est du reste assemblé à tenons et mortaises, ainsi que l'indique la figure 14 bis. On observera qu'il est muni d'une feuillure qui reçoit l'extrémité des planches dont on garnit les parois, et derrière lesquelles on entasse de l'argile, afin de prévenir le plus petit éboulement.

Les autres cadres sont assemblés conformément à la figure 14.

220. Passages des sables du torrent, à Anzin.

Lorsque des bancs de sable plus ou moins puissants, intercalés entre les craies et le terrain houiller, se trouvent à une certaine profondeur au-dessous du sol, les difficultés augmentent considérablement, les travaux devant s'exécuter dans un espace fort rétréci et l'épuisement des eaux offrant d'autant plus d'obstacles qu'il faut les extraire à une plus grande profondeur.

Les cuvelages descendants à trousse coupante, encore

actuellement en usage à Anzin pour traverser les sables
du *torrent*, ont été employés, pour la première fois, en
1826, lors de la reprise du puits dit le Temple, dont ce
banc aquifère avait autrefois arrêté le foncement. Mais, vers
le couchant du Temple et à une petite distance, il existait
déjà des puits dans lesquels l'absence des stratifications
arénacées avait permis antérieurement le fonçage par les
procédés ordinaires, et qui pouvaient faciliter le travail
par l'assèchement partiel des bancs aquifères. En conséquence, une galerie horizontale partant de l'un des puits
voisins fut creusée dans le terrain houiller et dirigée
au-dessous du puits en percement ; deux trous de sonde
verticaux furent forés, et les eaux, s'écoulant librement,
ne furent plus un obstacle sérieux aux travaux d'approfondissement. Plus tard, on se servit également de trousses
coupantes au puits de la Sentinelle, où les sables furent
rencontrés à environ 63 mètres au-dessous du sol, avec
une puissance de 5.20 mètres. La description suivante
se rapporte à l'enfoncement du puits Ernest, qui,
après avoir traversé 18 à 20 mètres de dièves et 1.80
mètre de tourtia, rencontra un torrent de 12 mètres de
puissance.

Ce puits (fig. 17) a un diamètre de 2.70 mètres. Les
stratifications supérieures sont revêtues d'un cuvelage octogone ; un muraillement a été construit depuis l'assiette de
niveau jusqu'à la partie inférieure des dièves, où il a
pour base un rouet colleté *o, o'*. Les choses étant ainsi
disposées, on commence par fixer dans le tourtia un
cadre *a b* colleté en montant et en descendant ; c'est-à-dire
serré par des coins enfoncés par-dessus et par-dessous,
entre son contour extérieur et le terrain. Deux sommiers *c, c*,
fortement encastrés dans le rocher, s'opposent à tout mouvement de bas en haut. On place alors, au fond de l'exca-

vation et sur la tête des sables aquifères, une trousse *de*
de même forme et de même dimension que celles du
cuvelage supérieur. Les pièces *a* (fig. 17 bis) sont assemblées
à tenons et mortaises et liées par des bandes de fer
horizontales ; la partie inférieure, taillée en biseau et
revêtue d'une tôle de fer *c, c*, fixée par des vis à bois,
noyées dans l'épaisseur, forme sabot tranchant.

Des vis de pression *g, g, g* (fig. 17), de 2.50 à 3 mètres
de longueur et de 0.10 mètre de diamètre, à filets carrés,
s'engagent, par une de leurs extrémités, dans les trous du
rouet *a b*, tandis que leur tête repose sur les pièces de
la trousse ; enfin, des écrous mis en jeu par des clefs com-
priment les pièces du cuvelage et les font pénétrer dans le
terrain. Les ouvriers passent successivement d'une vis à la
suivante et font parcourir aux clefs un tiers environ de la
circonférence. Dès que le sable apparaît derrière le revêtement et au niveau de sa surface supérieure, on l'empêche
de se déverser dans le puits en introduisant des planchettes, de la paille, etc., etc., puis on relève les vis ; on
ajoute une nouvelle assise de cuvelage et on la lie avec les
précédentes au moyen de bandes de fer verticales *ff*, clouées
simultanément sur deux ou trois pièces. On continue de la
sorte jusqu'à ce que la trousse coupante vienne en contact
avec le terrain houiller, qui, décomposé et ramolli par l'action
des eaux, se laisse pénétrer jusqu'à une certaine profondeur.

Pour faciliter la descente du cuvelage, on enlève avec
des pinces ou d'autres outils les galets disséminés dans
le sable et tous les corps durs qui pourraient arrêter
la descente du sabot. Celui-ci étant arrivé sur la tête du
terrain houiller, on continue le percement dans les schistes,
en ménageant une corniche et en donnant à l'excavation un
diamètre suffisant, et dès qu'on atteint une stratification
solide et imperméable, on y établit la base définitive du

revêtement; on entaille donc une banquette, on picote un siége i, i, puis, élargissant le puits au fur et à mesure des besoins, on monte des assises de cuvelage jusqu'à cette trousse coupante. Là, on enlève par fractions l'armure de cette trousse; on entaille à la hache sa partie biaise, de manière à rendre plane sa surface inférieure, contre laquelle vient s'appliquer la dernière assise de la passe de raccordement; cette assise joue le rôle de clef.

Quelques années après cette opération, comme on s'aperçut que le torrent s'était asséché dans le voisinage du puits Ernest, on enleva le cuvelage et on lui substitua un revêtement en maçonnerie.

Il a été opéré jusqu'à présent dans les mines d'Anzin onze passages de torrent, entre autres celui du puits David, dont la formation arénacée, puissante de 14 mètres, a exigé un travail non interrompu de deux mois. Toutefois, cette opération, fort simple en apparence, entraîne de graves difficultés d'exécution, et présente en outre l'inconvénient de faire dévier les puits de leur direction verticale, malgré tous les soins que l'on prend pour prévenir cet effet.

221. *Appareil à air comprimé de M. Triger.*

Le bassin houiller du département de Maine-et-Loire est recouvert, sur une partie de son étendue (50), de terrains d'alluvion composés de sables mouvants submergés par les eaux de la Loire. Pour traverser ces stratifications et atteindre le gîte houiller, on exécuta en 1839, aux environs de Chalonnes, un travail des plus remarquables.

On fit pénétrer jusqu'à la roche solide, c'est-à-dire à une profondeur de 19 mètres, un tube en tôle de fer de 1.33 mètre de diamètre et de 12 millimètres d'épais-

seur. On put observer pendant cet enfoncement, qui
se fit à coups de mouton, combien les dernières stratifications offraient de résistance relativement aux premières, puisque les deux derniers mètres exigèrent un
travail et un temps deux fois plus considérables que le
passage des dix-sept premiers les plus rapprochés de la
surface du sol. Le sable contenu dans l'intérieur du tube
fut enlevé au moyen d'une soupape à boulets, analogue
à celle dont on se sert dans les sondages; mais comme
l'eau affluait constamment et en abondance par les vides
existants entre la roche carbonifère et la partie inférieure
du tube; et comme il était inutile de chercher à épuiser
une venue que la Loire renouvelait sans cesse, M. Triger
résolut d'employer des procédés tout différents des procédés ordinaires; il imagina donc de substituer, à la
pression de la colonne d'eau contenue dans le puits, une
colonne d'air comprimé qui, par sa force d'expansion,
tiendrait en équilibre les eaux extérieures et les refoule-
rait vers leur point de départ. L'appareil auquel cet ingénieur a donné le nom de *sas à air* est une modification
de la *cloche à plongeur*.

Les figures 20, 21 et 22 représentent cet objet remarquable et contiennent les détails suivans :

a a, *a a*, tube de revêtement en tôle ayant les mêmes
dimensions que le puits.

B, sas à air composé d'un cylindre également en tôle
installé à la partie supérieure du tubage; il est suspendu par
une corde *m* et muni d'une boîte à bourrage *b b* de grandes
dimensions, qui empêche l'air comprimé de s'échapper de
l'excavation et de passer dans l'atmosphère.

c est un tuyau traversant l'appareil et débordant sa base
inférieure d'environ 0.25 mètre; il établit une communication entre le puits et les pompes foulantes de com-

pression, qui, mises en mouvement par une machine
à vapeur, projettent l'air comprimé dans l'excavation.
Le tuyau *c* est muni d'un robinet *u* destiné à empêcher
l'air de refluer vers les pompes lorsque celles-ci s'arrêtent
accidentellement.

ddd, tuyau d'évacuation plongeant dans le puisard
par l'une de ses extrémités et débouchant par l'autre à la
surface ; il sert au déversement de cette partie des eaux
qui, soumises à la compression, ne peuvent s'échapper par
dessous les bords inférieurs du tubage. A ce tuyau est
adapté un robinet *v* qu'on ouvre ou ferme pour intercepter
ou livrer le passage à l'eau.

n, *o*, ouvertures circulaires (*trous d'homme*) munies
de clapets s'ouvrant à charnière, le premier du dehors en
dedans, le second du dedans en dehors; c'est par là que
les ouvriers et les matériaux sont introduits de la surface
dans le sas et passent de celui-ci dans le compartiment
inférieur, ou réciproquement.

e, *f*, robinets d'équilibre au moyen desquels on peut
établir une communication entre le sas à air et l'atmosphère, ou entre le premier et le fond du puits, et l'intercepter à volonté.

F, soupape de sûreté.

g, manomètre destiné à faire connaître à chaque instant
le degré de tension de l'air.

h, moufle servant à l'extraction des déblais et à l'introduction des matériaux.

La figure représente la période pendant laquelle la communication est établie entre le fond du puits et le sas à
air et où ce dernier est complètement isolé de l'atmosphère
par la fermeture du trou d'homme *n* et du robinet *e*. Si, dans
ce moment, les pompes de compression foulent l'air dans
l'excavation, dès que la tension sera suffisante, une

partie des eaux et des sables sera refoulée au dehors, tandis que l'autre partie, s'élançant à travers le tuyau *dd*, viendra s'écouler à la surface. Au bout d'un certain temps, l'air comprimé remplacera l'eau et le fond du puits sera complètement asséché. Actuellement, voici la manœuvre que l'on doit exécuter lorsqu'on veut entrer dans le puits ou en sortir, extraire les déblais et y introduire les matériaux.

L'état des choses étant tel que l'indique la figure, s'il s'agit de faire sortir les ouvriers ou les déblais, on ferme le trou d'homme inférieur *o* et le robinet *f*; on ouvre lentement le robinet *e* de communication entre le sas et l'atmosphère; l'air comprimé se dégage avec violence en produisant un sifflement aigu; mais, au bout de 15 à 20 minutes, l'équilibre est établi entre l'air du dehors et celui que contient le sas; le clapet s'ouvre, et les ouvriers ou les déblais ont une issue pour sortir.

L'entrée exige une opération inverse. Introduction dans le sas des hommes ou des matériaux pendant que cet appareil communique avec l'atmosphère; fermeture du clapet et du robinet placés sur le disque supérieur; ouverture lente et graduée du robinet inférieur, à la suite de laquelle la soupape inférieure s'ouvre spontanément.

Le tubage étant vidé, il s'agissait de relier son contour inférieur avec le terrain houiller d'une manière étanche, et, pour cela, d'excaver dans la roche jusqu'à la rencontre d'une stratification imperméable qui pût recevoir la base d'un cuvelage en bois. Mais l'air comprimé, trouvant une issue entre la partie inférieure du tube et le roc solide, chassait l'eau devant lui et courait au loin se dégager dans la Loire, dont il faisait bouillonner les eaux; alors le sable desséché coulait dans le puits, remplaçait celui qu'on venait d'enlever, et le fond de l'excavation en était toujours obstrué. Pour vaincre cette

difficulté, on descendit un tronçon de tubage q, r, qui empêcha l'affluence des sables ; l'eau, qui ne put alors se soustraire au refoulement de l'air, s'échappa par le tuyau montant dd.

Enfin le puits, foncé de 6 mètres dans la roche solide, put recevoir une base définitive (fig. 21 et 22), composée de deux trousses picotées $s's'$ et d'un cuvelage décagone en bois s, s. Sur la surface supérieure de la dernière assise fut creusée une rainure dans laquelle on encastra le bord inférieur t, t du tubage ; cette assise fut installée avant celle sur laquelle elle repose, qui devint alors la clef de tout le revêtement. Celui-ci, dont la hauteur totale est de 26 mètres, ne laisse pas filtrer à l'intérieur du puits plus de deux hectolitres d'eau par 24 heures, d'après ce que rapporte M. Triger.

222. *Effets physiques et physiologiques observés pendant le jeu de l'appareil.*

Chez la majeure partie des individus, le passage de l'air libre dans l'air comprimé est accompagné d'une douleur plus ou moins intense dans les oreilles; cette douleur cesse lorsque le mercure s'est élevé de quelques centimètres dans le manomètre, c'est-à-dire lorsque l'air que renferme l'oreille et l'air comprimé de l'appareil sont en équilibre de pression. La durée de cette impression douloureuse, si l'on ouvre lentement le robinet inférieur, est de 20 à 30 secondes ; le moyen de la faire disparaître est d'aspirer avec force et d'opérer un mouvement d'inglutition en avalant la salive rapidement et avec fréquence. Son intensité varie suivant les individus et les dis-

positions dans lesquelles ils se trouvent ; quelques-uns
en sont à peine affectés ; chez d'autres, elle est intolérable. Pour quelques personnes, elle est presque nulle
à l'entrée, mais elle se fait énergiquement sentir à la sortie
de l'appareil. Enfin, pour le même individu, ce n'est un
jour qu'un simple bourdonnement, tandis que la souffrance
est très-vive le lendemain. On observe, en outre, que
cette dernière diminue d'intensité en raison de l'accroissement de capacité de l'appareil et de la longueur du temps
que l'on met à passer de l'air libre dans l'air comprimé.

La colonne d'air ne pouvant être mise en vibration par
le jeu des poumons, il n'est aucun individu doué de la
faculté de produire un sifflement. Chacun parle du nez ;
il faut faire un effort pour émettre un son, et la voix
humaine perd une ou deux des notes les plus aiguës.
M. Triger rapporte qu'un ouvrier affecté de surdité depuis
le siége d'Anvers avait l'ouïe plus fine que ses camarades
plongés, comme lui, dans l'atmosphère comprimée. La combustion des chandelles se faisait avec une telle vivacité et elles
répandaient une fumée tellement intolérable que l'on fut
obligé, pour en diminuer l'activité, de substituer des mèches
en chanvre aux mèches en coton. Ce fait s'explique par la
quantité plus grande d'oxigène contenue dans un volume
d'air comprimé que dans le même volume d'air libre.

Quand, pour revenir à la surface, on ouvre le robinet
de communication, il se forme dans l'appareil une espèce
de brouillard très-épais d'une odeur argileuse, et l'on
ressent subitement un froid fort intense, causé par la
déperdition de chaleur à laquelle sont soumis les corps
enveloppés d'une atmosphère en voie de raréfaction.

Enfin, non-seulement il n'y a aucun inconvénient à
craindre en faisant travailler les ouvriers sous une pression
de 5 1/2 atmosphères, mais encore l'ascension par les

échelles est moins pénible qu'à l'air libre. Toutefois, ainsi qu'on le verra dans les paragraphes suivants, la pression de l'air agit énergiquement sur l'économie animale ; de plus, on a acquis la conviction que les ouvriers jeunes et robustes peuvent seuls résister pendant quelque temps à un travail de cinq à six heures par jour exécuté dans un semblable milieu, et qu'ils sont fréquemment les victimes de cette existence anormale. Quant aux effets mécaniques, M. Triger a constaté un fait d'une grande importance pour le cas où l'on se servirait de cet appareil dans le fonçage de puits destinés à atteindre une certaine profondeur : c'est que la hauteur de la colonne qui s'échappe par le tube de dégagement, lorsque l'orifice inférieur du tuyau affleure la surface de l'eau, est plus grande qu'elle ne devrait l'être si sa hauteur résultait simplement du degré de compression de l'air ; ce qui doit être attribué à l'interposition de ce dernier entre les gouttes d'eau, d'où résulte une diminution dans la pesanteur spécifique de la colonne liquide. Cette observation a été ultérieurement confirmée par les résultats d'un léger accident arrivé à l'époque où le puits était à la profondeur de 25 mètres. On ne donnait alors qu'une faible tension à l'air pour faire remonter les eaux ; un jour qu'elle était insuffisante pour les refouler jusqu'à la surface, un ouvrier fit par maladresse un trou dans le tuyau de dégagement, et, dès que l'outil fut retiré, elles jaillirent avec impétuosité. M. Triger put déduire de cette circonstance le moyen d'augmenter la proportion d'air dans la colonne ascendante, et, par conséquent, la hauteur de cette dernière, moyen qui consiste à pratiquer une ouverture dans le tuyau, à environ un tiers de sa hauteur, à partir de son orifice inférieur. C'est ainsi que, dans l'approfondissement effectué au-dessous des sables, on parvint à élever une colonne de 25 mètres de hauteur avec une pression de

deux atmosphères, y compris la pression atmosphérique, lorsqu'il aurait fallu 3 1/2 atmosphères si la colonne eût été composée exclusivement d'eau (1).

223. *Creusement d'un puits de la concession de Douchy (département du Nord) au moyen de l'air comprimé.*

Le puits n°. 7, dit la Naville, était abandonné depuis environ dix ans, par suite de l'impossibilité où l'on se trouvait de vaincre un volume d'eau de plus de 40 mètres cubes par minute, jaillissant d'un banc de craie et de silex (*cornus*) situé à une faible profondeur (2), lorsque les beaux résultats obtenus par M. Triger, venant à la connaissance de M. Mathieu, directeur des mines de Douchy, lui suggérèrent l'idée de reprendre le foncement interrompu de ce puits, pour lequel on avait dépensé une somme de 200,000 fr. en tentatives infructueuses.

Le diamètre de l'excavation devait être de 3.60 mètres, pour que le cuvelage que l'on se proposait d'y construire eût 3 mètres, mesurés d'angle en angle. Cette grande dimension du puits et l'état de la roche, qui, quoique sillonnée d'une multitude de fentes et de fissures, est très-solide et d'une grande compacité, ne permettaient pas de faire précéder la fouille d'un revêtement, ainsi que l'avait fait M. Triger ; mais on devait mettre la roche à nu sur une certaine hauteur du puits, avant de procéder à la pose d'un tronçon de cuvelage ordinaire en bois, et, pendant ce travail, les parois de cette partie de l'excavation, éminemment perméables à l'air comprimé, devaient laisser échapper

(1) Mémoire de M. TRIGER, ingénieur civil, contenu dans le *Bulletin du Musée de l'industrie*, année 1842, 1ʳᵉ livraison, p. 159.
(2) Voir la coupe de ces stratifications dans le paragraphe 33.

celui-ci par les cavités de la roche les plus rapprochées
du jour ; il résultait de cette circonstance que, la pression
ne s'exerçant plus sur le fond du puits, les eaux pouvaient
y affluer librement et empêcher les travaux de creusement.
Les modifications importantes introduites par M. Mathieu,
pour parer à ces inconvénients, ont été considérées alors
comme pouvant entraîner définitivement l'application du
procédé au passage des niveaux en Belgique et dans le
département du Nord.

Le sas à air (fig. 1 et 1 bis pl. XVII), formé d'un cylindre
faisant autrefois partie d'une machine de Newcommen, a
3.60 mètres de hauteur et 2 mètres de diamètre. Il est
installé à peu près au niveau du sol, sur un cadre rectangulaire reposant lui-même sur une trousse décago-
nale, colletée et placée sur la première stratification
aquifère, c'est-à-dire à 1.80 mètre au-dessous du sol. On
a le soin de boucher avec de l'argile toutes les fissures
par lesquelles l'air comprimé pourrait s'échapper dans
l'atmosphère. Le cylindre est divisé en deux parties par
un plancher horizontal ; ce plancher s, percé d'une ouverture quadrangulaire, reçoit le treuil et les hommes chargés
de sa manœuvre ; on y dépose aussi une partie des caisses en
bois blanc, de la capacité d'environ un demi-hectolitre,
destinées à l'extraction des déblais ; le reste se place sur
le fond du cylindre. Quant à l'enfoncement, comme la
roche est très-fissurée, les ouvriers la détachent facilement
avec les outils ordinaires. A mesure qu'elle est mise à nu,
un manœuvre, qui n'a pas d'autres fonctions à remplir,
bouche immédiatement avec de la terre glaise (dièves)
toutes les cavités et les fentes qui peuvent donner issue
à l'air ; nulle d'entre elles ne peut échapper, car elles
se dénoncent elles-mêmes par un sifflement aigu et prolongé jusqu'au moment où leur orifice est obstrué. Dès

que le puits est excavé sur son pourtour à une profondeur de 0.35 à 0.40 mètre, on se hâte de revêtir la roche d'une chemise d'argile de 10 à 20 centimètres d'épaisseur, sur laquelle on applique dix madriers de hêtre de 0.05 à 0.06 mètre d'épaisseur. Ces madriers, appelés *croisures*, sont disposés bout à bout de manière à former un décagone et à occuper une position correspondante aux pièces du cuvelage qui sera ultérieurement construit. Après avoir ainsi foncé à une profondeur variable suivant la nature du terrain, c'est-à-dire de 1 à 2.50 mètres, on établit une trousse colletée à laquelle les croisures servent de lambourdes; on monte le tronçon de cuvelage, que l'on cale contre le terrain et derrière lequel on entasse du béton; puis la clef est serrée contre la trousse supérieure, les joints horizontaux sont calfatés, et une couche d'argile est appliquée sur les joints verticaux.

Les cuvelages en bois n'offrant aucune résistance aux pressions qui agissent du dedans au dehors, l'air comprimé tend à en disjoindre les pièces, à ouvrir les joints verticaux et à donner issue à l'air. On s'était aperçu, dès le commencement de l'opération, que plusieurs assises, cédant sous la pression, s'étaient retirées vers les parois et qu'elles avaient produit des joints d'environ 0.03 mètre, donnant lieu à des fuites; il était par conséquent à craindre que le cuvelage ne fût pas étanche lorsqu'il serait soumis à la pression de la colonne d'eau extérieure.

Pour éviter cet inconvénient, les pièces furent ramenées à leur place et munies d'armatures, consistant, les unes, en bandes de fer horizontales placées dans les angles et destinées à lier deux à deux les dix pièces de chaque cadre; les autres, en traverses verticales fixées sur les clefs au moyen de vis à bois et embrassant

l'assise supérieure et l'assise inférieure. Le revêtement fut armé de la sorte dans toute son étendue.

La partie supérieure du terrain, beaucoup plus fissurée que le reste, donnait lieu à des fuites fréquentes et fort incommodes pour les ouvriers ; on les arrêta en clouant des cadres sur cette partie du cuvelage de manière à former des saillies entre lesquelles on appliqua un fourreau de terre glaise qui la rendit imperméable. C'est de cette manière que l'on a traversé tout le banc dit de cornus et qu'on est arrivé à une profondeur de 17.50 mètres au-dessous du sol, sur la tête des argiles (*bleus*) où se place la première trousse à picoter.

Mais déjà, avant d'atteindre cette profondeur, le sas avait été soulevé par l'action de l'air comprimé ; celui-ci (agissant avec un poids sensiblement égal à celui d'une colonne d'eau qui aurait pour base la surface inférieure et pour hauteur la distance comprise entre le fond du puits et le niveau des eaux du terrain aquifère) avait soulevé l'appareil en le déplaçant et produit des fissures par lesquelles l'air s'échappait avec violence. Le sas fut remis d'aplomb et fixé par des attaches plus solides ; on rétablit le fourreau d'argile de la partie supérieure qui avait été détruit par les effets de cette tempête ; on remit en place les pièces disjointes du cuvelage, et l'on continua l'enfoncement. Lorsque le creusement eut atteint les bancs alternés d'argile et de marne et qu'il fut poursuivi à travers ces stratifications peu fissurées, on supprima l'emploi de la terre glaise et des croisures ; mais comme, d'un autre côté et pour le même motif, les eaux ne pouvaient être refoulées que difficilement dans les conduits par lesquels elles affluent, on dut se servir du tube de dégagement pour les évacuer. A l'extrémité de ce tube et un peu au-dessus du niveau de l'eau, on avait ménagé des trous, qu'un

ouvrier, muni d'une pelotte d'argile, bouchait en partie ; il ne laissait ouverts que les orifices strictement nécessaires pour obtenir le maximum d'effet, c'est-à-dire pour que la quantité d'air qui pénètre dans le tuyau ascendant fût en rapport avec la hauteur de la colonne et la pression produite par l'appareil soufflant. C'est ainsi que l'approfondissement du puits fut continué jusqu'à une profondeur de 19.50 mètres, où l'on établit une nouvelle trousse à picoter, sur laquelle reposa tout le cuvelage.

Comme on pensait n'avoir plus à rencontrer que des venues d'eau de peu d'importance, l'appareil fut démonté, et l'on se mit en mesure de continuer le fonçage à l'aide de pompes ; mais on n'eut pas approfondi de deux mètres que l'affluence des eaux força les ouvriers à se retirer et à reprendre le premier procédé, auquel on appliqua les modifications que l'expérience précédente avait indiquées comme utiles et convenables. Ainsi, dans le but d'éviter l'influence de la pression intérieure sur la partie du cuvelage déjà exécutée, on la protégea par un tube en tôle composé de deux cônes tronqués c, c' (fig. 1 et 1 bis, pl. XVII) de 4.50 mètres chacun, attachés par leurs petites bases à un tronçon cylindrique d de 10 mètres de longueur ; en sorte que le tube, rétréci dans le milieu, s'évase à ses deux extrémités, qui se lient, l'une avec la base inférieure du sas, l'autre avec la trousse picotée à 19.50 mètres de profondeur. On prit, en outre, toutes les précautions nécessaires pour éviter, soit le soulèvement de cette chemise en tôle, soit celui du sas, que l'on consolida par des sommiers encastrés dans deux piliers de maçonnerie, etc. Ce revêtement intérieur en tôle soustrayait le cuvelage à l'action de l'air comprimé.

L'opération marchait à souhait ; on était parvenu à une profondeur de 28.80 mètres ; la pression de l'air

nécessaire au refoulement des eaux derrière les parois
n'était que 2.20 atmosphères effectives, lorsque, subitement
et sans cause apparente, le cylindre du sas à air fit explosion, et son couvercle, volant en éclats, produisit un
accident des plus déplorables. L'appareil, dans cet instant,
était en communication avec l'intérieur du puits, et ces
deux cavités renfermaient chacune quatre ouvriers. Deux
de ceux que contenait le cylindre, projetés violemment
au-dehors, vont se briser contre les sommiers rr servant
à la consolidation de l'appareil; les deux autres tombent
au fond du cylindre, où ils sont écrasés par les caisses et
les fragments du couvercle. Des quatre ouvriers que contenait le puits, l'un, placé sur un échafaudage, se sauve
facilement; deux autres, qui avaient saisi les échelles et
étaient parvenus à une certaine hauteur, retombent dans
l'eau, où ils se noient; enfin le dernier, après des efforts
inouïs, parvient à la surface avec une légère blessure. Les
causes de ce malheureux accident, qui a donc coûté la vie
à six ouvriers, n'ont pu être bien déterminées; et comme
elles semblent devoir être attribuées à des circonstances
tout-à-fait locales, on croit devoir s'abstenir à ce sujet de
tout développement qui entraînerait dans des détails dont
l'intérêt ne compenserait pas la longueur.

Après une interruption de travail de sept mois, pendant
lesquels fut rétabli le couvercle du sas à air et furent prises
diverses dispositions propres à se prémunir contre de semblables événements, le fonçage recommença et fut poursuivi
sans difficulté jusqu'aux dièves. Celles-ci, entaillées de
2.40 mètres, reçurent le siège fondamental du cuvelage,
composé de trois trousses picotées de 0.22 mètre de hauteur et de quelques cadres de cuvelage surmontés de deux
autres trousses installées à 0.80 mètre au-dessous de la
jonction des dièves et du dernier *petit banc*.

La pression, portée vers la fin du travail à 3, 9 atmosphères, fit tellement souffrir les mineurs, que l'on dut réduire à quatre heures les postes, qui, jusqu'alors, avaient été de six heures. Cette dernière période a vu succomber deux ouvriers. L'un, maître porion (chef d'atelier), était déjà affecté d'une indisposition assez grave, résultant de l'action de l'air comprimé; il lui avait été défendu de descendre dans les travaux, mais il ne tint pas compte de cette défense et voulut assister à la liaison de la base du cuvelage et du terrain houiller. L'autre, simple ouvrier, n'ayant pas participé au travail dès son début, ne s'était pas accoutumé aux effets de la compression; il mourut au moment où il sortait du sas à air, après avoir terminé sa journée. Le nombre assez grand des victimes de ce procédé de fonçage engagera, dit-on, l'administration des mines du district de Valenciennes à ne plus tolérer à l'avenir l'exécution de travaux placés dans de semblables conditions.

L'avaleresse du puits la Neuville, commencée le 22 octobre 1845, a été achevée le 26 octobre 1847 et a duré par conséquent plus de deux ans (1). Pendant ce travail, tous les effets physiologiques observés auparavant par M. Triger ont été confirmés. On a, en outre, constaté que la circulation du sang n'est ni accélérée ni ralentie dans les sujets soumis à la pression, le nombre des pulsations du pouls étant le même avant d'entrer dans le sas et après y avoir séjourné environ une heure.

(1) Les détails qui précèdent sont en partie extraits des Mémoires de MM. BLAVIER, COMTE et TRASENSTER, publiés : le premier, dans les *Annales des mines*, 4ᵉ Série, tome IX, p. 549; le second, dans le même recueil, tome XI, p. 121, et le dernier, dans les *Annales des travaux publics de Belgique*, t. VI, p. 5.

D'autres documents ont été communiqués directement à l'auteur par M. COMTE, ingénieur des mines du district de Valenciennes.

Les effets de la compression de l'air sur l'économie animale, bien loin d'être aussi innocents qu'on serait porté à le penser d'après le contenu du rapport de M. Triger, sont quelquefois fort dangereux. Les personnes que la curiosité ou l'intérêt de la science attirait dans l'appareil de Douchy n'y séjournaient qu'une heure ou deux tout au plus; cependant elles ont conservé plusieurs jours après leur descente, dans les organes auditifs, une sensibilité telle que la perception d'un bruit un peu intense et subit les affectait douloureusement. Quelques-unes ont éprouvé des pesanteurs de tête, d'autres un engourdissement douloureux dans le côté. Enfin, quoique tous les ouvriers employés à ce travail aient été choisis parmi les plus robustes et les plus sains, ils ont fréquemment ressenti des douleurs plus ou moins vives dans les articulations, mais elles ont presque toujours cédé à l'influence de frictions faites avec de l'eau-de-vie ou de l'alcool. Un fait digne de remarque constaté par M. Mathieu, c'est que ces douleurs étaient presque toujours la suite d'un excès quelconque commis par ceux qui en étaient affectés peu avant leur introduction dans l'air comprimé. Aussi ne cessait-on de les exhorter à la tempérance, en les soumettant d'ailleurs à un régime alimentaire très-fortifiant.

224. *Premières tentatives faites pour traverser les stratifications arénacées de la mine de Streppy-Bracquegnies (bassin houiller du Centre).*

Le lecteur déjà a vu (35) la composition des stratifications mises en évidence par le puits Saint-Alexandre de Streppy-Bracquegnies. Si les bancs supérieurs peuvent être percés sans difficulté par les procédés ordinaires,

il n'en est pas de même des sables mouvants d'une grande puissance interposés entre le terrain houiller et la formation crétacée.

Des tentatives ont été faites à diverses époques pour traverser cette stratification éminemment aquifère ; toutes ont échoué, et, dans ces derniers temps (1844) seulement, on pensa pouvoir y parvenir à l'aide d'un tubage en tôle. Ce procédé, ainsi qu'on l'a vu ci-dessus, est fort usité en Angleterre ; mais les conditions d'enfoncement dans les deux localités sont très-différentes : en Angleterre, l'opération a lieu à la surface du sol ; à Streppy, elle commence à une notable profondeur dans un banc intercalé entre des roches solides, et offre, par conséquent, toutes les difficultés inhérentes à un travail exécuté dans un espace restreint et dans un milieu obscur. Les Anglais, lorsque le tube se refuse à pénétrer dans le terrain, engagent une deuxième série plus étroite dans la première ; à Bracquegnies, on se proposait de franchir les 22 mètres de sables avec une seule colonne d'un diamètre uniforme ; et celui-ci, dans le but d'établir par la suite une extraction d'une certaine importance, était considérable, savoir : 3.48 mètres pour le puits d'extraction (n°. 1) et 2.50 mètres pour le puits destiné au retour de l'air (n°. 2). Aussi le procédé, devenant incomparablement plus difficile, exigea des modifications radicales et l'emploi de moyens jusqu'alors inusités. M. de la Roche, directeur de la mine de Streppy, auquel on doit les perfectionnements apportés dans ce genre de travail, débuta par la reprise de deux anciennes avaleresses parvenues sur la tête des sables fluides, et abandonnées antérieurement, après de vaines tentatives pour pénétrer dans ces derniers.

Il existait deux moyens d'enfoncer les tubes : l'un consistait à enlever les sables et l'eau à mesure que le revêtement

33

descendait et à tenir le puits constamment libre ; l'autre,
à n'épuiser que les sables en laissant les eaux prendre
leur niveau naturel. Le premier de ces procédés fut
appelé, à Streppy, *descente à niveau vide*, par opposition
au second, désigné sous le nom de *descente à niveau plein*.
Les neuf premiers mètres de l'enfoncement du puits
d'extraction ayant été exécutés à niveau vide, les sables
latéraux se déversèrent, par-dessous les bords inférieurs du
tubage, en beaucoup plus grande quantité vers la paroi
du nord que vers celle du sud, et il en résulta des
excavations considérables dans la première direction, qui
firent constamment dévier le revêtement de la ligne verticale.
On imagina alors de travailler à niveau plein, mais il
était malheureusement trop tard, car la paroi du sud,
fortement comprimée, ne laissait échapper que de faibles
quantités de sable, tandis que, sur le côté nord, la
capacité des excavations augmentait sans cesse ; aussi
le tubage, déviant de plus en plus de sa direction,
se plia vers le milieu de sa hauteur ; une partie des
boulons qui liaient deux tronçons consécutifs furent brisés,
et il se déclara une ouverture béante de 14 centimètres
de hauteur. En ce moment, la déviation de la verticale
était de 0.45 mètre.

Le mal fut réparé, mais les causes de l'accident sub-
sistèrent. Plus tard, le cylindre ovalisé fut remis dans
son état primitif ; enfin, au moment où il venait de
pénétrer dans le terrain houiller, il fut écrasé et rompu
à sa partie inférieure. Le n°. 2, quoique foncé à
niveau plein, ayant eu un sort analogue, les résultats d'un
travail aussi long que pénible et coûteux se trouvèrent
entièrement détruits. On ne perdit cependant pas courage ;
on décida, au contraire, le percement d'un nouveau puits,
dont la position fut fixée à 40 mètres plus au nord, bien

résolu à profiter de l'expérience précédemment acquise. Cette avaleresse et les travaux accessoires qui en ont été la conséquence sont l'objet des paragraphes suivants.

225. *Tubage employé au puits St.-Alexandre n°. 3.*

Le nouveau puits fut asséché pendant le passage des stratifications supérieures par la machine d'épuisement installée sur le n°. 1, qui, ne se trouvant qu'à une distance de 40 mètres du n°. 3, communiquait avec lui.

Le tubage (fig. 3 et 5, pl. XVI), dont le diamètre intérieur est de 3.50 mètres, se compose de tronçons cylindriques *A B* de 2 mètres de hauteur, formés de tôles de 15 millimètres d'épaisseur rivées à la manière des générateurs de la vapeur ; à leurs bases supérieure et inférieure sont liés des manchons en fer battu *C, C*, dont la section transversale est une équerre et qui servent de brides pour lier deux tronçons. Ceux-ci sont consolidés par des cercles de renfort *D*, en fer de fonte, attachés par des vis vers le milieu de leur hauteur, et à l'extérieur par des bandes de fer verticales. Aux extrémités de ces cylindres sont fixés extérieurement des cercles de tôle *E*, dont la moitié de la largeur déborde le collet et sert à fermer le joint de deux tubes consécutifs. Enfin, chacun d'eux est muni de six anneaux *F* dont l'usage sera indiqué ultérieurement. On doit observer que le contour inférieur du premier tronçon est coupé en biseau du dedans au-dehors.

La figure 5 représente le travail en voie d'exécution ; le tubage se prolonge de 10 à 12 mètres au-dessus de la tête des sables, dans le but, soit d'empêcher les sources contenues dans les bancs supérieurs de tomber sur les ouvriers, soit de guider les cylindres dans leur mou-

vement vertical de descente. Le niveau des eaux s'élève
dans le tubage à une hauteur de 9 mètres au-dessus
des sables gisant eux-mêmes à une profondeur de 43
mètres au-dessous du sol.

Les choses étant dans cet état, on force le revêtement
à descendre à l'aide de vis de pression *w*, *w* à filets triangulaires (fig. 4, 5 et 12) de 1 mètre de longueur environ
et 0.12 mètre de diamètre. Les têtes prennent leur point
d'appui contre des sommiers *m m* d'un fort équarrissage,
encastrés dans la roche; tandis que les queues reposent
sur d'autres pièces *n n* superposées au tubage parallèlement
aux premières. Les ouvriers, agissant sur les écrous par
l'intermédiaire de clefs, opèrent une pression lente qu'ils
appliquent principalement aux points où le revêtement
menace de rester en arrière. Lorsque les vis, deve-
nues trop courtes, cessent de provoquer la descente,
on ajoute des blocs en bois *p, p*, verticaux, (fig. 11) forés
suivant leur axe, et dont la hauteur s'accroît successivement jusqu'à ce que le tubage laisse la place nécessaire
à la pose d'un nouveau tronçon. Celui-ci, suspendu par
des cordes attachées aux anneaux *F, F*, est descendu dans
le puits, ajusté sur le tube précédent et lié avec lui
par des rivets fixés sur la partie supérieure du cercle de
recouvrement. Ce travail est exécuté par deux ouvriers,
dont l'un, placé à l'intérieur du puits, reçoit du jour les
rivets chauffés au rouge à travers un tuyau régnant de
l'orifice à l'échafaudage; il introduit ces rivets dans les trous
et les maintient en place pendant que l'autre ouvrier, placé
dans une petite galerie circulaire qui enveloppe le cylindre, fait la rivure à coups de marteau.

Pendant l'opération, l'eau conserve constamment dans
le tubage son niveau naturel, et contrebalance la pression extérieure; mais, pour faciliter la descente, on

doit extraire les sables avec une *drague* ou *dragueuse*.
Cet outil (fig. 7, 7 bis et 8) consiste en une pièce de
sapin *a* de 0.15 à 0.18 mètre d'équarrissage et en une
barre de fer *b b* formant une croix latine renversée ; aux
branches horizontales de celle-ci sont attachés deux paniers
en tôle *c*, *c* tournant librement sur leur axe de suspension ;
mais retenus toutefois dans la position horizontale par
des arrêts. Chacun d'eux est muni d'une poignée *d d*. L'extrémité inférieure de la pièce verticale est armée d'un
sabot pointu *e* qui, pénétrant dans les sables, s'oppose aux
mouvements latéraux. Enfin, on prévient la flexion de la
tige horizontale en la suspendant avec des chaînes *f*, *f* à
la partie supérieure de l'arbre.

Un tourniquet (fig. 9 et 10) à quatre bras sert à mettre
la drague en mouvement ; il se fixe à la hauteur voulue
en serrant les vis de pression *v*, *v* et, au besoin, en engageant des cales entre l'arbre et le corps du tourniquet. Deux
rouleaux en tôle *g*, *g* empêchent les chaînes *f*, *f* de fouetter
contre la tige. La figure 1 indique le mode de suspension
de l'outil, doué d'un mouvement indépendant de la
corde à laquelle il est attaché, en raison de la faculté que
possède l'anneau *h* de tourner sur le crochet *i*.

Les ouvriers occupés à la manœuvre se placent sur un
échafaudage, tel que *k k* (fig. 5), situé un peu au-dessus
du niveau des eaux. Ce plancher (fig. 2) est formé de
solives *l*, *l* d'une longueur convenable, suspendues par des
chaînes aux anneaux des tubes *F* ; on les recouvre de
madriers, et on laisse un espace libre suffisant pour le
passage de la drague, suspendue d'ailleurs à une corde
que met en mouvement une machine à molettes établie
au jour. Lorsque cet outil arrive au fond du puits,
son sabot pénètre dans le terrain ; les ouvriers lui
impriment un mouvement de rotation à l'aide du tour-

niquet; les paniers prennent une position horizontale
qu'ils ne peuvent dépasser, puisqu'ils viennent heurter
contre les arrêts; leur face convexe est en .contact avec
le sable, dont ils coupent successivement diverses tranches; et lorsque la capacité intérieure est remplie, on
donne le signal au jour: l'appareil remonte jusqu'au-dessus
de l'échafaudage kk, où les ouvriers saisissent les paniers
par les poignées d, les font basculer et vident leur contenu dans une tonne qui, remplie, est élevée au jour.

On a constaté, par le volume des déblais extraits, que
les sables de l'intérieur du tubage ne sont pas les seuls
enlevés, mais encore une assez forte partie de ceux qui
se trouvent en dehors. C'est surtout pendant le creusement
des derniers bancs que le revêtement n'est jamais descendu
sans que les sables latéraux se fussent préalablement dé-
gorgés à l'intérieur; aussi quand, malgré la pression
opérée par les vis, le tubage restait immobile, la drague
s'enfonçait et dépassait promptement les bords inférieurs du
cylindre. Si, au contraire, la descente se faisait facilement,
la drague, devant extraire beaucoup de déblais, ne s'affais-
sait que lentement et restait toujours dans l'intérieur du
tubage beaucoup au-dessus de sa partie inférieure. D'où l'on
conclut naturellement qu'une condition essentielle, pour
qu'un revêtement de semblables dimensions puisse pénétrer dans le terrain, est la raréfaction des sables latéraux
par suite de leur déversement spontané dans le puits. Si,
malgré la drague et les vis de pression, le tubage reste
immobile, il faut pour ainsi dire appeler à l'intérieur
une partie de ceux qui sont entassés au-dehors; mais
il faut agir avec la plus grande prudence, afin de se
soustraire à la création d'excavations reconnues comme si
nuisibles. Une semblable circonstance s'étant présentée vers
la fin du creusement, on fit baisser les eaux de 5 à 6

mètres pour les laisser ensuite revenir à leur niveau naturel ; ce mouvement produisit un dégorgement, fit remonter les sables dans le puits et facilita la descente du tubage.

Celui-ci, dans les commencements du travail, s'enfonçait régulièrement de 0.60 à 0.80 mètre par vingt-quatre heures ; peu à peu sa marche se ralentit, soit par suite de la compression du terrain, soit parce que le point d'application de la force des ouvriers s'éloignait de plus en plus du lieu où agissaient les dragues. Vers les deux tiers de la profondeur, l'avancement n'était plus que de 0.10 mètre et au-delà, l'appareil fut quelquefois stationnaire pendant plusieurs jours. En résumé, l'enfoncement fut, par vingt-quatre heures, de 0.15 à 0.16 mètre.

Lorsque le tubage fut parvenu sur la tête des schistes, dont la surface est inclinée du nord au sud d'environ 10 degrés, sa partie septentrionale reposa seule sur le roc solide, et, au-dessous de la paroi opposée, se trouva un espace sans revêtement par lequel les sables affluaient dans le puits. On avait prévu cette circonstance et, dans ce but, on avait descendu avec le tubage un tronçon dont la partie inférieure, coupée par un plan formant un angle de 10 degrés avec l'axe, devait se trouver en contact avec la surface du rocher par tous les points de son pourtour. Mais on renonça à l'emploi de ce moyen, et l'on jugea préférable de faire pénétrer la base du tubage lui-même, en préparant sa place par l'entaillement préalable des schistes, à l'aide d'un outil représenté par les figures 13 et 13 bis.

Les pièces principales de cet *alésoir* sont deux tringles horizontales *a a* portant à leurs extrémités des couteaux *b*, *b* mobiles sur leur axe et dont les longueurs s'accroissent avec l'avancement du travail ; les premiers ont 0.20 mètre ; on leur en substitue d'autres de 0.30, de 0.42,

puis enfin de 0.50 mètre, qui déterminent une excavation d'un diamètre de 0.02 plus grand que le diamètre
extérieur du tubage. Des ressorts *c*, *c*, formés de lames
d'acier superposées, pressent la tête des couteaux et les
forcent à prendre une position horizontale ; on les dispose
verticalement (ainsi qu'on le voit dans la branche
de droite des figures), en faisant cesser l'action du
ressort, c'est-à-dire en le soulevant par l'intermédiaire
d'une chaîne. Les autres pièces, qui constituent le squelette de l'outil, sont : deux cadres carrés *d*, *d* ajustés sur
l'arbre des dragueuses; deux moises verticales *e*, *e* qui les relient et quatre arcs-boutants *f*, *f* destinés à prévenir la torsion
des tringles horizontales. On introduit cet instrument dans
le puits en repliant verticalement les couteaux, que l'on
force à se placer horizontalement lorsqu'ils arrivent au-
dessous du tubage. Le mouvement giratoire qu'on lui imprime ensuite produit dans les schistes tendres une série
d'échancrures circulaires destinées à provoquer la descente
du revêtement. C'est ainsi que sa partie nord pénétra
à une profondeur de 0.10 à 0.15 mètre, et, par conséquent, la paroi du sud de 0.80 à 0.90 mètre.

226. *Emploi de l'air comprimé pour établir la
jonction entre la base du revêtement et le roc
houiller.*

Restait à lier la base du tubage d'une manière étanche
avec le premier banc solide du terrain houiller : travail délicat que, dès l'origine, on avait pensé pouvoir
effectuer immédiatement après l'épuisement de la colonne
d'eau contenue dans le puits; mais, comme on craignait
avec raison que la base du revêtement ne fût écrasée
par la pression extérieure, ainsi que cela avait eu lieu

lors du fonçage des deux premiers puits, on résolut de contrebalancer cette dernière par l'air comprimé, dont l'efficacité ne pouvait soulever aucun doute.

Si les sables eussent été aquifères jusqu'à leurs affleurements à la surface du sol, une hauteur de niveau de 65 mètres aurait exigé une pression telle que le travail se serait trouvé dans des conditions encore inconnues, puisque le maximum de tension employée jusqu'à présent n'a été que de 3,9 atmosphères. Heureusement les eaux ne s'élevaient que de 9 mètres au-dessus du banc de sable, ce qui faisait une colonne de 31 mètres. Mais c'était trop encore ; on la réduisit en faisant communiquer les puits n°˚. 1 et 3 par une galerie à travers bancs creusée sur la tête des sables ; les eaux s'écoulèrent à ce niveau sur le premier de ces puits, où se trouvait la machine d'épuisement, et la colonne liquide ne fut plus que de 22 mètres.

L'appareil à air comprimé employé à Streppy ne contient que les organes déjà décrits à l'occasion du sas de M. Triger ; mais la construction offre des différences assez notables pour que le lecteur trouve quelque intérêt à en lire la description.

Planche XVI, fig. 14. Coupe verticale du sas à air suivant la ligne *A B* de la fig. 16.

» fig. 16. Coupe horizontale suivant *B B*, *B B* des fig. 14 et 15.

» fig. 15. Coupe verticale suivant la ligne *C D*.

A A, *A A,* sas à air. Il a pour parois latérales le tronçon supérieur du tubage, et pour base des planchers *C C*, *C' C'* liés par des boulons avec les colliers du cylindre. Les solives de ces planchers ont 0.22 mètre d'épaisseur ; elles sont assemblées à rainures et languettes, et leurs extrémités *V V* s'encastrent de 0.08 à 0.12 mètre dans la roche

voisine. Celle du milieu, plus large que les autres, est percée d'une ouverture rectangulaire D, D', munie d'un clapet b à charnière. Quatre boulons horizontaux $E E$ relient ces diverses pièces, dont on prévient d'ailleurs le fléchissement à l'aide de sommiers g, g' de 0.26 mètre d'équarrissage, ajustées à frottement contre les parois du cylindre. Ceux que l'on a placés à la partie supérieure de l'appareil sont destinés à prévenir le soulèvement du sas ; ils ont un équarrissage de 0.48 mètre, et sont encastrés d'environ 0.50 mètre dans la tourtia. L'écartement des deux planchers est maintenu par six colonnes creuses en fer ; ces colonnes i, i, h, h, de même que les sommiers et les planchers, sont traversées par des boulons f, f, f', f'. Tout le système est rendu solidaire par des piliers en fer k, k, dont deux reçoivent les pièces de support du treuil K. Enfin, des boulons f', f' et m, m, traversant le plancher inférieur C' C', se lient avec les tronçons inférieurs par l'intermédiaire de verges en fer l, l attachées, d'un côté, aux anneaux du tubage, de l'autre, aux œillets ménagés à la partie inférieure des boulons.

Au-dessous du sas se trouve un échafaudage $H H$, dont les pièces reposent sur le collier du deuxième tronçon. Le treuil J qu'il supporte sert à extraire les déblais et à faire descendre les divers matériaux réclamés par le travail.

Le tuyau adducteur de l'air comprimé L L est muni, à sa partie inférieure, d'une soupape équilibrée par un contre-poids ; elle empêcherait l'air du puits de s'échapper dans l'atmosphère, si le moteur venait à s'arrêter ou le tube à se fracturer. Ce tuyau porte, en outre, un manomètre à air libre placé près du machiniste ; il indique à ce dernier, et à chaque instant, les modifications qu'il doit apporter à la marche de la machine. Deux autres manomètres à air comprimé indiquent le degré de tension dans le sas à air et dans l'intérieur du puits.

Le tube de dégagement M porte deux robinets : l'un situé à 2 mètres environ de son extrémité inférieure ; l'autre n, à sa partie supérieure, débouche à travers le revêtement dans la galerie qui met en communication les deux puits n°. 1 et n°. 3. On ouvre les robinets toutes les fois que le fond de l'excavation contient des eaux à expulser.

Les joints du sas étant calfatés et revêtus d'une couche d'argile, on comprime l'air jusqu'au soulèvement des soupapes chargées d'un poids équivalent à 4 1/2 atmosphères. Après s'être ainsi assuré que l'appareil peut résister à cette pression, sans qu'il en résulte nulle part aucun désordre, les ouvriers pénètrent dans le puits, visitent les boulons, tamponnent les joints qui donnent lieu à des fuites, et procèdent au percement des schistes houillers. Ceux-ci, désagrégés et fort tendres d'abord, acquièrent, en descendant, une dureté plus grande ; à mesure que le rocher est mis à nu, on le revêt, de même qu'à Douchy, d'une couche d'argile maintenue par un boisage provisoire ; enfin, après un fonçage de 4.50 mètres de profondeur, on rencontre un banc assez solide pour y établir une trousse picotée formant un polygone de 22 côtés, surmontée d'un cuvelage en bois d'un diamètre et d'une épaisseur tels qu'il soit contenu à l'intérieur du tube de revêtement. Ce cuvelage, prolongé jusqu'à la galerie percée à la tête des sables, est monté, comme d'ordinaire, en intercalant des trousses picotées à 6 mètres de distance les unes des autres. Pendant cette opération on laisse les eaux suivre les ouvriers, en diminuant insensiblement la tension de l'air, qui, vers la fin, n'est plus que de 2,2 atmosphères. Alors on procède au calfatage des joints, opération exécutée en descendant et pendant laquelle la pression, au contraire, marche sans cesse en augmentant.

Comme on s'aperçut, peu après la fin du travail, que
la trousse picotée inférieure ne reposait pas sur une banquette imperméable sur toute son étendue, on dut en placer
une autre à 2.75 mètres au-dessous de la précédente qui
offrit toutes les garanties désirables de solidité.

L'emploi de l'air comprimé n'a donné lieu qu'à un seul
accident qui ait eu pour résultat la mort d'un homme. Deux
manœuvres, installés sur l'échafaudage *H H*, se trouvant
momentanément sans occupation, se couchèrent et s'endor-
mirent ; l'un d'eux, enveloppé d'une couverture d'étoupes,
fit, pendant son sommeil, un mouvement qui le rapprocha
de la lampe découverte placée à ses côtés; celle-ci mit le
feu à la couverture, et l'embrasement dans l'air comprimé se
propagea avec une rapidité telle, que son compagnon eut
à peine le temps de descendre au fond du puits, où on
l'aida à éteindre ses vêtements. On chercha à venir au
secours du premier ; mais ce fut en vain ; la fumée ne
trouvant pas d'issue pour s'échapper, il fut impossible
d'arriver à l'échafaudage ; le malheureux périt victime de
sa propre imprudence.

Le directeur de la mine vérifia d'ailleurs l'exactitude
de toutes les observations physiologiques et physiques faites
antérieurement sur les effets de l'air comprimé (1).

227. *Procédé de M. Wolsky pour relier la base des tubes en tôle et la tête du terrain houiller.*

Le nombre des ouvriers victimes de l'air comprimé
faisait désirer de trouver un autre moyen pour opérer

---

(1) Le lecteur peut consulter avec fruit le Mémoire remarquable
publié par M. BOUHY dans les *Annales des travaux publics en Belgique*, t. VII, p. 35.

la jonction du terrain houiller et des tubages foncés à travers les sables mouvants, lorsque M. Wolsky entreprit un travail de ce genre à travers un banc aquifère de 16 à 17 mètres de puissance. Voici la description du procédé mis à exécution à la mine de St.-Germain-des-Prés, département de Maine-et-Loire (pl. XVII).

Le tubage en tôle A B (fig. 3) , enfoncé par percussion à travers une couche de 17 mètres de sables d'alluvion de la Loire , a un diamètre d'environ 2 mètres. Lorsque la base vient en contact avec le terrain solide , on s'assure si , en raison des ondulations auxquelles les schistes sont sujets, le sable peut pénétrer par dessous les bords inférieurs du revêtement. Si cette circonstance se présente, il suffit de prendre un ciseau de sondage, d'entailler le fond de l'excavation à sa circonférence intérieure, et de descendre un cylindre en tôle de 0.30 à 0.50 mètre de hauteur, dont le diamètre soit plus petit que celui du tube principal.

A St.-Germain-des-Prés, cet inconvénient n'ayant pas eu lieu, on fit danser au fond du puits un lourd ciseau à quatre ailes a , destiné à broyer le rocher. Celui-ci peut être excavé uniformément sur toute la section du puits ou seulement à la circonférence, car jes buttes du centre ne nuisent pas au travail ultérieur. Pour diriger l'outil de manière à juger à chaque instant du chemin parcouru, on emploie un guide (fig. 2 et 3), composé d'une croix horizontale en bois c d, e f, mobile sur un axe; on la place dans le puits , où elle peut prendre un mouvement giratoire. L'une de ses branches f, munie d'une espèce de grille , offre une série de cases ou compartiments se succédant du centre à la circonférence; c'est dans ces cases que se loge, pour y jouer librement, la tige de sonde saisie près de l'assem-

blage de l'outil. La grille, mobile autour d'une charnière *o*, peut s'écarter de la branche à laquelle elle est attachée, pour faire passer le ciseau d'une case dans la suivante; elle est fixée au point *i* par un crochet. Enfin, au centre de la croix, est fixée une poutrelle verticale *v*, dont l'extrémité supérieure dépasse l'orifice du tube et porte un index *h* compris dans le plan de la grille. Cette disposition, permettant d'écarter et de rapprocher à volonté le ciseau de l'axe du puits et en même temps de lui faire parcourir, à l'aide de l'index, une série de petits arcs de cercle, donne la possibilité d'attaquer successivement tous les points de la surface, sans y laisser aucune butte.

Dès qu'une certaine épaisseur de roche a été ainsi broyée, on enlève les déblais avec un cylindre à boulet, et ces deux opérations se succèdent alternativement jusqu'à ce qu'on ait excavé les schistes sur une hauteur d'environ deux mètres. On régularise ensuite les parois de l'excavation, que le ciseau n'a pu entailler sans y laisser des saillies et des cannelures, au moyen d'un alésoir en fonte, d'un poids de 200 kilogrammes. L'outil C, approprié à ce travail (fig. 3, 4, 5, 6 et 7), est courbé suivant le diamètre du puits; il est muni d'un taillant aciéré et s'attache à la partie inférieure des tiges par une fourche assemblée à tenons et mortaises. Il est manœuvré de la surface et prend place dans la case du guide la plus écartée de l'axe du puits.

Pendant ces travaux, on a préparé un cylindre en tôle E F (fig. 8), appelé par l'auteur du procédé *tube-clef*; le diamètre en est de 0.10 mètre plus petit que celui du tube principal, afin de pouvoir pénétrer dans l'excavation; car les parois de celles-ci forment un talus provenant de ce que le ciseau placé à l'extrémité de la tige n'a pu travailler sans être rejeté vers l'axe du puits. La hauteur de ce tube excède d'environ un mètre celle de la cavité faite au ciseau; enfin, il

porte extérieurement à sa partie supérieure des guides en
tôle k, k, disposés de manière à lui assurer une descente
verticale et une position concentrique au premier tubage.

Lorsqu'on est sûr qu'il parvient au fond du puits sans rencontrer d'obstacles, on remplit ce dernier, sur une hauteur
plus grande que celle du tube-clef, d'un mortier M composé
de sable, de chaux hydraulique et de ciment romain ; ce mortier est introduit, par quantités d'environ un hectolitre, dans
un drap suspendu par ses quatre coins. On descend alors le
tube et on le force à pénétrer dans la couche de mortier.
Pour cela on établit sur son orifice une croix en bois D D^t
(fig. 8, 9 et 10), portant à sa face inférieure des coins en
bois m, m ; elle est surmontée d'une poutrelle verticale w,
dont l'extrémité supérieure arrive au jour et sur laquelle on
frappe à coups de mouton. Les figures 9 et 10 représentent
cet appareil vu par dessus et par dessous. Quelques
échantillons du même mortier, placés dans l'eau au
moment même où l'on comblait la cavité, servent à
constater l'époque où sa dureté est devenue suffisante
pour attaquer celui du fond (1). On épuise alors les
eaux à l'aide de tonnes ; les ouvriers enlèvent à la pioche
le mastic durci compris entre les parois du tube-clef, et celui
qui reste à l'extérieur forme un anneau cylindrique établissant la jonction entre le rocher et le tubage.

Comme les schistes houillers désagrégés et fissurés au
contact des sables laissent filtrer de l'eau en quantité
notable, on doit, pour continuer le fonçage, monter une
pompe dans le puits et établir de distance en distance des
trousses picotées et reliées avec les tubes en tôle, jusqu'à

_____

(1) Le temps nécessaire pour le durcissement du mortier a été au
maximum d'un mois.

ce qu'on rencontre une stratification imperméable, qui permette de construire le siége définitif du revêtement. Le
premier de ces tubes N (fig. 11 et 12) est un tronc de
cône, destiné à ramener le puits à son diamètre primitif et
quelquefois à changer la forme de sa section. Les trousses
G H disposées par couples, reposent sur des madriers p
(fig. 13) et se relient au tubage par les dispositions suivantes :
La partie extérieure d'une cornière cylindrique r en
tôle forte étant intercalée entre deux trousses superposées,
on fait reposer sur elle l'extrémité inférieure du tube q ;
des étoupes sont introduites dans la gouttière résultant de
cet ajustement, et l'on achève de la remplir avec des cales
en bois. Le tube inférieur q' est appliqué au-dessous
du précédent ; on visse une virole s sur la cornière, en
interposant une légère feuille de cuivre recuit, et
la gouttière inférieure est fortement calée par-dessous. La
jonction des deux tubes étant ainsi rendue étanche, les
cales des deux gouttières sont arasées au niveau de la cornière et de la virole, et recouvertes de deux doubles
équerres en tôle t, t, avec interposition de cuivre rouge
recuit ; le tout est consolidé par des vis traversant simultanément les cornières, la virole et les équerres.

La disposition adoptée à St.-Germain-des-Prés consiste
en trois tubes reposant sur trois assises de trousses, au-
dessous desquelles on a construit un cuvelage en bois.
Comme il s'agissait de convertir la section circulaire du
puits en une section rectangulaire de 2.40 mètres sur 1.40
mètre, on a d'abord ovalisé les tubes, puis, au moyen
du cuvelage en bois, on a passé de l'ovale à l'octogone
circonscrit, et de cette dernière forme à la section rectangulaire, par gradation insensible.

M. Volsky propose, dans le cas où l'on aurait à percer
des terrains très-durs, tels que des craies mêlées de rognons

de silex, d'accélérer le foncement par l'emploi de deux ou de trois ciseaux, indépendants les uns des autres, chacun d'eux étant conduit par une branche spéciale de la croix du guide. Mais ici s'appliqueraient bien plus avantageusement les grands instruments de sondage déjà employés à Schoeneeken par M. Kindt (1).

(1) Ces documents sont extraits de la spécification du brevet d'importation pris en Belgique par l'inventeur du procédé et par son mandataire. Ultérieurement a paru un Mémoire sur cet objet dans les *Annales des mines*, 4e série, tome XVIII, p. 113.

SECTION XI°.

EXCAVATIONS ACCESSOIRES.

228. *Énumération des excavations constitutives d'une mine.*

Les excavations pratiquées dans les mines de houille peuvent se diviser en trois classes :

1°. Celles qui ont pour objet d'atteindre le gîte, savoir : les puits et les galeries pratiquées dans la roche stérile, qui ont été jusqu'à présent l'objet de ce chapitre.

2°. Celles qui sont le résultat de l'arrachement de la houille : ce sont, la plupart du temps, des galeries, quelquefois des puits et fréquemment de vastes cavités dont on verra l'usage et les noms spéciaux dans le chapitre consacré à l'exploitation proprement dite.

3°. Les excavations accessoires qui servent indirectement à l'exploitation et accompagnent nécessairement les précédentes : telles sont les chambres d'accrochage ; les réservoirs de différentes espèces ; les puisards ; les écuries ; les cages destinées à renfermer les treuils, les manèges ou baritels à chevaux et les machines à vapeur installées à l'intérieur des travaux ; les élargissements pratiqués dans quelques localités sur une partie de la hauteur des puits, pour faciliter la rencontre des vases d'extraction, etc., etc.

229. *Chambres d'accrochage.*

C'est ainsi que l'on désigne les extrémités élargies et exhaussées des galeries à leur point de rencontre avec les puits, point où des ouvriers spéciaux *accrochent* aux câbles d'extraction les vases qui sont envoyés au jour. L'espace excavé, à la jonction d'une galerie et d'un puits, étant ordinairement considérable, un revêtement y est plus nécessaire que partout ailleurs, à moins, circonstance fort rare, que la roche n'offre une solidité exceptionnelle.

Les figures 20 et 21, pl. XVII, représentent une chambre d'accrochage, boisée et liée avec un puits revêtu de la même manière, telle qu'on les construit dans les grandes plateures du nord du bassin de Liége, où ces excavations portent le nom de *chargeages*. Dans cet exemple, les wagons qui ont parcouru les galeries de transport débouchent sur un plancher solide *m*, qui recouvre le puisard (*bougnou*), et se trouve au niveau du sol de l'accrochage. Mais lorsque la mine a un puits spécialement destiné à l'exhaure, le puisard est supprimé et les voitures roulent sur le mur de la couche.

Après avoir excavé les parois latérales de la galerie d'une quantité suffisante pour que le croisement des vases se fasse facilement, et son faîte pour que les câbles ne s'usent pas par un frottement réitéré contre l'arête supérieure, on enlève deux ou trois cadres, et l'on soutient ceux qui restent au-dessus par des chapeaux *v v* et des montants *x, x* d'un fort équarrissage reposant, par leur extrémité inférieure, sur une semelle ou sur le cadre placé immédiatement au-dessus du sol. Le chargeage est d'ailleurs boisé, comme les galeries ordinaires, avec des pièces dont les épaisseurs sont proportionnées à la hauteur

de l'excavation et à la poussée du terrain ; la portée trop
longue des chapeaux est réduite de moitié par l'introduction
d'étais verticaux installés vers le milieu des bois. Si le
terrain est ébouleux, la partie la plus dangereuse, l'angle
solide formé par les parois du puits et le faîte du chargeage,
est soutenue par des sommiers de bois horizontaux et jointifs ; ces pièces s'abaissent successivement à mesure que
l'on s'avance dans l'intérieur du chargeage, et la dernière
se raccorde avec la galerie.

Dans la province de Hainaut les chambres d'accrochage sont généralement muraillées. Les figures 22, 23
et 24 ont pour objet un puits elliptique revêtu d'un
mur *a a* d'une brique d'épaisseur et un berceau *b b*
formé de deux briques ; l'ensemble des maçonneries est
donc composé d'un cylindre vertical à base elliptique,
pénétré par une voûte conique dont l'axe est horizontal. Le charbon amené dans la chambre devant être
versé dans des cuffats (1), on creuse, pour les y
déposer, un encaissement *c*, *c* (*pas de cuffat*) dont la
hauteur et la largeur suffisent strictement à contenir
ces derniers. La largeur des chambres d'accrochage
ne peut excéder le plus grand diamètre du puits ; leur
longueur dépend de leur emploi ; elle est ordinairement
de 10 à 15 mètres. Au niveau inférieur du pas de cuffat
a été intercalé, dans la maçonnerie, un fort cadre *d*, avec
lequel la partie inférieure du revêtement vient se raccorder
par des surfaces gauches ; celles-ci servent à conduire les
vases d'extraction et à les empêcher de s'accrocher pendant
leur mouvement d'ascension.

(1) Terme usité en Belgique et dans le département du Nord
pour désigner les tonnes destinées à l'extraction de la houille.

Sur le sol de l'accrochage est établie une double voie en fer aboutissant aux tonnes; on recouvre aussi toute sa surface de madriers ou mieux de plaques en fonte sur lesquelles roulent facilement les rebords des voitures destinées au transport intérieur. Lorsque ces dernières doivent parvenir directement au jour, le pas de cuffat, devenant inutile et même nuisible, est supprimé; l'ouvrier attire à lui le vase pendant qu'il stationne devant la chambre, et le fait rouler immédiatement sur le chemin de fer, qui le conduit aux ateliers d'arrachement.

Les chambres d'accrochage usitées dans le département du Nord (France) offrent quelques différences avec les précédentes. Le puits et la chambre cylindriques (fig. 18 et 19) sont raccordés par un berceau conique e dont la surface est fortement inclinée; un sommier demi-circulaire f, formé de trois pièces assemblées à tenons et mortaises, reçoit la partie supérieure du revêtement du puits; des bandes de fer plat clouées sur le sommier se rattachent à la maçonnerie, afin de conduire les tonnes et de les empêcher de s'accrocher pendant leur mouvement d'ascension. Le pas de cuffat g, appelé ici potiat, est fermé du côté du puits par un tablier h, ou cloison formée de deux montants munis de rainures dans lesquelles s'engagent les extrémités de forts madriers; il est légèrement incliné vers l'axe du puits, afin de faciliter l'introduction des cuffats. Cette disposition a l'avantage d'empêcher la chute de la houille pendant le transvasement des voitures dans les tonnes.

230. Des puisards.

Les puisards sont les prolongements des puits au-dessous de la chambre d'accrochage inférieure. Ces excavations, auxquelles on donne une profondeur variable, servent à contenir

les eaux affluentes, que l'on épuise à l'aide de tonnes, après
certaines périodes déterminées et quelquefois toutes les nuits,
si le besoin le requiert. Dans ce cas, l'orifice du puisard est
recouvert par un plancher composé de deux sommiers encastrés dans la roche ou dans la maçonnerie du revêtement,
de manière à ne pas gêner la circulation des vases d'exhaure ;
de trois ou quatre solives mobiles, dont on recouvre
transversalement les sommiers, et de madriers disposés
jointivement par-dessus les solives. Ces planchers, destinés
à empêcher la houille de tomber dans l'excavation et de
l'engorger, sont enlevés chaque fois que doit avoir lieu
l'épuisement par tonnes.

C'est aussi dans le puisard que vient plonger le tuyau
d'aspiration des pompes installées dans l'un des compartiments du puits d'extraction ; mais, comme cette
circonstance suppose une affluence d'eau hors de proportion avec la contenance du réservoir, on réunit celui-
ci avec d'autres excavations qui, pour se remplir,
demandent un laps de temps assez considérable ; cette
disposition facilite la réparation des appareils d'exhaure,
et permet de ne les faire fonctionner que d'une manière
intermittente. Il est toujours facile, dans les mines de
houille, de disposer les choses de manière à créer des vides
d'une grande capacité ; ainsi, le puits traversant une plateure, comme l'indique la figure 16 (planche XVII), ou
tombant à une certaine distance d'une couche en dressant,
on agit comme pour les réservoirs ci-dessous décrits,
en excavant en *n n*, suivant l'allongement de la couche,
en soutenant les vides par des revêtements appropriés à
la nature du terrain, et réunissant ceux-ci et le puisard
par une galerie à travers un banc *h*. Les eaux, s'élevant alors simultanément dans le puisard et dans l'excavation latérale, mettent d'autant plus de temps pour

atteindre les galeries d'exploitation, que le creusement dans la couche s'est effectué sur une plus grande longueur en direction. Ces travaux sont peu onéreux, puisqu'ils produisent de la houille, dont la valeur compense en tout ou en partie les frais de percement.

231. Réservoirs destinés à emmagasiner les eaux à différentes profondeurs.

Les eaux, recueillies par des planches ou des gargouilles, tombent dans le puisard ou sont conduites dans des réservoirs latéraux creusés au-dessous du point où elles jaillissent. Le procédé qui consiste à les retenir en un lieu aussi rapproché du jour que possible est assez convenable, puisqu'il permet de les extraire de la plus petite profondeur possible. Les réservoirs exécutés dans le terrain houiller ou dans les stratifications de recouvrement sont toujours formés d'une ou de plusieurs galeries de dimensions variables, dont la capacité est en rapport avec le volume des eaux affluentes et le temps qu'elles doivent y séjourner.

Les excavations de cette nature sont de deux espèces :

1°. Les réservoirs de petites dimensions établis dans les roches stériles, appelés à Liége *carihou*, et à Charleroi *rappuroirs*.

2°. Les réservoirs creusés dans le gîte, auxquels on donne une beaucoup plus grande capacité et que l'on désigne, dans la première de ces localités, sous le nom de *pahages*.

Les excavations de la première espèce s'installent à différentes hauteurs dans les puits, au-dessous des cuve-

lages ou des roches fissurées, pour recevoir les eaux qui
en découlent. Ce sont des galeries (fig. 25 et 26) dirigées
normalement à l'une des faces du puits; leurs dimensions
doivent être telles, que les eaux affluentes puissent y être
contenues pendant un, deux, trois et même huit jours,
suivant les besoins. On les muraille en voûte lorsque le
terrain n'est pas assez solide pour se soutenir de lui-
même, et on les obstrue à une petite distance du puits
au moyen d'un barrage, digue en maçonnerie ou en
bois solidement liée avec les parois latérales et le sol.
On laisse quelquefois un espace vers le faîte, afin de
pouvoir pénétrer dans le réservoir. C'est dans ces excavations que l'on conduit les eaux réunies préalablement
dans les rigoles ou les gargouilles, au moyen d'un
canal passant par-dessus le bâtardeau ou d'un coup de
sonde foré au faîte, si le terrain est assez solide.

La digue est formée d'une muraille maçonnée avec
du mortier hydraulique ou du ciment romain, dont
l'épaisseur est proportionnée à la hauteur de la colonne
d'eau qu'elle doit supporter. Quelquefois deux entailles
parallèles, pratiquées sur les parois et sur le sol de la
galerie, reçoivent les extrémités de madriers qui forment
deux cloisons v, v, entre lesquelles on tasse fortement des
terres argileuses. Dans les deux cas, le barrage est traversé par un tuyau de fonte s dont l'extrémité antérieure
est munie d'un robinet ou d'un tampon. Les bâtardeaux
se construisent aussi comme les serrements, dont il
sera fait mention ultérieurement.

Lorsque le réservoir est plein ou que la cessation
momentanée des travaux permet d'extraire les eaux, on
ouvre le robinet; celles-ci, coulant sur les parois, atteignent
le fond du puisard, d'où on les extrait avec les pompes
ou les vases d'extraction. Ou bien, ce qui, dans tous les

cas, est bien préférable, on creuse un pas de cuffat pour
y loger une tonne *t*, mise en communication avec le
robinet à l'aide d'un canal en bois *r* ou d'un boyau en cuir.

Des réservoirs semblables sont fréquemment exécutés à
Anzin, au-dessous des cuvelages et dans les derniers bancs
d'argile bleue superposés aux dièves ; ce sont des *bowettes
à bleus* (1).

Quant aux réservoirs pratiqués dans le gîte, lorsque
la nécessité d'en établir un se fait sentir, on cherche,
dans le voisinage du point où il doit être construit, une
couche qui, quelque faible que soit sa puissance, en facilite
le creusement. On pénètre dans son aval pendage, on y
pratique, suivant la direction, une excavation d'une certaine
étendue, que l'on protége contre les éboulements au moyen
d'un revêtement, si cela est nécessaire ; chassant alors une
galerie horizontale vers la partie inférieure de l'excavation,
on s'arrête à 2 ou 3 mètres de cette dernière, et l'on
donne un coup de sonde dirigé du bas en haut. Ce trou,
d'un assez grand diamètre, est muni d'un robinet ou d'un
tampon, afin d'établir à volonté la communication entre
le réservoir et la galerie à travers bancs.

Tels sont les réservoirs exprimés par les figures 15 et 17.
Pour le premier, établi dans une plateure de la mine de la
Nouvelle-Haye, près de Liége, on a utilisé les excavations
a a, provenant d'anciens travaux exécutés antérieurement
dans l'aval pendage de la couche ; le creusement de la galerie
de vidange *cb* a été facilité par la rencontre d'une couche inférieure *m*, et le trou de sonde a été foré en *c*. Comme il y
avait à craindre l'obstruction du trou de sonde foré dans un
terrain peu solide, on a dû le revêtir d'un tube métallique terminé à son extrémité antérieure par un robinet.

(1) On doit prononcer *boetle* ou *boëtc*.

Le pahage de la figure 17 , appartenant à l'une des
mines de la rive droite de la Meuse , a été établi dans
un dressant. *a a* indique également le creusement suivant
le sens de l'allongement de la couche ; *b a* est la galerie
de communication entre le puits et le réservoir. Mais
comme le massif *v* qui sépare les deux excavations est
fissuré , naturellement ou par suite des ébranlements occa-
sionnés par le tirage à la poudre , on a dû supprimer
le trou de sonde, chasser la galerie jusqu'à ce qu'elle
débouchât dans le réservoir, puis établir un bâtardeau
ou un serrement *o* dans la partie la plus solide de
la galerie.

232. *Cages d'engins intérieurs , élargissements des puits , etc.*

Les écuries , les emplacements destinés à contenir les
treuils , etc., sont ordinairement boisés. Les cages des
machines à molettes , placées à l'intérieur , étant d'une
grande hauteur , se prêtent difficilement à l'emploi de ce
genre de revêtement; ces excavations , circulaires ou octogones , sont le plus souvent muraillées et recouvertes d'une
voûte. Les chambres souterraines destinées à l'installation
des machines et des chaudières à vapeur ne comportent
d'autre revêtement qu'une maçonnerie, qui les protége contre
les atteintes du feu. Lorsque les produits de la combustion
s'échappent du foyer, ils se répandent dans l'atmosphère
en traversant un puits et quelquefois une galerie ; on doit
enlever soigneusement tous les bois contenus dans ces
deux excavations et y substituer une muraille ; celle-ci se
prolonge à une assez grande distance, dans la crainte des
embrasements. La mine de houille de Sart-Longchamps

(district du Centre) offre un exemple d'un foyer de machine à vapeur intérieur dont les flammes ou les étincelles, s'étant portées dans la galerie de dégagement, à une distance considérable, rencontrèrent des bois et de la houille, et produisirent un incendie qui, sans des secours prompts et énergiques, aurait pu, sinon compromettre l'existence de la mine, entraîner au moins de graves accidents.

Les excavations destinées à contenir les manèges et les machines à vapeur sont fort coûteuses, et l'on ne doit se décider à en construire à l'intérieur des travaux que dans le cas où l'on a l'assurance de pouvoir les utiliser assez longtemps pour être indemnisé des dépenses qu'elles entraînent.

Dans certaines localités de l'Angleterre, on a l'habitude d'agrandir la section des puits vers le point où les vases d'extraction se rencontrent, et de leur attribuer un diamètre d'environ 0.80 mètre de plus qu'ailleurs. Mais comme ce point de croisement (*meeting*) varie suivant la manière dont les câbles s'enroulent à la surface, il arrive souvent qu'il ne coïncide pas avec la partie du puits qui a été élargie ; en outre, cette disposition ne pouvant être employée avec les cuvelages, il est toujours préférable de donner à ces excavations une largeur suffisante dans toute leur étendue.

FIN DU TOME PREMIER.

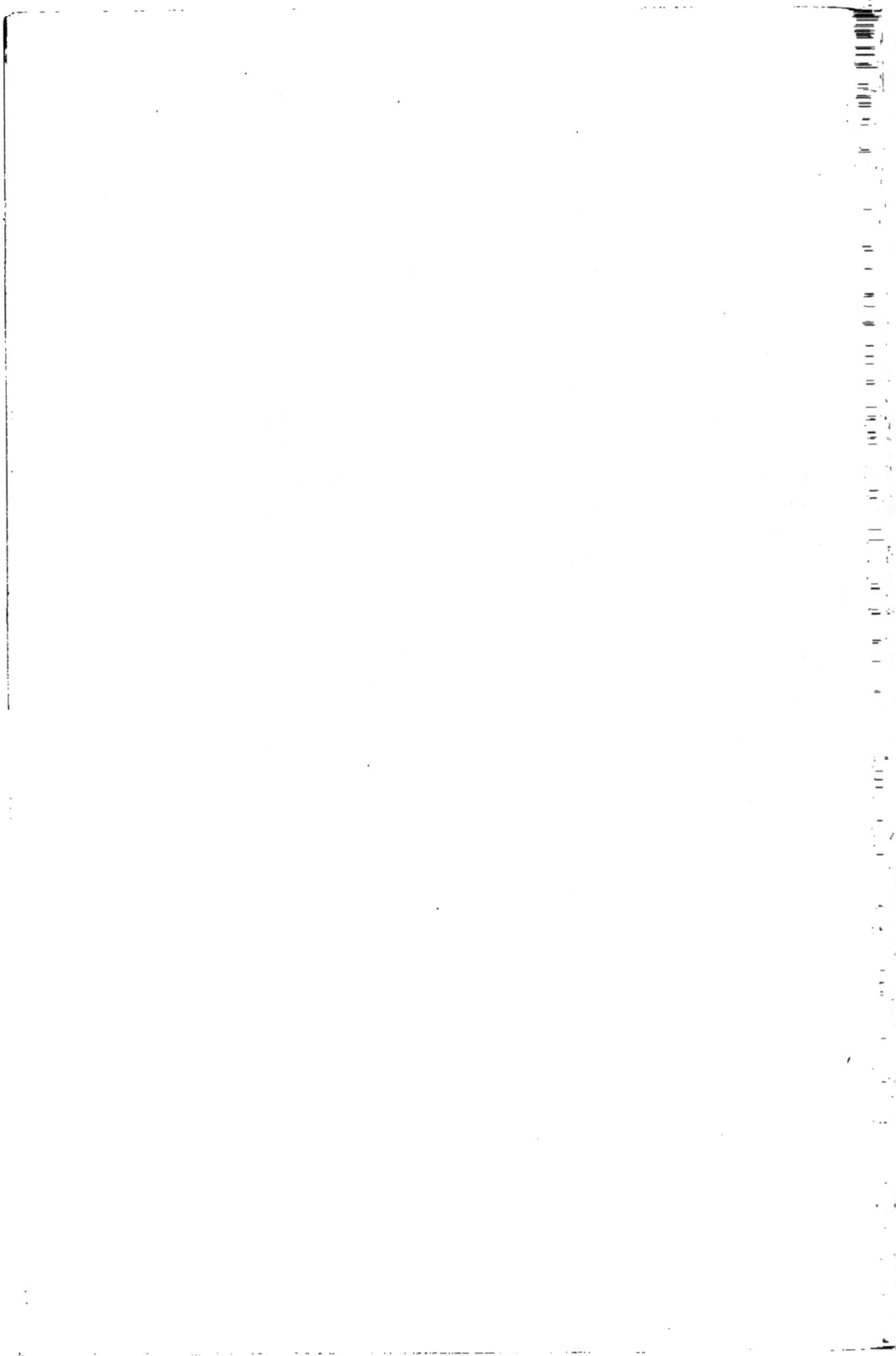

TABLE DES MATIÈRES

CONTENUES DANS LE PREMIER VOLUME.

Pages.

Dédicace V
Avant-propos VII

CHAPITRE PREMIER.

GISEMENTS DE LA HOUILLE ; SONDAGES ; TRAVAUX DE
RECHERCHE ET DE RECONNAISSANCE.

Iʳᵉ. SECTION.

FORMATIONS CARBONIFÈRES ; ROCHES ENCAISSANTES DE LA HOUILLE.

Pages.

1 Formations carbonifères 1
2 Désignations des diverses parties d'une couche et des
   roches qui l'encaissent 3
3 Bassins houillers 5
4 Roches associées à la houille 7

Pages.

5 Schistes ou argiles schisteuses 9
6 Psammites et grès houillers 11
7 Densité et poids des roches psammitico-schisteuses. . 13
8 Fer carbonaté et autres substances accidentelles. . . 15
9 Mode d'association des diverses roches qui précèdent. 17
10 Vestiges organiques renfermés dans les roches des for-
    mations carbonifères. 18
11 Fissures des grès houillers 21
12 Roches solides et ébouleuses 23
13 Des cloches. 25
14 Gonflement et soulèvement du mur des couches. . . 27

IIe. SECTION.

CONSTITUTION DES COUCHES DE HOUILLE.

15 Classification des variétés de ce combustible 30
16 Analyse de la houille 34
17 Densité et foisonnement des houilles 38
18 Composition des couches 41
19 Clivage ou plans naturels de division de la houille . . 43
20 Hétérogénéité de la houille dans une même couche. . 45
21 Contexture des assises 46
22 Substances étrangères dispersées ou stratifiées dans
    la masse. 47
23 Puissance et nature exploitable des couches 49
24 Des couches considérées relativement à leur puissance,
    à leur nombre et à leur continuité 51
25 Rapports observés entre la position géognostique des
    couches et la qualité de la houille qu'elles contiennent. 52
26 Caractères distinctifs et synonymie des couches . . . 54
27 Tendance de certaines couches à pousser au vide . . 56
28 Origine de la houille et des végétaux qui ont contribué
    à sa formation 57

IIIᵉ. SECTION.

TERRAINS DE RECOUVREMENT; ORIGINE DES EAUX QUE CONTIENNENT
LES MINES DE HOUILLE.

                                                              Pages.
29 Des morts terrains en général.   63
30 Terrains d'alluvion   65
31 Terrains tertiaires   66
32 Formations secondaires de recouvrement   68
33 Morts terrains des mines d'Anzin et de Douchy . . .   70
34 Épaisseur des formations crétacées de recouvrement .   73
35 Dépôts arénacés aquifères intercalés entre la base de
   la formation crétacée et la partie supérieure du terrain houiller   75
36 Configuration extérieure des terrains houillers . . .   79
37 Origine des eaux rencontrées par le mineur lorsqu'il
   pratique des excavations à l'intérieur de la terre. .   81
38 Etat des eaux dans les formations de recouvrement .   82
39 Des eaux considérées dans le terrain houiller. . . .   84

IVᵉ. SECTION.

ACCIDENTS QUI AFFECTENT LES COUCHES DE HOUILLE.

40 Définitions de quelques termes relatifs aux couches .   87
41 Des dérangements en général.   90
42 Inclinaison ou pente des couches   91
43 Plis et replis, zigzags ou inflexions.   92
44 Désignations dérivant du ploiement.   94
45 Faux bassins, fausses selles, ennoyages, etc. . . .   96
46 Des failles en général   98

Pages.

47 Des crains ou crans 99

48 Dykes et failles proprement dites. 101

49 Exemples de terrains divisés en fragments par des
failles ou des dykes 102

50 Rejettements des couches 105

51 Fentes ou fissures. 105

52 Situation respective de deux fragments d'un terrain
rompu ; leur état à l'approche de la fissure. . . . 107

53 Masse remplissante 108

54 État de la houille aux approches des failles et des
dykes 110

55 Brouillages. 111

56 Étranglements, renflements, chapelets, etc. . . . 111

57 Accidents qui ont affecté les couches pendant leur
formation 115

Vᵉ. SECTION.

DESCRIPTION DE QUELQUES-UNS DES PRINCIPAUX BASSINS
DE L'EUROPE.

58 Gîtes carbonifères que renferme la Belgique. . . . 118

59 Liége. 120

60 Bassin de la Sambre. 125

61 Bassin de la Haine. 131

62 Formation carbonifère du Couchant de Mons. . . . 134

63 Département du Nord. 140

64 Bassins houillers du département de Saône-et-
Loire 143

65 Bassins de la Loire. 147

66 Eschweiler et Bardenberg. 153

67 Dépôt de la Ruhr ou formation westphalienne. . . 157

68 Sud du Staffordshire. 165

69 Gîtes carbonifères de Newcastle. 170

VIᵉ. SECTION.

APPAREILS DE SONDAGE.

		Pages.
70	De la sonde et de son usage.	174
71	Classification des appareils de sondage.	175
72	Parties constituantes d'une sonde.	176
73	Outils propres à entailler les roches.	177
74	Outils destinés à calibrer et à régulariser le trou de sonde.	180
75	Instruments propres à l'extraction des déblais.	181
76	Tiges en fer.	183
77	Têtes de sonde et autres accessoires.	187
78	Engins ou chèvres.	188
79	Appareils destinés à descendre et à remonter la sonde.	190
80	Appareils à l'aide desquels on imprime le mouvement de battage ou de sonnette.	191
81	Manœuvre de la sonde.	194
82	Revêtement d'un trou de sonde.	196
83	Tubes en tôle.	198
84	Descente des coffres et des tubes.	200
85	Arrachement des tuyaux de revêtement.	204
86	Des accidents.	205
87	Outils destinés à retirer les sondes brisées.	207
88	Méthodes employées pour porter remède aux accidents d'une nature différente des précédents.	209
89	Prévenir les vibrations des tiges et leur fouettement contre les parois des trous.	210
90	Dispositions propres à amortir l'accélération de vitesse, lors de la chute des tiges.	214
91	Nouveaux perfectionnements dus à M. Kindt.	216
92	Sondage à la corde ou sondage chinois.	221
93	Outils et appareils de percussion employés par M. Jobard.	224
94	Sondes à bras pour les recherches à l'intérieur.	229

VIIᵉ. SECTION.

TRAVAUX DE RECHERCHE ET DE RECONNAISSANCE.

Pages.

95 Divers travaux appliqués à la recherche des couches de houille. 232
96 Exploration géologique de la surface du sol. . . . 233
97 Recherches par tranchées. 236
98 Découvrir les formations carbonifères masquées par des dépôts plus récents qu'elles. 237
99 Du sondage appliqué à la recherche des couches de houille. 238
100 Travaux de reconnaissance. 239
101 Déterminer par le sondage l'inclinaison et la direction d'une couche de houille. 240
102 Reconnaître la continuité des couches et leur succession à l'aide de sondages peu profonds. . . . 243
103 Échantillons et journal de sondage. 246
104 Vérificateurs de sondage. 248
105 Reconnaissances par puits et par galeries. . . . 249
106 Comparaison entre les deux méthodes précédentes. . 251

CHAPITRE II.

MOYENS DE PÉNÉTRER DANS LE SEIN DE LA TERRE.

Iʳᵉ. SECTION.

DES PUITS ET DES GALERIES EN GÉNÉRAL.

107 Définitions. 253
108 Puits et galeries creusés dans le gîte. 255
109 Idem, dans les roches encaissantes. 255
110 Formes attribuées à ces excavations. 256

Pages.

111 Dimensions des puits et des galeries. 258
112 Puits destinés à plusieurs usages. 259
113 Relations entre les plans de stratification et les axes
    des excavations. 260
114 Circonstances qui influent sur l'emplacement des puits. 261

IIᵉ. SECTION.

OUTILS ET INSTRUMENTS DU MINEUR.

115 Considérations générales. 264
116 Outils de déblai. 265
117 Outils d'entaille : pointerolles et pics. 265
118 Observations sur les pics. 268
119 Outils accessoires. 269
120 Outils propres à percer les trous de mine : marteaux
    et fleurets. 271
121 Curette, épinglette et bourroir. 274

IIIᵉ. SECTION.

TIRAGE A LA POUDRE.

122 Importance de la poudre dans les creusements. . . 276
123 Des coups de mine en général. 277
124 Forage du trou ou exécution du fourneau de mine. . 277
125 De la charge. 279
126 De la poudre. 281
127 Poudre mélangée de substances pulvérulentes . . . 282
128 Coton-poudre ou pyroxyle 284
129 Bourrage par la méthode ordinaire 285
130 Bourrage au sable 287

		Pages.
131	Tirage au tasseau par dessus et par dessous	288
132	Amorcer le coup de mine	290
133	Etoupilles de sûreté de Bickford	292
134	Avantages résultant de l'emploi des étoupilles . . .	294
135	Accidents dus aux épinglettes dans le tirage à la poudre	298
136	Accidents provenant de la bourre ou du bourroir . .	299
137	Accidents causés par l'inexpérience ou par l'imprudence des ouvriers mineurs.	301

IVᵉ. SECTION.

FONÇAGE DES PUITS ET CREUSEMENT DES GALERIES.

138	Des terrains considérés relativement au genre d'outils propres à les entamer	304
139	Disposition des trous de mine.	305
140	Attaque des roches dans le creusement des excavations	310
141	Exécution d'une galerie souterraine à Soussey . . .	314
142	Procédés usités pour donner aux galeries la direction voulue	315
143	Percer une galerie suivant une inclinaison donnée. .	317
144	Direction verticale d'un puits en creusement. . . .	319
145	Surveillance à exercer pendant le percement des excavations	320
146	Percement des puits sous stot.	321
147	Extraction des déblais dans le creusement simultané de deux puits	322
148	Outils inventés par M. Kindt pour le forage des puits d'un grand diamètre	324
149	Dispositions accessoires et manœuvre des appareils.	331
150	Des percements livrés à eux-mêmes sans revêtement.	335
151	Des revêtements en général	337

V^e. SECTION.

DES BLINDAGES OU BOISAGES.

Pages.

152 Diverses essences de bois 339
153 Conditions relatives à l'emploi de ces matériaux. . . 340
154 Boisage des galeries. 342
155 Assemblages et dispositions usitées pour renforcer
    les boisages. 345
156 Division des galeries en compartiments. 346
157 Réparations qu'exige le blindage des galeries. . . 347
158 Boisage des puits en général. 348
159 Province de Liége. 349
160 Silésie. 353
161 Entretien des boisages des puits. 355
162 Blindages provisoires. 356

VIe. SECTION.

DES REVÊTEMENTS EN MAÇONNERIE.

163 Comparaison entre le boisage et le muraillement. . . 359
164 Matériaux propres à construire les muraillements dans
    les mines de houille. 360
165 Circonstances relatives au muraillement des exca-
    vations. 362
166 Diverses dispositions des maçonneries dans les galeries. 363
167 Procédé employé pour maçonner une galerie. . . . 365
168 Du danger de laisser des vides entre les surfaces exté-
    rieures du revêtement et les parois de l'excavation. 367
169 Du déboisement pendant le muraillement. 368
170 Puits revêtus de maçonnerie. 369

Pages.

171 Muraillement de bas en haut. 370

172 Idem par reprises de haut en bas. 372

173 Procédé de muraillement usité dans les mines du
Centre (Hainaut). 372

174 Inconvénients des bois intercalés dans la maçonnerie. 374

175 Suppression des cadres dans le muraillement des
puits 376

176 Muraillement des puits en Angleterre 378

VIIe. SECTION.

CUVELAGES EN BOIS.

177 Des cuvelages en général 382

178 Cuvelages de la mine de houille du Couchant du
Flénu 383

179 Pose d'un siége et picotage. 385

180 Exécution complète d'une passe de cuvelage 388

181 Puissance des stratifications traversées par le puits
n°. 6 du Couchant du Flénu, et dimensions des
diverses parties du cuvelage 392

182 Fonçage à travers le mort terrain 393

183 Renvoi des niveaux ou communications établies entre
les diverses passes d'un cuvelage 394

184 Exécution des cuvelages dans le département du
Nord 397

185 Division en deux compartiments des puits cuvelés . . 402

186 Remplacement des pièces défectueuses d'un cuvelage . 404

187 Cuvelages carrés employés autrefois. 406

188 Difficultés inhérentes aux passages des niveaux. . . 407

189 Cuvelage rectangulaire de la mine de Guley 409

190 Idem de la province de Liége. 411

191 Cuvelages exécutés dans le district de Mansfeld . . . 413

192 Idem, à section circulaire, usités en Angleterre . . 416

VIIIe. SECTION.

CUVELAGES EN MAÇONNERIE.

Pages.

193 Exécution de ces revêtements dans les mines de Rive-
de-Gier 421
194 Cuvelages muraillés usités en Angleterre. 422
195 Revêtement des puits de la mine de St.-Roch (district de Namur). 424
196 Cuvelages en maçonnerie des districts de la Ruhr. . 426
197 Idem de la mine de houille de Seraing. 431
198 Observations sur l'application des muraillements aux
cuvelages. 436

IXe. SECTION.

CUVELAGES EN FONTES DE FER.

199 Historique de ces cuvelages en Angleterre. . . . 439
200 Pièces d'un cuvelage en fonte. 440
201 Exécution et pose des revêtements en fer. . . . 442
202 Exemple pris à la mine de Preston-Grange, près
d'Edimbourg. 445
203 Dispositions accessoires et accidentelles relatives aux
tubages 448
204 Tubage des puits par le procédé de M. Kindt. . . . 450

Xᵉ. SECTION.

PASSAGE DES SABLES MOUVANTS ET AQUIFÈRES.

Pages.

205 Des terrains mouvants et aquifères. 454

206 Exécution des galeries par tranchées 455

207 Percements des galeries par palplanches. 456

208 Travail dans les sables d'une difficulté moyenne . . 458

209 Opérations effectuées dans les terrains plus difficiles. 461

210 Muraillement des galeries revêtues de palplanches. . 464

211 Palplanches en fer 465

212 Emploi des picots dans les galeries en terrains mouvants. 468

213 Des tranchées appliquées au creusement de la partie
supérieure des puits. 475

214 Fonçage des puits par palplanches. 476

215 Comparaison entre la méthode par palplanches et les
revêtements descendants 481

216 Trousse coupante et tour en maçonnerie 482

217 Boisage descendant usité en Angleterre. 488

218 Tubages en fer 489

219 Fonçage des puits à travers une couche de sable fluide
du district de Mülheim. 492

220 Passage des sables du torrent à Anzin. 495

221 Appareil à air comprimé de M. Triger. 498

222 Effets physiques et physiologiques observés pendant
le jeu de l'appareil 502

223 Creusement d'un puits de la concession de Douchy
par le même procédé 505

224 Premières tentatives faites pour traverser les stratifications arénacées de la mine de Streppy-Bracquegnies
(Hainaut) 512

225 Tubage employé au puits St.-Alexandre nᵒ. 3 . . 515

226 Emploi de l'air comprimé pour établir la jonction
entre la base du revêtement et le roc houiller. . 520

227 Procédé de M. Wolsky pour relier le tubage et la tête du
terrain houiller 524

XIᵉ. SECTION.

EXCAVATIONS ACCESSOIRES.

228 Énumération des excavations constitutives d'une mine. 530
229 Chambres d'accrochage. 531
230 Puisards. 533
231 Réservoirs destinés à emmagasiner les eaux à différentes profondeurs 535
232 Cages d'engins intérieurs, élargissements des puits, etc. 538

FIN DE LA TABLE.

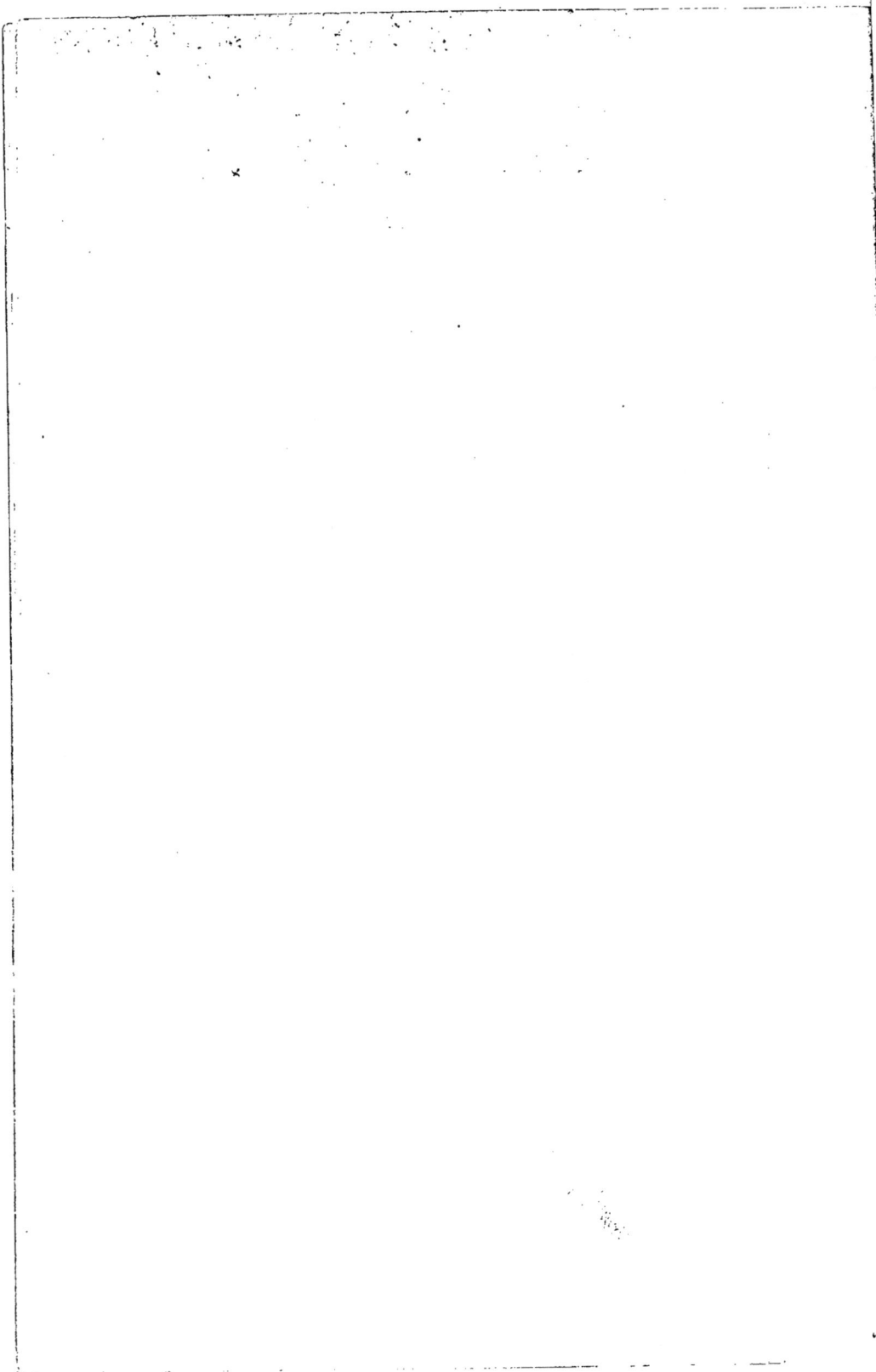

ERRATA.

Page	Ligne					
3	8	en descendant, *au lieu de* Gemenval ,			*lisez* Gemonval.	
21	8	en remontant,	»	doués ,	»	douées.
87	10	en remontant,	»	7 et 8 ,	»	6 et 7.
88	7	en descendant,	»	H ,	»	F.
90	10	en descendant,	»	de *a* en *c* et de *a* en *b* ,	»	de *a* en *b* et de *a* en *c*.
95	10	en remontant,	»	elle a ,	»	elle n'a.
98	1	en remontant,	»	craies ,	»	crains.
115	13	en descendant,	»	*i k* et *h* ,	»	*i* et *k*.
131	14	en descendant,	»	elles ,	»	celles-ci.
157	5	en descendant,	»	Pierresant ,	»	Pierresaut.
150	17	en descendant,	»	(fig. 9) ,	»	(fig. 10).
158	3	en remontant,	»	A, B, C, D, E,	»	A, B, B, C, C, D.
160	7	en descendant,	»	(fig. 2) ,	»	(fig. 11).
163	6	en descendant,	»	*Neuwack* ,	»	*Neuack.*
175	6	en remontant,	»	*Minety.*	»	*Ninety.*
181	12	en descendant,	»	dernières ,	»	derniers.
181	7	en remontant, *supprimez* plus particulièrement.				
195	6	en descendant, *au lieu de* fig. 18 et 19,			*lisez* fig. 29 et 30.	
195	11	en descendant,	»	fig. 27, 29 et 30,	»	fig. 27 et 28.
219	13	en descendant, *après* triangulaire, *ajoutez* (fig. 45).				
223	4	en descendant, *au lieu de* ces procédés, *lisez* ce procédé.				
226	15	en descendant, *après* cuillère, *ajoutez* (fig. 19).				
230	5	en descendant, *au lieu de* infectées ,			*lisez* infestées.	
282	2	en remontant,	»	25,	»	125.
292	13	en descendant,	»	goudronnée ,	»	goudronnées.
341	1	en descendant,	»	en ,	»	on.
376	16	en descendant,	»	(fig. 3 et 4),	»	(fig. 3).
404	5	en descendant, *supprimez* quelquefois.				
427	15	en remontant, *au lieu de* (fig. 3),			*lisez* (fig. 4).	
441	12	en descendant,	»	*e*,	»	*c.*
444	5	en remontant,	»	collicry,	»	colliery.
447	14	en remontant,	»	de ,	»	des.
466	11	en descendant,	»	l'axe,	»	l'arc.

www.ingramcontent.com/pod-product-compliance
Lightning Source LLC
Chambersburg PA
CBHW031346210326
41599CB00019B/2661